工 程 硕 士 系 列 教 材

情报研究与创新

郭吉安　李学静　编著

科 学 出 版 社
北 京

内 容 简 介

本书主要介绍有关情报研究与创新的理论、方法和实例。全书共分三篇：第一篇为情报信息篇，主要介绍情报学基本概念、信息环境与知识检索系统；第二篇为情报研究篇，包括情报研究概述、预测情报研究、竞争情报研究、专利情报研究和科技查新咨询；第三篇为知识创新篇，包括知识创新理论与方法、知识管理理论与方法、知识产权基础知识和专利申请与保护等内容。

本书从工程硕士研究生的实际需要出发，选材新颖，结构合理，注重理论与实践的结合，把文献检索的知识信息系统介绍与情报分析研究和知识创新有机结合，并注重情报研究和创新实践的典型案例分析。

本书可作为工程硕士公共课教材，也可供其他学生学习参考。

图书在版编目（CIP）数据

情报研究与创新/郭吉安，李学静编著. —北京：科学出版社，2006

（工程硕士系列教材）

ISBN 978-7-03-016837-5

Ⅰ. 情…　Ⅱ. ①郭…　②李…　Ⅲ. 情报工作-研究生-教材　Ⅳ. G35

中国版本图书馆 CIP 数据核字（2006）第 007259 号

责任编辑：巴建芬　贾瑞娜/责任校对：张　琪

责任印制：徐晓晨/封面设计：耕者设计工作室

科学出版社出版

北京东黄城根北街 16 号

邮政编码：100717

http://www.sciencep.com

北京虎彩文化传播有限公司印刷

科学出版社发行　各地新华书店经销

*

2006 年 4 月第 一 版　开本：B5 (720×1000)

2020 年 1 月第七次印刷　印张：25 3/4

字数：490 000

定价：78.00 元

（如有印装质量问题，我社负责调换）

前　言

创新是自然和人类永恒的主题，是自然创造了人类，人类又创造了世界。科学的唯物辩证观认为，世界是物质的，物质是运动的，运动的物质是在一定的时间和空间条件下相互联系而存在的。因此，我们必须从事物的运动和关联中去认识和把握事物的发展及其规律，物质运动和生物体的新陈代谢其本质就是创新。我们可以说，创新就是事物的运动和发展，创新就是生命。没有创新就没有人类，没有创新就没有一切。创新是实现人的全面发展的唯一选择。

一切创新都是为了解决问题，解决任何问题都离不开情报，而有价值的情报必须通过情报研究而获取，因此，情报是源，创新是宿，情报研究是流。情报源包括事实、信息、数据、知识、文献等。情报研究是对获取的知识信息进行整序加工、分析研究和激活，形成解决问题的智慧或方案。创新就是运用解决问题的智慧或方案来解决具体问题，就是把科学技术转换成生产力，就是把知识、信息、情报物化、产业化和市场化。可以说，情报获取靠感官，情报研究靠头脑，知识创新靠双手（即靠实践）。因此，情报研究与创新就是通过感官从文献、人或实物获取情报，用头脑对获取的情报信息进行分析研究，形成新知识或解决问题的新方案，最后通过实践，把新知识新方案用于解决问题，实现创新知识的物化、市场化，创造财富和效益。

文献检索课课程知识链如下：

- 文献 ⟶ 检索 ⟶ 利用
- 知识 ⟶ 学习 ⟶ 创新
- 情报 ⟶ 研究 ⟶ 决策
- 智能 ⟶ 开发 ⟶ 创业
- 项目 ⟶ 管理 ⟶ 效率
- 企业 ⟶ 经营 ⟶ 创富

本课程旨在强化和提高研究生的情报素质及研究创新能力，特别是在现代社会高度数字化和网络化的信息环境下，要通过信息系统获取解决问题的有用知识，再通过分析研究从知识信息中提炼出有价值的情报和解决问题的智能及策略，最后解决问题，实现知识创新，形成自主知识产权，创业创富。

在多年工程硕士信息检索课教学实践的基础上，本书遵循工程硕士培养目标和计划的要求，对原 2000 年版工程硕士信息检索教材进行了彻底的改革。本书主要介绍有关情报研究与创新的理论、方法和实例，全书共分 3 篇 12 章：第一篇为情报信息篇，包括第 1～4 章，主要介绍情报学基本概念、信息环境与知识检索系统；第二篇为情报研究篇，包括第 5～9 章，主要介绍情报研究概述、预测情报研究、竞争情报研究、专利情报研究和科技查新咨询；第三篇为知识创新篇，包括第 10～12 章，主要介绍知识创新理论与方法、知识管理理论与方法、知识产权基础知识和专利申请与保护等内容。本书从工程硕士研究生的实际需要出发，选材新颖，结构合理，注重理论与实践的结合，把文献检索的知识信息系统介绍与情报分析研究和知识创新有机结合，并注重情报研究和创新实践的典型案例分析。

本书主要由郭吉安策划构思，由郭吉安、李学静编著和统稿。其中，第 1、3、4、6、8、9、11、12 章由郭吉安编写；第 5、7 章由李学静编写；第 10 章由李学静、郭吉安合编；第 2 章由原中国科技情报研究所重庆分所刘植惠研究员编写。重庆大学 2005 级情报学硕士研究生皮维宁、侯筱蓉、闫志红、卢培煜参与了本书第 5、10、11 章的编写和整理。重庆大学图书馆田琳、廖维参与了本书第 4、8 章部分编写和整理。

本书的编写得到了重庆大学研究生院的大力支持和资助，特别是刘东副院长、王东红老师对本书的编写给予了重要的指导和建议，在此表示由衷的感谢。另外，本书编写过程中参阅了大量相关文献信息资料，在此向有关作者表示最衷心的感谢。

郭吉安

2005 年 12 月 12 日

目　　录

第二篇 情报研究

第三篇　知识创新

第一篇　情 报 信 息

第 1 章　情报研究与创新概述
第 2 章　情报学及其最新发展
第 3 章　信息环境与知识资源
第 4 章　知识检索系统

第 1 章　情报研究与创新概述

1.1　情报研究与创新的基本概念

1.1.1　情报、情报研究与知识创新

情报研究与创新涉及情报、情报研究和知识创新三大主题。首先，我们需要搞清楚的问题就是：什么是情报？什么是情报研究？什么是知识创新？三者之间的关系是什么？

1. 什么是情报

1）情报的定义

情报概念最初源于战争和军事活动，如“定敌情如何，而报于上官者，是为情报”（1915 年版《辞源》），“战时关于敌情之报告，曰情报”（1939 年版《辞海》）。

20 世纪 60 年代，随着科学技术的迅速发展，创造与传播知识的工作有了新发展，专职情报机构的主要工作是使知识有序化以解决情报检索问题。因此，将情报定义为“作为存储、传递和转换对象的知识，亦泛指一切最新的情况报道，如科学技术情报”（1965 年版《辞海》）。20 世纪 70 年代，钱学森从特定概念出发，提出“情报是在特定时间、特定状态下，传递给特定的人的特定部分的有用知识”。1979 年版《辞海》对情报的定义是：“①以侦察手段或其他方法获得的有关敌人军事、政治、经济等各方面的情况，以及对这些情况进行分析研究的成果。②泛指一切最新的情况报道，如科学技术情报。”

20 世纪末至 21 世纪初，以全球化和信息化为主要特征的知识经济蓬勃发展，导致信息和知识作为一种战略资源变得空前重要，成为国家、民族、组织乃至个人生存发展的基础和提高核心竞争力的关键。情报工作也由一般文献工作阶段进入了与经济、社会发展相结合的情报分析研究阶段，因此，情报定义又发展成为“判断、意志、决策和行动所需要的知识和智慧”，“获取的他方有关情况以及对其分析判断的成果。按内容和性质分为政治情报、经济情报、军事情报和科技情报等”（1999 年版《辞海》）。

综上，我们认为，情报概念具有广延性和层次性。广延性是指情报的外延包括军事、政治、科技、经济、管理等方面，层次性是指情报包括生产、学习、研

究、管理、决策等不同层次所需要的事实、数据、信息、知识、智慧或方案。现阶段，情报主要指解决问题的决策和行动所需要的系统性、预测性、智能性的解决方案，如战争中参谋部的作战方案、技术开发的可行性论证、商业市场的竞争性情报、咨询机构的研究报告等。

2）情报的类型

（1）按情报来源可分为实物情报、口传情报和文献情报。

（2）按加工层次可分为零次情报、一次情报、二次情报和三次情报。零次情报和一次情报又可称为原生情报，二次情报和三次情报又成为派生情报。

（3）按应用领域分，情报可分为军事情报、科技情报、经济情报和政治情报等。

（4）按使用目的可分为战略性情报和战术性情报。

（5）按保密程度或获取难度可分为绝密情报、机密情报或一般情报。

3）情报的特性

（1）特定性。情报是在特定时空条件下满足特定对象解决特定问题需要的特定部分的有用的情况报道或报告。

（2）知识性。通常情况下，情报都是解决问题的有用的知识。

（3）加工性。除了原生情报外，情报一般都需要经过有序整理和分析研究，形成可供决策参考的解决方案。

（4）效用性。情报的价值在于其对解决问题所发挥的关键作用。

4）情报的相关概念

情报是情报科学的元概念，也是情报工作的内容和对象。但是从上述关于情报的五花八门不断演变的说法可知，情报至今并没有统一明晰的定义，但我们可以从与情报密切相关的其他概念来比较分析，进一步认识和了解情报。与情报相关的概念涉及信息、载体、数据、迹象、事实、知识、智能等。

（1）信息。信息是客观事物本质特征的反映，是事物之间相互联系、相互作用的状态的内容描述。根据信息对信息接收者活动的影响程度，信息按其内容可分为迹象（什么）、事实（是什么）、知识（为什么）、智慧（怎么办）四个层次。在四个层次的信息内容中，引起人的感觉或注意的迹象是信息；使人关心的事实是信息；知识层次的信息往往描述事物发展变化的前因后果的系统化的事实或从大量具体事实中总结出来的事物发展变化的规律；智慧层次的信息是描述解决问题的方法、策略和事实方案，是知识与经验的创造性应用。其实，这四个层次的信息也就是情报概念的不同层次和演变。

（2）载体。（媒体）是指信息从信源（信息发送者）到信宿（信息接收者）的传递者。信息借助于载体，可以脱离信源而运动和存储。信息是指描述的内容，以什么形式描述则取决于载体的性质。

（3）数据。数据是指在信息处理中载体上反映信息内容的物理符号或信号。数据是信息的物理形式，信息是数据的内容，两者密不可分。数据的物理特征与载体的性质有关，信息的内容与载体的性质无关，因而，信息在传递过程中可改变载体而不影响信息的内容。

（4）知识。知识是智力劳动的成果和思维的结晶，包括“知”和“识”两个方面，即对信息的感知和对感知信息的理性思考和认识。所以，知识就是指人们对客观事物信息的感知和对事物本质及其发展变化规律的理性认识。

2. 情报研究的含义

情报研究是指为了获取解决问题的情报而进行的研究，也就是根据要解决的特定问题或任务的要求，在广泛收集和积累有关文献资料，以及必要时进行实地调查和考察的基础上，运用科学的研究分析方法，通过分析、对比、推理、判断、综合等逻辑思维过程，对调研对象进行分析研究的一项科学研究工作。情报研究的最终目的是探索未知、预测未来，为解决问题提供参考方案。通过情报研究工作，揭示研究对象的内在变化规律及其与周围有关事物的联系，弄清其历史和现状，并预测其未来发展的可能趋势。

情报研究又叫情报调研，它主要是指对情报资料内容的研究，因而不同于情报科学研究和情报方法研究。情报科学研究是研究科技情报工作的现代化和加工手段等问题。情报方法研究是研究科技情报工作的理论和方法。情报科学研究和情报方法研究都是对情报工作自身的实践和理论的研究，而情报研究则是对科技、经济和管理决策中的实际问题的研究。

目前，情报研究工作一般是通过二次文献，或直接审读、筛选一次文献，对情报信息的再度浓缩、提炼和加工，其研究报告是直接面向用户、面向问题的智慧结晶或决策参考方案。国外把情报研究工作称为情报的分析和综合（information analysis and synthesis），承担这类工作的机构称之为“智囊团”，或“脑库”，如美国的兰德公司、英国伦敦国际战略研究所、日本野村综合研究所等。在中国，则是由情报研究所、咨询公司等机构承担类似工作。情报研究属于软科学研究范畴，与预测研究、决策咨询等工作关系十分密切。

3. 知识创新

奥地利经济学家熊彼特 1912 年在《经济发展理论》一书中首次提出“创新理论”，熊彼特认为，“创新”就是“建立一种新的生产函数”，是把一种从来没有过的关于生产要素和生产条件的“新组合”引入生产体系。世界经济合作与发展组织（简称经合组织，OECD）按照熊彼特的观点，把狭义的技术创新（生产创新和工艺创新）描述为“把一种设想变成一种投放到市场上的新的或改进的产品的转变过程；或把一种设想转变成为用于工业中的新的或者改进的工艺”。因此，熊彼特的创新观主要指新产品、新工艺等技术创新，强调科学技术知识的产业化和市场化。熊彼特把创新概括为组合生产要素开发新技术、新产品，开拓市场。新熊彼特学派把“创新”定义为“发明的首次商业化应用”，也就是说，创新的目的是形成价值，创新成功与否要由市场来检验。而组合生产要素去创造价值，正是企业的基本职能，所以企业应该是创新的主体。在从计划经济体制向社会主义市场经济体制转型过程中，要想让企业成为创新的主体，首先要有压力，市场竞争的压力。当市场竞争的压力威胁到生存的时候，企业才会自觉地进行创新。其次是要有动力，这种动力既源于明晰的产权，又源于良好的治理结构，更取决于优秀的企业家和企业家精神。第三是要有能力，创新也需要有坚实的物质基础，只有当企业发展到一定规模的时候，才有能力自主创新。我们认为，知识创新就是获取解决问题的有用的新知识或运用新知识来解决具体问题。解决技术问题叫技术创新，解决管理问题叫管理创新，解决制度问题叫制度创新，解决理论问题叫理论创新。无论何种创新，归根结底都是知识创新，本质都是信息分析、情报研究和知识应用的成果，都是科技、管理和行为科学知识的实际应用。

1.1.2 情报、情报研究与知识创新的关系

一切创新都是为了解决问题，解决任何问题都离不开情报，而情报必须通过情报研究而获取。因此，情报是源，创新是宿，情报研究是流、是工具、是方法。情报源包括事实、信息、数据、知识、文献等；情报研究是对获取的知识信息进行整序加工、分析研究和激活，形成解决问题的智慧或方案，创新就是运用解决问题的智慧或方案来解决具体问题，就是把科学技术知识转换成生产力，就是把知识、信息、情报物化、产业化和市场化。可以说，情报获取靠感官，情报研究靠头脑，知识创新靠双手（即靠实践）。当然，广义的情报研究与创新应当包括通过感官从文献、人或实物获取情报，用头脑对获取的情报信息进行分析研究，形成新知识或解决问题的新方案，最后通过实践，把新知识新方案用于解决问题，实现创新知识的物化、市场化，创造财富和效益。情报、情报研究与知识创新的关系如图 1.1 所示。

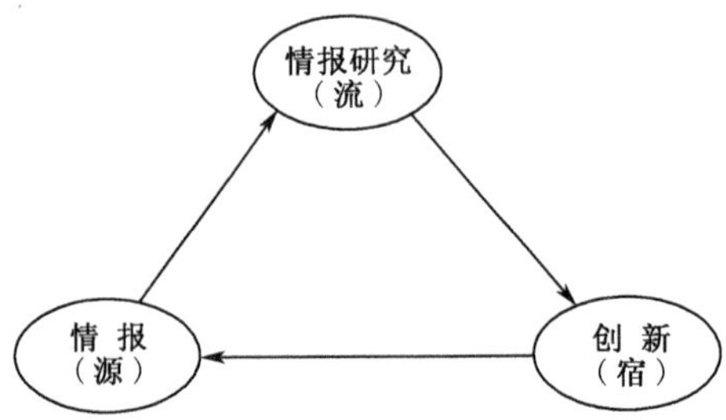

图 1.1 情报、情报研究与知识创新的关系

1.2　情报研究与创新的意义

1.2.1　情报价值与情报研究的意义

在凝聚中国古代睿智的经典精华之作《孙子》中对情报的意义论述十分精辟，《孙子》兵法十三篇，核心就是“计”或“谋”。所谓“计”和“谋”就是指战前通过对敌我双方客观条件的分析，对战争胜负做出预测谋划。开篇为“始计篇”，孙子曰，“兵者，国之大事，死生之地，存亡之道，不可不察也”；“校之以计而索其情”；“夫未战而庙算胜者，得算多也”。在“谋攻篇”孙子提出“上兵伐谋”，其结语为“知己知彼者，百战不殆；不知彼而知己，一胜一负；不知彼不知己，每战必殆”。第十三篇“用间篇”指出，“故明君贤将，所以动而胜人，成功出于众者，先知也”。“计”、“谋”、“庙算”、“知己知彼”、“未来先知”实质就是情报。所以情报价值及其意义，无需赘言，其义自明。战争中情报关系到生死存亡，在科技、经济、政治等人类活动的一切领域，情报都是决策的前提和基础，是成败胜负的关键。历史上所有的失败以及现实中所有的问题几乎统统可以归结到情报失误的原因，正如毛泽东所说：“正确的行动来源于正确的决策，正确的决策来源于正确的决心，正确的决心来源于正确的判断，正确的判断来源于准确而周密的侦察（编者注：周密的侦察即正确的情报）。”因此，我们可以说，离开正确的情报，我们就会闭塞视听、头脑发昏，就是聋子、瞎子、呆子或疯子。这方面的例证比比皆是，不胜枚举。

情报的价值是显而易见、毋庸置疑的。但要解决复杂问题，获取解决问题的情报则需要通过情报研究，也就是根据要解决的特定问题或任务的要求，在广泛收集和积累有关文献资料，以及必要时进行实地调查和考察的基础上，运用科学的研究分析方法，通过分析、对比、推理、判断、综合等逻辑思维过程，对调研对象进行系统深入的分析研究。情报研究的最终目的是探索未知、预测未来，为解决问题提供参考方案。通过情报研究工作，揭示研究对象的内在变化规律及其与周围有关事物的联系，弄清其历史和现状，并预测其未来发展的可能趋势。情报研究是科学研究的重要组成部分，是获取情报、实现情报价值、促进知识创新的必然途径。

1.2.2　创新的意义

1. 创新与人类发展

人类社会发展唯一的动力是创新，尤其是科学技术日新月异的飞速发展，使人类社会和世界发生了翻天覆地的变化，从工业化到信息化，从工业经济到知识经济，现代科技给人类带来极大的福祉，但同时也给人类带来更多更严重的问题。当今，人类正面临自然生态、社会生态和精神心态的严重危机：人口爆炸、环境污染、资源危机、核战威胁、文明滞差（culture-civilization lag）、时间加速等，所有这些，实质都是知识危机。正如“知识生态学”（Ecology of Knowledge，EOK）的创立者加拿大渥太华大学哲学系教授沃杰霍夫斯基所说，“都是知识直接间接引起的后果”。所有问题和危机的根源都可归咎于人类知识的缺失或谬误，传说亚当、夏娃因为吃了“分别善恶树”上的禁果而承担原罪的重负；普罗米修斯因为盗窃天火而遭受残酷的刑罚；仓颉造字而天雨粟，夜鬼哭；伯益作井而龙登玄云，神栖昆仑。所有这些神话都想说明知识的消极作用，以至中国古代哲学家老子提出“绝圣弃智”、“绝仁弃义”、“绝巧弃利”。这正是“人生识字忧患始，人生识字糊涂始”，解决问题的出路只有一条，树立辩证唯物的系统科学的可持续发展观，走前人没有走过的路，反思和批判过去的知识，探寻解决新的问题的新的智慧和方案，因时因势，因变应变，不断开拓创新。

创新是自然和人类永恒的主题，是自然创造了人类，人类又创造了世界。科学的唯物辩证观认为，世界是物质的，物质是运动的，运动的物质是在一定的时间和空间条件下相互联系而存在的。我们必须从事物的运动和关联中去认识和把握事物的发展及其规律。物质运动和生物体的新陈代谢其本质就是创新。因此，我们可以说，创新就是物质运动，创新就是生命。没有创新就没有人类，没有创新就没有一切。创新是实现人的全面发展的唯一选择。

如前所述，创新是解决问题，就是运用知识、智慧和谋略来解决具体问题。世界是物质的，物质是运动的，运动的物质之间是有千丝万缕的联系的，所以面对如此纷繁复杂、瞬息万变的世间万物，尤其是对于动态性复杂的系统，人类已有的知识与未知世界相比实在是微不足道，可以说，没有任何现存的知识可以解决任何现存的问题，因此，已有知识既是创新的成果，又可能成为创新的束缚和障碍。创新就是要突破常规思维的桎梏，具体问题具体分析，寻求特定问题的特定解决方案。

2. 建设创新型国家，实现中华民族的伟大复兴

创新型国家是相对于资源依附型国家和引进依附型国家而言的。中国的特定国情决定我们不可能选择资源依附型和引进依附型的发展模式，必须走创新型国家的发展道路。创新是民族进步的灵魂，是国家兴旺发达的不竭动力。进入21世纪以来，中国经济发展面临以信息化和经济全球化为主要特征的知识经济带来的严峻挑战，知识经济的核心是知识创新，因此，最大的挑战就是对国家创新能力的挑战。

中国共产党第十六届五中全会第一次明确提出了“建设创新型国家”这一重

大战略目标，把大力推动自主创新提到前所未有的高度。《中共中央关于制定国民经济和社会发展第十一个五年规划的建议》提出，要深入实施科教兴国战略和人才强国战略，把增强自主创新能力作为科学技术发展的战略基点和调整产业结构、转变增长方式的中心环节，大力提高原始创新能力、集成创新能力和引进消化吸收再创新能力。胡锦涛在庆祝“神舟六号”载人航天飞行圆满成功大会上强调指出，必须把建设创新型国家作为面向未来的重大战略，紧紧抓住经济建设这个中心任务，瞄准世界科技发展前沿，明确自主创新的战略目标，加快国家创新体系建设。胡锦涛说，自主创新能力是国家竞争力的核心，在科技进步突飞猛进的今天，我们要在日趋激烈的国际竞争中赢得主动，就必须显著增强自主创新能力。他说，要大力倡导自主创新精神，完善自主创新机制，提高原始创新能力、集成创新能力和引进消化吸收再创新能力，积极发展战略高技术，特别是要发展对经济增长有重大带动作用、具有自主知识产权的核心技术和配套技术，为加快调整经济结构、转变经济增长方式提供强大支撑，为保持我国经济长期平稳较快发展提供强大支撑，为提高我国国际竞争力和抗风险能力提供强大支撑。

归纳起来，把增强自主创新能力作为国家战略，致力于建设创新型国家，是中国发展的需要，是向现代化宏伟目标迈进、逐步实现国家繁荣富强和人民生活富裕的需要。建设创新型国家的意义可概括为以下几方面：

1）自主创新是国家和企业竞争力的核心

当今世界，科学技术的进步与创新是经济社会发展的决定性力量。大到一个国家小到一个企业，如果不掌握核心技术和自主知识产权，不具有自主创新能力，就把握不了未来发展的主动权。所以说，自主创新能力是国家竞争力的核心，也是企业竞争力的核心。把自主创新明确作为国家战略，这是我们党长期执政经验的积累，也是我国现阶段经济社会发展的必然要求。中央提出着力自主创新的方针，既反映了我们党对世界经济、科技发展趋势和内在规律的准确把握，也反映了全面贯彻落实科学发展观、加快经济结构调整和增长方式转变的新要求，具有重大的现实意义和深远的历史意义。

2）自主创新是新经济增长模式的必然选择

目前，我国经济社会发展正处在一个十分重要的关口。中央提出，“十一五”期间，必须把经济结构调整和经济增长方式的转变作为关系全局的重大任务。调整经济结构、转变增长方式，是落实科学发展观的必然要求。而提高自主创新能力则是推进结构调整的中心环节，也是解决上述两个问题的根本途径。只有科技和人才的全面介入，大幅度提高创新能力，大力发展战略高技术，才能突破资源、能源和环境的制约，逐步实现经济发展从要素驱动型增长转向创新驱动型增长，才能摆脱关键技术受制于人的状况。我们在继续引进国外先进技术的同时，要把立足点转移到开放型自主创新上来。

改革开放 20 多年来，我国经济建设取得了巨大成就，但也有两个问题必须着力解决。一个是经济高速增长主要依赖于资源的高投入和高消耗。二是增长方式粗放，产业技术水平低。高投入、高消耗、高污染、低产出、低效益的粗放型增长方式导致经济运行成本大幅上升，可持续发展面临的资源和环境压力日趋严峻。科技部副部长程津培院士指出，我国人均能源资源占有量不到世界平均水平的一半，石油仅为 1/10，水资源仅为 1/4。同时，我国的资源利用效率又不高，目前仅为 33%，也就是说，我国每创造一美元国民生产总值，消耗的煤、电等能源是世界平均值的三四倍。传统的“高投入、高耗能、低效率”的路子难以为继。所以，我们必须在发展路径上做出抉择，必须对传统经济发展模式进行重大调整，从根本上推动经济增长方式从要素驱动型向创新驱动型转变，使科技创新成为经济社会发展的内在动力和全社会的普遍行为，最终依靠制度创新和科技创新实现经济社会持续协调发展。

3）只有创新才能解决技术依赖和技术壁垒问题

“创新型国家”一个最简单的衡量指标就是科学技术对经济的贡献率在 70%以上，对外技术的依存度在 30%以下。世界上已有 20 多个国家属于创新型国家。而我国目前的科技对经济的贡献率仅为 39%，对外技术依存度高达 54%。许多经济建设和高技术产业所需要的关键设备，人们生活和工作所需要的许多高端产品，如数控机床的 100%，光纤制造设备的 100%，集成电路的 85%都依赖进口。我国基础研究经费占研究与发展经费的比例从 20 世纪 90 年代初的 7.5%下降到 2003 年的 5.3%，远远低于创新型国家 15%～17%的平均水平。显而易见，我国离创新型国家还差得很远，而特定的国情又决定了我们不可能选择资源型和依附型的发展模式，必须走创新型国家的发展道路。

改革开放以来，大规模引进国外先进技术，有力地推动了产品技术更新换代和产业结构优化升级。但是，由于一段时间以来重引进、轻消化吸收和创新，造成不断重复引进和对国外技术的持续依赖，使我国目前对外技术依存度高达 54%以上。另外，一些产业由于核心技术掌握在跨国公司手中，所以，中国制造的许多产品的高额利润被外国公司赚走了。更何况，在关系国计民生和国家安全的战略领域，真正的核心技术是买不来的。在激烈的国际竞争中，缺乏核心技术、自主知识产权和创新能力，不仅会使我国经济安全和国家安全发展受到严重威胁，还会影响国家竞争力的提升，使我国在国际产业分工中处于不利地位。目前，美、日、欧等发达国家已经拥有信息、生物、新材料等高技术领域专利的 98%，拥有技术标准的 99.8%，运用 WTO 知识产权规则，形成包括我国在内的发展中国家的技术壁垒。

4）必须成为创新型“头脑国家”，创造更多的“中国创造”

有人形象地把世界上的国家分为“头脑国家”与“躯干国家”。所谓头脑国家，就是以美、日、欧为代表的科技、经济发达国家，也就是科技领先，掌握核心关键技术的创新型国家。

所谓“躯干国家”，就是靠出卖资源和劳动力的经济欠发达的广大发展中国家。中国就是典型的“躯干国家”，目前，中国已成为世界上最大的加工厂，“中国制造”已遍及全球，但“中国创造”却微乎其微。中国制造业处于我国工业经济的中心地位，增加值占国内生产总值 40%以上，国家财政收入的一半，吸收了近一半的城市就业人口和农村剩余劳动力，出口占全国外贸出口的 90%以上，创造了 3/4 的外汇收入，吸收外资占外商全部投资额的 70%以上。但中国制造业面临两大危机：一是“大而不强”，离先进制造业差距甚远。二是低成本的比较优势正在降低。中国制造业各主要门类中，论产业规模和产品产量，绝大多数都位居世界前列，日用消费品的玩具占世界市场的 70%，自行车占 60%，鞋子占 50%，微波炉占 50%，个人电脑占 40%，电视机和空调占 1/3，冰箱占 1/5，大宗生产资料钢铁、水泥、化肥均居世界第一，但这主要是靠强劲的国内需求和投资拉动；论产业和产品结构，在低端市场竞争激烈，在附加值高的高端产品市场则缺乏竞争力；论企业规模和赢利能力，我国冶金、电子和通信设备制造企业规模是世界最强企业的 1/5 到 1/3，汽车、摩托车及零部件企业是其 1/15，化学品企业是其 1/20，食品加工和饮料企业是其 1/30，制药企业是其 1/35，而大部分制造企业的人均营业收入只有世界同行的 1/3 到 1/16；论技术创新能力，我国制造业绝大部分企业缺乏自主创新能力，研发资金投入严重不足，关键技术、核心技术受制于人的局面未有根本性改观，企业自主创新能力不足，研发资金投入水平低，一半以上的大企业还没有技术开发中心。

5）企业只有成为自主创新主体，才能生存和发展

企业既是国家经济实力的基础和支柱，也是自主创新的主体。自主创新的含义有三个方面：一是原始创新，二是集成创新，三是在消化吸收国外先进技术的基础上再创新。自主创新，就是要把原始创新、集成创新和引进消化吸收再创新结合起来，在积极跟踪、关注和参与原始创新、集成创新的同时，高度重视对引进技术的消化吸收再创新。企业还要努力打造自主品牌，依靠自主品牌的积累扩大技术研发的投入，推动自主创新能力的提升。企业的自主创新能力既是企业自身发展壮大的根本动力，也是提升国家竞争力的重要因素。现在，世界发达国家和新兴工业化国家都把增强企业创新能力作为提升国家竞争力的重要措施，他们的技术创新体系都是以企业为主导。我们要提高自主创新能力，同样必须让企业真正成为技术创新的决策主体、投入主体和利益主体。 改革开放以来，我国企业的发展规模和科技创新能力取得了长足的进步，特别是涌现出了一批勇于自主

创新的成功企业。他们中有的通过原始创新成果的产业化，占领了国际市场；有的坚持在吸收外国先进技术的基础上自主开发，打造自主品牌，跻身世界，占领市场。但从总体上看，我国企业的自主创新能力还不强，多数企业尚未形成自己的核心技术能力，创新的组织机制也不完善。我国两万多家大中型企业中有研发机构的仅占 25%，有研发活动的仅占 30%。据统计，大中型企业的研究开发经费只占销售额的 0.39%，即使高新技术企业也只占 0.6%。这个比例还不到发达国家的 1/10。因此，企业必须成为技术创新的主体，在由“中国制造”转向“中国创造”的过程中发挥重要作用。特别是大企业，要有开展自主创新的决心和信心，力争掌握自主知识产权的关键技术，努力在国际市场竞争中占据有利位置，为国家自主创新能力的提高做出贡献。

6）建立适宜的创新机制和环境，培养创新型人才，实现人的全面发展

创新的关键在人，在于人的创新素质、创新意识和创新能力，而人的创新素质和创新型人才的培养在于学校和社会的创新教育，以及良好的创新环境和创新机制。据调查，2003 年我国公民具备基本科学素养的人口比例为 1.98%，与发达国家相比差距较大。农村居民具备基本科学素养的比例仅为 0.7%，城市是 4.1%。公民科学素质水平低下，已成为制约我国经济发展和社会进步、建设创新型国家的瓶颈之一。建设创新型国家呼唤创新型人才的涌现，呼唤创新型团队的建功立业，呼唤创新型机构（企业、研究机构、大学和咨询中介机构等）的成长壮大，为人才和创新创业团队发挥作用提供有效载体、坚实的平台和资源保障，呼唤创新型城镇和区域的崛起，呼唤创新型政府落实创新战略和目标，为广大创新型人才和机构创立适宜的创新机制、体制、法制和良好的创新氛围与环境。

1.2.3 现代科技创新案例

案例 1：阿帕网的诞生

阿帕网（ARPANET）是互联网的前身，ARPA 是美国国防部高级研究规划署的简称，阿帕网就是国防规划署组织建造的网络，于 1969 年 12 月问世。20 世纪 60 年代初，美国兰德公司的保罗-巴兰开始思考在核战争中保持通信畅通这一课题。他看到了数字技术的优势，提出了一种新的分布式网络和现在称之为分组交换的技术。几乎与巴兰研究的同时，英国国家物理实验室的戴维斯、美国麻省理工学院的克莱因罗克出于和平的需要也独立构划了同样的分布式网络的总体概念。到 60 年代中期，关于分组交换与分布式网络的理论探索已比较成熟，ARPA 几经周折请到了精通电脑和通信的拉里-罗伯茨来主持联网工作。1967～1968 年，罗伯茨综合了巴兰和戴维斯等人的研究成果，提交了题为“多电脑网络和电脑间的通讯”的建网计划书和详细的项目招标书。最终由 BBN 公司制造出

了接口信号处理机，即后来称为路由器的设备。1969 年 9 月，一台信号处理机与加州大学洛杉矶分校的主机成功地连接起来，成为网络上的第一个节点。接着，又连接上了斯坦福研究院的主机、加州大学圣芭芭拉分校的主机和犹他大学的主机，到 1969 年 12 月，由四个节点构成的阿帕网正式运行，阿帕网也就由此诞生了。两年之后，扩大到 19 个节点。在 1972 年 10 月召开的国际电脑通讯大会上，在数百名参观者的注视下，成功地演示了阿帕网几十台电脑互联的情况，据说其轰动的情形就像铁路工作者一直不相信飞机真能飞起来，直到有一天亲眼看到它飞起来一样。阿帕网的诞生是应用性基础研究上的重大突破。是原始技术创新的典范。这段历史可以给人们多方面的启迪，其中最突出的一点是学术帅才——在理论上、实践上和组织上都出色的集大成者。拉里·罗伯茨就是这样的帅才，他被誉为阿帕网之父。

案例 2：Intel 微处理器

微处理器是电脑的核心，是由 Intel 公司特德·霍夫 1971 年发明的。霍夫新想法的精髓是：将计算机的主要运作结构划分为低级的中心处理器和高层的指令程序元两个层次，中心处理器只负责基本运算，而高层的程序元则可以根据不同的应用软件进行相应的变化，给处理器发出相应的指令。这样，人们完全可以将所有基本运算和控制功能集中在一个中心处理器集成块上，它不仅可以被应用于许许多多不同的领域而被大批量生产，而且随着半导体技术的发展，可以被功能更强的下一代更换，而不需要人们重新设计整个计算机的各个部分。为此，霍夫设计了一个由四个集成块组成的计算机系统，它包括一个中心处理器、一个用于储存运算数据的内存器、一个用于储存程序元的内存器和一个用于输入输出的器件。这种计算机系统中心框架的新设计合理、实用、易于改进，给整个计算机业带来了一场翻天覆地的革命。1971 年世界上第一个微处理器在 Intel 公司诞生了，摩尔把它称为“人类历史上最具革命性的产品”。1981 年 IBM 使用 Intel 微处理器的 PC 机上市直接促进了世界 PC 机大发展，从此掀起了计算机发展史上的第三次革命，Intel 事业的重点转向微处理器的研制和生产。在早期的微处理器市场，Intel 经受了来自德州仪器、摩托罗拉等公司多方面的市场竞争压力，但 Intel 通过不断研制新的换代产品保持了技术上的冲力和领先地位，从最初的 4 位处理器，到 8 位、16 位，到后来的奔腾系列产品，在不断降低成本的前提下，微处理器的性能不断提高，从而在市场激烈竞争中使 Intel 立于不败之地，在 PC 机普及的时代成了计算机业的又一个巨人。Intel 的总裁摩尔 1965 年就提出“硅晶片的功能和复杂度每 18 个月就增加一倍”的著名“摩尔定律”。在微处理器激烈的竞争中，Intel 身为电脑革命的先锋，在从不停顿的奔跑中，始终在市场上加快速度，所以才保持着其领先的地位。

案例3：激光技术的应用

激光器的发明是20世纪科学技术的一项重大成就，标志着人类对光的认识和利用达到了一个新的水平。1916年爱因斯坦发表了《关于辐射的量子理论》，对能态之间的跃迁方式第一次给出了实际的认识，提出了三种假设，即自发辐射、受激吸收和受激辐射，其中受激辐射是个新概念。随后在第二次世界大战中大批物理学家参加了微波技术的研究与发展工作，并将光谱学和微波电子学结合起来，开创了微波波谱学。随着微波波谱学的发展，许多分子和原子微波波谱的发现，关于粒子数反转的概念，以及利用受激辐射实现相干放大等问题逐渐得到微波波谱学家们关心，从而导致了1954年第一台微波激射器（MASER）的问世。从理论、技术和人才等方面为激光器（LASER）的问世准备了条件。1960年，第一台红宝石激光器及稍后的氦氖激光器诞生后，人们根据激光的一系列优异特性——高单色性、高方向性、高相干性和高亮度，设想了激光的种种应用前景，由此吸引了来自政府和企业等各方面的投资，大批研究开发人员转入这一领域，激光理论、器件和技术的研究因此进展更为迅速。激光技术已在材料加工、医疗、通信、武器、全息照相、同位素分离、核聚变和计量基准等领域发挥着巨大的作用，成为支撑信息时代的一项关键技术。激光技术的发明一方面是20世纪初量子理论的结晶，另一方面对微波技术发展的要求推动了激光技术研究的步伐，而社会多方面的需求使得激光技术能获得更为广泛的应用，是科学、技术、需求的三者互动作用推动了激光技术的迅猛发展。

案例4：雅虎网站

雅虎的创始人杨致远一开始在斯坦福大学攻读博士学位所选择的博士课题方向是研制一种利用计算机提高设计自动化的软件。这门行业在20世纪80年代末开始兴起，90年代初正处在蓬勃发展的阶段，有许多新公司在这一领域开始创业。但后来情况发生了变化，自动化设计软件领域发展得非常迅速，到1993年左右，技术和产品都已经基本定型，少数几家发展最快的公司已经占领了市场，小公司很难再生存下去。这里有一件正在蓬勃兴起的新事物引起了杨志远的兴趣，这就是计算机“互联网”。互联网以前所未有的沟通方式，为人们提供了一个巨大的，而且每时每刻都在膨胀的信息资源。在畅游互联网的过程中，杨志远他们把自己比较喜欢的网点记录下来，并随着记录的网点的增多，他们分门别类地做成一种“易于消化”的目录，将其放到网上，当时互联网正处在爆炸初期，各种信息繁杂纷乱，让网迷们觉得头晕目眩。杨志远等的检索目录将大量的信息分成几类，正是网迷们入网寻找自己所要信息的理想的出发点和指南，于是他们的网站迅速达到门庭若市的程度。很多热心的网迷还给他们提出了一些宝贵的意见，使他们对网站进行了很多改进。另外，还有越来越多的人把自己制作的网页的地址传送给他们，要求列入他们的目录。目录中网站数量暴涨，使他们不得不在原来的各项分类下面再分出子目录，而且还要这样一层层地分下去。他们还在指南中添加了一些新栏目，使它们变得更为有趣和实用。他们给自己起名“YAHOO!”。1995 年 8 月，他们与英国路透社合作在网站上增设了新闻栏目，使网民们可以在互联网上随心所欲地查看政治、商业、娱乐等各个方面的新闻，雅虎网站的服务性质也从此发生了根本转变，到 1995 年 9 月，雅虎被阅读的数量是每天 300 万页，而到 1996 年 2 月这个数字就翻了一番。在风险资本金的进一步支持下，雅虎网站迅速发展，最终在 1996 年 4 月成功上市。当日即使雅虎市值达 8 5 亿美元。1999 年雅虎网站每个月客流量接近 2 亿页次，公司在股市上的总价值达到 400 亿美元。从技术上来看，雅虎开发的是一种能够在互联网上搜寻、鉴别和编辑的数据库式的应用软件；从商业角度来讲，雅虎所提供的是一种服务，它把大千世界千万种信息分门别类，让上网的人可以做有目标的游览。比如，行销人员想查看一下市场行情，工程师想搜集一些技术资料，生活中人们外出旅游之前阅读一下有关目的地的介绍，或者买东西前参看一下专家对产品的评价，以及平时查看体育新闻，或者参观一些艺术摄影作品展等。

第2章　情报学及其最新发展

2.1　情报学发展沿革

情报学源于欧美国家，是第二次世界大战后逐步形成并不断发展的一门新学科。从20世纪40年代开始，情报学走过了半个多世纪的历程，至今仍未发展成一门独立学科。

情报学登上历史舞台是由两个途径引发的，这反映了东西方文化、历史的差异。

在东方，包括原苏联、东欧国家及中国，情报学是从科技活动中分化出来的。原苏联情报学家米哈依洛夫给情报学下了一个经典定义："情报学是研究科学情报流的结构及其性质的一门科学。"这一定义将情报学局限于研究科学情报的规律性。实质上，米哈依洛夫定义的情报学是"科技情报学"。如今，俄罗斯、东欧一些国家以及我国都把从事情报活动和情报学研究的科技情报研究所归属国家科委（科技部），就印证了情报学这一引发途径。

在西方，包括美国、英国、德国，情报学是在图书馆和文献学的基础上发展起来的，西方一些国家大都是图书馆兼搞科技情报服务，继而扩大到面向全社会的情报工作。美国著名情报学家萨拉塞维克认为，情报学是"研究情报系统的结构、目的、功能和属性、行为和性能的一门科学"。后来，在此基础上形成了西方较为公认的情报学定义，"情报学是研究情报的属性和行为，支配情报流的力量，以及使情报具有最佳可获得性和可使用性的处理手段的科学"，其内容包括情报的发送、传播、收集、组织、存储、检索、解释和使用。

无论东方，还是西方，从全球情报学发展历程来观察，情报学初期是以科技文献资源为基地，以科技文献的交流、传播、检索和浓缩为核心，其研究内容涉及科技文献的分类、检索语言的研制、检索工具和检索系统的开发以及情报咨询服务。从20世纪80年代开始，由于社会对信息的强烈需求、信息技术突飞猛进的发展以及全球信息化席卷的浪潮，情报学的研究对象逐渐从文献转向信息，情报学开始踏入更广阔的研究空间——信息领域，其研究重心转向社会信息交流和自动化信息系统的开发与利用，情报学这种发展趋势在美国表现尤为突出。美国情报学家（以萨尔顿为代表），依靠美国信息技术的优势，将信息系统开发与研制引入情报学。各类商用信息系统、信息管理系统、决策支持系统的开发与应用，就成为情报学研究的核心内容，致使情报学与计算机科学的界限日益模糊，美国有些科学家甚至视情报学为计算机科学的一个应用分支。这一趋势过分强调信息技术的作用，忽视了情报学的知识根基及其人文特性。尔后，随着科学技术的发展，人们加深了对信息的理解和认识，察觉到信息的基础结构中凝聚着人类思维和智力活动成果——知识的巨大作用。唯有知识，才是推动经济和社会发展的真正动力。自 20 世纪 90 年代初开始，在全球兴起了知识经济与知识管理的热潮，情报学的研究对象开始从信息转向知识，知识成为情报学的主要研究对象。这种转移，使情报活动和情报学研究发生了根本变革，情报学同时也重新焕发出新的生机与活力。随着人类社会向信息化社会的演进，情报学的社会重要性日益增加，其作用和研究成果被认为是信息化社会的强大支柱之一。

2.2　情报学的含义及核心内容

2.2.1　什么是情报学

关于情报学的含义，许多学者和专家发表了自己的见解。1970 年，美国情报专家萨拉塞维克（T. Saracevic）在《情报科学引论》一书中认为，情报学是专门研究人类交流现象和交流系统特性的科学。1976 年，原苏联情报专家米哈依洛夫在《科学交流与情报学》一书中认为，情报学是研究科学情报交流、结构和特性的科学。严怡民教授在《情报学概论》（1983 年）中说，“情报学是专门研究科学情报的构成和特性以及研究科学交流全过程的规律性的科学学科。”1988 年，美国情报学家德本斯等人在《情报科学：一种综合观》中认为，情报学是研究情报系统的结构、功能，以及情报系统对社会、文化的影响。1976 年，英国情报学家布鲁克斯在其代表作《情报学的基础》中提出，情报学是关于客观知识的分析、组织、传递和利用的科学。2001 年，北京大学岳剑波在“情报学的学科地位问题”一文中认为，情报学是信息科学群中面向信息交流与管理的信息管理学一个子学科。2003 年，梁战平研究员在“论情报学研究”一文中认为，情报学是一门研究有效运用信息、知识和情报的规律性科学。2003 年，中山大学肖勇在“论基于知识的情报学发展”一文中认为，情报学将成为研究知识与知识活动，包括知识的激活、扩散、转移、组织、增值、吸收、利用等规律性的学科。最近（2005 年），中南大学向英明等人在“论情报学的科学发展观”一文中提出，“既然情报是激活了的、活化的知识，情报学实际上就是研究如何激活信息或知识的科学”。“世界科学情报系统”的专家给情报学的定义是：“情报学是一门研究情报的性质和特点、影响情报流通的因素，以及有效查取和利用情报的加工技术和方法的科学，它是一门新兴的交叉学科。”

上述关于情报学的种种见解，反映了情报学研究的多元化，也确证了情报学是一个不成熟学科，正在发展进化之中。我们认为，后两种见解比较合适，符合当前情报学发展的大趋势，回答了“什么是情报学”的问题。

综上所述，情报学是研究信息、知识、数据激活规律性的科学，包括知识（含信息、数据）的选择性搜索、查找、识别、自然聚类、有效组织、转移、增值、吸收和利用以及知识的挖掘和发现。

2.2.2　情报学的核心研究内容

结合我国情报学研究发展史，其基本研究对象可以概括如下：情报、情报活动及其规律、社会情报现象及其规律。具体涉及：①情报，如情报的功能、结构、价值评价、情报产生过程与规律等。②情报活动，包括情报的生产、记录、收集、整理、存储、组织、加工、处理、检索、交流传递、选择、吸收、分析、评价、利用等；情报工作的本质与特点、产生与发展规律、原则与方法、各环节在情报工作中的地位、作用及其内在联系，情报工作的现代化理论与技术方法；情报事业的管理、法律法规及规章制度的制定等。③其他各种社会情报现象：社会信息化、信息产业化；情报活动中涉及的人、技术、方法、组织机构、财务、组织管理等；人们在情报活动中表现出来的行为特点与规律；情报的认知观、思维结构与方式；情报与经济、社会、人文、法律等。

情报学研究所涉核心范围可以概括如下：①资源（R），包括数据、信息、知识、文本、文献等对象；②技术（T），包括情报采集、识别、分析、存储、检索、传输、处理等技术；③组织（O），涉及情报中心、图书馆、档案馆、公司企业、政府机构等组织；④社会环境（S），涉及个人、人群、组织及其角色和相互关系、制度、文化等。

情报学作为研究知识（信息）激活规律性的学科，有其自身的核心研究内容，下面从三个层面来论述。

1. 宏观层面，包括四部分

（1）基础理论。主要探讨和研究情报的性质、属性和功能，各种研究范式、理论体系，以及情报学与其他相邻学科的关系，此外，还研究情报学的学科定位、发展动力及未来走向。

（2）哲学基础。任何一门学科的发展，都要受哲学支配。情报学是一门发展中的学科，建立其研究范式和理论体系，需要有坚实的哲学基础。哲学是总结和阐明人类认知的最一般规律的科学，它为一切认知活动提供最根本的指导原则。我国情报学究竟沿着何种哲学体系的轨道向前发展，就成为情报学的核心研究内容之一。

（3）方法论。主要研究情报学的方法体系和方法理论，包括科学计量学、情报计量学、网络计量学以及情报量的测定、量化分析、引文分析等。

（4）情报（信息）政策法规。为了规范、调节、导向和激励人们的情报活动和情报（信息）行为，强化情报（信息）政策法规建设很有必要。研究我国情报（信息）政策法规的制定，实施和评估的理论、方法是情报学的主要研究领域之一。

2. 中观层面，包括四部分

（1）知识（信息）资源。知识（信息）资源是情报活动的基础，情报学对知识（信息）资源的研究主要包括知识（信息）资源开发、利用、分类、共享、数字化、网络化等内容。

（2）知识管理。不仅研究知识本身的管理，还研究知识有关各种有形资产和无形资产的管理，包括知识组织、知识设施、知识资产、知识活动、知识人员等内容。

（3）情报（信息）技术。主要研究情报数字化、全文检索、搜索引擎、多媒体内容检索、自动标引、自动摘要、自动翻译、数据挖掘、文本挖掘、知识发现、数字图书馆技术，以及信息技术对情报学发展的影响。

（4）情报（信息）教育。主要研究情报（信息）教育模式、人才素质、在职培训、继续教育、网络教育等。

3. 微观层面，包括三部分

（1）情报分析研究。主要包括知识抽取、筛选，知识分析、综合，知识浓缩、集成以及相应的情报系统（决策支持系统、群体决策系统、电子数据处理系统等）的开发、研制与使用。此外，还包括竞争性情报、预测性情报和策略性情报的理论与方法。

（2）情报检索。主要包括检索语言（主题语言、分类语言）的研制，本体论与语义网、检索策略、搜索引擎、全文检索系统，可视化、人-机接口的研制，以及 Web 网站的构筑等。

（3）情报服务。主要包括情报用户的需求、心理、获取情报方式的研究，情报服务体制、机构、中介服务、咨询服务的研究以及电子商务、电子政务的研究等。

以下从 2.3 节～2.9 节对情报学研究的最新进展做简要介绍。

2.3　信息构建与知识构建

2.3.1　信息构建

1. 信息构建产生的背景

信息构建（information architecture）是 1976 年美国著名建筑师沃尔曼（R. S.

Wurman）首次提出的。他从建筑学的角度研究有关城市环境的信息如何组织加工，以有意义的方式提供给建筑界参考利用，也就是说，信息人员根据用户的需求，构建一种供用户选择的“信息空间”而设计这种信息空间，同设计普通建筑物没有什么原则性区别，因此，沃尔曼创造了“information architecture”这一新术语。沃尔曼曾以美国建筑师协会主席的身份主持召开了一次以信息构建为主题的会议。在这次会议上，他给出了信息构建的定义。他认为，信息构建就是从信息的复杂状态中抽取本质要点，并将这些要点以清晰美观易用的方式提供给用户。沃尔曼当时没有明确 information 的含义，但从描述 information architecture 的内容中多次强调有选择地获取和组织信息，而这正是情报的内涵，也是情报学的主要研究领域。

20 世纪 90 年代，随着网络技术的发展和普及，网络技术以惊人的速度涌现，呈现杂乱、过剩和臃肿，给吸收利用信息设置了天然屏障，人们很难从纷杂的信息中捕捉本质有用的东西。因此，如何冲破屏障、摆脱困难，就成为当今的热门话题。而信息构建的概念就自然而然地受到学术界，尤其是情报界的强烈关注。2004 年 4 月 8～9 日，美国情报学会在波士顿召开了一次研讨会。在这次会议上，情报学、知识管理、电子商务、数据库管理等领域的专家，就信息构建开展了热烈的讨论。与会者约 290 人，其中 15%以上的人声称自己从事过信息构建活动。这次会议虽然没有对信息构建的含义取得一致意见，但众多与会者有一个倾向性的观点：信息构建是关于如何组织信息，以帮助人们有效地满足其情报需求的一门艺术与科学。

2. 信息构建的基本内容及其实施

1）信息构建的基本内容

信息构建主要是围绕网络信息资源开发与有效利用来开展研究的。它从多维的角度，利用美学原理、建筑物设计原则、人-机接口技术和情报分析技术，对网上信息空间的整体外观与功能进行策划、设计和实施。具体来讲，信息构建的内容包括以下几个方面：

（1）规划和设计网站，使其具有柔性，以适应未来的发展变化。

（2）建立信息的组织系统、导航系统、浏览系统和站点地图、类目矩阵和目录指南等。

（3）强化人-机对话机制和视听美感，创建便于吸收、消化、引导、联想等的人机交互界面和手段，为用户提供有选择余地的信息空间。

2）信息构建的实施

（1）确定用户群体。充分了解网上用户群的特点及其需求，准确理解用户的目标、爱好、思维方式和兴趣。

（2）科学而有系统地组织站点的内容。将杂乱无序的信息块进行有效的组织，建立站点之间的表观和内在的联系。创建站点地图，以图表方式描述站点的结构及信息块存放的位置。

（3）设计信息等级结构，让用户找到自己所需的信息内容并提供相关的主题，供用户选用。在某些情况下用户能浏览他所感兴趣的内容。

（4）建立站点导航系统，让用户清楚地知道他目前在哪里，曾经去过哪里，以及可以去到哪里。建立标识系统，将导航标识链接并建立网站的术语体系，其释义简明清晰，便于用户理解。

必须指出，信息构建不是一次就能完成的。随着网站规模扩大，用户群的变化以及复杂程度的增加，网站每一页面出现的内容及其相应的导航系统、标识系统、组织系统等均要做相应的调整和更新。因此，信息构建的维护工作量是相当大的。

2.3.2　知识构建

1. 知识构建与信息构建的异同

20 世纪 90 年代末，出现了一个比信息构建更新的词汇——知识构建（knowledge architecture）。知识构建是在信息构建的基础上形成的。它是信息构建的自然延伸，具有知识组织、知识导航和知识检索的功能，它能使知识更易于理解和吸收，为用户提供比信息空间更高层次的知识空间。

知识构建与信息构建的共同点在于：①信息构建和知识构建，都是关注信息、知识内容的组织问题，即信息、知识表达的清晰化，组织的有序化，存储的本体化。②信息构建和知识构建都建立在“以人为本”的理念基础之上，关注特殊环境下人所处的信息、知识环境，人获取利用信息和知识的问题。③信息构建是知识构建的基础，创建知识空间和进行知识管理时，以信息构建的原理、方法来整理组织数据、信息和知识。

知识构建与信息构建的相异之处在于：①信息构建已有了自己的核心领域和研究重点，形成了一个基本稳定的研究框架，而且有了专门的网站和研究社团，而“知识构建”术语刚刚浮出水面，目前还没有研究框架，核心研究内容正在发展之中。②信息构建解决人们如何发现信息和理解信息，回答信息的内容（what）、时间（when）、地点（where）和谁（who）的问题，并友好展示用户所需要的信息，而知识构建则解决人们处理事务时利用哪些知识，回答如何去做（how）和为什么这样做（why）的问题。③与信息构建相比，知识构建的知识框架需要嵌入更多的复杂的背景因素。知识构建将以信息构建的一些思路和方法为基础，将信息的组织系统、标识系统、导航系统和搜索系统发展成为知识组织、知识标识、知识导航和知识搜索。④信息构建的焦点在于如何建立人与信息之间的有效关联，它一般是面向某个具体应用的，而知识构建的焦点在于如何建立人与人之间有效的知识关联，它是通用的、面向基础的。

2. 我国信息构建与知识构建研究的发展态势

自从 2001 年 12 月中国国防科技信息学会与中国科技情报学会理论方法与教育委员会召开“新世纪初情报学学科建设、发展与应用研讨会”开始，我国信息构建的学术研究进入了一个发展时期。2002 年 6 月，上述两个专业委员会联合召开了一个小规模的信息构建专题研讨会。同年 9 月，中国科技情报学会第 16 届全国计算机信息管理学术研讨会“面向企业知识服务的信息基础结构”将信息构建列为大会的研讨内容之一。2003 年 10 月上述两个专业委员会联合召开了“信息构建与情报学理论方法的新发展”学术研讨会。在这次会议上，北京大学赖茂生教授提出和讨论了关于信息建构的 10 个问题，即信息构建的本质、信息构建的内涵、信息构建的贡献、如何解释信息构建中的“理解”、信息构建重视可用性和用户体验的原因、信息构建对情报学的贡献、信息构建与现有情报学理论的兼容性问题、构建统一的情报学理论的可能性问题、信息构建的发展前景以及情报学教育和信息管理学教育对信息构建知识体系的吸收和传播等。2005 年 8 月，中国人民大学周晓英教授在“信息构建与知识构建”一文中提出知识构建，并指出信息构建与知识构建的异同和信息构建向知识构建发展的条件。

2.4 大世界悖理和小世界现象

2.4.1 大世界悖理概述

1. 大世界悖理（big-world contrary to reason）的含义

所谓“悖理”与“背理”同义，意即不合理，数学上称为悖论，即二律悖反，其含义是一个命题，如果假定它为真，经过无懈可击的推理，却推出它为假，但若假定它为假，又能推出它为真，这样的命题就是一个悖论，俗称悖理。我们赖以生存的地球是十分庞大的，但就人际情报交流的灵活性而论，世界又是极小的，也就是说，甲乙二人不管他们地理位置多么遥远，在认识甲的人群中总会找到一位乙所熟悉的人，换句话讲，甲乙二人总会有一位是他们共同认识的第三者，这位第三者恰好就是人际情报交流中的中间媒介。正是由于有无数的第三者（或互为第三者），才保证人际情报交流的渠道可以曲折地迂回地建立起来，不管世界多么大，人有多么多，只要刻意交流某一情报，不管是被动接收，还是主动传递，总会设法实现和完成的，即是说，世界尽管很大，总是可以人为缩小的，这就是大世界悖理。

2. 伊西尔实验

美国麻省理工学院伊西尔教授对大世界悖理进行了实验研究。伊西尔教授主持的实验小组在美国随机选择一群受试者，这些受试者具有广泛的社会联系和众多的社会关系，一般应认识千人以上。实验小组任意从这群受试者之中选出 2 人，经多次考察发现，任何两人相识的概率很低，约十万分之一。但是，如果这两人有共同认识的第三者，相识的概率却激增为百分之一。如果这任意两人由共同相识的中间人串联下去，相识的概率还可大大提高，甚至高达 99%。这个实验生动地说明了社会群体内的个体的情报交流渠道是很有潜力的。只要设法联系，最终可以建立并保持人际沟通的渠道，这就是非正式交流的非凡渗透力和神通广大的弥漫性之所在。

伊西尔的实验结果具有深远的意义，充分证实了社会个体之间的联系渠道既有现成的，也有潜在的。虽然潜在渠道没有即时可利用的操作性，但可以通过第三者居中联系，从而使双方沟通，人际情报交流得以建立起来。从这个意义上讲，非正式交流渠道恰如地下矿藏一样是可以依据需求进行开发利用的。

3. 大世界悖理对情报学的影响

大世界悖理深入地阐明了非正式交流的社会基础和机制。世界虽然庞大，但由于广泛情报交流，使世界变小，反过来“小世界”更加保障和广泛激活人际情报交流的进行。我们可以利用大世界悖理的原理，设计、开发和改进情报交流系统，研制新的社会情报直接交流的方式、方法和策略。

2.4.2 小世界现象

1. 六度分离（six degrees of separation）

在相当大量人口中任意挑选两个人，这两个人相识的概率有多大？任意挑选出的两个人当中，要达到彼此认识的最短链条有多长？1967 年，哈佛大学社会心理学家米尔格拉姆进行了一次有意义的实验，他给内布拉斯加州奥马哈市任意挑选的 300 多人发信，要求他们把他的这封信寄到波士顿市一个唯一的目标人，分别由每个人独自联系。米尔格拉姆告诉每个发信人有关目标人的信息，包括姓名、所在地、职业、年龄等背景信息。如果发信人不认识这个目标人，他们就把这封信寄给他们认为与目标人比较近，而且是他们认识的一个人，于是形成了发信人的链条。链上的每个成员都力图把这封信寄给他们的朋友、家庭成员、商业同事或偶然熟人，以便尽快达到目标人。米尔格拉姆发现，有 60 个链条达到目标人，链条中平均步骤大约为六。这个试验结果就称为六度分离，在学术上称为小世界现象或小世界效应（small-world phenomenon）。事隔 30 多年，这项实验研究结果引起了数学家、情报学家、物理学家、计算机科学家、行为学家、网络专家、数理经济学家的广泛兴趣，并对其进行了深入研究，展现出广阔的应用前景。当今是网络时代，互联网上的信息数量 1999 年统计为 10 亿量级，但根据美国一些物理学家通过软件对 Internet 采集数据分析结果，Internet 中特征路径长度最多达到 19 次链接，也就是说，你在 Internet 上随意任取两点，不断地点击这一点上面的超级链接，按 19 次鼠标，就能达到另一点。再者，从 Internet 的路由连接来看，Internet 路由器数量已是数以千万计，但是两个路由器之间的平均距离为 10 左右（结点）。

尽管网络结点平均距离为 6、19、10，在数值上有所差异，但对几十亿结点的网络来说，这些差异微不足道。这些实验说明了不同类型的实际网络（人际网络、互联网络）表现出一种惊人的特性——小世界现象，也印证了大世界悖理。

小世界现象的精确定义尚在研讨和发展之中，目前较为合理的解释是：若网络中两点的平均距离 L 随网络大小（网络中的结点数 N）呈对数年增长，即 $L\sim \mathrm{In}N$。也就是说，网络中结点数量增长很快时，L 的变化相对缓慢，这种现象就定义为小世界现象。

2. 世界网络模型（W-S 模型）

1998 年，Watts 和 Strogate 在研究规则网络和随机网络理论的基础上提出了 W-S 模型。从本质上讲，小世界网络是具有一定随机性的一维规则网络，这种随机性是通过“断链重连”的方法实现的。所谓“断链重连”，就是在规则网络中顺序浏览每条边，以较小的概率 $P(P\approx 0.1)$将边的一端移到另一随机选取的位置上。这样，虽然少数边伸展到较远的地方（这些较长的边称为捷径），但由于 P 很小，模型仍大致维持规则结构。

W-S 模型定义了两个特征值：特征路径平均长度 L 和集团化系数 C。前者指能使网络中各个结点相连的最小边长的平均数，后者指网络结点倾向于结成各种小的集团，它描述网络局部聚类特征。例如，现实生活中人们的朋友圈子在很大程度上有重叠，也就是说，你的两个朋友有可能互相也是朋友，这个重叠特征就是集团化系数。

在此基础上，Watts 和 Strogate 将既具有小世界效应（$L\sim \mathrm{In}N$），又具有集团化特征的网络称为小世界网络（SWN）。

后来，许多科学家在 W-S 模型的基础上提出了一个改进模型，以较小的概率 P 在网络中将少量边“断链重连”或直接加入少量捷径保持网络基本结构不变，而结点间的特征路径长度下降很快，该网络就同时具有短特征路径长度和高集团系数，并实现了大世界向小世界渡越。

3. 小世界现象的应用

小世界现象主要用来改善网络信息情报交流，提高交流的效率。

（1）利用小世界网络减少特征路径长度，提高可靠性。

根据小世界网络原理，在开发、设计 Internet 的主要信息传送结点间引入少量长程的“断链重连”或建立少量重要结点间的捷径，就可以从实质上降低电子邮件以及网络信息情报传送路径长度，也能改进整个网络的可靠性。目前，建立“断链重连”的方式有：增加通信线路，建立最短路径数据库，增加网页中相关信息知识的链接，改进现有网络搜索引擎的搜索质量等。但 W-S 模型提示我们，这种随机建立的捷径并非越多越好，太多的捷径会破坏原有规则，造成信息情报传播途径重复、混乱，影响集团化，因此，一定要保持较小的概率（$P\approx0.1$）。

（2）利用小世界现象，加强关键结点的建设。

网络对随机故障的鲁棒性和对恶意攻击的脆弱性同时并存是小世界网络的特性。我们可利用小世界效应，选择网络中少量结点为关键结点，这些结点与众多结点相连，只要确保关键结点正常运行，就能保证整个网络畅通无阻。

（3）利用小世界效应阻止网络计算机病毒和有害信息情报的传播，确保网络安全。

在关键结点上加强保护措施，例如安装防火墙，使用严密的访问控制规则，实施实时监控，就能防止病毒通过关键结点向其他结点蔓延。另外，也可以对局部集团化网络进行隔离，阻止病毒大规模扩散，或及时切断断键重连和捷径，这样，可大大增加病毒传播的网络平均距离 L，从而能降低病毒或有害信息蔓延的速度，确保网络安全。

2.5　知识基因理论

2.5.1　知识基因概念

科学学科具有层次结构，它是由基本概念、基本定律、基本理论组成的。爱因斯坦曾经说过：“完整的体系是由概念、被认为对这些概念是有效的基本定律以及用逻辑推理得到的结论三者所构成的。”诺贝尔奖获得者李政道教授在一次谈话中指出：“最重要的东西往往都是最简单的，就拿物理来说，它的研究对象大到恒星、宇宙，小到微观粒子。但是这些对象总是由几条基本原理管住，那些基本的东西，恰恰是最简单的，但却最重要。”

“知识基因”这一术语是由生物遗传学中“基因”一词移植过来的。在生物遗传学中，对“基因”并无十分明确的定义。遗传学家摩尔根曾把“基因”定义为遗传因子，并指出基因在染色体上呈线性排列，实现物种的遗传与变异。我们提出的知识基因，若按生物遗传学的术语来定义，它是知识遗传与变异的最小功能单元。若按通俗的说法，知识基因就是知识继承与发展的最小功能单元。从科学发展的史实中不难看出知识基因活动的踪迹，只不过由于人类历史文化悠久，漫长的岁月将知识基因的特色和作用变得模糊不清了，大部分知识基因被淹没在漫无边际的知识海洋中，致使人们难以辨认它的存在。正如福科（Faucault）在其《知识考古学》一书中所说的："一只看不见的手通过认识模式控制着知识系统。"这只手就是知识基因。

2.5.2 知识基因的基本特征

知识基因具有稳定性、统摄性、遗传与变异性以及控制知识走向的能力等四项基本特征。

（1）稳定性。知识基因的稳定性，主要表现为概念或观念在知识体系中持久地存在，不易变化，具有反外来入侵的性格。这些概念或观念在较长的一段时间内保持原有的含义和实质，反映出人类在一段时间内对自然界、社会和思维的某种客观规律的认识。

在知识体系中，概念和观念繁多，但作为知识基因的概念大都为基元概念或观念，它们经受时间的考验，为多数人所接受或公认。在人们对它们的认识水平没有提高的情况下，它们是稳固的、持久的，成为某一门学科的骨架。例如，新兴学科控制论中信息、控制、系统、反馈等概念，即属于此类概念。自从维纳于20世纪40年代提出控制论以来，这些基元概念很快被学术界接受。人们发现，在自然界、社会和人类思维活动中都有控制问题。因而，信息、控制、系统、反馈等基元概念在许多知识领域中得到广泛应用，它们稳定地持久地生存下去，作为知识基因，一代一代地传下去。以这些基元概念为导向的古典控制论逐渐演化成具有庞大系统和分支的现代控制论。

知识基因稳定性、持久性特征是知识遗传的必要保证。一个概念不稳定，它怎么会代代相传呢？当然，知识基因的稳定性、持久性是相对的，按其生存时间也可分为异常稳定、很稳定、比较稳定，其程度取决于它反映客观规律的完整性。但它不是永远固定不变的。随着人们认识的深化，知识基因原有内容也会改变，原有持久状态失稳，产生变异。

知识基因的稳定性、持久性寓于基础性、基元性之中，大凡基础性概念或观念，基元概念或观念都是相当稳定的。一个学科（或知识领域）的基元概念是构成该学科的骨架，它必然是知识基因。概念的基础性、基元性是知识基因的判据之一。

（2）统摄性。一般说来，凡是概念都具有统摄性，因为概念是以压缩形式表现大量科学事实的。即是说，它可以消化、融合大量的具体概念，但作为知识基因的概念或观念却具有更强大的统摄力，它不仅以稳定的外壳概括了大量的科学事实，有着广阔的统摄范围，而且还隐含着导向促动的种子。通过这一种子，知识基因就会分出越来越细的分支概念，乃至生成众多的具体概念。

一门学科，就其结构而言，是一个庞大的概念系统，具有层次性。最有统摄力的概念位于概念系统的顶点，其下面是统摄范围较窄的和越来越分化的概念，最后是具体概念。犹如一颗大树，最底层为树根，其次为树干、树枝，再次为树叶，尽管树叶很多，但总有一个树枝支撑着它。众多的树枝长在树干上，树干下面有一个树根。这种层次结构一般称为树状结构。学科概念的层次系统即属于此类结构。除最下层的具体概念另当别论外，上面各层概念大都是知识基因。知识基因层次越高，统摄力越强。综合性概念、普适性概念、上位概念就具有较强的统摄力，而位于底层的具体概念、专指概念、下位概念则统摄力较弱。

从语词角度来看，知识基因的统摄性表现在作为知识基因外壳的语词的成族性。若一个语词，有一个庞大的家族或一群衍生词，俗称族首词，这类词必定有较强的统摄力，必定是知识基因。因此，作为表征统摄威力的语词成族性，是知识基因的判据之二。

（3）遗传与变异性。遗传与变异性是知识基因最本质的特征之一。所谓知识遗传，系指传授者将已掌握的知识基因以文献形式或面授方式传给接受者，而接受者则继承这些知识基因并在此基础上继续发展，使知识基因产生变异。因此，遗传与变异是一对孪生兄弟，彼此密切相关。知识进化是知识遗传与变异的辩证统一，割裂任何一方，将会导致知识的空虚和停滞，知识的遗传与变异，就时间而言是两个不同阶段，它们是交替进行的，一般说来，遗传阶段的时间较长，变异阶段的时间较短，但有时也很难明确划分出两个阶段，“你中有我，我中有你”的情况时有发生。在一个相当稳定的知识基因中蕴含着变异的种子，它在遗传阶段往往不占主要位置，但随着时间的推移，客观条件的变化以及人们认识的深化，这个变异种子便由次要位置上升到主要位置。知识基因开始变异，进入变异阶段。

知识基因变异指知识基因基本内容发生变化。此时，原有的知识基因被扬弃或被同化，或与知识变异体（预备知识基因）共存。知识基因的变异体不能脱离原有的知识基因，原有的知识基因宛似一颗种子，无论知识内容和形式如何变化，总会看到这颗种子的影子。

知识基因的遗传性反映了知识形态之间的继承关系，而知识基因的变异性反映了知识形态之间的发展关系。两者各有侧重，不能分离。一个概念，既能持久遗传，又能变异，衍生许多新概念，它就是基元概念，必定为知识基因。知识遗传与变异交错实现是知识基因的判据之三。

（4）定向控制知识走向的能力。这是知识基因独具的一个本质特征。知识，作为一个巨型系统，是由许许多多的概念组成的。这些概念分属一个学科或几个学科，有的甚至属于整个科学大厦，但其中必有一些基元概念成为学科的奠基石，而这种基元概念，作为知识基因决定着这门学科进化的走向。当然，这不是决定性质的而是统计概率性质的，换句话说，基元概念只能决定学科大致走向，不能预测学科进化的具体路线和途径。科学发展史表明，一个学科处于发展阶段，摆在其面前的有若干路线和途径。至于最后走哪条路线和途径，则取决于许多随机因素。不管这些随机因素何时出现，或多或寡，但学科的发展总离不开其基元概念（知识基因）所指明的方向。这就是知识基因定向控制知识走向的能力。

知识基因定向控制知识走向还表现在其渗透力上。有些基元概念如信息、控制等知识基因具有强大的渗透力，它与学科基因相结合，往往形成一个新的分支学科，开创一个新的知识领域或研究方向。以信息为例，它与经济学科基因相结合，就形成信息经济学，与力学学科基因相结合，就形成信息力学，与化学学科基因相结合就形成信息化学等。基元概念或观念，作为知识基因，在知识进化运动中具有指向性和渗透力，这是知识基因的判据之四。

知识基因的上述四大特性并非孤立而是相互联系、相互作用、相互影响，其中最重要的是知识基因遗传与变异这一根本特性。知识基因若没有遗传与变异功能，就失去其内涵，而要实现知识基因的遗传，首要的条件则是知识基因在较长时间内稳定，持久存在，根基牢固，才能代代相传；其次，在遗传的基础上，知识基因实现变异，它必须有衍生能力，具有成族性，从而体现出知识基因的统摄力与控制知识走向的能力。因此，知识基因的稳定性、遗传与变异性、统摄性和指向性是一个完整的体系，不可截然分开。

2.5.3 知识基因理论的核心研究内容

知识基因理论包括六方面的研究内容：

（1）知识基因的含义、结构、形态、特征及其判据；

（2）各类知识基因的遗传与变异的方式、途径、机制、社会与心理的影响因素及知识遗传与变异对社会进步的影响；

（3）从知识基因遗传与变异的角度揭示科学大厦的内部结构及其进化规律；

（4）知识的自然选择及其遗传与变异的规律；

（5）以知识基因为单元的知识测度方法与体系；

（6）知识基因实现程序化与工程化。

2.5.4 知识基因理论最新进展

1. 知识三体论——知识基因理论的拓展

知识三体论是在知识基因理论的基础上提出来的。根据该理论，知识可划分为三种基本形体：①知识基因体；②知识变异体；③知识空白体。知识基因体是已有知识集合的基本功能单元，它是知识大厦的根基，反映数千年积累起来的人类文明成果。知识基因体以基元概念、观念、方法、关系、技术等语词形式来表述，具有稳定性、成族性、遗传性、变异性以及控制某一知识领域发育走向的能力。知识变异体是新知识集合的基本功能单元，它是知识不断发展进化的具体体现。知识变异体由知识基因或知识空白体演变而来。它具有新颖性、独创性和实用性。知识空白体是潜在知识集合的基本功能单元，它是知识发展变化的航标。知识空白体由知识变异体或直接由知识基因体演变而成。知识空白体系指现有知识系统中有待填补的空缺，往往以知识链的逻辑中断或事实、现象相互矛盾（问题）形式表述。知识三体的一些参数见表 2.1。

表 2.1　知识三体的一些参数

知识形体名称	基本特征	在文本中的部位	引导词语示例	抽取方法
基因体	基元性	前言、绪论部分	根据、按照、在……基础之上	框架法
变异体	独创性	实验、结果部分	研究表明，得出结果、结论	对比法机助抽取技术
空白体	指向性	结论、展望部分	今后，预期，长远发展	空白点分析法、人工智能

知识三体论的研究对象是知识基因体、变异体和空白体。研究内容是知识三体之间的关系及其演变规律，主要包括：①知识三体的界定及判据（包括量化指标）；②知识三体之间的关系（发展、指向、实现、淀积）；③知识三体的转化规律。

由图 2.1 可知，知识三体的转化规律包括：①基因体发展为变异体的规律（知识变异规律）；②变异体和空白体导出空白体的规律（知识预测规律）；③变异体淀积为基因体的规律（知识熟化规律）；④空白体实现变异体的规律（知识创新规律）。

支持三体论的技术与方法有计算机技术、数据仓库技术、知识发现与数据挖掘技术、人工智能以及空白点法、超文本法、词对法、逻辑范畴法和内容引用法。知识三体论主要用于各类活动的智力支持，包括发明、创造、预测、测度、情报分析研究以及查新、检索和评价。

2. 科学知识发展模型

按照知识三体论，我们对有关知识进化的建模思路做了调整，引进了知识空白体。我们准备建构六个模型：①科学发展模型；②知识遗传与变异模型；③知识扬弃模型；④知识表述模型（人-机语言原理）；⑤知识预测模型；⑥知识测度模型。

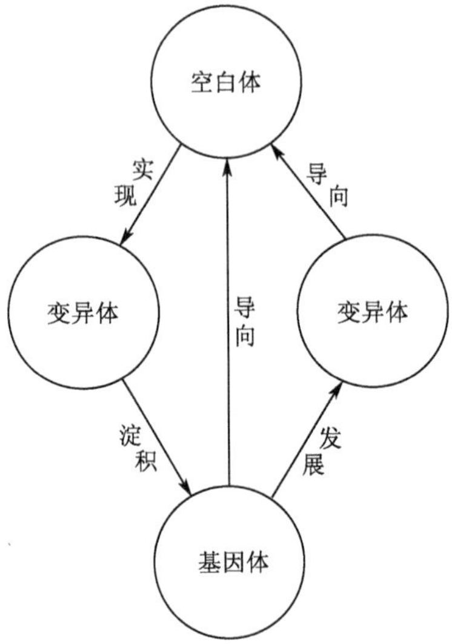

图 2.1　知识三体之间的关系

上述模型中科学发展模型是最基本的。依据知识三体论，我们建构的科学发展模型如图 2.2 所示。该模型表明：

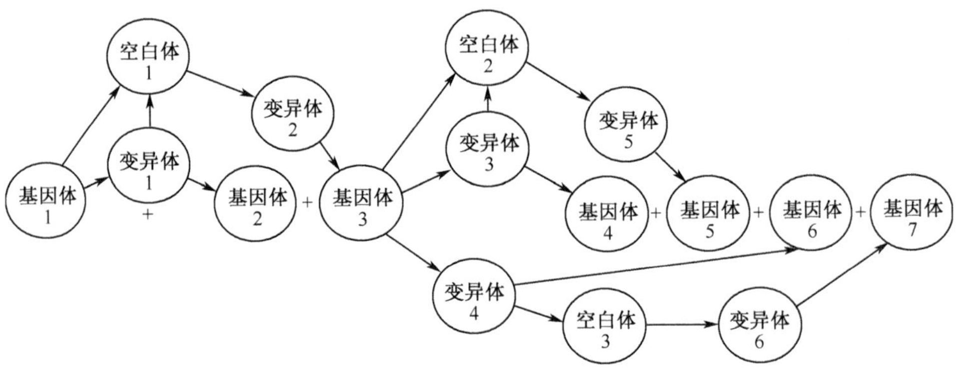

图 2.2　科学发展模型

（1）科学发展是一个有起点（最原始知识基因）、无终点无限攀升的积累过程。

（2）科学内部发展逻辑基本按照“知识基因体—知识变异体—知识空白体—新知识变异体—新知识基因体……”的轨迹螺旋行进。

（3）在科学创始之初，知识基本上按几何级数增长，而后分化成众多的学科。各学科知识的增长按其性质和学科发展阶段不同而呈现指数曲线、逻辑曲线、滑动指数曲线、直线等。

（4）科学演化是一环扣一环，每一环具有相同的进化机制（发展—指向—实现—淀积—再发展……）但不是重复或简单线性提升，而是螺旋上升，后一螺旋在知识整体数量与质量上都较前一螺旋为优。

（5）各环知识基因体与变异体的总和非线性累加在一起就构成科学大厦。

3. 知识三体论在知识发现和数据挖掘方面的应用

知识发现和数据挖掘是在海量信息与有用知识之间的矛盾日益加剧的背景下诞生的一种新的信息技术。知识发现集数据收集、数据清洁、降维、规则归纳、模式识别、数据/结果分析及评估、可视化输出等多种过程于一身，是统计学、计算科学、模式识别、人工智能、机器学习及其他学科结合的产物。

知识发现是从数据集中识别出有效的、新颖的、潜在的以及最终可理解的模式的非平凡过程。它与面向主题的、稳定的、具有历史数据的数据仓库有密切的联系。知识发现大致有三个步骤：①数据准备，包括数据选取、数据预处理和数据变换；②数据挖掘，包括数据总结分类、聚类、关联、规则的发现或序列模式发现；③结果解释与评价，知识发现的模式由用户或机器进行评价，根据评价结果修改挖掘参数，甚至修改挖掘算法，最后进行可视化。

知识发现技术主要有决策树法、神经网络法、遗传算法、聚类法、关联分析法、时间序列法、规则归纳法等。

数据挖掘与知识发现的实质基本相同，只是在不同应用领域中叫法不同。数据挖掘主要应用于工程领域（统计、数据分析、数据库和管理信息系统），而知识发现则主要应用于研究领域（人工智能、机器学习等）。

从智能化角度来看，目前知识发现和数据挖掘技术水平仍是浅层次的，采用的发现技术和挖掘技术仍以语法为主，尚未进入语义与语用层次。为了深化和拓展知识发现与数据挖掘技术，可引入知识三体论，以知识基因体、知识变异体、知识空白体作为语义单元，从事件、现象、图形、文本、网上信息中抽取知识三体，按一定模型和规则加以集成、关联和评价，用来挖掘与发现信息中隐含的、潜在的有用知识，为知识创新服务。这一设想就目前计算机技术、通信技术、网络技术水平来说是完全可以实现的。为此，我们应建立知识三体数据仓库，绘制知识进化图谱，拟定知识进化算法，研制各类模型和开发知识三体管理系统。

2.6　知识集成与网格技术

2.6.1　从知识压缩、精简到知识集成

知识具有可压缩特性，它不仅在物理形态上能压缩，而且在质量层次上也能精简。这种特性为其本身进化和创新提供了必要的条件。

知识附着于一定载体上。从古代藏书楼、近代图书馆到现代情报中心，存储、传播、加工和利用知识都离不开物理载体（纸张、缩微胶片、磁盘、光盘等）。然而，伴随着社会进步和科技发展，人们创造的知识越来越多，以至难以存储积累和查找利用。针对这种态势，人们不得不审视知识的存储积累和检索利用的问题，而解决这一问题的有效方法，就是将知识的物理形态压缩、内容精简。题录、目录、索引、简介、文摘、综述之类的出版物（印刷型和电子型）便应运而生了。这类出版物的编制和发行便成为当代图书情报机构的主要任务之一。知识的压缩和精简，为知识的吸收和利用提供一个有效的通道，也是新知识生成和知识进化的必由之路。

我们设想一下，如果现在中学老师原封不动地照搬牛顿原著《自然哲学的数学原理》来讲授力学定律，那不知要占去多少时间，耗费学生和老师多少精力。如今，牛顿的这本原著已被浓缩成简明扼要的三大力学定律而载入中学课本之中。这一知识浓缩、精简的成果乃是世世代代教师们和学者们辛勤劳动的结晶。他们为广大学生、普通百姓吸纳和运用力学原理立下了不朽的功劳。浩如烟海的知识海洋，通过不断压缩、精简和浓缩，变成了易于消化、吸收的营养液。数学大师华罗庚曾说过，“一本书，当未读之前，你会感到，书是那么厚，……但是当我们对书的内容真正有了透彻的了解，抓住全书的要点，掌握了全书的精神实质以后，就会感到书本变薄了。愈是懂得透彻，就愈有薄的感觉”。著名的物理学家严济慈也说过：“书越读越薄”。科学家一语道破了知识压缩、精简对吸纳和掌握知识的重大意义。从某种程度来说，一个人若想发明创造，首先要对相关的知识进行压缩精简，掌握已有知识和技艺的要领，进而悟出思路，创造出新知识。

知识集成（knowledge integration）是知识压缩、精简的进一步发展，它不仅在浓缩程度上更深一步，而且在质上也与知识压缩和精简有所不同。

什么是集成?集成系指一个整体的各个部分之间彼此有机地协调运作，以发挥整体效益，达到整体最优的目标。集成有两层含义：一是集合，二是组成。所谓集合，就是将分散的事物，通过一定手段链接起来，消除冗余和重复，发挥各自优势，达到互补和融合。所谓组成，就是将有机融合的各种事物，按一定的目标加以整合和组织，构成一个可以方便快捷施效的整体。知识集成是针对既定目标或面向特定的问题将分散的相关知识单元、片断进行有机融合，为知识创新提供最佳的实现环境。这里要特别强调的是，知识集成绝不是各种相关知识的机械混合和拼凑，也不是知识的简单压缩、排列和组合，而是在更高、更深的层次上实现知识单元、片断的恰当融合、优势互补和协调统一。它是按照最优化法则实现知识单元、片断的有机重组和整合的。

知识集成体现了人类多元立体思维的成果。可以说，对客观事物集成乃是人类思维活动的重要法则之一。这一法则在人类社会活动、技术工程以及对自然界的认知等诸多领域中得到具体的应用。社会治安的综合治理、医生会诊、科学家集体攻关、自然科学与社会科学的融合、软科学的崛起、系统论的广泛应用、企业集团化趋势、全球经济一体化浪潮……所有这一切，无一不是各类事物集成的反映。

知识集成，对知识创新和进化具有重大意义，它便于寻求和发现多学科知识的内在联系与交汇点，有利于多学科交融，易于触发新思路和新想法。其实，在某种程度上知识集成本身就是创新。据统计，历史上的发明创造约有 80%以上都是各类相关知识集成的结果。

2.6.2　大成智慧工程

早在 1990 年，钱学森院士就提出一种想法。他建议“利用从定性到定量综合集成法，把人类的思维、知识、智慧以及各种情报、资料、信息统统集成起来。”1992 年 3 月，钱学森教授发挥了这一想像，提出了“从定性到定量综合集成研讨厅体系。”这一体系是以计算机为核心，采用高新技术，运用集成与融合的方法，把人类知识体系、现代科学体系、不同层次的知识、局部和领域的知识、不同类型的知识综合集成到整体和最高的知识上，这就提高了人们认识世界、利用世界和改造世界的能力，丰富和发展了人们的智慧，实现了“集大成，得智慧”。钱学森院士把这一设想称为“大成智慧工程。”

钱学森院士的上述思路是非常宽广和深邃的，富有远见卓识。当然，知识的集大成绝非易事。千百年来，我们的先辈对此做过许多尝试，但由于当时技术手段的限制，未能获得预期的成果。如今，高新技术迅猛发展，已为知识的集大成创造了实现的平台。但是，我们还应充分认识到，知识虽具有可压缩特性，但又具有高度分散性，日趋多样化，企图用统一模式把它综合集成或许不可能实现。可是，混沌理论（chaos theory）告诉我们，在大量复杂混沌现象的背后，隐藏着统一的规律。基于这种认识，在知识海洋中同样会存在着统一的规律性，而这种规律性迟早会被人们所认知。

2.6.3　网格技术的应用

钱学森院士提出的“大成智慧工程”是一个远大的宏伟目标，而实现这一目标必须分步走，先易后难，先浅后深，循序渐进，这宛如采矿工程，要从表层到里层、层层挖掘，逐步深入。因此，我们认为，知识集成首先从知识的压缩、精简开始，进而深入到知识的融合和重组，探索知识集成的形式、技巧和规律。然而，要实现知识集成，正像钱学森院士所指出的，必须依靠以计算机为核心的高新技术。当代信息技术日新月异，最近出现的网格技术，为知识集成提供了技术实现平台。

网格（grid）这一术语，首先出现在 20 世纪 90 年代中叶，当时用在高级科学工程的分布式计算中。90 年代末，美国计算网格项目 Globus 领导人，国家实验室资深网络研究专家 lan Foster 在其编写的《网格 · 21 世纪信息技术基础设施的蓝图》一书中给网格下了一个明确的定义："网格是构筑在互联网上的一组新兴技术，它将高速互联网、高性能计算机、大型数据库、传感器、远程设备等融为一体，为科技人员和普通老百姓提供更多的资源、功能和交互性。互联网主要为人们提供电子邮件、网页浏览等通信功能，而网格功能则更多更强，让人们透明地使用、计算、存储其他资源"。

严格来讲，网格是一种计算模式，因此，网格也称为网格计算（grid computing）。它是利用互联网，把分散在不同地理位置的各类计算机（计算机群）、数据源、外围设备等连接起来，组成一台"虚拟超级计算机"，形成对用户相对透明的虚拟高性能计算环境，实现计算资源、数据资源、信息资源、知识资源、存储资源、通信资源等多种资源的高度共享与高速存取。形象地说，网格就如同人们日常生活中使用电源一样的方便，只要插上接头，信息资源、知识资源就会源源而来，高性能的计算能力就会被随意调用。

网格系统一般由网格结点、数据库、昂贵的仪器和设备、可视化设备、宽带网、网格软件等组成。主干网将所有网格结点联成一体，其带宽可达 Gbps（每秒 10^9 比特）量级，网格软件提供单一系统映象、透明、负载平衡和资源共享等功能。网格操作系统提供网格底层管理功能，为编程和使用环境提供用户接口，便于有效地利用网格资源。网格结点、数据库、设备、主干网和网格系统软件构成一个网格平台。

目前，我国正在研制中的网格技术项目有"中国网格"（China grid）和织女星网格（Vega grid）等。织女星网格主要包括网格超级服务器、网格操作系统、计算网格、信息网格、知识网格等。

知识集成所需的网格系统是建立在知识方法学、知识本体技术、知识单元理论基础之上的。网格知识平台是一个集人类全部知识为一体的、合理组织的、表述和谐的、动态生长的网络知识集成系统。利用计算机网格，通过知识集成就能实现知识在单元层次上的有序组织和动态增长，从而达到知识创新、传播和利用的总体最优。

建构知识网格系统需要解决知识单元的自动抽取、关联、链接、组织排列、快速查询、知识网络图导航、知识挖掘、知识发现、隐性知识显化、隐含关系揭示等诸多具体技术问题。因此，建构知识网格的难度远比建立计算网格和信息网格的难度大，单靠计算机专家、网络专家是难以办到的，必须由包括情报专家在内的各方面专家通力合作，才能实现钱老提出的"大成智慧工程"这一宏伟目标。

2.7　本体与语义网

2.7.1　本体的含义

本体（ontology）原本是一个哲学上的概念，译为“本体论”，是研究实体存在及其本质的通用理论。后来，引入人工智能领域。1991 年 Neches 等人将 ontology 定义为给出构成相关领域词汇的基本术语和关系，以及利用这些术语和关系构成词汇外延的规则。1998 年，Studer 等人提出 ontology 是概念模型的明确的形式化规范说明。这里包含四层意思：“概念模型”（conceptualization），指通过客观世界中一些现象的相关概念而得到模型；“明确”（explicit）指所使用的概念及其约束都有明确的定义；“形式化”（formal）指 ontology 是计算机可读的（即能被计算机处理的）。“共享”（share）指 ontology 中体现的是共同认可的知识，反映的是相关领域中公认的概念集。ontology 的目标是捕获相关领域的知识，提供对该领域知识的共同理解，确定该领域内共同认可的词汇，并从不同层次的形式化模式上给出这些词汇（术语）和词汇间相互关系的明确定义。

从情报学角度理解 ontology 这一概念，我们认为，ontology 译为“概念集”较为合适，它是定义基本词汇及关系，组成主题领域的词汇表以及将它们结合在一起的规则体系，包括对象、属性和关联。“对象”代表概念或知识领域中的实体；“属性”是揭示反映对象的特性或值，或者是对对象的某种限定；“关联”代表了实体对象之间存在的关系、联系，包括概念定义等同 / 同义关系、层次关系、相关关系。这些关联将本体有机地连接成为一个具有语义的整体。

本体通过一个语言定义和标记后成为可在计算机系统中表征和交换的知识，并可被知识代理（agent）自动解析和识别。

2.7.2　本体的建构方法

本体的建构，一般不能简单看成是项目开发，而应看成工程开发。目前的一些方法都是从各案的开发过程中总结出来的。一般来说，建构一个知识领域的本体，包括以下六个步骤：

（1）确定本体的领域和范围。

首先要明确建构的本体将覆盖的专业领域、应用本体的目的、作用及其系统开发、维护和应用对象。

（2）列举领域中重要的术语、概念。

在创建本体的初始阶段，尽量列举出系统想要陈述的或要向用户解释的所有概念，不必考虑概念之间语义的重叠及表达方式（类、属性、实例）。

（3）建立本体框架。

上一步产生的知识领域中的大量概念是一个没有组织结构的词汇表，需要按一定逻辑的规则将其分组，构成不同的工作领域，并对同一工作领域中的概念相关性和重要性进行评估，选出关键性术语，尽量能准确而精炼的表达出领域的知识，形成一个领域知识的框架系统。

（4）设计元本体，重用已有的本体，定义领域中概念之间的关系。

元本体是元概念的本体，其术语用于定义本体中的概念，如实体、关系、角色等。设计元本体时，一要尽量做到领域无关性，二要包含的元概念尽可能少。

目前，Web 上有许多可重用的本体资源库，可以考虑选用。也要通过 Internet 获得现成的本体文库，如 UNSPSC、DMOZ、Ontolingua 等。

一个概念可采用元本体中定义的基元概念进行定义，或采用本体中已被定义的概念进行定义或重用已有的本体。

除了定义概念，还要定义概念之间的关系。这些关系不仅涉及同一工作领域中的概念，还与其他工作领域的概念相关联。

首先，定义类及类的层次关系。创建的概念中很大一部分是类概念，对类的层次定义有三种方法：自上向下法、自下向上法和混合法。一般说来，混合法比较适合大部分开发设计人员。

其次，定义类的属性。不仅通过类可以确切描述一个领域，还要描述类的内部结构，确定类的属性。在本体模型中，属性包括本质特征，如颜色、运行速度，外来特征，如产地、厂商，组成部分，如材料，个体间关系。子类继承父类所有属性，因此，属性应尽可能定义在通用类中。

再次，定义属性值和创建实例。属性值可以是一个数值，也可以是一个类。属性类也有属性，通过这些属性来说明取值类型、值的个数及有关值的其他特征。同时选择一些概念类，创造该概念类的实例。

（5）对领域本体进行编码、形式化。

选用合适的本体描述语言，对上述建立的本体进行编码、形式化。目前本体描述语言约有 28 种，大都基于一阶逻辑，也有基于描述逻辑。常用的有 Ontolingua、Cycl、LOOM 等。本体模型的形式化可提供比自然语言更严格的格式，能增强机器的可读性，便于交换，便于本体模型自动逻辑推理及检验。

（6）对本体进行检验和评价。

本体形式化后，是否满足用户需求，是否符合本体的建构准则，是否术语、概念定义清晰，是否关系定义完整等，都要在本体建构后进行检验和评估。

2.7.3　本体研究方向与应用前景

本体是近年来随着计算机信息处理、人工智能、知识工程等学科的发展而迅速兴起的一个十分具有活力的研究领域。研究人员从各自专业领域出发对本体工程、本体的表述、转换、集成及其应用等进行了深入研究。目前，本体领域的研究重点为：本体的集成以及不断扩大本体的应用领域等问题。本体理论在我国学术界已引起普遍的关注。虽然目前对本体理论和应用的研究刚刚起步，但各专业领域的研究人员都已意识到本体应用的潜力。在情报学领域，本体有着广阔的应用前景。它能准确描述概念的含义及其间的内在联系，并通过逻辑推理获得概念之间的蕴含关系，具有很强的表达概念语义和推理的能力，更适用于数字化、网络化时代的知识组织和检索。由于本体能更好地表达词语之间的概念关系，可以应用于辅助主题分析，并能提高主题分析的准确性和科学性，从而提高主题标引的质量。本体理论还可应用于自动分类、知识集成、数字图书馆的智能导航、信息过滤等领域。

2.7.4　语义网

1．语义网的含义及其基本组成部分

语义网（sematic Web）的创始人 Tim Berners-Lee 于 1998 年提出语义网的如下定义：“语义网是一个网，它包含了文档或文档的一部分，描述了事物间的明显关系，且包含语义信息，以利于机器的自动处理。”

语义网不同于现在的 WWW，它是现有 WWW 的扩展和延伸。语义网的基本特征是面向文档所表示的数据，以利于计算机“理解与处理”。此外，语义网还具有一定的判断、推理能力。

语义网由三个主要部分组成：第一部分是资源描述框架（RDF），它描述网络资源的信息，特别是表述网络资源的元数据；第二部分是可扩展标记语言（XML），利用一套事先编制好的元素对文献知识或数据进行标识，为计算机处理提供方便；第三部分是名域（namespace），它不仅区分各元素的归属，而且还能转换不同名域之间的同义词。

2. 语义网的体系结构

2000 年，Tim Berners-Lee 提出了语义网的体系结构，它包含七层，自上而下各层功能增强。

第一层：Unicode+URL（国际码和统一资源标识），它是整个体系结构的基础，其中 Unicode 是一个字符集，负责处理资源编码。URL 负责资源的标识，它使情报精确检索成为可能。

第二层：XML+NS（Namespace）+XML Schema（可扩展标记语言、名域和可扩展标记语言大纲），该层负责从语法上表示数据的内容与结构，通过使用标准的格式语言将网络信息的表现形式、数据结构和内容分离。

第三层：RDF+RDF Schema（资源描述框架和资源描述框架大纲）

RDF是一种描述WWW上信息资源的一种语言，其目标是建立一种供多种元数据标准共存的框架。该框架能充分利用各种元数据的优势，进行基于Web的数据交换和再利用。RDF采用XML标准语法无二义地描述资源对象（语义）的问题，使得所描述的资源的元数据信息成为机器可理解的信息。如果说XML是一种标准化的元数据语言规范，那么，RDF就是一种标准化的元数据语义描述规范。RDF Schema则使用机器可理解的表述体系定义描述资源的词汇。第三层负责提供语义模型用来描述Web上的信息和类型。

第四层：ontology vocabulary（本体词汇表），负责定义共享的知识，是元数据层。

第五层：logic（逻辑），负责提供公理和逻辑推理规则，为智能服务提供基础。

第六层：proof（验证），为智能代理间互相验证交换数据的签名提供支持。

第七层：trust（信任），是信任层。

在整个语义网体系结构中，XML RDF（S）和ontology是其核心，它们支持从语义上描述网络信息和知识。

3. 语义网的应用及发展趋势

语义网赋予网络信息和知识更明确、更完备的语义，并使计算机能对网络信息和知识进行理解，实现网络数据和网络服务的智能化。实际上，语义网是一种智能网络技术。据报道，语义网技术一夜之间得出的组合方式将比一个人穷尽一辈子心力想得到的还要多。语义网有助于人们提高自身的直觉能力和分析能力，促进全球范围内不同文化背景的人们之间的合作。美国互联网之父Tim Berners-Lee希望2005年用“语义互联网”取代目前的WWW，使接入互联网的每一用户都能分享人类五千年以来积累的全部知识。目前，语义网已成为情报学研究的热点之一。今后我国语义网的主要研究方向有：①语义网基础理论研究，包括语义网的体系结构、指导原则和建构方法等；②语义网的实际应用，建立符合语义网构想的WWW页面或网站；③本体的编制规范与标准，用以指导中文网络本体的建构以及研制具有一定实用价值的本体词汇集；④对logic、proof、trust各层的研究。

目前，语义网主要研究项目有：面向自然语言处理的语法，语义计算机模式的研究，用户自适应集合分类法研究，潜在语义索引，复合词的分析模型研究，自动构成多语种词库，知识共生现象的研究，网络知识搜寻代理等。

2.8　基于文献的知识发现

2000 年美国情报科学与技术学会（ASIST）最高荣誉奖授予了美国芝加哥大学研究生学院情报科学荣誉教授 Don R. Swanson 博士，表彰他所创立的基于文献的知识发现（knowledge discovery based on literature）方法对情报学的发展做出的杰出贡献。Swanson 的研究成果目前已在国外图书情报界和医学界推广应用，其影响日益扩大。下面主要介绍基于文献的知识发现的含义、产生的背景、基本原理、操作步骤及其对情报学发展的深远影响。

2.8.1　何谓基于文献的知识发现

基于文献的知识发现，更确切的术语是基于非相关文献的知识发现，它是 1986 年由 Swanson 教授首先提出的。对这个新术语，目前尚无完整的定义。根据 Swanson 教授历次发表的论文，基于文献的知识发现含义可归纳为：“从公开发表的非相关文献中发现某些知识片段间的隐含联系并在此基础上提出科学假设或猜想，引导科研人员进行攻关或实验，从而发现新知识。”这里，发表的非相关文献是指两篇或多篇公开发表的文献不彼此引用或不共引其他文献，它们之间在内容上没有直接联系，或有微弱的不易被发现的联系。所谓知识片断是指知识单元或知识单元集合。最后提出的科学假设只是一种推测，尚需实验和佐证，方能生成新知识，为科学界所认可。

Swanson 提出的知识发现方法首先在生物医学中得到应用。1986 年，他发现，雷诺氏病是一种病因和治疗方法均未知的血液循环紊乱疾病。有的文献记载了部分雷诺氏病患者血液中有些异常（如血液黏度偏高），又有一些文献记载了食用鱼油能纠正这种异常（如它可降低血液黏度）。Swanson 将 34 篇论述血液变化可导致雷诺氏病的生物医学文献分为一组（A），而将 25 篇论述食用鱼油可引起血液某种变化的生物医学文献分为另一组（C），通过雷诺氏病主题词（B）将两组文献联系在一起。在此基础上，Swanson 提出科学假设：“食用鱼油会对雷诺氏病患者有益。”当时，这一假设并没有以任何形式公开发表过，学术界尚未发现食用鱼油与雷诺氏病的联系。两年之后，这个科学假设被临床实验所证实。后来，Swanson 通过文献研究又发现了偏头痛与镁的 11 条被忽略的联系。他在 1998 年发表的文章中提出了“镁的缺乏可能引起偏头痛”的假设，后来也被临床实验和脑中镁含量的检测报告所证实。

美国韦恩州立大学 Cort 副教授将 Swanson 方法成功地应用于发现 Wilson 人文数据库中文献之间的隐含关系。他发现了以前未被人们发觉的诗人 Robert Forst（1874～1963 年）和希腊哲学家 Carneades（公元前 214～公元前 129 年）间的联系，而这种联系是通过美国19世纪中叶实用哲学家William James（1842～1910年）建立的。Cort在此项研究中，将B=James和C=Forst，而A=“事先不知道的不知名的对Forst有影响的人，是个未知事件”。然后求解谁对Robert Forst有直接影响。此例证实在人文科学文献中同样存在着许多未被挖掘的隐含联系。

2001年F．Morrissery博士在美国第九届专业图书馆、保健图书馆和法律图书馆会议上发表了题为“科学技术与医学数据库中知识发现的理论与实践”一文。他以工程索引（EI）数据库Compendex为基础，采用Swanson的方法发现了以前未被人发觉的聚合物中产生带状纽结的原因，从而证实了工程技术文献中也存在着大量未被发觉的隐含联系。

2.8.2 产生背景

基于非相关文献的知识发现方法的创始人Swanson教授在接受美国情报科学与技术学会最高荣誉奖典礼上的讲话中阐述了上述的知识发现方法产生的背景。他指出三点：

第一，纪录性知识（文献）总量与人类吸收知识能力之间的鸿沟不仅是巨大的，而且是不断扩展和加深的，人的智力水平和有限的生命严重地影响新知识的产生，极大地延缓知识的演化过程。

第二，知识分裂现象日趋严重。知识分裂又称知识分化。由于跨学科、跨专业的知识交流，各个学科不断产生新的分支和新的专业。知识裂化的加剧导致文献中隐含的关系不易被发觉，人们识别文献之间意义联系及其关联网络愈感困难。

第三，文献之间意义联系呈“大爆炸”之势。一个专业领域的信息可能对另一专业领域是有价值的，而这一事实却无人知晓。跨学科之间存在着许许多多潜在的未被发觉的联系，而这种联系未能通过文献的相互引用或其他交流方式进行沟通。令人惊讶的是，意想不到的这种隐性意义联系的数量远远超过显性（相互引用和交流）联系的数量。各信息或知识单元在意义上的结合（潜在联系）数量要比信息或知识单元本身多得多。文献意义关联的数量爆炸更令人担忧，后果更为严重。

为了缓解上述人类面临的窘境和矛盾，基于文献的知识发现方法就应运而生了。

2.8.3 基本原理

Swanson提出的基于文献的知识发现方法最初是根据阿里斯托得的三段论。三段论一般由两个前提和一个结论构成，即是说，从两个因果关系中可以推导出第三个因果关系。例如，A→B（A引起B），B→C（B引起C），则A→C（A引起C）。知识的发现就是以因果的演绎推理为基础的。然而，这种三段论有其局限性，必须遵循一定的规则。

美国密歇根大学商学院 Gordon 教授发展了 Swanson 的逻辑递推的理念，提出了中介文献概念（图 2.3）。其基本原理为：“若某一篇文献中的 A 与另一篇文献的 B_i 有关，而每一个 B_i 又与其他文献中 C_j 有关，将这种递推关系一直进行下去，直至发现预定目标的内容 T。而 A 和 T 没有在文献中被共引或相互引用，也没有一篇文献同时论述 A 和 T。” Gordon 教授的逻辑递推发现知识的原理，增加了中介文献，这比 Swanson 教授的简单演绎推理更前进一步。

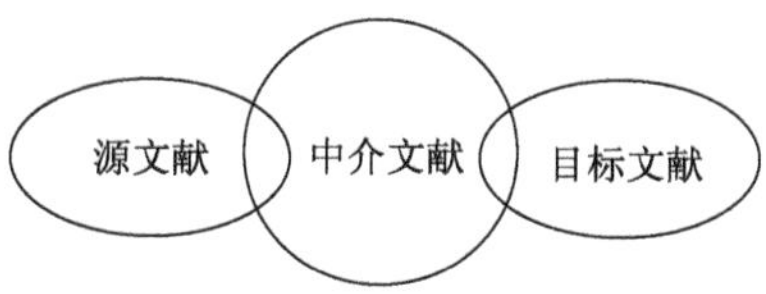

图 2.3　中介文献示意图

美国布拉斯加大学数学和计算机系的 Chen 创建了“文献相互交谈”的计算机模型，其基本原理可描述为：“若在文献 d_j 中实体或对象 O_k 同 O_l 有关，而另一文献 d_j 中实体或对象 O_l 同 O_m 有关，则 O_k 与 O_m 通过 O_l 被联系起来。” Chen 的模型也是建立在三段论基础之上的。

我们提出基于文献的知识发现的多维递推原理：“若一篇文献中知识元 $A_x(x=1, 2, \cdots, i)$ 与另一篇文献中知识元 $B_y(y=1, 2, \cdots, j)$ 有关，而 B_y 又与其他文献 $C_z(z=1, 2, \cdots, k)$ 有关，A_x 与 C_z 存在着多维联系。这里的知识元可以是主题词、关键词、分类号、知识基因体、知识片断或其他元数据。利用此原理发现新知识的关键在于必须遵守 A_x 与 B_y，B_y 与 C_z 的匹配与导航原则，否则将会引起智力过载和迷路。

2.8.4　计算机实现方法——Arrowsmith 系统

Swanson 教授为使基于文献的知识发现实现计算机化，设计了一套计算机软件系统。该系统取名为 Arrowsmith（美国第一本获得诺贝尔文学奖的小说名）。经过多年的潜心研究，Swanson 教授最近推出 ARROWSMITH 3.0 版，由过去的数据库记录的标题检索模式过渡到主题词和文摘检索模式。该系统的网址为 http://kiwi．Uchicago.edu 或 http://Arrowsmith. Psych. Uic. edu。

Arrowsmith 系统的操作步骤如下：

（1）准备待输入的文档 A 和文档 C。

以你感兴趣的专业术语 A 和 C 为检索词，通过相关的数据库进行检索。根据检索结果，分别建立文档 A（含术语 A 的题录集合）和文档 C（含术语 C 的题录集合）。文档的容量以 100～6000 个记录为宜。

（2）将文档 A 和文档 C 输入 Arrowsmith 系统。

文档 A 和文档 C 准备就绪以后，分别将其存储，然后转到 Arrowsmith 网页上，在第一个窗口输入你的 E-mail 地址（输入五个字符的字符串，最后以@结尾），在第二个窗口输入你准备好的文档 C 的名称，在第三个窗口输入文档 A 的名称，然后按“send”键，Arrowsmith 系统将自动赋予你一个任意四个字母代码来取代你的 E-mail 地址，供你今后登录 Arrowsmith 系统之用。

（3）在 Arrowsmith 系统中进行加工处理。

编辑好的文档 A 和文档 C 按一定格式上传至 Arrowsmith 系统，经过 Arrowsmith 主要停用词表的筛选，生成与文档 A 和文档 C 相匹配的 B 列表。该列表中将给出在两个文档所存储的题录中共现的重要单词和词组。Arrowsmith 系统允许用户对 B 列表进行编辑加工。用户浏览 B 列表，认为不满意时，可以根据自己的经验和专业知识，将一些没有意义的或含混不清的单词去掉。

（4）将 B 列表中的单词或词组以超链接方式接至文档 A 和文档 C 中的相关记录上。

B 列表中的每个单词或词组（x）均与文档 A 和文档 C 中的相关题录实现链接。只要单击任一“x”，都会相应地显示同时包含 A 和 x 的题录，下一行则显示同时含有 x 和 C 的题录。

（5）从显示的题录中检验 B 列表中单词或词组的语义环境，确认文档 A 与文档 C 中潜在的相互关联的重要文章，然后生成一个科学假设或猜想。

由输入文档开始，到提出科学假设，大约需要 1～4 分钟，视输入的两个文档的大小而定。Arrowsmith 系统对输出结果至少保留一周，根据用户要求，保存时间可适当延长。

2.8.5　对情报学发展的影响

如前所述，Swanson 方法尽管存在一系列缺陷，但从情报学学科建设的角度来审视，这一方法具有重大的理论与现实意义，它将对情报学的未来走向产生深远的影响。

1. 深化了情报学研究的内涵

我国情报学的研究，自 20 世纪 90 年代以后，发展相当缓慢，甚至有取消之势。现在情报学在高校已退出专科和本科层次，情报学的所有研究领域几乎被信息管理和信息技术蚕食殆尽，似乎只剩下一个“竞争情报”了。这种现象的产生原因是多方面的，其中，一个重要的原因是盲目扩大情报学的外延，这就导致情报与信息混淆不清。几年前，我们就提出情报学的发展要走深化内涵的路子，而 Swanson 教授的功绩正在于此，他将情报学研究内容深化到揭示和发现非相关文献之间的意义联系并探讨其机理及规律性，这就给情报学的发展注入了新的活力，使情报学有别于其他相关学科（如信息学、文献学、信息管理学等）而具有鲜明的独立性。

2. 开发了具有特色的情报学研究方法

情报学要想立于科学之林，取得独立的学术地位，必须具有本身的独特研究方法。情报学现有的研究方法，诸如文献计量方法、调查研究方法等大都是从其他学科移植过来的，本身尚无特色。而基于文献的知识发现方法为情报学提供了一个崭新的研究方法，充实了情报学方法论体系，使人们以全新的方式理解情报学，即是说，情报学的功能并非传递信息或浅表序化信息，而是深度开发和加工信息，使泛化信息变成有用的知识和发现知识，即生成情报。

3. 延伸了情报检索功能

当前情报检索主要是检出已存储的信息和知识。其基本原理是建立在大量文献外部特征和浅表内容（孤立内容）序化的基础之上的，而如今的 Swanson 方法则深入到知识单元的隐含关系层次，从而延伸了情报检索的传统功能，有利于划清情报检索与信息检索的界线。我们认为，从检出已有知识到发现知识，不能不说是情报检索的一次革命。

4. 提高了情报研究的层次

情报研究一向是情报学的重要内容。这种研究活动从低层次的综述到高层次的预测和政策研究，大都将现有的资料数据加以集成，很少涉及科学发现和知识创新，而 Swanson 的方法则闯入科学发现的大门，为各学科的沟通和交融架起桥梁，它能使情报研究人员把握文献深层次流动的具有潜在价值的实质内容，而这正是科学发现和知识创新的第一步。Swanson 方法的创建，将情报分析研究推向了更高层次。其 Arrowsmith 人-机交互系统帮助人们从非相关文献中发现知识，这也体现了情报研究利用计算机进行辅助性分析的当代发展趋势。

5. 拓展了情报服务领域，改善了情报服务手段

情报服务是信息服务业的一个重要分支。在知识经济和网络化时代，情报用户的需求越来越高，他们已不满足提供图文信息、电子出版物、查询服务、数据库检索服务，而要求从网上繁多信息中找出或提炼有用的知识，发现或挖掘新思路、新观点、新方法、新原理和新技术，为其知识创新提供更有力的智力支持。而 Swanson 方法则能满足情报用户的这种高层次需求。作为情报服务人员，若能运用 Swanson 方法在更深层次上实现信息与知识的集成，就能向情报用户提供价

值更高的信息增值产品（情报产品）。

6. 为知识基因理论工程化和实用化开辟一条新途径

建构知识基因理论最根本的目的在于服务于知识创新。在知识发现中运用知识基因理论是服务于知识创新的一种主要形式，也是知识基因工程化的主要内容。Swanson 方法为我们提供一条新途径。其观点和巧妙构思对知识基因理论工作者有很大的启迪作用。以前认为实现知识基因工程化是很遥远的事，现在看来是可以提前实现的。

2.9 情报学的未来——面向知识创新

当今，在网络遍及全球和知识经济迎面扑来的时代，情报学面临有史以来最好的发展机遇。社会的大环境，将给情报学提供广阔的发展空间。在作为 21 世纪主流的知识经济活动中，知识创新是其精髓和灵魂，如果没有以技术创新为主体的知识创新，知识经济就不可能持续发展。毫无疑问，在 21 世纪，知识创新成果将大量增加，知识创新活动将遍及全球，而这一切都需要情报活动和情报学理论研究来支持。

2.9.1 知识创新三个阶段情报工作的特点

1. 初期阶段：思维性的观念创新

初期阶段思维性的观念创新是汲取大量数据和信息，从中提取有用的知识聚集在一定思维域的结果。就科研活动而言，这一阶段相当于选题立项，要求大量的前期准备和周密论证。为此，必须开展专题情报调研，摸清和掌握国内外有关该领域的联系和互相促动。无论个人的新思路，还是科研的选题立项，都要求以情报活动为先行，以情报学理论方法为指导。

2. 中期阶段：实践性的运作创新

在知识创新实践性运作阶段，个人的或集体的设想将通过基础研究和应用研究变为现实可行的技术、工艺和方法。这是知识创新的关键时段，需要情报活动作坚强的后盾。情报工作者有责任借助先进的信息技术手段提供攻关所需的资料、情报，并及时收集反馈信息，同时不断监视国内外有关领域的新动向，不失时机地以各种形式向创新人员通报和激发他们的幻想，点燃他们的智慧，促使外部信息转化为他们的意会知识（默示知识），为个人和集体科研活动深化提供燃料和动力。

3. 后期阶段：产出性的实绩创新

在知识创新的后期阶段，为使创新或科研成果迅速转化为生产力，需要大量的实用性、工艺性和生产性情报资料。此外，还需要经营、管理、市场、文化等相关情报，这无疑给情报人员提供了广阔的活动空间。值得注意的是，这一阶段的情报工作不仅要激活现有的编码知识，而且还要将企业员工的经验和意会知识转化为编码知识。如何将个人的意会知识转化为公用的编码知识，乃是知识搜集、加工、利用的重要内容，也是情报学的重要研究领域。

2.9.2　面向知识创新的情报活动和理论研究

（1）针对知识创新的需求，瞄准科技前沿，建立追踪式的动态知识库，适时地提供有价值的综合性、专业性的研究报告，为个人探索、集体创新活动和科研选题立项提供可靠而准确的依据和方位。这种研究报告不同于传统的列举式综述，要充分体现科技发展战略，综合分析各国、各地区科技水平和潜在趋势，从核心竞争力的现实性和潜能的角度评述全球相关企业和市场的动态、挖掘专业领域中的空白点和闪光亮，提供填补这些空白点和闪光点的轮廓和谋略。情报学理论研究将着重在以下几个方面：①旨在提高知识创新水平和情报研究水平的方法体系和评价准则。②深度激活、高度综合、大规模集成现有知识的原理、方法和技巧以及建构知识活动平台、知识簇和知识地图的原则和方略。③研究知识资源的开发与利用的理论、方法与工具；开发网上知识搜索、网上知识下载与评价、网上信息过滤、网上知识分析、网上信息智能检索等软件，如信息筛、信息链接软件，数据仓库工具软件、智能化搜索引擎、数据挖掘工具软件、知识挖掘与知识发现工具软件。

（2）情报学理论必须研究国家知识创新工程和全国知识网络的组建与实施中的知识共享、传播与扩散、增值等问题以及情报活动在知识创新体系中的地位、功能和机制及其对知识创新的贡献率的测度。知识创新已引起党和国家领导人的高度重视。我国已把知识创新纳入国家战略，并制定了《中国国家知识创新工程纲要》。情报学理论工作者必须认清和找准自身在知识创新工程中的活动位置，探索情报活动在原始创新、集成创新和引进消化吸取再创新的成果转化为生产力这一链条中的运行机制，促进国家这些重大举措的加快实施。

（3）作为情报学的主要认知手段——情报语言将从主题词、叙词、关键词过渡到本体语言和语义网。本体语言和语义网具有良好的层次结构和对逻辑推理的支持。它与 XML 和 RDF 一起解决语义层次上网络知识共享和交换，并能提高知识检索效率，非常适应知识网络化、数字化的特点。

（4）西方决策派理论以及我国一些学者将情报功能局限在辅助决策行为上。

我们认为，这种观点不利于情报学的广阔发展。人们利用和吸收情报不仅为了决策，也是为了改善本身的知识结构和认知状态，以便更好地解决面临的难题。因此，强化情报学对情报活动和创新活动中的认知行为和认知规律性以及在创新活动中情报吸收利用与人的认知状态的关系研究，必将成为情报学主攻方向之一。

（5）著名的情报学家布鲁克斯曾经说过：“情报学如果不能实现定量化，那它只能是一堆支离破碎的工艺，而不能成为科学。”早在20世纪80年代初，国外学者曾利用文献计量学的统计方法证明，在情报学的智力结构中，文献计量学处在核心地位。如今，情报学已从文献研究的阶段发展到网络知识激活的阶段，因此，我们认为，情报学理论大厦必将建立在网络计量学基础之上。大力发展网络化情报计量学，将是情报学长期的研究任务。

（6）作为情报学主要研究领域之一的情报服务，必将从信息中介咨询服务为主转向知识增值为主。情报机构和情报研究分析中心提供的情报产品与劳务，其知识密集程度是相当高的。这些产品主要是对知识深度激活和高度集成，使文献资料中的知识和网络知识实现增值，为知识创新，尤其为企业技术创新提供良好的条件和适宜土壤，如专题情报调研、竞争情报、专家系统、超文本系统、决策支持系统、知识地图、智能化检索系统等。

在新世纪中知识创新活动必将极大地增强整个社会对情报学理论研究的需求将更加迫切。恩格斯有句名言：“社会一旦有技术上的需要，则这种需要就会比十所大学更能把科学推向前进。”可以预料，作为知识创新的智力支承体的情报活动必将空前活跃起来，而研究知识激活、集成、增值规律性的情报学也必将获得大发展。

第 3 章　信息环境与知识资源

3.1　信息与信息社会

3.1.1　信息的概念

1. 信息的定义

所谓信息，简单地说，就是指信号和消息，是事物本质属性的反映，是事物之间所交换的内容。信息是人类知识的基础，是情报的源泉。 随着科技的发展和人类的进步，人们对信息概念不断明晰和深化，据统计，关于信息的定义多达上百种，真是众说纷纭，莫衷一是，但比较权威和科学的定义有如下两种。

1）统计信息的概念

美国贝尔电话研究所的香农（C. E. Shannon），在 1948 年创立“信息论”，主要研究信息的本质，用数学方法研究信息的计量、传递、变化、储存，其核心是信息熵的概念。信息熵就是衡量对某种事物认识的不确定度，即信息系统的有序程度。信息论着眼于对信息的认识、描述。香农认为：“信息就是用于消除随机不肯定性的东西。”

1948 年，美国著名科学家维纳创立了“控制论”，主要研究各种系统的控制和调节的一般规律。控制论着眼于信息的应用。维纳对信息的定义是：“信息就是我们适合外部世界进行交换的内容的名称。”

2）全信息的概念

香农和维纳都是从“信息的功能”来定义信息，并未正面回答“信息本身是什么”的问题。中国人民大学黄顺基教授在《信息科学原理》一书中提出，应把信息概念划分为不同的层次以便准确地表述。其中最本质的层次是：本体论层次和认识论层次。前者从纯客观的立场来定义信息，后者从认识主体的立场来定义信息（图 3.1）。

本体论信息，就是指这个事物所呈现的运动状态及其变化方式。

认识论信息，就是指一个认识主体关于某个事物的感知和认识。

认识论信息是人类所特有的，是人类在认识世界和改造世界的长期实践活动的基础上，通过信息的区别、选择与整理，即通过大脑加工，使信息系统化，形成科学技术知识。认识论信息范围十分广泛，它包括人与人、人与动物、人与植物、植物与植物、细胞与细胞等，总之，包括物质与物质之间所发生的一切被人类认识的信息。

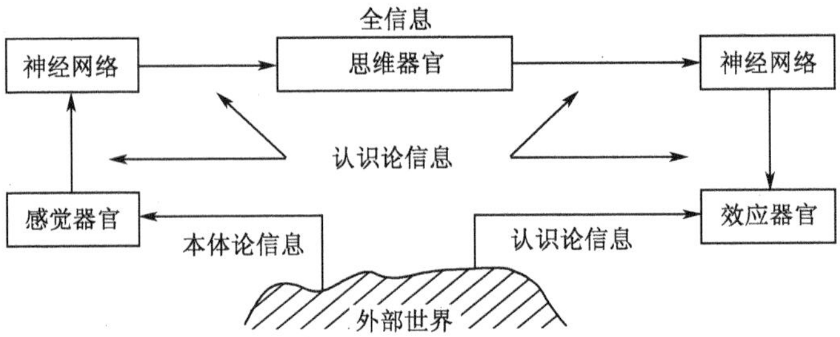

图 3.1 信息的层次

按照信息科学的术语，与事物运动状态及其变化方式的形式相联系的信息因素称为“语法信息”，与事物运动状态及其变化方式的内容相联系的信息因素称为“语义信息”，与事物运动状态及其变化方式的效用相联系的信息因素称为“语用信息”。全信息就是语法、语义和语用信息的有机综合体的总称。认识论层次的信息就是全信息。

信息的总体概念可用信息分类系统表概括，如图 3.2 所示。

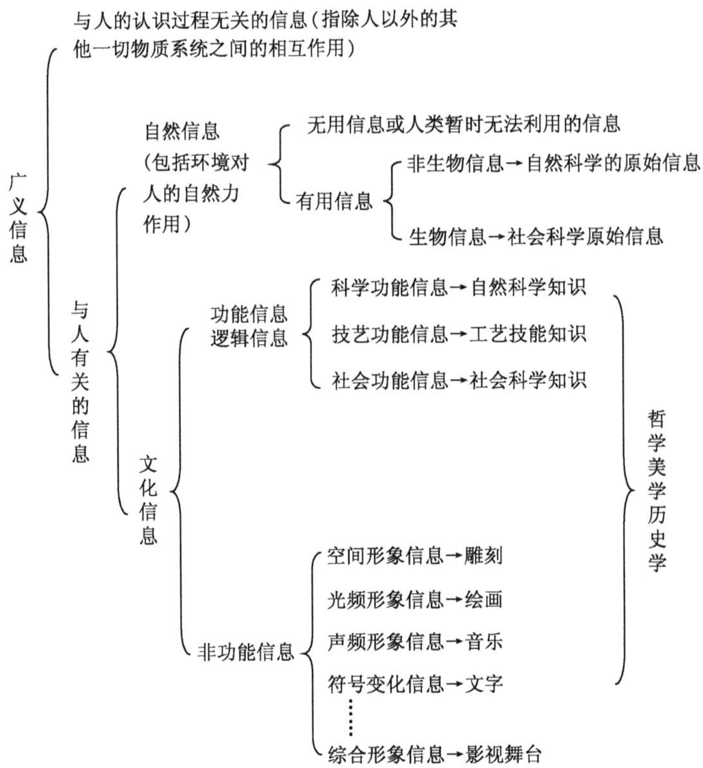

图 3.2 信息分类系统

信息的运动趋势可表述如下：信息的增长呈加速度运动。由于信息存储电子化，传递网络化，计算机、电视机、电话传真机一体化，使得信息产量成加速度剧增，传递迅速，普及加快；全方位、多类型的通信网最终形成开放系统互联；用户将起决定作用，通信的时间、地点、方式、内容完全由用户决定，用户不受限制，所以应加强对信息吸收方面的研究；通信的质量从无序、无向、无效到有序、有向和有效；多媒体、多模态的人机交互系统将占主流。

2. 信息的意义

信息之所以能够用来消除各种各样的不定性，是因为它具有“知识”的秉性，可以使认识主体“关于各种事物的运动状态及其变化方式”的知识状态发生有益的改变，即从无知到有知，从少知到多知，从知觉到知识。

人类所拥有的一切知识，都是以信息为原材料通过科学加工而形成的。人们认识外部世界的过程，就是不断地从外部世界获得信息以及对这些信息进行正确加工的过程。而改造世界的过程，则是不断地以再生出来的策略信息反作用于外部世界的过程。

信息的巨大作用是与物质和能量的支持不可分割的。没有物质，没有与能量相联系的物质的运动，就不会有信息。在信息-能量-物质的“三位一体”结构中，它们各有各的地位和作用。

和物质、能量一样，信息也是人类可以利用的一种极其宝贵的资源。物质可以被加工成各种材料，能量可以被转换成各种动力，信息则可被提炼成为各种各样的知识。

信息广泛存在于材料、能源、货物、服务中；信息本身的生产、流通、协调与消费在现代社会中是极其重要的社会经济活动；信息是一种财富，它具有价值。在市场经济的激烈竞争中，及时地掌握有关供求、价格、技术、资源等方面的信息，对于企业的生存和发展具有头等重要的意义。

3.1.2　信息社会

世界科技、经济、社会的飞跃发展，特别是以计算机、通信技术、传感技术为核心和主流的信息技术革命，使人类社会已经进入一个崭新的时代和社会，即信息时代与信息社会。正如丹尼尔·贝尔、约翰·奈斯比特、阿尔温·托夫勒等西方社会学家和未来学家所预言的，人类社会已经经历“游牧社会”、“农业社会”和“工业社会”，信息革命掀起了“第三次浪潮”，现已进入“后工业社会”，并呈现出信息化的“十大趋势”，这就是信息社会。在人类历史上，从原始游牧社会向农业社会转变大约经历了几万年。从农业社会向工业社会转变大约经历了两千年。而从工业社会向信息社会转变，现在还不到 50 年。在农业社会，劳动者通过人力工具（如镰刀、锄头）作用于劳动对象，而用天然的信息器官（如眼、耳等）来获取信息。工业社会中劳动者是通过动力工具（机床、火车）作用于劳动对象，通过一些初级的信息工具来获取信息。而在信息社会中，劳动者通过信息化的生产工具体系同劳动对象打交道。这样的生产工具是用信息技术装备起来的：由传感测量系统来获取信息，通过信息系统来传递信息，通过智能系统来处理信息，并产生策略信息，通过控制系统把策略信息作用于劳动对象，完成生产劳动的任务。以这种信息化的生产工具为表征的生产力就是信息化的社会生产力。

现代信息社会的主要特征有以下四个方面：

（1）信息成为社会发展的主要资源和决定因素。信息社会中，信息对整个社会的发展有着神奇的“激化”、“诱发”和“倍增”作用。信息成为继材料、能源之后的第三大资源，是支撑社会发展的三大支柱之一。人们从事的一切实践活动都必须首先从利用信息资源入手，并贯穿其始终。信息成为人们的“第一需要”，且越来越成为决定成败的关键因素。“信息就是时间”、“信息就是金钱”、“信息就是生命”已成为人们的共识。在激烈的国际竞争中，信息作为经济发展战略资源和特殊生产要素与人们一切活动的重要保障，已成为一切竞争的核心和焦点。

（2）信息产业成为信息时代的主干产业或战略性产业。据资料介绍，信息化社会始于 1956 年，其标志有两个：一是该年的美国在人类历史上第一次出现了从事技术、管理和事务的白领工人的人数和产值超过了生产物质产品的蓝领工人的人数和产值；二是 1957 年苏联发射了第一颗人造卫星，开启了全球信息革命。1973 年，美国已完成从工业经济向信息经济的转变过程，有两个重要指标——信息经济增加值占整个国民生产总值的比重和信息业就业人数占全社会就业人数的比重，均超过了 50%。据美国信息产业协会第二十二届年会有关资料介绍，1990 年，全球电子信息产业硬件产值约为 8600 亿美元，软件产值达 1200 亿美元，预计到 2000 年，全球软件产值将达一万亿美元。全球信息服务业发展也很快，目前年产值已达 180 亿美元，其中美国 110 亿美元，占 60%。预计到 2000 年，全球信息服务业的产值将达 400 亿美元。

（3）信息技术发展迅猛，成为信息产业发展的技术支撑和信息社会发展的动力。信息技术与生物技术、新材料技术、新能源技术、空间技术、海洋技术一起构成当代六大关键技术。由于有雄厚的信息产业做后盾，信息技术的发展速度比其他技术都快，新技术，新产品层出不穷，日新月异，已渗透到社会的各个方面。当代信息技术包括感测技术、通信技术、计算机技术、控制技术、多媒体技术等方面。这一系列高新技术的开发应用，正在改变世界，改变我们的生活，其发展速度真是令人目不暇接、眼花缭乱。

（4）信息网络成为信息社会的重要基础设施。农业社会的基础是耕地的犁和拉犁的牲畜，工业社会的基础是引擎和燃料，信息社会的基础则是计算机和计算机互联网络。计算机网络正在科研、教育、经济以及社会生活各个方面发挥革命性的影响。美国总统克林顿在“技术——经济增长的发动机”的报告中提出，旨在加速科技成果商品化的六个重大决策，其中第一项就是建立新型信息网络——信息高速公路。美国提出的信息高速公路计划（NII & GII）在全世界掀起了巨大的浪潮。全球最大的计算机互联网 Internet 发展极其迅速。现在已有 240 个国家和地区，5 万多个网络，500 多万台计算机入网，上网用户已达 1 亿以上。有人认为，世界已进入以网络为中心的时代，以信息高速公路为核心的信息网络风暴正在席卷全球，引起世界性的震荡。

3.2　知识资源与知识检索

3.2.1　知识资源

知识资源泛指人们在生产、生活、生存、发展活动中所需要的一切知识信息的总和，或者是人们所处的知识信息环境的总和，是人类获取知识、情报的来源。罗素指出，知识的来源有三种，其一为个人直接体验所得的知识（实践）；其二为通过其他人间接体验所得的知识（他人）；其三为内省所得的知识（自身）。英国哲学家波普尔把世界分为三大世界。世界一是客观物质世界，即自然界与人类的造物；世界二是主观精神世界，即储存在人脑中的知识信息；世界三为客观精神世界，即存在于文献中的知识信息。波普尔的三个世界正好揭示了知识的三个来源。知识资源和知识财富也存在于三个世界之中，特别是作为客观存在的人类精神财富的世界三，正是先人和他人认识改造世界的智力成果，也是我们当今赖以生存和谋求发展的最可宝贵的信息资源。

1. 知识的定义

1）传统知识定义

《中国大百科全书·哲学卷》（第 1169 页）：“人们在日常生活、社会活动和科学研究中所获得的对事物的了解，其中可靠的成分就是知识”。“科学知识是全人类认识的结晶”。

英国哲学家波普尔认为，知识可以离开认识主体而客观存在，提出文献就是既脱离自然界等客观物质世界（即世界一），又游离于认识主体，即主观精神世界（世界二）之外而客观存在的客观精神世界（即世界三）。因此近百年来，人们普遍认为，真正的知识是客观的，是放之四海而皆准的绝对真理，文献中的知识是人类共同创造的客观存在的智力成果，是人类共同的精神财富。

2）现代新知识观

随着科学技术的发展和人类认识能力的提高，上述知识定义中所谓知识的“客观性”和“共同性”并不能反映客观事实和现实实际，上述定义既不严密，又太过肤浅。既未正确反映知识的属概念，又没有描述其种差。知识不仅仅是对事物了解的可靠成分，也不可能是全人类共同认识的结晶。知识只能是个人通过生产、生活和科学研究等实践活动，对客观事物的规律性的认识。所谓知识，包括“知”和“识”两个方面，是指人通过对客观事物发出的信息的感知，然后通过大脑对信息进行比较、分析、归纳、推理等思维活动而得出的对事物本质和规律的认识，是从感性到理性的认识，是人脑对信息深加工的结果，因此，知识只能是个人的和主观的理性思维的智力成果和思维结晶。

2. 知识的分类

（1）亚里士多德将知识分为三类：①理论知识或科学知识（episteme）；②实践的智慧、实践的知识或明智、审慎（phronesis）；③技艺、技巧或生产的知识、制作的知识（technica）。

理论知识或科学知识是传统认识论研究的主要对象，从认识论（epistemology）这个词的构成就可以看到这一点。自从波兰尼提出默会知识论（theory of tacit knowledge）以来，人们对上述后两类知识 phronesis 和 technica 的兴趣与日俱增。实践的智慧和技艺被纳入当代认识论研究的视野，认识论研究领域大为拓宽，内容大为丰富。

（2）世界经合组织把知识划分为四类：①事实知识（know-what）、即关于是什么的知识；②原理知识（know-why），即原理规律方面的科学理论；③技能知识（know-how），即技能技巧方面的知识；④人力知识（know-who），即人力资源方面的知识。

（3）显性知识和隐性知识。①显性知识是指上述“4W”中的 know what，know why，即可以用语言文字来表达的知识，可以通过读书等方式获得；②隐性知识又称默会知识，是指上述“4W”中的 know how，know who，即以经验为基础的只可意会、不可言传的知识。隐性知识的获取主要靠实践。

显性知识和隐性知识既有区别又有联系，互为前提，还在一定条件下互相转化。在显性知识的获得方面，隐性知识既可以起到一种基础性的、辅助的甚至是导向性的作用，也可能起干扰和阻碍作用。在实践方面，隐性知识既可以使我们在显性知识不充分的缺陷情况下迅速地做出正确判断，也可能造成判断错误。

（4）知识经济中三大类重要知识。①科技知识，即上述“4W”中的 know what，know why，know how，是人类认识和改造自然的知识，是具有创新性的系统化的知识。②管理知识，即关于人类社会组织活动的运行及其规律的知识；③行为科学知识，即上述“4W”中的 know who，主要是关于人的心理需求、行为取向及其规律的知识。

（5）私人知识和社会知识。①私人知识是指人们那些暂时停留在人脑里尚未实现物化的知识；②社会知识是指那些已经实现了物化，可以通过书籍及产品体现的知识。我们既要承认社会知识的作用，又要重视私人知识的地位。任何社会知识都起源于私人知识，新的私人知识的产生又以一定的社会知识为基础；私人知识物化后就成为社会知识，社会知识经人类吸收、加工、发展又成为新的私人知识。传统的教学，由于注重知识的授受，学生缺乏必要的实践，于是学生具有的私人知识很难变成一种社会知识。

（6）形态知识、内容知识和效用知识。钟义信认为，知识是相对于认识主体而存在的，没有认识主体的存在，就没有知识的存在。首先，知识所表达的运动状态和变化规律，必然具有一定的外部形态，与此相对应的知识可以称为“形态性知识”；同时、知识所表达的运动形态和状态变化的规律必然具有一定的逻辑内容，与此相对应的知识可以称为“内容性知识”；最后，知识所表达的运动状态和状态变化的规律必然对认识主体呈现某种价值，与此相对应的知识可以称为“效用性知识”。需要强调的是，三者的综合才构成知识的整体。

知识是认识论范畴的概念，因此，知识是相对于认识主体而存在的。没有认识主体的存在，就没有知识的存在。首先，知识所表达的运动状态和变化规律，必然具有一定的外部形态，与此相对应的知识可以称为“形态性知识”；同时，知识所表达的运动形态和状态变化的规律必然具有一定的逻辑内容，与此相对应的知识可以称为“内容性知识”；最后，知识所表达的运动状态和状态变化的规律必然对认识主体呈现某种价值，与此相对应的知识可以称为“效用性知识”。需要强调的是，形态、内容、效用三者的综合才构成知识的整体。

（7）已知知识与未知知识。①What we know we know；②What we know we don’t know；③What we don’t know we know；④What we don’t know we don’t know。

人类知识，从时间来说，比起无源无止的宇宙天体和生物进化史，实在是极其短暂的一瞥，从空间来说，比起宇宙的广袤无涯和微观世界的无限深邃，也实在是微不足道。对于个人来说，个人知识与人类知识相比 不过是沧海一粟，冰山一角，冰山沧海都有限量，而未知世界却永无穷尽，因此，人类不可能也没有必要对宇宙、自然、社会和自身做到全能全知，永远也不可能主宰自然和世界。

3. 知识的三种来源

1）实物信息源（世界一：客观物质世界）

第一，实物信息的概念。

实物信息是借助物体表达的情报信息。人类传造的知识有许多被物化在各类物体之中，如武器、工具、产品、模型、设备、建筑物等。在德国，也称实物信息源为“实物文献”。实物信息往往是直接为生产服务的技术情报，如关于物体的生产、结构、成分、功能、用途、发展等方面的情况。实物信息源可以为新产品开发提供情报，能分析掌握一个时期市场供求变化和产品发展方向，同引进技术和设备相比，具有花钱少而见效快的特点。

实物信息获取的主要目标首先是高技术实物，实物的技术水平越高，则所含情报价值越大，可从中获取高质量的情报。其次是实物样品，实物样品的原始程度越高，所含情报就越真实，如采集植物标本、矿物样品、产品样品等可以获取可靠的情报。由于实物情报所具有重要价值，使它常常成为军事谍报、竞争情报的猎取对象。

第二，实物信息源的特点。

真实性。人们获取实物信息面对的是客观存在的物体，因而具有很强的真实性。而口传信息和文献信息只是对实物信息的语言和文字描述，难免晦涩失真。

直观性。实物的形状、大小、颜色等可一目了然，其结构、运动形式等也可直接观察，能启发人们的思路，便于仿制。

间接性。物化在实物中的信息有时必须经过解剖、测试、分析等过程后才能得到。

第三，实物信息的获取方式。

实物信息蕴藏在自然界和实物之中，这是知识信息的最根本的源泉。所谓“实践出真知”、“眼见为实”就是这个道理。从本质说，一切知识信息最根本的来源就是实践。实物信息可通过实地考察、现场调研、参观展览和生产、生活和科学实验获得。

2）口传信息源（世界二：主观精神世界）

第一，口传信息的概念。

口传信息是借助口耳相传的一种情报信息。它通常存储于人脑中，多属于经验性、未被组织和符号化的知识，因而也叫离散情报。人脑是巨大的信息储存库。据科学家研究发现，人脑的大脑皮层有 150 亿个神经细胞，可存储 5 亿册图书的信息，相当于数字计算机的几万倍。经研究还发现，就是智力最高的学者，实际上也只使用了大脑容量的 10%～20%。即使如此，人脑中存储的信息和知识仍是重要的情报源。

第二，口传信息源的特点。

广泛性。人们在一切社会交往中，随时都有获取口传信息的机会，但由于其自发性强而不便于组织管理（教学、会议除外）。

针对性。口传信息主要是靠人与人的直接交流而获得，所以具有很强的针对性，并辅之以手势、表情，易于理解，富于启发性，生动直观。

适时性。人际信息交流的速度快、费时少，而且凡遇不够明确之处，可以立即提问，可随时得到解答和补充，反馈迅速。

任意性。口传信息主观性强，难以检验其可靠性，并不能存储检索，随着时间的推移，口传信息也会失真、泯灭。

层次性。由于人们在社会实践中具有不同的职位和文化层次，也使得不同层次的人提供的口传信息有不同的价值。

第三，口传信息的获取方式。

口传信息主要通过人际交流口耳相传，获取方式包括会议、会谈、咨询、采访、上课等。口传信息获取的主要目标首先是权威人物、专家、教授、企业家等，他们往往掌握着新颖、有价值的情报；其次是当事者，他们往往掌握着新颖、可靠的大量信息。所以，具有丰富知识和智慧的人通常被称为人才资源。

3）文献信息源（世界三：客观精神世界）

第一，文献信息源的概念。

文献信息源亦称文献情报资源，它是迄今为止人类所积累和存储的，并不断增长的全部文献的总和。文献信息源是知识情报源的主体，是情报搜集、存储、检索、利用的主要对象。文献就是用文字、图形、符号和音频、视频等技术手段记录有知识信息的物质载体。文献具有保存和传播知识信息的基本功能。同时，文献也是人类最大的外脑，是人类认识世界、探索未来与未知的知识感官和认识工具，特别是基于网络环境的数字化多媒体形式的现代文献是当今知识信息传播的最重要和最主要的渠道，现代数字化网络信息环境下，文献使我们超越了时空的阻隔，能够最迅速和便捷地进行知识信息的沟通和交流，提供了生产、生活、学习、研究的最好的平台。

第二，文献信息源的特点。

记录性。文献是记录有知识的载体。世界各国任何时代的科学发现、发明创造之所以得以保存至今，正是文献记录的结果。

交流性。文献是传递信息、知识、情报的主要手段，它能克服时间和空间的障碍，并可为人们多次重复地使用和复制。

社会性。文献是整个人类社会的精神财富，是社会进步和科技发展必不可少的资源和重要标志，并接受社会的监督和评价。

时效性。文献情报的价值具有时间效益，从文献信息中获取情报必须及时、有效；文献也是确认成果是否具有新颖性和优先权的依据。

可整理性。杂乱无序的文献经过整理后可形成具有优化结构的文献信息系统，图书情报机构就是通过文献信息的整序和传播开展情报服务的。

第三，文献信息源的类型。

文献信息源按照不同的标准可以分为不同的类型。下面将从文献的载体形式、出版类型、加工层次以及使用范围和目的等几方面来探讨文献的分类。

（1）文献的载体形式。

随着科学技术的不断发展，人类记录知识信息的物质载体和技术手段不断地演进。古人曾用甲骨、竹简、绵帛等充当文献的载体，现代文献常以印刷型、缩微型、机读型、声像型、光盘型等多种载体形式存在。

印刷型文献。印刷型文献是以纸张为存储介质、以印刷（包括铅印、胶印、静电复印等）为记录手段的文献形式，是一种传统的也是最常见的文献形式。其优点是便于携带、传播和阅读。缺点是体积大、存储密度低、长期保管困难。由于造纸材料（木材）的减少，印刷型文献的价格也越来越高。

缩微型文献。一般指以感光材料为载体、利用摄影等光学技术使印刷型文献缩小若干倍的文献形式，包括缩微胶卷、缩微胶片和缩微卡片等。缩微文献的优点是：①再现度高。一张缩微照片可按需要复制或放大复制任意数目。②缩微度大。普通缩微度可达 1/10～1/40，超缩微技术能使一张明信片大小的缩微平片存储 3200 页，而目前正在研制中的超缩平片能存储一万页。③规格化。④易保管。⑤价格便宜。其价格仅为印刷品的 1/10～1/15。⑥记录速度快、立拍可得。计算机输出缩微胶片（COM）每秒钟可达 12 万字符，比宽行打印机快 20 倍。缺点是胶片日久会变色；保存条件要求高，一般温度 10～20℃，湿度为 25%～60%；阅读时必须使用阅读器，极不方便。

机读型文献。指将文字和图像转换成二进制数字代码，以计算机输入为记录手段将信息记录在磁带、磁盘等以磁性材料为载体而形成的文献，也称电子文献。此类文献在阅读时，需用计算机转换成文字或图像。优点是：易于处理；高密度、存取速度快；易于实现资源共享。缺点是使用需借助计算机，价格较高，保存条件要求高。

声像型文献。又称视听资料或直感资料。它是运用录音、录像和摄影技术直接记录声音与图像的文献形式，包括唱片、录音带、录像带、电影片、幻灯片等。优点是有声有色，图文并茂，在探索物质结构和运动机制等方面具有独特作用。通过电视和广播传送的大量声像型文献，是人们获取情报信息的重要渠道。

光盘型文献。光盘型文献又称激光光盘。它集机读型和声像型文献的所有优点于一身，是一种以弱激光来记录和再现信息的崭新的“海量”存储型文献。激光盘用反光材料夹在塑料盘基中制成。它采取数字化存储方式，每张盘至少可存储 550MB 的信息，相当于 1500 张微计算机用的 5in（约 12.7cm）普通磁盘的存储量，或相当于 15 万张印刷页的存储量。此外，激光盘信息位价格低，信息存取时间快，只需几十毫秒。从 1985 年以来，激光盘只读存储系统（CD-ROM）已广泛应用于国内外图书情报机构，目前，光盘数据库和光盘信息产品已达数万种。近年来我国引进数十套光盘数据库，如 LC、MEDLINE、COMPENDEX 等，用于情报检索、采购编目、取代远程联机检索等。第二代可擦式光盘（CD-RAM）已进入市场，一张 14in（约 35.56cm）单面光盘可存储 4 千兆字节、54000 幅图像，存储数字信息可达 35 万页，相当于 1000 张普通计算机磁盘。随着信息存储技术的飞速发展，多媒体、超文本的现代文献，如各种激光视盘（VCD、DVD）都已经畅销于市。数字化、电子化、多媒体化、网络化、智能化是现代文献载体发展的新趋势。

（2）文献出版的类型。

文献按其出版形式可划分为十大类，通称“十大情报源”。

图书（book）。根据国际文献标准草案 ISO / DIS5217 / II 的定义：“凡篇幅达 48 页以上并构成一个书目单元的文献称为图书（book）”。图书包括单卷书、丛书、专著、参考书等。图书的主要内容一般是总结性的、经过重新组织的。特点是内容全面系统、论点成熟，但出版周期长，知识信息不如期刊或特种文献新。图书一般都有唯一标识，即国际标准书号（ISBN）。由 ISBN 号可知该书的语种区、出版社、流水号等出版信息。

①　②　③　④　⑤

例如：ISBN 7-5624-1273-1 / TP・99。

说明：①是地域号（国家、地区、语言区）。7 是指中国，0 和 1 是英语区，2 是法语区（如法国和加拿大法语区），3 是德语区，4 是日语区，5 是俄语区，88 是意大利语区，9971 是新加坡语区；②是出版社号。5624 表示重庆大学出版社；③是该出版社出版的图书种类的流水号；④是计算机校验位，是用前 9 位数字分别乘以 10、9、8、…、2 的乘积之和，对 11 的模数求余，再用模（11）减去余数而得的差；⑤是我国出版的图书在 ISBN 后加的一个中图法的大类类号。据美国情报专家对美国各大学的科学家和英国电气工程师进行调查，发现他们阅读的文献中，图书分别占 19%和 14%。

期刊（journal or magazine）。期刊是指定期连续出版，并编有时序号或数序号的出版物。期刊又称杂志，可刊登多位作者文章，并设置若干栏目，内容新颖广泛。期刊是科技人员的主要情报源，具有报道速度快、出版周期短、内容新、数量大、品种多等特点。期刊可分为学术性期刊、通讯性期刊、消息性期刊、资料性期刊和检索性期刊等。期刊的标识有刊名、刊期、页码、国际标准连续出版物号（ISSN）等。期刊的刊期常见的有 monthly（月刊）、bimonthly（双月刊）、quarterly（季刊）、annual（年刊）、weekly（周刊）等。期刊刊名冠以 bulletin

（通报）、acta（学报）、transaction（汇刊）等通常是大学或学术团体出版的，具有较高学术水平。据情报专家调查，科研人员利用的各类文献中，科技期刊占65%以上。对许多学科专业，20%的期刊占据的 80%以上的有关信息，这就是所谓的核心期刊（core journal）群。掌握和利用核心期刊就可以较少的代价获取较多的信息。

科技报告（science & technical report）。指科研工作成果的正式报告或研究过程中每阶段进展的实际记录。其特点是：①连续出版、有机构名称、统一编号、自成一册（似刊不似书）；②内容专深具体，数据完整（似书不似刊）；③往往是最新成果，比期刊论文发表早。在那些发展迅速、竞争激烈的科技领域，人们对科技报告的需求更为迫切，科技报告有重要的特殊的情报价值。

会议文献（conference document）。指在各种会议上发表的文献，包括会议录中收集的论文或报告。其特点是内容新，观点可能不成熟，是了解某学科水平动态的重要情报源。会议文献分会前文献、会后文献。会后文献出版形式有连续性会议文集、专题论文集、期刊论文、科技报告多种，因此搜集和检索有一定难度。会前文献包括会议预印本、会议论文摘要等，搜集更加困难。会议文献的英文标识通常有：conference（会议）、congress（大会）、contention（大会）、symposium（专题讨论会）、workshop（专题学术讨论会）、seminar（学术研讨会）、colloquium（学术讨论会）、proceeding（会议录）等，前三种会议形式往往是国际学术行政会议，规模大、人数多，其余则是小型学术研讨会、论题较为专深。

政府出版物（government publication）。指各国政府部门及其专设机构所发表出版的文件，可分为行政性文件（国会记录、政府法令、政策、统计等）和科技文献。其特点是品种多、数量大，在未列入政府出版物前，往往已由所在单位出版过，因此与其他科技文献（如科技报告）有所重复。其作用在于帮助人们了解一个国家的政策及其演变。

专利文献（patent document）。广义专利文献指专利局出版的与专利有关的各种文献，如专利公报、分类表、索引、说明书等。狭义专利文献仅指专利说明书。专利说明书具有内容广泛、系统详尽、格式规范、出版迅速等特点。发明专利经新颖性、创造性和实用性审查，其内容翔实可靠，集技术、经济、法律三位一体，是重要的技术经济情报来源。专利文献的局限性在于专利申请仅是技术解决的构想方案，未经工业实施，因而不够成熟。专利权具有地域性、时效性、发明内容单一性等特点，因此使用专利文献时应慎重。

标准文献（standard literature）。指由标准及其他具有标准性质的类似文件组成的一种特定形式的文献体系。它主要是对工农业产品和工程建设的质量、规格及其检验方法等方面所做出的技术规定，是从事生产、建设和管理的一种共同规范或依据。每一件技术标准都是独立、完整的资料。按标准文献的内容可分为基础标准、产品及零部件标准、原材料及毛坯标准、工艺及装备标准、方法标准五类。按审批机构可分为国际标准、国家标准、部颁标准、企业标准四个等级。其特点是：规章化，体裁独特，文字简练，编写格式、分类有专门规定；具有明确的适用范围，充分的可靠性和针对性；某些标准文献具有法律约束性；新陈代谢频繁，具有时效性。标准文献的情报价值在于通过标准可以了解各国经济、技术政策、生产水平，以预测分析发展动向，借鉴国外先进技术，有利于促进现代化管理。

公司产品资料（company & product data）。指各国厂商为推销产品而出版发行的各种商业性宣传资料，如公司介绍，产品目录、样本、说明书等。它能反映国内外同类公司或产品的有关情报，对开发新产品、市场竞争、寻求贸易伙伴有重要参考价值。

学位论文（dissertation）。指高等学校毕业生和研究生为获取学位提交的学术论文（学士、硕士和博士论文等）。其中博士论文学术价值较高，一般具有一定独创性，比较系统详尽。学位论文对科学研究和做学位论文均有参考价值。

技术档案（technical file）。是生产建设和科学技术部门在技术活动中针对具体工程对象所形成的技术文件的总称，包括任务书、协议书、技术指标、审批文件、研究计划、实施方案、技术措施、技术调查材料、设计计算、试验项目、设计图纸、工艺记录等。技术档案是对某一工程项目完整而忠实的记录，内容详尽、具体，是科技储备的一种最高、最完善的形式，其保密性很强，有密级限制，借阅手续严格。

除上述十大文献情报源以外，报纸、科技电影、卫星资料、电子地图、广播电视等大众传媒也是重要的情报源，都具有特殊的参考价值，也是极其丰富的信息资源。

（3）文献获取的难度。

白色文献。又称公开文献，指公开发表、正式出版，可以订购、借阅或网上查询浏览的文献。

黑色文献。又称难得文献，指绝密、机密或保密的重要文献，一般是涉及国家安全的有关战略战术、武器装备或核心科技的关键秘密等重要情报的文献。除非通过间谍等非常手段，一般难以获取。

灰色文献。又称内部文献，指非公开发表、非正式出版的、非保密的内部文献，可以通过特定的渠道借阅或获取。

（4）文献加工的级别。

按照文献的加工程度，可将文献划分为以下四级。

零次文献。指未经公开发表或未交流于社会的文献，如私人笔记、设计草图、实验记录、文章草稿、会议记录、书信文书以及各种内部档案等。

一次文献。凡是以著者本人的研究或研制成果为依据而创作或撰写的文献，如期刊论文、科技报告、专利说明书、会议论文、学位论文等都称为一次文献。它通常反映了著者的创见，这是对知识的第一次加工。

二次文献。是情报机构将大量分散的无组织的一次文献经过浓缩、整序的加工整理，编辑成目录、文摘、索引等检索工具或数据库。二次文献的重要性在于它具有存储、报道和检索的功能，是对知识的第二次加工。文献检索就是利用检索工具或数据库系统等二次文献获取情报信息。

三次文献。就是在一、二次文献的基础上，经过综合分析而编写出来的文献，如专题述评、动态综述、学科年度总结、进展报告以及数据手册、百科全书等参考工具书。三次文献主要是情报研究的产物和成果。

总的来说，零次文献是一次文献的素材；一次文献是文献的基本形式，是检索的主要对象，是二次文献和三次文献的基础；二次文献是检索一次文献的工具；三次文献是对众多文献分析、综合、归纳整理而形成的，它往往从新的高度揭示相关的一次文献，或者说在更高层次上系统地再现一次文献，并返回一次文献。从一次文献到二次文献、三次文献是对知识信息进行的一次加工（创造性）、二次加工（有序化）和三次加工（高度浓缩、提炼、创造）的过程，是一个由博返约、由无序到有序的结构化和系统化的过程。

（5）现代文献的发展趋势。

现代科学技术的迅猛发展，尤其是全球信息化和 Internet 的飞速发展，使世界呈现数字化、网络化的大趋势，因此，记录知识信息的现代文献也呈现出许多新的变化。

①数量多、增长快。

目前，全世界期刊总数已达 22 万种，其中科技期刊 10 万余种；科技论文每年发表 500 万篇以上，每年出版的专利说明书达 150 万件、技术标准 20 万件、国际会议 1 万多次，每年出版图书约 70 万种，大约每分钟就有一本书出版。20 世纪 30 年代以来，新学科、新技术、新理论、新知识如潮水般涌现，文献量浩若烟海，每 8～9 年就翻一番，而且倍增周期愈来愈短。

②形式多、文种多。

在现代科技文献中，除传统印刷型文献外，缩微型、机读型、声像型以及多媒体光盘等新型载体发展十分迅速，呈现文献数字化、电子化的大趋势，目前，Internet 网上的数字信息资源及其丰富，文献的语种也多达数十种。

③文献分布分散。

由于学科交叉渗透，使许多专业文献发表在非专业期刊之中。各学科文献的分布异常分散。根据对 1129 种常用西文期刊的调查表明，其中涉及物理、化学、土建、原子能、电工、机械等 7 个学科的占 7%，6 个学科的占 13%，5 个学科的占 16%，4 个学科的占 22%，3 个学科的占 16%，2 个学科的占 15%，1 个学科的专业杂志只占 11%。美国《化学文摘》收录期刊 1.2 万多种，其中化学化工专业有关的期刊不过千余种。

④文献老化迅速。

科技发展越迅速，文献的新陈代谢越快。从整体看，科技文献的有效性已从 19 世纪的 50 年，缩短到如今的 5～10 年，使用时效大大缩短。尤其是反映新技术、新工艺的文献，新陈代谢更为频繁，交替时间更快，甚至刚刚出版发行的一些文献，就被更新颖、更有价值的内容所淘汰。

⑤报道内容交叉重复。

一篇文献常采用不同形式、不同文种，在不同地区、不同出版物上多次发表。例如，美国 AD 报告的 60%，美国科学基金会技术报告的 90%，美国农业部技术报告的 80%，都是既以科技报告的单行本形式出版，又以论文形式在期刊上发表。

⑥文献总体质量下降。

在科技文献爆炸性增长的情况下，大量的文献存在有劣质、无用，甚至有害的情报，这些冗余信息与有用的情报鱼目混珠、泥沙俱下，造成信息污染，致使情报的选择与获取更加困难。劣质文献的充斥和增长使文献总体质量明显下降。

4. 知识资源情报价值评价

（1）准，即信息的科学可靠性。情报信息要求数据必须准确可靠，切忌含糊不清或歧义和误导。

（2）新，即信息的内容新颖性。情报信息必须内容新颖，反映新理论、新技术、新产品、新材料等最新信息。

（3）快，即信息的报道及时性。信息报道要求时差短、速度快。

（4）全，即信息的完整性。报道的情报信息要求尽可能充分详尽、全面完整，能够反映报道内容的整体概貌。同时收录的信息来源广泛、全面、无重大遗漏。

（5）省，即获取的经济性。在传递情报信息时所花费的经费、时间较少；内容简明扼要、易于理解和掌握。

3.2.2　知识检索的最新理念及其发展

1. 知识检索的知识结构

知识检索涉及四个理论基础学科：脑科学、认知科学、信息科学和管理科学。脑科学从生理层次上提供脑信息加工的机制；认知科学等提供认知层次上的信息加工机制；信息科学对认知和管理提供支持。四个基础学科又大部分或都以哲学、心理学、社会学、语言学、数学、信息论、控制论、系统论、计算机科学、通信科学、人工智能、人类学、逻辑学、行为科学、人文科学、人机工程学等为基础，这就构成了知识检索的知识结构体系。如图 3.3 所示。

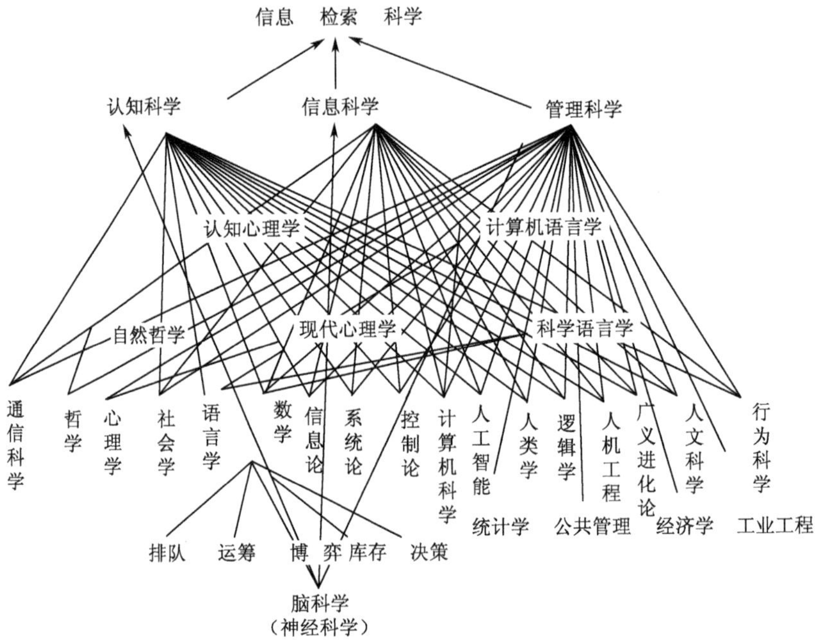

图 3.3　知识检索的知识结构体系

1）认知科学

（1）认知科学的定义。

认知科学是一个非常新的学科，至今还没有公认的定义。比较典型的定义有："认知科学是研究智能系统的工作原理"；"认知科学是研究人类感知和思维信息处理过程的科学，包括从感觉的输入到复杂问题的求解，从人类个体到人类社会的智能活动，以及人类智能和机器智能的性质"；"认知科学是研究大脑认知过程的科学"。概括起来，我们认为，"认知科学是研究人类认知机制（信息加工）及机器模拟的科学"或"智能机制的科学"（贾同兴，《人工智能与情报检索》）。

（2）认知科学研究内容。

认知科学研究的十二个主题：信息系统、意识、发展、情感、相互作用、语言、学习、记忆、基本认知、行为、技巧、思维。从外延看，认知科学有六大分支：计算机科学、心理学、哲学、语言学、人类学和神经科学。从内涵看，认知科学就是要发现心智表达和计算能力以及它们在人脑中的结构和功能，具体包括认知结构，功能和要素以及抽象描述，实现人工智能的各种途径，心智过程的表达，认知过程和智能行为的神经机制。概括来说，认知科学主要是研究人脑的认知机制和这种机制的计算机模拟，以便给复杂奥妙的人类智能以科学的阐释和利用。

2）信息科学

人类文明史上有三次科学观念的大突破，即物质、能源和信息。没有物质，一切都不存在；没有能源，一切都不会发生；没有信息，一切都没有意义。伴随着科学观念的三次大突破，相应也有三次方法论的突破，即系统论、控制论和信息论。一切事物都存在于系统之中，系统运行要靠干预，干预需要初始信息和目标信息。正是由于科学观和方法论的更新，人类才能从农业社会到工业社会，进一步从工业社会到信息社会。随着信息社会的到来，信息科学成了高新学科（认知科学或脑科学、思维科学）的主导和灵魂。

（1）信息科学的定义。

信息科学是以信息论、控制论、计算机科学、仿生学、人工智能为理论基础，并与哲学发生密切联系，以电子技术、自动化技术为手段，主要研究信息运动的普遍规律和应用方法的横断科学。

（2）信息科学的研究内容。

信息科学是研究机器、生物和人关于信息的取得、存储、交换、传递、处理、利用和控制的一般规律，设计制造各种信息处理和控制设备，实现操作自动化、脑力劳动机械化、自动化的科学。信息科学是以信息为研究对象，研究信息的运动规律和应用方法，它以计算机为主要研究工具，以扩展人类信息功能为目标，是一门新兴的、边缘的、横断性的综合科学。

（3）信息科学的流派。

信息科学曾被科技情报界译为情报科学。从 20 世纪三四十年代以来，主要有四大流派：

知识交流派。以原苏联米哈依洛夫为代表，认为“信息科学是研究科学情报的结构和一般属性，研究人类活动的不同领域中科学情报的建立、交换、传递和利用的规律”。

知识吸收应用派。以英国 Broocks 为代表，提出$[S_0]+\Delta I=[S_0+\Delta I]$，认为“情报是使人原有知识结构发生变化的那一部分知识”、“成功产生成功”。

信息技术应用派。以美国泰勒、兰开斯特等为代表，提出“情报学研究情报的性质和运动状态，研究支配信息传递过程的力量，以及能够最大限度地掌握和方便地使用信息的处理方法……”。

知识基因派。代表人物是印度的道金斯，他认为，科学是知识基因遗传的结果，研究概念关系及演变。

综上，信息科学是研究有关信息及信息工作的产生、发展及其运动规律的科学，是研究信息的生产、加工、存储、分析、检索、传递和利用的理论、方法和技术的科学。信息科学研究的核心是知识的高度有序化的理论、方法和技巧。

信息科学理论框架规范可表述为 SCU，即

sources→communication→user

信息源　　信息流　　信息宿

信息科学的相关学科如图 3.4 所示。

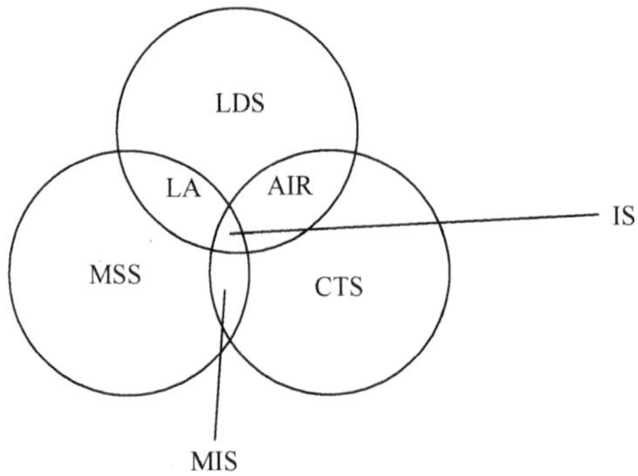

图 3.4　信息科学的相关学科

IS——information science 信息科学

MIS——management information system 管理信息系统

CTS——computer tele. communication 计算机通信

LA——library administration 图书馆管理

LDS——library & documentent science 图书馆文献学

AIR——automation information retrieval 自动信息检索

MSS——management & system science 管理与系统科学

除上述相关学科外，与信息科学相关的还有信息论、控制论、系统论、协同论、突变论、耗散结构论、知识论、方法论、价值论以及行为科学、公共关系学、大众传播学等。

3）人机共生的科技观

人机共生机制是针对人类面临的难题、人机的差别及无需说明的智能进化论和为了更好地求解现实世界的难题，而必然恪守的自然法则。它由三部分组成：辅人律、拟人律及人机共生律。辅人律是指科技发展的目的，拟人律是科技发展遵循的原则，人机共生律是指实现辅人、拟人的动态过程。

（1）技术辅人律。

从人类科学技术的产生、应用、改造、再创新、再应用……的重复过程看，辅人律是人类为解决生存发展的各种难题而创造的。通过应用、改造、提高及更有效的解决问题作为驱动。首先，是人类延长自己的手、脚、感官，后是延长人的大脑。人类能力的扩大延长，都等于开启了人体新的器官，增强和提高了人本

身的能力，人类经历了自在到自为的发展，人类发现科技辅人律到自觉利用这一规律，是一个逐步发展的过程，人类自觉认识和利用这一规律的程度是社会发展程度的标志。

（2）技术拟人律。

拟人律是因为人的生理限制，致使人的某些器官水平不高，所以为解决这类问题，才通过拟人律产生一种机器或系统，使之完成人所不能完成的任务，弥补人类器官水平与问题要求之间的差距。图 3.5 描述了辅人律和拟人律的关系。

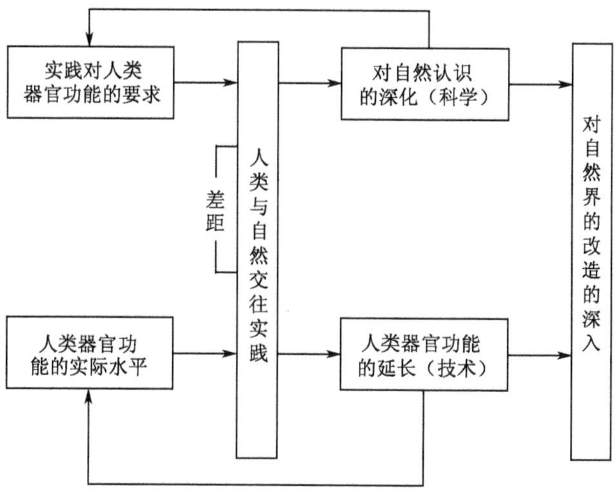

图 3.5 辅人律与拟人律的关系

从图 3.5 中可以看出，正是人类的某些器官功能实际水平与实际问题对人类器官的要求之间的差距，驱动人类自觉或不自觉地延长器官功能以适应实践需要的反复过程。

辅人律规定了科学技术的功能和本质，拟人律揭示了科技发展的方向和路线，辅人是目的，拟人是手段。

（3）人机共生律。

人类智能与人工智能存在差异性与互补性。人有创造力、灵活性，而机器目前不能独立思维，可能以后也不能，但机器在人的指导下，可以超过人的生理限制；人有感情意识，但人的感情意识有可能影响人解决问题的质量和人应有水平的发挥，机器不存在这方面的问题。在这种互补共生的过程中，人是“源”，机器是“流”，担心人受机器统治完全是杞人忧天。辅人是为了帮人不是制人，拟人是为延长人的智慧和能力，让人类有更多的时间和精力从事智力要求更高的事业，人机共生是人机互补，更好地完成工作；辅人、拟人、人机共生三位一体、不可分离。

4）管理科学

（1）管理科学概述。

管理科学是研究管理理论、方法和管理活动的一般规律的科学。广义的管理科学是指对生产（经济）、社会、政治、社会精神生活及成员的社会行为管理等活动的一般规律的概括和总结；狭义的管理科学是指20世纪50年代初，由泰勒的“科学管理”基础上发展起来的一门科学。管理科学经历了以下四个发展阶段：

“早期的管理理论”。产生在18世纪后半期，代表人物是A. 斯密，代表作是《国富论》。

“科学管理理论”。产生于19世纪末20世纪初，代表人物是科学管理之父——泰勒，代表作是《科学管理原理》。

“现代管理理论”。产生于20世纪40年代到60年代，以决策论、运筹学等应用数学为基础并应用电子计算机进行管理。

“最新管理理论”。产生于20世纪70年代，主要以系统工程理论为基础，行为科学为支柱，以最新的科学技术为管理手段，代表人物有P. M. S. 布莱克，L. A. 康德洛维奇等。

管理科学的研究内容包括管理思想、管理方法、管理手段及组织行为等，如计划可行性研究、计划的制定和实施，组织管理，控制管理，激励机制（如需求层次理论，x-Y理论，个人与企业激励），领导研究，信息管理（如信息的收集和处理、存储、维护、使用及计算机信息处理系统等）。

（2）信息管理学。

信息管理学既是管理科学的下位概念，又理应属于信息科学的下位概念，但由于历史原因，信息管理成多条块状态，如研究工商办公信息的称管理信息系统，研究科技信息包括图书情报系统的称信息管理系统，各级政府的经济信息系统和新闻媒介的大众传播系统等。其实这些信息管理系统从管理对象、方式、手段都是一样的。随着知识经济与信息化社会的到来，信息管理与管理信息都应当在信息科学的理论基础上、在新的综合和高效的信息系统下统一起来。

5）脑科学

（1）脑科学的定义。

脑科学（brain science）也称神经科学（neuroscience），是以脑研究为对象的各门科学的总称，是一个横断的大科学，它研究大脑的结构与功能，大脑与行为、大脑与思维的关系，研究大脑的信息加工机制，大脑的演化，大脑的生物组成，神经网络及其连接规律，它与生理科学、认知科学、信息科学、计算机科学和人工智能等关系密切。人脑的研究已成为科学研究的前沿，揭示大脑的奥秘，将使人类全面地、更深刻地认识自然，认识自身，认识社会。人脑奥秘揭示之日就是人类彻底解放和自由之时。

（2）脑科学研究的改革及进展。

17 世纪英国的 T. Willis 是最早的现代脑研究者，瑞士的 A. VIR. HALLER 证实脑通过神经接收信息，并通过神经冲动传到肌肉引起反应，法国的 R. DESLOOTER 创立神经反射论，到了 19 世纪，俄国的巴甫洛夫创立条件反射学说；20 世纪 R. W. SPEIRY 通过裂脑研究，有许多发现，如左右半球功能高度专门化和左半球的许多高级功能。

目前脑科学的研究表明，人脑是一块重约 1400 克，厚 2.5 毫米，由 1012 个神经元组成的大脑皮层物质，是世界上最复杂、最奥妙的物质，是经历 100 万年进化的结果。大脑由两半球组成，像一个完整的核桃仁，显出不同的沟裂，沟裂之间是隆起的脑回，大脑表层是由神经细胞体组成的灰质层——大脑皮层，它由新皮层（占全皮层的 96%）和白质（大脑皮层深部的纤维）组成。大脑半球背外侧面的主要沟裂是中央沟、大脑外侧裂及顶枕裂，把大脑半球分成四叶：额叶，在中央沟的前方，管计划运动；顶叶，在中央沟与顶枕裂之间，管体感；枕叶，在顶枕裂后方，管视觉；颞叶，在大脑外侧裂下方，管听觉、学习、记忆、感情。

现代神经生理学和神经解剖学研究证明，各种感觉信息到达大脑皮层时，首先进入其相应的初级感觉皮层区，然后扩散到邻近的感觉联合皮层区，即前额叶，前额叶神经元有更高水平的抽象概括作用；其次，实验表明，额叶神经元最有效的刺激信号是生物学意义。

现代脑科学研究表明，人脑是一个极为复杂的巨系统，现在的研究成果还极为肤浅，甚至可能被全盘推翻，但已有的成果对于进一步的研究和发展终会有积极的启示。

2. 知识检索的最新进展

（1）现代知识检索系统普遍从名称上都冠以“知识”和“科学”等名称。例如，清华同方检索系统从一开始就取名为“中国知识基础设施（CNKI）”，又发展到“中国知识资源总库”、“中国知网”。维普公司现在也为其检索系统更名为“维普知识资源系统”。国外 ISI 公司的检索系统名为“Web of Science”和“Web of Knowledge”。Elsevier 公司的名为“科学指南”（Science Direct）。

（2）从书目检索、文献检索，到情报检索、信息检索，再到知识检索。检索的功能不断增强，领域不断扩大，服务方式不断深化。新闻、法律、商业和经济领域的信息检索服务系统也发展迅速。

（3）联机与光盘数据库发展迅速，网络信息服务、镜像站点服务等现代化服务手段与方式逐渐普及，传统检索工具订户日益减少，刊库合一的趋势日益加强。

（4）索引语言由多样化向一体化和标准化方向发展。索引方法由计算机化向自动化和智能化方向发展。

（5）信息技术装备日益先进。信息处理和传播进一步电子化，文字处理与编辑、建库、出版发行、检索、原文提供等环节以联机方式走向一体化。

（6）信息检索服务和信息产品更加多样化。面向学科和任务的服务发展到面向问题和面向办公室与家庭的订制化和个人化服务。针对家庭用户的数据库越来越多，最终用户的培训工作格外受到重视，电子期刊、电子图书、网络信息产品发展迅速。网络化信息服务趋于更加人性化、个性化、多功能、全方位、一步到家、服务到底的综合信息集成一条龙服务。

3.3 Internet 与数字图书馆

3.3.1 Internet 概述

Internet，中文译作因特网，指全球最大的、开放的、由众多网络相互连接而成的计算机网络。组成 Internet 的计算机网络包括小规模的局域网（LAN）、城市规模的区域网（MAN）以及大规模的广域网（WAN）等。这些网络通过普通电话线、高速率专用线、卫星、微波和光缆等线路把不同国家的大学、公司、科研部门以及军事和政府等部门的网络连接起来。Internet 网络互联采用的协议是 TCP / IP。TCP / IP 是目前世界上影响最大的国际互联网络，它不只是把很多计算机连起来，更重要的是有极丰富的信息资源，它是未来“信息高速公路”的雏形。

Internet 是在美国 1969 年创建的阿帕网（ARPANET）基础上逐步发展而来的，目前已经连接超过 160 多个国家和地区，而且仍在高速发展之中。Internet 上的资源极其丰富，其数据库内容涉及社会、政治、历史、科技、教育、卫生、娱乐、政府决策、金融、商业、旅游、体育、音乐、电影等各个领域、行业，还有新闻组、电子公告牌以及 Internet 工具等。它是知识、信息和概念的巨大集合，已成为人类的资源宝库。Internet 改变了电脑的发展方向，Internet 技术的发明是计算机发展史的重要里程碑。Internet 使任何人在任何时间、地点都可以传递、共享和交流信息，它极大地缩短了时空距离，节省了大量的时间、精力和金钱，人们的生活、学习和工作的方式将因此而发生巨大的变化。

1. Internet 基本概念

1）Client/Server（客户程序与服务器）

Client/Server 的概念对于 Internet 有着特别重要的意义，因为许多比较普及的 Internet 程序都是根据这一思想设计的。服务器是在网络上，给其他工作站提供资源的主机数据站点。有时同一部主机只要执行数个不同的服务器程序，即可提供数种不同的服务。所谓客户程序是指网络用户用来向服务器提出服务请求的应用程序。例如，帮助完成网络操作的软件，是为了使特定的计算平台（如 UNIX、Windows）能够充分地发挥其作用而设计的，它的目的是使用户的工作更加便利，如 Mosaic，Netscape，Internet Explorer 等就是客户程序。

2）DN（域名）与 IP 地址

就像在现实生活中需要一种方法以便向别人说明事物的位置一样，在 Internet 空间中，必须有一种方法以便告知别人如何找到我们，如何查找我们所需要的有趣资源。因此，每一台主机（并不是每一台计算机）都必须有一个地址，而且这个地址应该是唯一的，不允许重复。Internet 上有两种类型的地址：域名（Domain Name）和 IP 地址（IP Address）。

域名是按照机构或地理位置进行描述的，它指明了网络连接所在的国家，拥有网络连接的机构类型等。域名地址是由小数点分隔的英文字母组成，又称网址。例如，rubens.anu.edu.au 是一台计算机的域名，该机器位于澳大利亚（地理域为 au），属于教育结构（edu），在澳大利亚国立大学（anu），宿主计算机的名字为 rubens。

IP 地址是一组数字，它描述了一台计算机与 Internet 上的网络之间精确的物理连接。在某种意义上可将它们比作电话号码。IP 地址一般为四段数字，中间用“.”隔开。IP 地址的表示方法为：nnn. hhh. hhh. hhh，第一段用来表示网络类别，nnn 取值在 1～126 之间，表示主机所在网络为大型网，即 A 类网。此时，nnn 就是网络的网号，其余三段用来表示主机号。nnn 取值在 128～191 之间，表示主机所在网络为中型网，即 B 类网。在这种情况下，第一段和第二段合在一起是该网络的网号，第三段为子网号，第四段是主机号。nnn 取值在 192～223 之间，表示主机所在网络为小型网，即 C 类网。此时，第一段至第三段合在一起为网络号，第四段为主机号，如 166.111.1.11。

Internet 的每台主机都有一个域名和一个 IP 地址，当用户使用域名时，计算机会将域名翻译为相应的 IP 地址。各级网络服务公司有专门的域名服务器负责完成域名到 IP 地址的转换。

3）HTML（超文本标记语言）

HTML（hyper text markup language）即超文本标记语言，是 WWW 的描述语言。设计 HTML 语言的目的是为了能把存放在一台电脑中的文本或图形与另一台电脑中的文本或图形方便地联系在一起，形成有机的整体，人们不用考虑具体信息是在当前电脑上还是在网络的其他电脑上。

HTML 文本是由 HTML 命令组成的描述性文本，HTML 命令可以说明文字、图形、动画、声音、表格、链接等。HTML 的结构包括头部（head）、主体（body）

两大部分。头部描述浏览器所需的信息，主体包含所要说明的具体内容。

4）URL（网页地址）

URL（uniform resource locator，统一资源定位器）是 WWW 网页的地址，它从左到右由下述部分组成：

URL 地址的排列格式为：URL scheme://host：port/path。

Internet 资源类型（scheme）：指出 WWW 客户程序用来操作的工具，同时它也是互联网应用层的通信协议。例如，“http：//”表示 WWW 服务器，“ftp：//”表示 FTP 服务器，“gopher：//”表示 Gopher 服务器，而“new：//”表示 Newsgroup 新闻组。

服务器地址（host）：指出 WWW 网页所在的服务器域名。

端口（port）：有的时候对某些资源的访问，需给出相应的服务器端口号。

路径（path）：指明服务器上某资源的位置（其格式与 DOS 系统中的路径名格式一样，通常由“目录\子目录\文件名”组成，只是必须使用“/”而非 DOS 的“\”）。与端口一样，路径并非总是需要的。

例如，http://www.infoseek.com/document/main.html，就是一个典型的 URL 地址。远程主机首先看到的是 http，便知道处理的是 HTML 连接，接下来的 www.infoseek.com 是网站地址（即域名地址），最后是目录和文件名。对于 WWW 网，在 IE 的地址栏里输入域名地址时有许多“优惠”之处，例如 http 可以不输入，而且对于 Web 来说，端口号是默认的 8000，因此也不必输入端口号。站点前部的 www 同时也指明使用该站点的 WWW 服务器。而对于 ftp://ftp.nease.net:8001/pub/win/cm9612.exe，WWW 客户程序需要用 FTP 协议进行文件传输，站点是 ftp.nease.net，使用该站点的 8001 端口，去目录 pub/win 下，下载文件 cm9612.exe（多半是压缩文件，或自解压的文件）。当然，站点 ftp.nease.net，它的 ftp 也指明是该站点的 FTP 服务器。应当注意，有些站点其 URL 必须区分大小写。

5）HomePage（主页与网页）

HomePage 通常译为“主页”，也泛指网页、页面。HomePage 是一种用超文本标记语言（描述性语言）将信息组织好，再经过相应的解析器或浏览器翻译出的包括文字、图像、声音、动画等多种信息的组织方式。用户可以把它同报纸、杂志、电视、广播等等同看待。

2. Internet 的基本功能

1） E-mail（电子邮件）

电子邮件（electronic mail）这种服务可以使 Internet 上某一计算机用户向其他计算机用户发送消息或邮件。

2） FTP（文件传输协议）

FTP（file transfer protocal）是计算机网络上主机之间传送文件的一种服务协议。目前 Internet 上有许多大大小小的 FTP 站，用户可使用匿名方式获得文件、信息和软件。大多数的匿名 FTP 站只要求输入 anonymous 作为登录该 FTP 站的用户名，而用用户的 E-mail 地址作密码即可。

3）Telnet（远程登录）

Telnet 允许一个用户登录到一个远程计算机系统中，一旦登录成功，自己的计算机就成为远端主机的一部终端机，可以享用该主机的所有功能及资源。当然，用户必须先拥有该主机的账号才能合法登录。

4）WWW（万维网）

WWW 是 World Wide Web 的缩写，简称 WWW 或 Web，它是一个方便用户在 Internet 上搜索和浏览信息的信息服务系统，能有效地统一并管理各种网络功能及资源。它可以使同一个画面同时显示文字、图像、声音、动画，已经成为 Internet 上的一颗超级巨星。

5）Gopher

Gopher 是早期人们访问 Internet 的方法，它起源于 1991 年美国明尼苏达大学，当初的 Gopher 信息系统主要是为了管理该校的校园信息，后来发展成为 Internet 上使用最为广泛的信息查询工具之一，不过由于 Gopher 的“菜单”文本模式，不像 WWW 的网页具备声光效果，所以在 WWW 出现后，Gopher 的地位便逐渐被五彩缤纷的多媒体网页取代。

6）Net News（网络新闻）

是网间网上一个开放的网络讨论区，可视为一个“全球性的网络公告栏”，这个大公告栏又根据讨论主题分为成千上万个专题新闻组，新闻组的新闻内容非常丰富，包括天文、地理、人文、历史、社交、礼仪、文化，甚至包括种花、服装款式、家电维修等。你可以选择一个感兴趣的小组，参加讨论。如果工作上或学习上碰到麻烦难解决的问题，也可以在适当的讨论组中发出求助信函，立刻会收到世界各地蜂拥而至的解答。

7）BBS 电子公告牌

BBS 规模较小，大都是区域性的，仅提供网络簇一个信息交流、经验交换的园地。每个讨论主题称为一个公告牌。当前国内各大专院校几乎都有自己的 BBS 站，可从这些 BBS 站获得一些校园信息、公告事项、马路消息、电脑知识等，如 http://www.cqumzh.cn。

8）IRC（网络聊天）

这是 Internet 上的国际性多人聊天系统（international relay chat）。有成百上千个不同主题频道（channel）。一旦进入感兴趣的频道，从屏幕上马上会看到来自世界各地的网络迷，正“七嘴八舌”地用键盘“喧哗”地聊着天。

9）I-Phone（Internet 电话）

I-Phone 是最新的 Internet 应用之一，比 IRC 更受欢迎。你可以不必打字而是通过麦克风和喇叭，直接和聊天对象在线上交谈，或者用来打国际长途电话更好，因为只需付当地的市话费。

3. Internet 检索工具——搜索引擎

Internet 的迅猛发展使其所含的信息数量激增，在这样一个无限、无序、浩瀚无边的信息空间里，快速查找并获取所需要的信息已成为人们最迫切的需求。为了帮助人们从网络信息的汪洋大海之中将对自己有价值的部分搜寻、挑选出来，网络信息检索工具——搜索引擎便应运而生了。所谓搜索引擎是指一种利用网络自动搜索技术，对 Internet 各种资源进行标引，并为检索者提供检索的工具。

搜索引擎的特点是由自动索引软件生成数据库，收录、加工信息的范围广、速度快，能及时地向用户提供新增信息。检索时直接输入关键词或词组、短语，无需判断类目归属，比较方便。但由于标引过程缺乏人工干预，准确性较差，加之检索软件的智能化程度又不很高，导致检索误差较大；虽一次检索输出的结果可能很多，但会包含许多重复、虚假信息，即检索噪声较大。另外，不同的搜索引擎有不同的检索项选择、检索界面，不同的句法要求和对符号、标识符的处理，因此，检索策略的构造和输入方式也会直接影响检索结果。一般来说，搜索引擎适合于检索特定的信息及较为专、深、具体或类属不明确的课题。

1）搜索引擎分类

搜索引擎按其工作方式主要可分为三种，分别是全文搜索引擎（full text search engine）、目录索引类搜索引擎（search index/directory）和元搜索引擎（meta search engine）。

全文搜索引擎。全文搜索引擎是名副其实的搜索引擎，国外具代表性的有 Google、Fast/All The Web、AltaVista、Inktomi、Teoma、WiseNut 等，国内著名的有百度（Baidu）。它们都是通过从互联网上提取的各个网站的信息（以网页文字为主）而建立的数据库中，检索与用户查询条件匹配的相关记录，然后按一定的排列顺序将结果返回给用户，因此他们是真正的搜索引擎。

目录索引。目录索引虽然有搜索功能，但在严格意义上不算是真正的搜索引擎，仅仅是按目录分类的网站链接列表而已。用户完全可以不用进行关键词（keyword）查询，仅靠分类目录也可找到需要的信息。目录索引中最具代表性的莫过于大名鼎鼎的 Yahoo。其他著名的还有 Open Directory Project（DMOZ）、LookSmart、About 等。国内的搜狐、新浪、网易搜索也都属于这一类。

元搜索引擎。元搜索引擎在接受用户查询请求时，同时在其他多个引擎上进行搜索，并将结果返回给用户。著名的元搜索引擎有 InfoSpace、Dogpile、Vivisimo 等（元搜索引擎列表），中文元搜索引擎中具代表性的有搜星搜索引擎。在搜索结果排列方面，有的直接按来源引擎排列搜索结果，如 Dogpile，有的则按自定的规则将结果重新排列组合，如 Vivisimo。

2）搜索引擎举例

从 1994 年至今，国内外西文及中文搜索引擎层出不穷，经检索者使用及专家评估，著名的搜索引擎有 AltaVista，Excite，Hotbot，Infoseek，Lycos，Google，百度等，下面将逐一介绍它们的功能和检索特色。

（1）Yahoo！（http://www.yahoo.com）。

Yahoo！是世界上最著名的 Internet 信息检索工具，它连接速度快，数据容量大，并且是全免费的。它的界面比较简洁，功能却十分强大，能够查询 Internet 上所有站点、新闻，甚至个人信息等资料。它是由美国斯坦福大学电机工程系两位博士生 David Filo 和 Jerry Yang 在 1994 年出于个人兴趣研制开发的 Interact 检索工具，现在有很多编辑人员维护，质量非常高。它还推出了中文查询站点：http://yahoo.com.cn。

① 检索方式。

（A）分类检索。

将普通信息分为 12 个大类（图 3.6），即艺术、商业与经济、计算机与 Internet 教育、娱乐、政府、医疗、新闻、图书馆、行政区域、自然科学、社会科学及宗教等。每个大类又分多个小类，可用鼠标点击相关专题链接词浏览。分类检索可以从根链开始，不断深入，最终到达所需的 Web 页、新闻组、FTP 站点和其他可由 Web 访问的资源。这种列表式分层搜寻易于控制，适合浏览性查找，但因层次太多会感到速度太慢，因此采用关键词检索更加方便快捷。

（B）关键词检索。

在 Yahoo 的主页或任一个检索结果返回页都有一个输入框，在此填入关键词，单击右侧的 Search 按钮后，Yahoo 就会从它四个方面的数据库（Yahoo 目录链、Yahoo 网点、Yahoo 网上事件和谈话、最新新闻）中找出与之相匹配的记录，检索结果返回的是一页与关键词匹配的记录列表。

②检索方法。

Yahoo 的搜索不仅可以通过几个简单的单词进行，还可以通过 Yahoo 搜索页，提供对信息寻找的更多控制。其使用方法如下：

第一，单击 advanced search 链接（位于 Search 按钮右边，可以在任何 Yahoo 页的顶部或底部见到），出现 Yahoo Search 网页。

第二，在文本框中，输入一个或几个要搜索的单词（用空格隔开）。

第三，在复选框中表明如何搜索：①Yahoo（搜索 Yahoo 主数据库）、USENET

（包括 Deja news usenet 档案）。②选择搜索方法。搜索方法一般有 Intelligent default（智能缺省方法）、An exact phrase match（精确短语匹配）、Matches on all words（所有搜索字以 and 相连）、Matches on any words（所有搜索字以 or 相连）、A Person's name（寻找朋友的主页或 E-mail 地址）。③选择搜索区域。即是 Yahoo categories 还是 Web sites。④搜索回溯的时间（一天到三年）。

第四，单击 Search 按钮，会出现一个页面，显示符合要求的页面清单（以链接形式出现）。

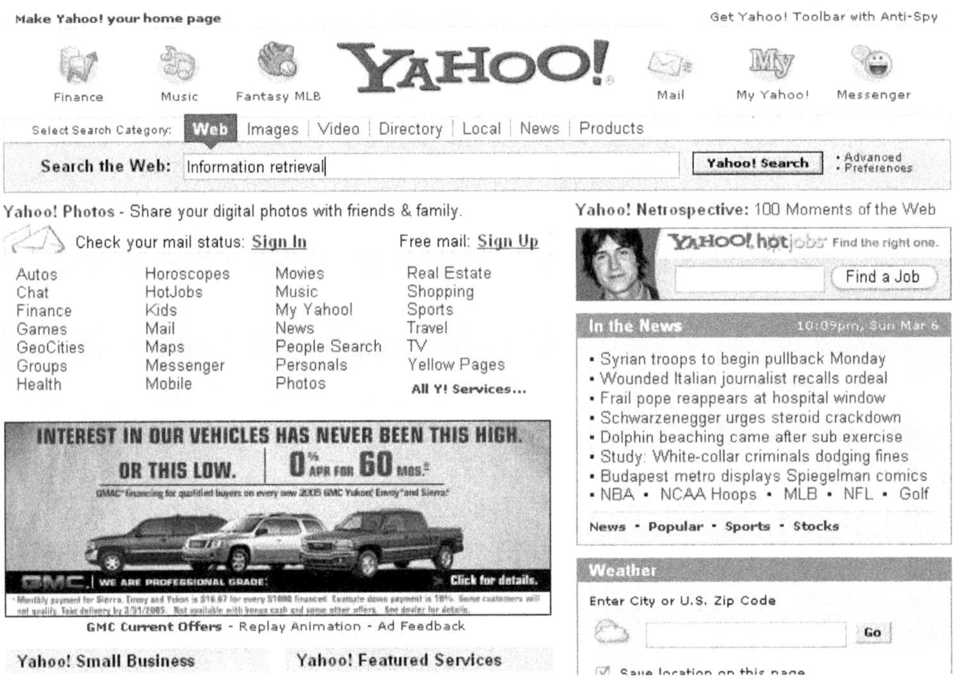

图 3.6　Yahoo！搜索页面

（2）HotBot（http:// www.hotbot.com）。

HotBot 是 Wired Ventures 公司于 1995 年推出的活跃的、界面友好的 Web 搜索工具。检索服务与特色如下：

HotBot 提供每天更新的 5400 万个全文索引的 Web 页和 USENET 文档。

按照日期（周、月、年）、区域或特定文件类型搜索 Web，也可以指定在文章的标题、人名、网址里进行查找。

可以选择 Save My Setting，在个人的设置文件中保存用户的搜索条件以便日后搜索。

HotBot 堪称界面最友好的搜索工具。它快速搜索，易于使用的界面，提供了众多的选项以缩小搜索的范围。

选择每个页面要显示多少结果（缺省为 10 个），并选择每个页面上要显示多少说明（full brief 或 URL only）。

单击 Search 按钮，HotBot 开始搜索数据库中的匹配文件，然后显示列有结果的新页面。

如果用户想寻找一个图形或声音文件，HotBot 可以轻松准确地找到所需的文件类型，而不需在只包括文本的页面中费周折。点击相应的标签可以限制用户的搜索为声音文件、视频文件等特定文件。

布尔逻辑。在每一字的左边加上运算符，“+”代表 and，“|”代表 or，“-”代表 not。例如搜索 Robot+Vision，则搜索结果是包含 Robot 和 Vision 二者的页面。

通用字符检索。在关键字的后面加上字符“*”，例如 photo*能查到以 photo 为首的相关信息。

高级查询：在主页上，按下“Advanced Search”一词，即进入高级查询页面，提供几个新的搜索选项。

（3）Infoseek（http://www.infoseek.com）。

Infoseek（图 3.7）是 Infoseek Corporation Steve Kirsch 研究开发的搜索引擎，其优点在于速度快、使用方便。支持使用中文作为搜索的关键词，具有很强的中文信息检索能力，简体、繁体均可，是一个比较适合中国人使用的搜索引擎。它不但可以检索 WWW 站点，FTP、Gopher、USenet Newsgroup 文章检索，还提供报纸、杂志、工商信息，甚至电影、书籍、录影带评论等全文检索，但有些检索

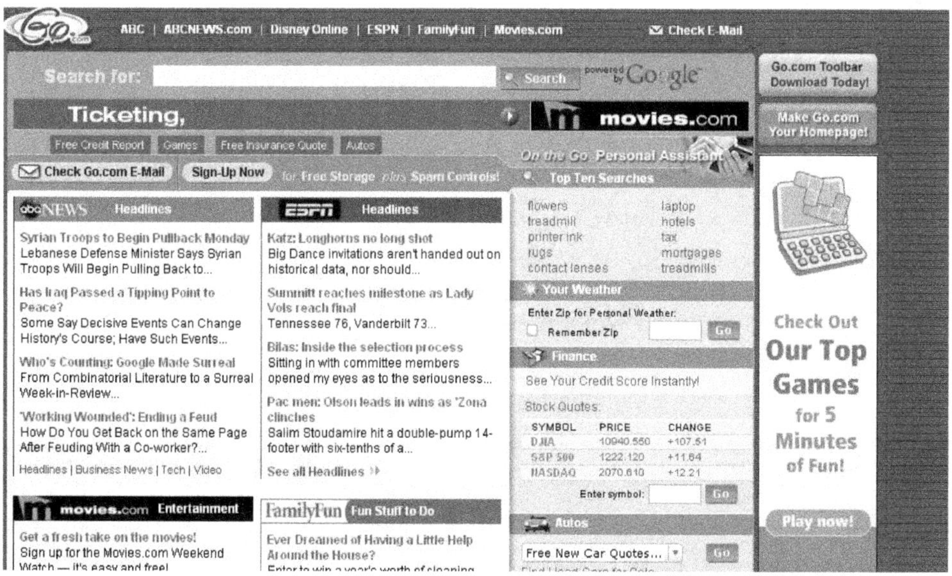

图 3.7　Infoseek 主页

服务必须付费。

检索服务与特色：①从 10 000 万个页面中删除重复的链接和死链接，提供 2400 万个页面的搜索索引。②仅在一个搜索表格中，可以搜索新闻、地图、电子函件地址等。③可以输入普通的英文，然后得到相关的结果。④利用 Smart Info 页的链接，可以容易地找到地图和共享软件。

（4）Excite（http://www.excite.tom）。

Excite 是由 Architext Software 公司开发的一个检索网点，提供多种功能和服务，通过 Excite 可以搜索 Internet 资源的大型数据库或浏览面向主题的网页目录，也可以阅读当前新闻和专栏文章。Excite 最显著的特性之一是它强大的搜索能力。Excite 能搜索它的 Web 站点数据库并根据搜索主题对用户感兴趣的站点做一简要说明。

Excite 有多达 6000 万个已被索引好的页面。信息频道包括新闻、黄页、白皮书、股价和航空订票服务，利用频道功能快速地缩小搜索范围。例如，Stock Quotes（股票报价）功能可以使用户轻松地查看与他们经济利益有关的新闻。采用一个“智能概念抽取”的专用查询软件，允许用户使用自然语言提问，如“How to lay health by eating well”。利用 Web Site 选项可以将结果按网点分组查看。

（5）Google（http://www.google.com）。

Google 是目前被公认为全球最大的搜索引擎，它提供了简单易用的免费服务，用户可以在瞬间返回相关的搜索结果。在访问 Google 主页（图 3.8）时，您可以使用多种语言查找信息、查看新闻标题、搜索超过 88 000 万幅的图片，并能够细读全球最大的 USENET 消息存档，其中提供的帖子超过 84 500 万个，时间可以追溯到 1981 年。

图 3.8　Google 主页

用户不必特意访问 Google 主页，也可以访问所有这些信息。使用 Google 工具栏可以从网上任何一个位置进行 Google 搜索。即使身边没有 PC 机，你也可以通过 WAP 和 i-mode 手机等无线平台使用 Google。Google 的实用性及便利性赢得了众多用户的青睐，它几乎完全是在用户的交口称颂下成为全球最知名的品牌之一。

（6）百度（http://www.baidu.com）。

“众里寻她千百度”，“百度”二字源自辛弃疾的《青玉案》。1999 年底，李彦宏先生及徐勇先生于美国硅谷创建百度。2000 年，百度落户中国，从此掀开了中文搜索引擎的新篇章。百度（图 3.9）一直以开发最符合中国人使用习惯的搜索引擎为己任，经过四年多努力，百度已成为世界上最强大的中文搜索引擎。

百度采用超链分析核心技术。超链分析技术，是新一代搜索引擎的关键技术，已为世界各大搜索引擎普遍采用，百度总裁李彦宏就是超链分析专利的唯一持有人。在学术界，一篇论文被引用得越多就说明其越好，学术价值就越高。超链分析就是通过分析链接网站的多少来评价被链接的网站质量，这保证了用户在百度搜索时，越受用户欢迎的内容排名越靠前。

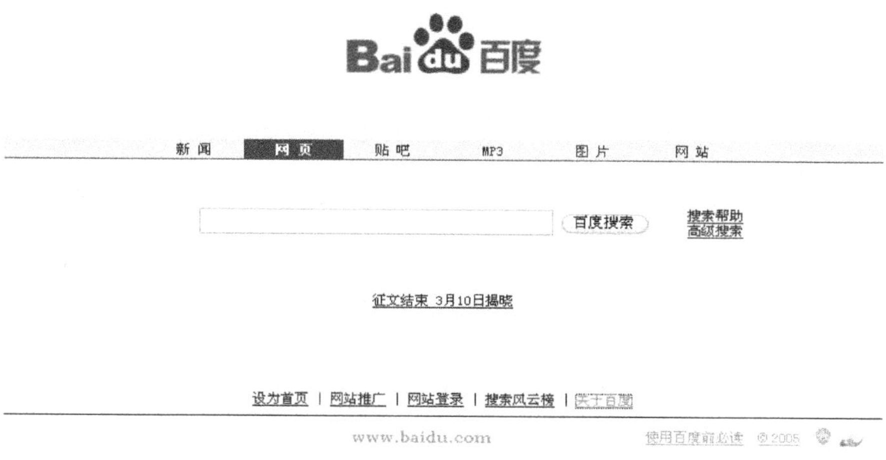

图 3.9　百度主页

3.3.2　数字图书馆概述

1. 数字图书馆的基本概念

“数字图书馆”（digital library）是用数字技术处理和存储各种图文并茂的以多媒体为载体的文献的图书馆，实质上它是一种多媒体制作的分布式信息系统，把各种不同载体、不同地理位置的信息资源用数字技术存储，以跨越区域面向对象的网络查询和传播的一个大型信息系统。数字图书馆收集或创建数字化馆藏，集成了各种数字化技术，如高分辨率数字扫描和色彩矫正，光学字符识别，信息压缩 、转化等，把各种文献替换成计算机能识别的二进制系列图像，在安全保护、访问许可和记账服务等完善的权限管理之下，经授权的信息利用因特网的发布技术，实现全球信息共享。 数字图书馆的结构模式是：在网络环境下，是一个面向对象的、分布式的网络结构模式，它可适应在多种不同的计算机系统运行。一个数字图书馆的构成，主要包含用户接口、预处理系统（又称调度系统）、查询系统和对象库等基本构件。数字图书馆侧重对收藏特色的概括，收藏品基本为电子读物，阅读手段一般通过电脑等，不一定提供网上信息或上网服务。网上图书馆将一定量的信息在网上组织起来，供“读者”查阅和检索，不一定需要对应的图书馆社会实体，它也可以视为数字图书馆的初级形态。“虚拟图书馆”是网上图书馆的别称，侧重其无实体的特征。

数字图书馆概念一经提出，就得到了世界广泛的关注，各国纷纷组织力量进行探讨、研究和开发，进行各种模型的试验。随着数字地球概念、技术、应用领域的发展，数字图书馆已成为数字地球家族的成员。它们为信息高速公路提供必需的信息资源，是知识经济社会中主要的信息资源载体。美国国会图书馆是美国最早进行数字图书馆尝试的图书馆之一，其“美国的记忆”（American Memory）影响深远。“美国的记忆”最早是一个于 1990～1995 年实施的试验性计划，该计划的目标是确定数字式馆藏的读者对象，建立数字图书馆的一整套技术过程，讨论有关知识资产的论题，进行分发演示，并最终确定国会图书馆数字化的方针与规范。 该计划的数字馆藏对象主要为美国的历史文献，包括历史照片、手稿、历史档案及其他文献等。

2. 数字图书馆的功能与作用

（1）数字图书馆是一个国家的数字文化平台，其中包含的内容很多，它既可能有网上图书馆，又可能是网上书店、音像店、文物店，还可能是网上文化中心等。

（2）数字图书馆是一个国家的数字教育平台，人们可以在图书馆里进行自学和继续学习，包括文化的学习、休闲爱好的学习以及各种各样知识的学习。因此，数字图书馆也是网上业余教育中心、在职教育中心甚至趣味教育中心等，很多家庭教育都可以在这上面进行。

（3）数字图书馆是一个国家的数字资源中心。国家数字图书馆是国家数字资料集中管理的地方，把卫星图像资料、网上资料及其他数字资源的资料，甚至一些产品资料保存起来，成为数字资料存储中心和数字资料处理中心。

总之，数字图书馆绝不仅仅是数字化的图书馆，它应该是中华文化的传播媒体，是文化产品的网络商务平台，是国家数字资源组织、开发和利用的基础，是网络文化中心和网络文化的聚集地。数字图书馆是构架在 21 世纪的计算环境之上的，是 21 世纪的宽带多媒体信息利用方式。数字图书馆建设可使我们跨越式发展，达到与发达国家同样的科学与文化环境，使中华民族在下一轮知识经济的挑战中站在更高的起点上参与竞争。

3. 数字图书馆实例

中国数字图书馆（http://www.d-library.com.cn）是由中国国家图书馆发起建成的，是全国规模最大的国家数字图书馆网站，于 2000 年 6 月全面开通，以提供信息资源内容为核心，目前已拥有 4700 万页丰富精彩的数字化图书储备，以每天 20 万页的速度增长。该网站主页如图 3.10 所示。

图 3.10　中国数字图书馆主页

第 4 章　知识检索系统

4.1　国内知识检索系统

4.1.1　中国知网

1. 中国知网概况

中国知网（http://www.cnki.net）又叫中国知识基础设施工程（China national knowledge infrastructure，CNKI），CNKI 是采用现代信息技术，适合我国的可以进行知识整合、生产、网络化传播扩散和互动式交流合作的一种社会化知识基础设施的国家级大规模信息化工程，由清华大学承担建设。CNKI 工程旨在提高国家知识和技术的创新能力，增强国际竞争力，以最简单的方式传承人类数千年的文明，以最快捷的方式遍访人类数千年的知识资源，实现人类数千年文明资源的共建共享，让你在海量的信息里自由翱翔。

CNKI 工程的主要内容包括：知识信息资源数字化建设及挖掘、网络数据存储与知识网络传播体系、知识信息组织整合平台、知识仓库建库管理和发布系统、知识信息计量评价系统和数据库生产基地建设等方面。

目前，CNKI 工程已拥有世界上最大的、每日远程更新、网络化的中国期刊全文数据库（CJFD）、中国优秀博硕士学位论文全文数据库（CDMD）、中国重要会议论文全文数据库（CPCD）、中国重要报纸全文数据库（CCND）、中国基础教育知识仓库（CFED）、中国医院知识仓库（CHKD）、中国企业知识仓库（CEKD）、中国城市规划知识仓库（CCPD）、中国科学文献计量评价数据库（ASPT）等 CNKI 源数据库及系列知识仓库产品。已在中国内地及中国香港地区、中国台湾地区及美国等地建成十几个 CNKI 数据库交换服务中心，在全球包括中国内地、中国香港地区、中国台湾地区和美国、澳大利亚、新加坡、德国、加拿大、日本等国家和地区建有 CNKI 数据库镜像站点 500 多个，1000 多个光盘检索服务站，1000 多个网上检索服务站。2001 年 11 月以来，每个工作日点击量平均 100 万次，使用人数约 10 万人，1999 年以来累计访问量约 2000 万人次。

CNKI 从 1995 年开始提出建立“中国知识资源总库”（简称“总库”），它是具有完备知识体系和规范知识管理功能的、由海量知识信息资源构成的学习系统和知识挖掘系统。由清华大学主办、中国学术期刊（光盘版）电子杂志社出版、清华同方知网（北京）技术有限公司发行。“总库”有数百位科学家、院士、学者参与建设，历经 10 年精心打造，是一个大型动态知识库、知识服务平台和数字化学习平台。目前，“总库”拥有国内 7000 多种期刊、1000 多种报纸、300 多 家博士培养单位优秀博硕士学位论文、数百家出版社已出版图书、全国各学会/协会重要会议论文、百科全书、中小学多媒体教学软件、专利、年鉴、标准、科技成果、政府文件、互联网信息汇总以及国内外上千个各类加盟数据库等知识资源。“总库”中数据库的种类不断增加，数据库中的内容每日更新，每日新增数据上万条。根据规划，三年内，“总库”将囊括我国 80% 的知识资源。

“总库”以“三层知识网络”模式建构内容。通过知识元库和引文链接等各种知识链接方法，三个层次的数据库可融为一个具有知识网络结构的整体来使用。第一层：基本信息库。由各种源信息组成，如期刊、博硕士论文、图书、报纸、专利、标准、年鉴、图片、图像、音像制品、数据等。该库按知识分类体系和媒体分类体系建立。第二层：知识仓库。由专业用途界定知识仓库的知识范畴和层次，由学科知识体系确定知识模块、知识点及其内容。内容可以从基本信息库中选取。第三层：知识元库。由具有独立意义的知识元素构成。它包括理论与方法、事实、数值型三类基本知识元。既可独立使用，也可与基本信息库、知识仓库相关联使用。理论与方法型知识元包括思想、方法论、概念、公理、原理、定律，以及正在探究中的观念、观点、理念、方法与技巧等。事实型知识元包括自然、社会存在和演变的事实信息。数值型知识元包括各种数据类知识和科学数据，具有数值分析和知识推理功能。“总库”基于“中国知识资源总库”传播共享平台，以开放式资源网格系统的形式，将分布在全球互联网上的知识资源集成整合为内容关联的知识网络，通过中国知识门户网站——中国知网进行实时网络出版传播，为用户提供在资源高度共享基础上的网上学习、研究、情报和知识管理等综合性知识增值应用服务。

“中国知识资源总库”包括如下重点数据库：

1）CNKI 系列源数据库

（1）中国期刊全文数据库。收录 1994 年至今 7100 种期刊，按学科分 126 个专题，现有文献近 1200 万篇，每日更新，年新增文献 100 万篇。

（2）中国优秀博硕士学位论文全文数据库。收录 2000 年至今 400 多个博硕士培养单位的学位论文，现有论文近 20 万本，每日更新，年新增论文 10 万本。

（3）中国重要报纸全文数据库。收录 2000 年至今近 1000 种重要报纸，现有文章近 350 万篇，每日更新，年新增文章 120 万篇。

（4）中国重要会议论文全文数据库。收录 2000 年至今 400 家学术团体的会议论文，现有论文近 22 万篇，每日更新，年新增论文 4 万篇。

（5）中国图书全文数据库。一期工程即将完成，首批 3 万种新书已上网服务，每日更新，年新增图书 10 万本。

2）CNKI 系列专业知识仓库

（1）中国医院知识仓库。收录 1400 多种医学期刊，108 家医学博硕士培养单位学位论文，内容每日累增。

（2）中小学多媒体数字图书馆。收录 500 余种教育类期刊，2000 多种相关期刊，400 余种相关报纸，以及多媒体教育教学素材、高初中同步教学辅导、高考中考名师辅导等，内容每日累增。

（3）中国企业知识仓库。汇集企业所需期刊、优秀博硕士论文、重要会议论文、报纸全文、图书全文、新书目等数据资源。涵盖企业所需各类信息资源、知识资源，利用现代信息技术进行加工整合，以最方便快捷的传播手段，为企业提供可有效利用的资源。主要分钢铁冶金、铝业、石油化工、石油天然气勘探、电力、发电、电网、金融、保险、证券、基金等各个行业。企业知识库内容每日累增。

3）CNKI 系列知识元数据库

（1）数值型知识元库。包括从各类统计年鉴及各种专业文献中抽取的统计数据和科学实验数据。

（2）理论与方法型知识元数据库。包括从各种百科全书中抽取的专业术语解释及从各种专业论文中抽取的观点、理论、方法和技巧等知识元。

4）正在建设中的各类 CNKI 系列数据库

包括年鉴全文数据库、标准数据库、科技成果数据库、各行业百科数据库、地方志全文数据库等。

5）国内外各类加盟数据库

包括全球 20000 多个图书馆资料目录的 OCLC 数据库、美国专利库、美国地震局地震目录查询库、微生物物种编目数据库、农业生产资料数据库、影片资料库等 400 多个行业数据库，后续的加盟数据库将不断增加。

6）互联网信息数据库

包括利用清华同方互联网资源整合系统（3I）整合加工的互联网信息库和用 Google、Yahoo、百度等网络搜索引擎搜索的互联网信息库。

2. CNKI 的检索界面

1）CNKI 重庆大学图书馆镜像站

见图 4.1～图 4.3。

2）CNKI 知识仓库分类导航

中国期刊全文数据库以专题数据库的形式设计 CNKI 知识仓库分类导航体系，将各学科、各门类的知识分为 126 个专题，兼顾各学科之间的内在联系、交叉渗透，分层次对知识按其属性及相互从属关系进行并行或树状排列，逐级展开

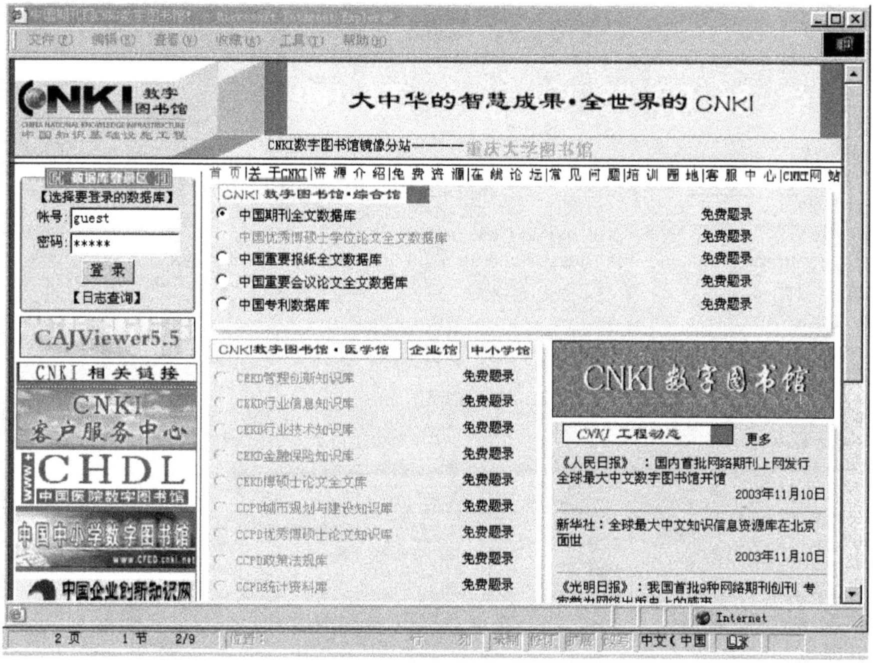

图 4.1　CNKI 数字图书馆

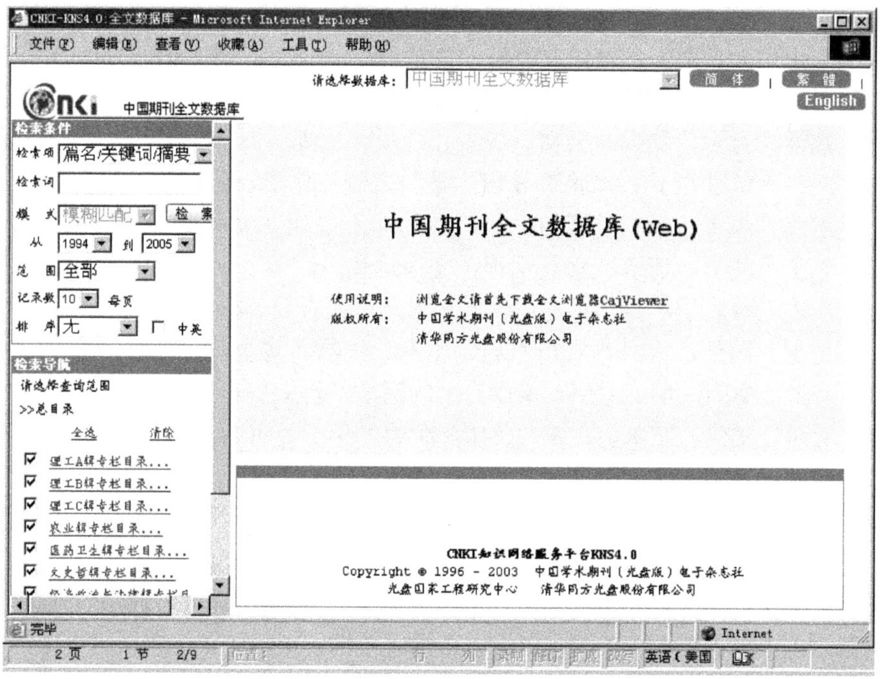

图 4.2　中国期刊全文数据库（Web）

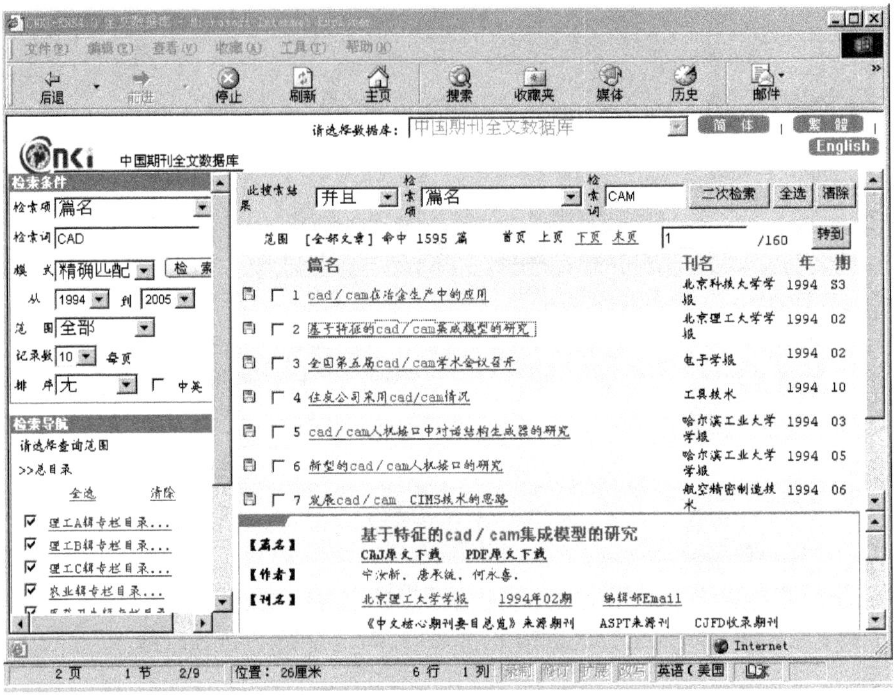

图 4.3　中国期刊全文数据库

到最小知识单元。根据各篇论文所涉及的学科知识属性，将它们分别编入 126 个专题数据库的各相应知识单元。各专辑名称及覆盖学科范围：①理工 A 辑。学科范围：数学、力学、物理、天文、气象、地质、地理、海洋、生物、自然科学综合（含理科大学学报）。②理工 B 辑。学科范围：化学、化工、矿冶、金属、石油、天然气、煤炭、轻工、环境、材料。③理工 C 辑。学科范围：机械、仪表、计量、电工、动力、建筑、水利工程、交通运输、武器、航空、航天、原子能技术、综合性工科大学学报。④农业辑。学科范围：农业、林业、畜牧兽医、渔业、水产、植保、园艺、农机、农田水利、生态、生物。⑤医药卫生辑。学科范围：医学、药学、中国医学、卫生、保健、生物医学。⑥文史哲辑。学科范围：语言、文字、文学、文化、艺术、音乐、美术、体育、历史、考古、哲学、宗教、心理。⑦经济政治与法律辑。学科范围：经济、商贸、金融、保险、政论、党建、外交、军事、法律。⑧教育与社会科学辑。学科范围：各类教育、社会学、统计、人口、人才、社会科学综合（含大学学报哲社版）。⑨电子技术及信息科学。学科范围：电子、无线电、激光、半导体、计算机、网络、自动化、邮电、通信、传媒、新闻出版、图书情报、档案。

分类导航的作用有两点：①在分类检索中，可以通过导航逐步缩小范围，最后检索出某一知识单元中的文章。例如，利用学科专业导航，理工 A—数学—数学概论—数学史和数学范畴，可以直接检出其中的文章。②在初级检索和高级检索中，利用导航选取检索范围，这样可以节省检索的时间，提高查准率。例如，查找计算机网络的论文就应该在电子技术及信息科学专辑，计算机技术专题中查找。该查询的特点是方便快捷，效率高，但查询结果有较大的冗余。如果在检索结果中进行二次检索或配合高级检索，则可以大大提高查准率。在检索的时候可以选择全选，选择多个专辑或选择多个下位的子栏目。

3. CNKI 的检索

1）检索步骤

（1）登录中国期刊全文数据库检索系统。登录后，系统默认的检索方式即为初级检索方式。

（2）选取检索范围。导航的层次为：专辑—专题——级子栏目—二级子栏目—三级子栏目。可以在某一层次选中所有子栏目，也可以选取其中一部分。方法：单击一个栏目查看下一级子栏目，依次下去，直到可以选择合适的检索范围。在要选择的范围前选择“√”，点击“检索”，进行查询。点击“全选”，则选中该层次的所有项目。点击“清除”，仅仅清空所选的专题。

（3）选取检索项。在检索项的下拉框里选取要进行检索的字段，有篇名、作者、关键词、机构、中文摘要、引文、基金、全文、中文刊名、ISSN、年、期、主题词等字段。

（4）输入检索词。在文本框里输入检索词。检索词为文章检索项中出现的重要词，当按相关度排列时，其出现的词频越高，数据越靠前排列。

（5）进行检索。点击“检索”按钮进行检索，或点击“清除”按钮清除输入，在页面的右侧上部列出检索结果，点击其中一项，可以在下面的细览区列出详细的信息，如篇名、作者、刊名、机构、关键词、摘要等。还可以继续点击查看原文。

2）检索结果的处理

检索的结果可以在线浏览，可以下载，还可以在此基础上进行二次检索。

下载：将感兴趣的文章原文下载到磁盘介质上，下载时只要点击记录前面的磁盘状的图标即可，然后系统提示是否在当前位置打开或者保存到磁盘。如果选择在当前位置打开且本机安装有全文浏览器，则直接在当前位置打开原文；如果选择了保存到磁盘，则将原文数据下载到本地硬盘。

跳页码：检索后，会在页面的概览区列出满足检索条件的所有记录，由于经常检索结果很多，每页最多只能显示十条记录，如果您想看后面的记录则直接利用页面上的翻页功能或跳转功能定位到指定的页码或记录，这些功能是：首页、上页、下页、末页。如果要直接跳转到某个页面，则直接在输入页码旁边的文本框里输入一个整数，然后点击“转到”按钮即可。 输入的页码数即表示你想要跳转的页码。

二次检索：一次检索后可能会有很多你所不期望的记录，你可在第一次检索的基础之上进行二次检索。二次检索只是在上次检索结果的范围内进行检索的，这样可逐步缩小检索范围，使检索结果越来越靠近自己想要的结果。

3）细览区

下载：将感兴趣的文章原文下载到磁盘介质上，下载时只要点击记录前面的磁盘状的图标即可，然后系统提示是否在当前位置打开或者保存到磁盘。如果选择在当前位置打开且本机安装有全文浏览器，则直接在当前位置打开原文；如果选择了保存到磁盘，则将原文数据下载到本地硬盘。

刊名：通过刊名栏可以查询该刊各期文章列表，直接获取该期文章原文，还可以给编辑部发 E-mail。

聚类检索：可链接到同类文献、引用文献和被引用文献。

4.1.2 万方数据资源系统

1. 概况

万方数据资源系统（http://www.wanfang.com.cn）是一个覆盖全国的以科技信息为主体，集经济、金融、社会、文化、教育于一体的网络信息资源系统，由中国科技信息研究所万方数据公司联合有关信息机构共同建设而成。该系统以近 120 个数据库为数据基础，采用先进的信息检索技术与互联网技术的完美结合，多种类型数据库的重构、整合与关联应用，以科研、教育、生产、市场提供知识服务为目标，有数千家海内外高等院校、科研院所、企业以及公共图书馆成为其用户。内容包括学位论文，中国企业、公司及产品信息、研究报告、标准、专利和成果及亚太商务动态信息等。万方数据资源系统包括科技信息系统、数字化期刊系统、企业服务系统及医药信息系统（图 4.4）。

2. 检索界面

万方数据资源系统拥有众多的数据库，采用的检索平台基本一致，使用方法也相同。万方数据公司在不断地丰富数据库的同时，也在改进检索平台。

1）简单检索（图 4.5）

2）高级检索（图 4.6）

数据库页面提供高级检索功能，用户可以选择逻辑关系的搭配。

3）检索中心（图 4.7）

系统提供同类型、不同类型数据库之间的跨库检索，提高用户的检索效率。

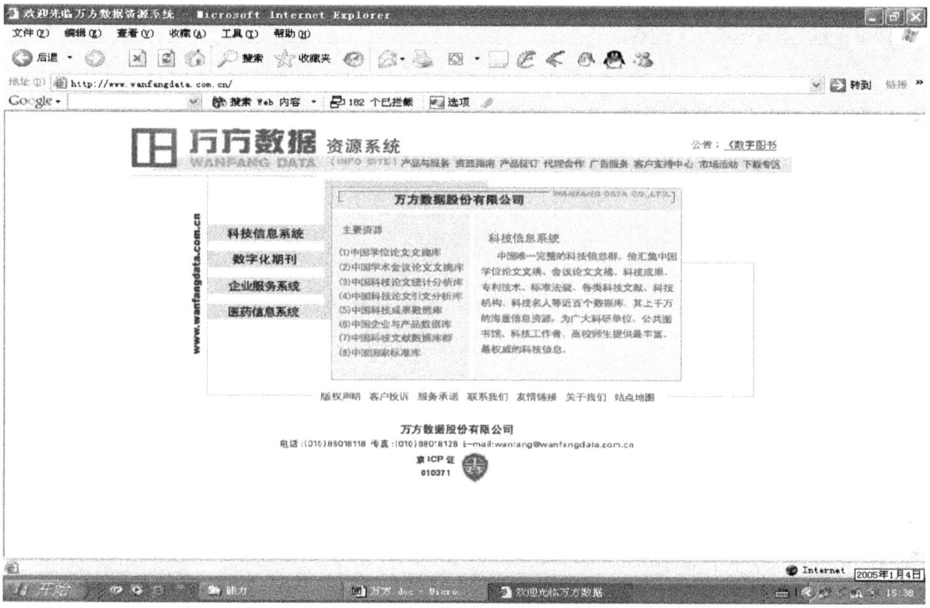

图 4.4　万方数据资源系统

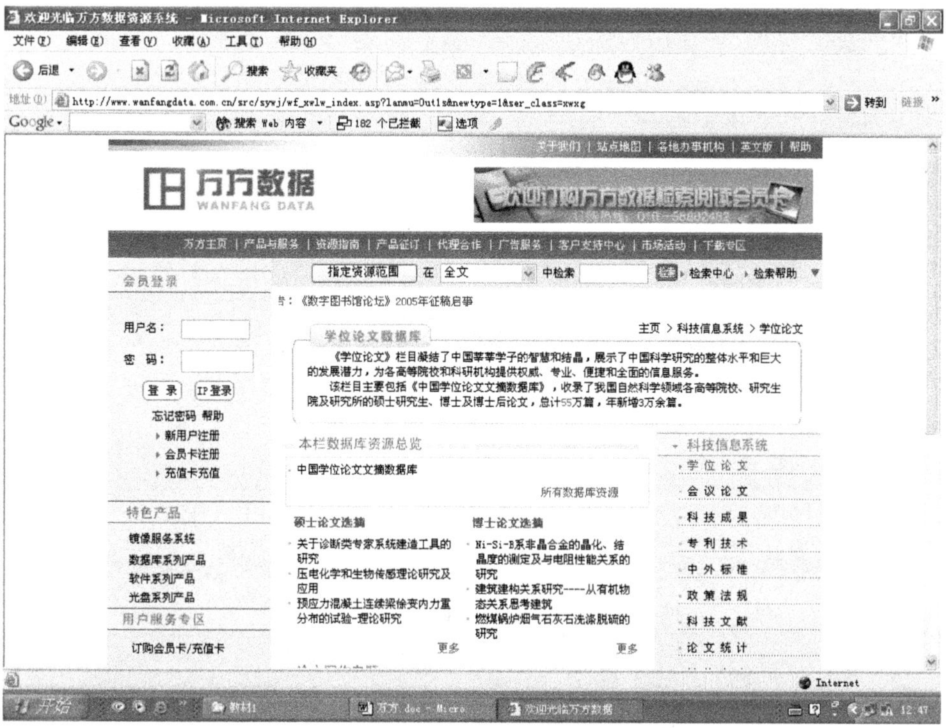

图 4.5　万方数据资源系统简单检索界面

图 4.6　万方数据资源系统高级检索界面

图 4.7　万方数据资源系统检索中心界面

3. 万方数据资源系统介绍

1) 科技信息系统（图 4.8）

科技信息系统是中国唯一完整的科技信息群。它汇集中国学位论文文摘、会议论文文摘、科技成果、专利技术、标准法规、各类科技文摘、科技机构、科技名人等近百个数据库，其上千万的海量信息资源，为广大科研机构单位、公共图书馆、科技工作者、高校师生提供丰富、最权威的科技信息。

图 4.8 万方数据科技信息系统

（1）科技文献数据库是在原国家科委信息司的大力支持和资助下，由万方数据公司联合 40 多个科技信息机构共同开发的一个大型文献类数据库。该数据库是我国有史以来学科覆盖面最广、文献时间跨度最长、文摘率最高的文献型数据库，总共含有 32 个数据库，总数据量达 485 万条。

（2）中外标准。包括中国国家标准、建设标准、建材标准、行业标准、国际电工标准、欧洲标准以及美、英、德、法国国家标准和日本工业标准共 14 个数据库，20 多万条记录。

（3）中国专利。包括 1985 年至今的中国发明专利数据库、中国实用新型专利数据库、中国外观设计专利数据库、医药专利全文数据库。

（4）中国科技成果数据库。科技成果是指对某一科学技术研究课题，通过试验研究、调查考察取得的具有一定实用价值或学术意义的结果，包括研究课题结束，已取得的最后结果，研究课题虽未全部结束，但已取得的可以独立应用或具有学术意义的阶段性成果。该数据库始建于 1986 年，现收录成果达 30 多万 条。

（5）中国学位论文数据库。中国学位论文数据由国家法定学位论文收藏机构中国科技信息研究所提供，并委托万方数据公司加工建库，收录了自 1977 年以来我国自然科学领域博士、博士后及硕士研究生论文，其中文摘已达 44 万余篇，首次推出最近 3 年的论文全文 10 万多篇，年增全文 3 万篇，建成中国学位论文全文数据库，适合各所大学及科研机构使用。

（6）中国学术会议论文数据库。中国科技信息所研究收录的由国家级、协会、研究会组织召开的 1985 年以来的学术会议论文。2004 年数据库总记录数达 47 多万篇，并保持每年增加 3 万篇。从 1998 年开始制作学术会议全文数据库，该库已经收录国际一级学术会议在国内召开的 3000 多个学术会议，论文数量达 23 万篇。

（7）名人与机构。囊括了我国 1.6 万余名著名科学家、工程师、国家重点科研项目带头人的全面信息，还收录约 1.4 万家科研机构、高等院校、信息机构的详尽信息。包括 10 个数据库，3 万多条信息，它是了解我国科技名人情况的重要窗口。

2）数字化期刊群（图 4.9）

万方数字化期刊群以科技类核心期刊为主线，已经集纳了医药卫生、工业技术、农业科学、基础科学、社会科学、经济财政、科教文艺、哲学政法等各个领域的国内 3300 多种学术期刊，丰富了网上中文信息资源建设，形成了国内第一家网上中文科技期刊的出版联盟。包括近 3000 种科技类期刊，近 500 种社科类期刊，200 万篇期刊论文，800 万篇论文引文，具有 HTML、PDF 两种格式。

图 4.9　万方数据数字化期刊群

3）企业服务系统（图 4.10）

企业服务系统是万方数据公司经过科学的市场调研，集中优势资源技术精心打造的企业发展强有力支撑平台。这里不仅给企业提供信息交流的平台、增强核心竞争力的技术信息、行业知识信息，更强势推出企业分析报告、竞争对手分析等深层次企业订制信息。

图 4.10 万方数据企业服务系统

（1）企业展示。汇集近 20 万家企业及其产品的详尽信息，内容包括通信方式、资产规模、产值利润以及产品信息等。设置的产品推荐和企业展示窗口，可以作为跟踪相关信息的起点，帮助用户系统了解中国企业概貌。本栏目还收录了大量产品需求信息、产品进出口和其他产品、企业动态信息。

（2）行业知识。本栏目针对企业特点，通过整合“万方数据资源系统”的所有科技和商务信息资源，同时收集其他来源的专业信息，按行业分类集合，形成了完整的行业知识服务系统，可以帮助企业内部各个层次的从业人员迅速了解相关行业的科技文献、政策法规和产业动态等全方位的信息。

（3）企业报告。本栏目通过多种分类途径，为用户建立了便利的国内国际商务动态信息的浏览和查询平台，信息内容每日更新，权威可靠。同时根据用户需要，定期收集编制全方位、多视角的企业分析报告，内容涉及企业产品信息、战略目标、组织结构、企业文化、主要财务指标等。

（4）企业技术。在提供企业和产品信息的基础上，通过公布企业历年发表的学术论文、取得的科技成果和技术专利，展示了近六万家企业的科技实力。从设置的技术推荐和企业展示窗口当中，用户可以迅速了解目前企业技术开发的主流趋势。本栏目还提供了难题招标、招商引资等信息交流板块。

4）医药信息系统（图 4.11）

本信息系统是建立在万方数据庞大的数据库群之上，汲取万方数据科技信息、商务信息和数字化期刊三大系统以及外部权威合作机构有关医药方面的海量信息，重新整合而成，是国内医药界所急需的医药信息整体解决方案。它涵盖了国内外医药、生物等学科的资源，面向全国医院、医药院校、医药和保健品生产企业、经销企业，提供丰富、准确、及时的生物医药信息。

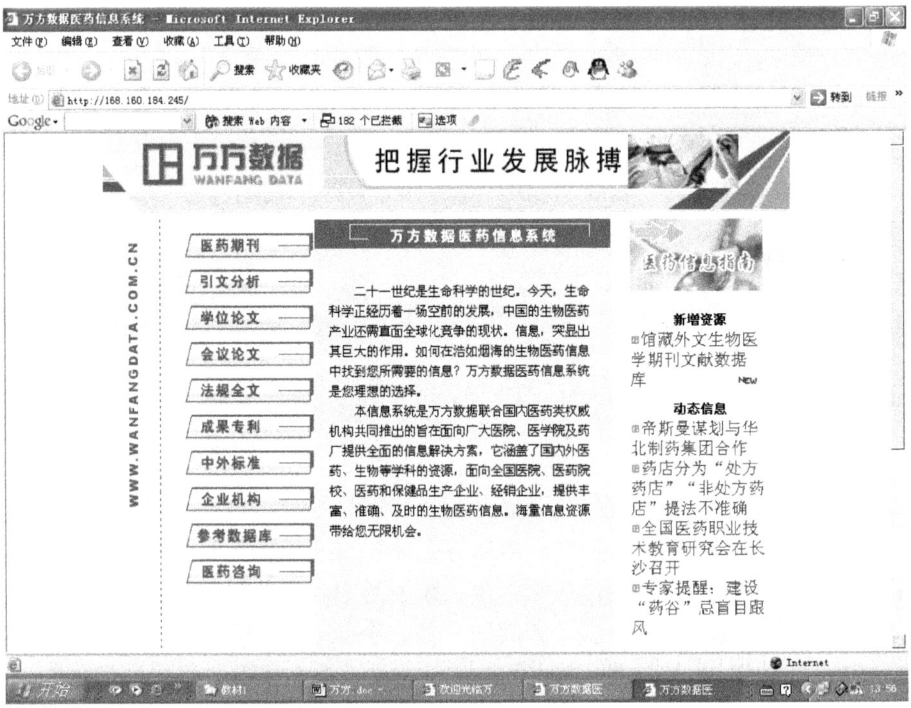

图 4.11　万方数据医药信息系统

4.1.3　维普知识资源系统

1. 维普公司概况

重庆维普资讯有限公司（简称维普公司）原为中国科技情报研究所重庆分所，自 1989 年以来，一直致力于对海量的报刊数据进行科学严谨的研究、分析，采集、加工等深层次开发和推广应用。

为了助推中国科技创新，将科技服务于大众，维普公司将电子期刊数据库推向多样化、层次化、专业化。从科技期刊到报纸、从中文期刊到外文期刊、从提供海量的期刊资源到提供更专业的行业信息资源系统服务，迄今为止，维普公司收录有中文报纸 400 种、中文期刊 8000 多种、外文期刊 5000 余种；已标引加工的数据总量达 1500 万篇、3000 万页次，拥有固定客户 2000 余家，在国内同行中处领先地位。维普数据库已成为我国图书情报、教育机构、科研院所等系统必不可少的基本工具和获取资料的重要来源。多年来维普员工不断开拓创新、锐意进取，在资源建设、版权保护、技术创新和知识挖掘、知识服务等方面都取得了卓越的成就。特别是公司通过 ISO 9001：2000 国际质量体系认证后，建立起科学的管理机制，产品质量全面提高。 作为中国数字图书馆事业的先行者，2003 年，重庆维普与武汉大学信息资源研究中心联合研制了尚唯全文检索及海量信息内容管理系统，将资源和技术很好地融合在一起，现已成功将该系统应用于中文科技期刊数据库、外文科技期刊数据库、中国科技经济新闻数据库和医药信息资源系统、航空航天信

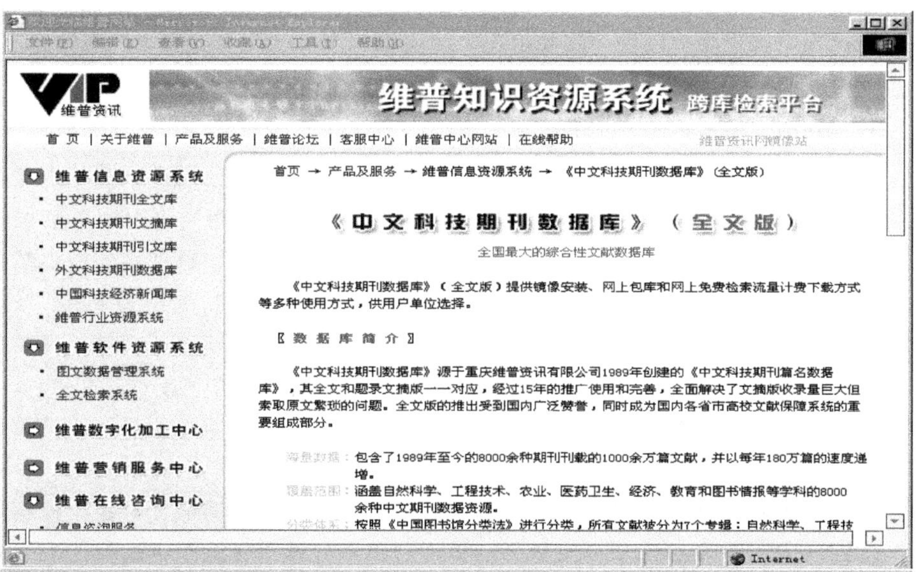

图 4.12　维普公司主页

息资源系统等十几数据库产品。维普公司主页见图 4.12（http://www.cqvip.com）。

2. 维普知识资源系统主要数据库

1）中文科技期刊数据库

中文科技期刊数据库源于重庆维普资讯有限公司 1989 年创建的中文科技期刊篇名数据库，其全文和题录文摘版一一对应，经过 15 年的推广使用和完善，全面解决了文摘版收录量巨大但索取原文繁琐的问题。全文版的推出受到国内广泛赞誉，同时成为国内各省市高校文献保障系统的重要组成部分，广泛应用于高等院校图书馆、公共图书馆、信息研究机构、信息咨询中心、科研院所、公司企业、医疗机构、中小学图书馆等多个领域。

海量数据：包含了 1989 年至今的 8000 多种期刊刊载的 1000 多万篇文献，并以每年 180 万篇的速度递增。

覆盖范围：涵盖自然科学、工程技术、农业、医药卫生、经济、教育和图书情报等学科的 8000 余种中文期刊数据资源。

分类体系：按照《中国图书馆分类法》进行分类，所有文献被分为七个专辑：自然科学、工程技术、农业科学、医药卫生、经济管理、教育科学和图书情报。

七大专辑又细分为 27 个专题：数理科学、化学、天文和地球科学、生物科学、金属学与金属工艺、机械和仪表工业、经济管理、一般工业技术、矿业工程、石油和天然气工业、冶金工业、能源与动力工程、原子能技术、教育科学、电器和电工技术、电子学和电信技术、自动化和计算机、化学工业、轻工业和手工业、建筑科学与工程、图书情报、航空航天、环境和安全科学、水利工程、交通运输、农业科学、医药卫生。

2）中文科技期刊引文数据库

中文科技期刊数据库（引文版）是由重庆维普资讯有限公司在十几年的专业化数据库生产经验的基础上开发的又一新产品。该库可查询论著引用与被引情况、机构发文量、国家重点实验室和部门开放实验室发文量、科技期刊被引情况等，是科技文献检索、文献计量研究和科学活动定量分析评价的有力工具。

海量资源：1990 年至今公开出版的 5000 多种科技类期刊（其中包括《中文核心期刊要目总览》中的核心期刊 1500 余种），总数据量约 120 万篇文献。

覆盖范围：全面覆盖自然科学、工程技术、农业、医药卫生、经济、教育和图书情报等学科的信息资源。

分类体系：依照《中国图书馆分类法》，所有资源被分为七大专辑：自然科学、工程技术、农业科学、医药卫生、经济管理、教育科学和图书情报。七大专辑又细分为 24 个专题。科学的分类体系符合人们的知识结构体系和科研习惯，便于检索利用。

3）外文科技期刊文摘数据库

外文科技期刊数据库（文摘版）是重庆维普资讯有限公司联合了国内数十家著名图书馆以各自订购和收藏的外文期刊为依托，于 1999 年成功开发的。该库的推出满足了国内科研人员对国外科技文献的检索需求，同时还提供文献的馆藏单位及联系地址，让用户可轻松获得外刊原文，处于领先地位。

海量资源：1992 年至今约 370 万条外文期刊数据，并以每年 50 万篇的速度递增。

覆盖范围：涵盖理、工、农、医及部分社科专业资源。

分类体系：依照《中国图书馆分类法》，所有资源被分为七大专辑：自然科学、工程技术、农业科学、医药卫生、经济管理、教育科学和图书情报。

七大专辑又细分为 24 个专题：自然科学总论、数理科学、化学、天文和地球科学、生物科学、工业技术总论、矿冶工程、金属学和金属工艺、机械和仪表工业、能源与动力工程、电器和电工技术、电子和电信技术、自动化和计算机、化学工业、轻工业和手工业、建筑与水利工程、交通运输、航空航天、环境与安全科学、农业科学、医药卫生、经济管理、教育科学、图书情报。

4）中国科技经济新闻数据库

中国科技经济新闻数据库是国内第一个电子全文剪报产品；曾荣获 1994 年四川省科技进步二等奖和 1994 年重庆市科技进步二等奖；集系统性、新闻性、实用性和情报检索的专业性于一体，使传统传媒的信息资源得到充分的利用和再利用；受到普遍欢迎和广泛利用，成为科研人员课题查新、科研教学、企业决策和获取竞争信息的重要工具之一。

海量资源：1992 年至今的 400 多种国内重要的报纸，累积数据量约达 120 万条，并以每年 15 万条的速度更新。

覆盖范围：全面覆盖各个行业（工业、农业、医药、经济、商业等）科研动态、企业动态、发展趋势、政策法规等方面的信息资源。

分类体系：依照《中国图书馆分类法》，资源被分为九个专辑：科研、工业 A、工业 B、工业 C、农业、医药、商业、经济、教育。

专辑细分为 23 个专题：科研、地矿、石油、金属、机械、能源、电气、电子、信息、化工、轻工、建筑、水利、运输、环保、农业、生物、医药、商贸、服务、经济、金融、教育。

5）维普行业资源系统

维普行业资源系统包括维普医药信息资源系统；维普石油化工信息资源系统；维普电力能源信息资源系统；维普电子电器信息资源系统；维普航空航天信息资源系统；维普环保产业信息资源系统；维普建筑科学信息资源系统；维普交通运输信息资源系统；维普信息产业信息资源系统；维普农林牧渔信息资源系统。

3. 检索界面（图 4. 13）

图 4.13　维普系统检索界面

1）传统检索（图 4.14）

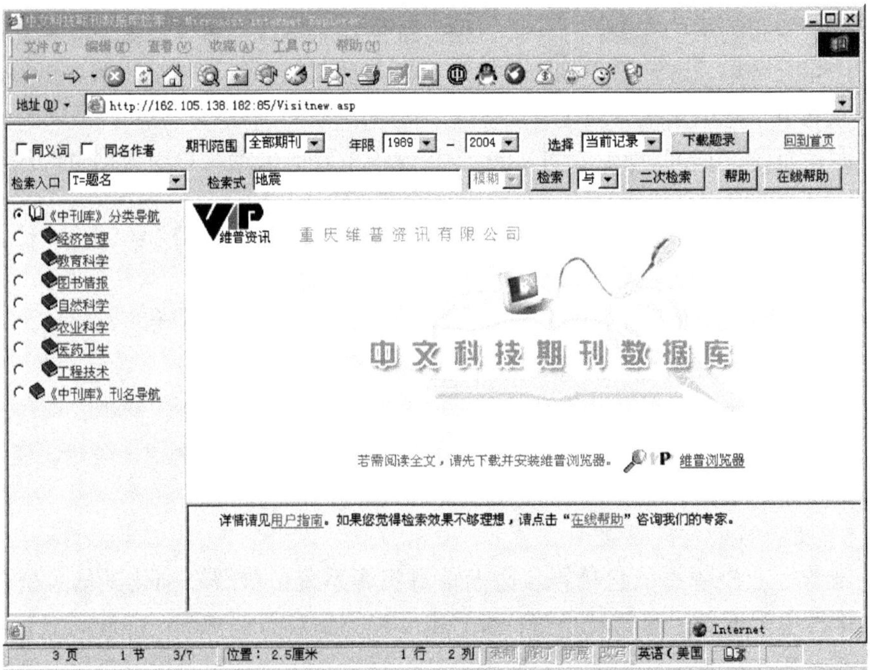

图 4.14　维普系统传统检索界面

在检索界面上方选择好期刊范围、年代限制、检索入口后，在输入框中输入检索条件，点击检索按钮。

选择逻辑关系式，输入检索条件，点击“二次检索”按钮，可在上次检索结果中进行再检索。

同时可在左边导航树中选择文献类别限制，或选择期刊类别限制。也可在检索输入框中直接输入组合检索式直接检索。

2）分类检索（图 4.15）

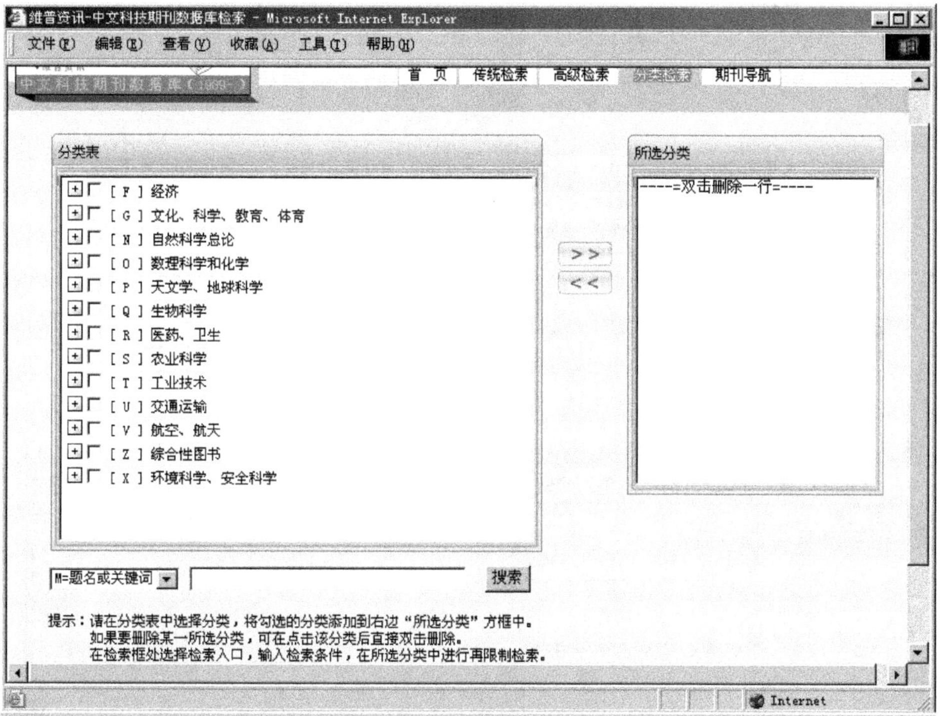

图 4.15 维普系统分类检索界面

分类表中选择分类，将勾选的分类添加到右边“所选分类”方框中。

如果要删除某一所选分类，可在点击该分类后直接双击删除。

在检索框处选择检索入口，输入检索条件，在所选分类中进行再限制检索。

3）高级检索（图 4.16）

可分别在检索框里输入检索词，选择逻辑组配“并且/或者/不包含”，点击检索；也可在检索框里输入完整的检索式，用“*/+/-”号表示“并且/或者/不包含”，点击进行检索。

4）期刊导航（图 4.17）

在输入框里输入期刊名称或期刊号 ISSN……，点击查询即可进行检索。

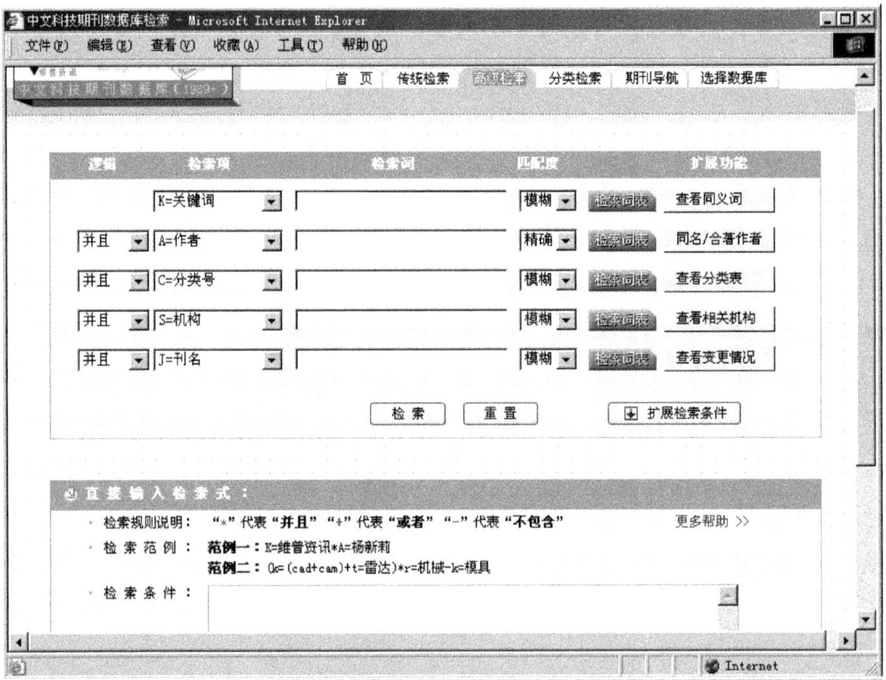

图 4.16　维普系统高级检索界面

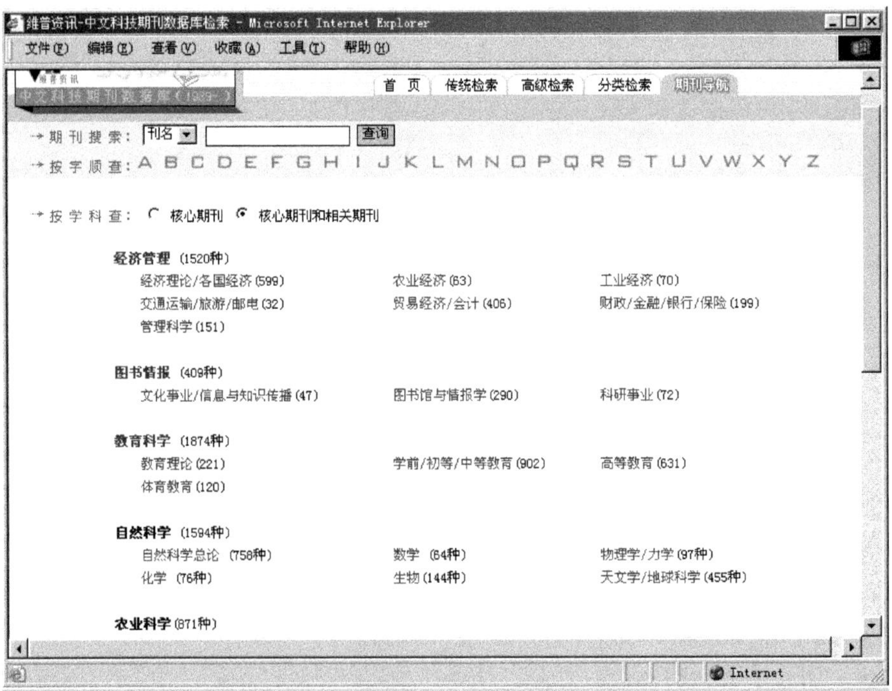

图 4.17　维普系统期刊导航

5）检索结果的处理（图 4.18）

点击右上框的文献题名，在右下框可出现文献题目、作者、机构、刊名和文摘等项目；如果要阅读全文，需首先下载并安装维普浏览器（图 4.14），然后点击 VIP 全文下载，即可阅读全文。

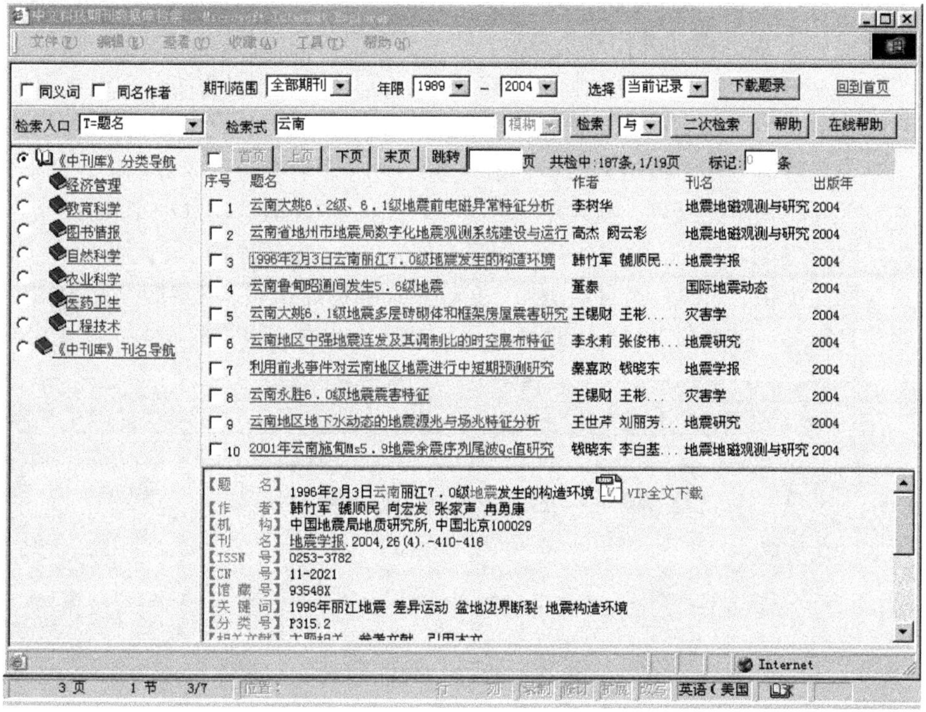

图 4.18　维普系统检索结果界面

4.1.4　国家科技图书文献中心

1. 概况

国家科技图书文献中心（http://www.nstl.gov.cn）是根据国务院领导的批示于 2000 年 6 月 12 日组建的一个虚拟的科技文献信息服务机构，由中国科学院文献情报中心、工程技术图书馆（中国科学技术信息研究所、机械工业信息研究院、冶金工业信息标准研究院、中国化工信息中心）、中国农业科学院图书馆、中国医学科学院图书馆组成。中心设办公室负责科技文献信息资源共建共享工作的组织、协调与管理。

中心的宗旨目标是：根据国家科技发展需要，按照“统一采购、规范加工、联合上网、资源共享”的原则，采集、收藏和开发理、工、农、医各学科领域的科技文献资源，面向全国开展科技文献信息服务。其发展目标是建设成为国内权威的科技文献信息资源收藏和服务中心，现代信息技术应用的示范区，同世界各国著名科技图书馆交流的窗口。

中心的主要任务：统筹协调，较完整地收藏国内外科技文献信息资源；制定数据加工标准、规范，建立科技文献数据库；利用现代网络技术，提供多层次服务；推进科技文献信息资源的共建共享；组织科技文献信息资源的深度开发和数字化应用；开展国内外合作与交流 。

2000 年 12 月 26 日开通的网络服务系统，是中心对外服务的一个重要窗口。系统通过丰富的资源和方便快捷的服务满足广大用户的科技文献信息需求。2002 年，中心对系统进行了改造升级。目前该系统的网管中心与各成员单位之间已建成 1000Mbps 宽带光纤网，实现了与国家图书馆、中国教育网（CERNET）、中国科技网（CSTNET）、总装备部情报所的 100Mbps 光纤连接。中心提供：文献检索与原文提供、期刊分类目次浏览、文献题录数据库检索、网络版全文数据库、专题信息服务、网络信息导航、联机公共目录查询和专家咨询等服务（图 4.19）。

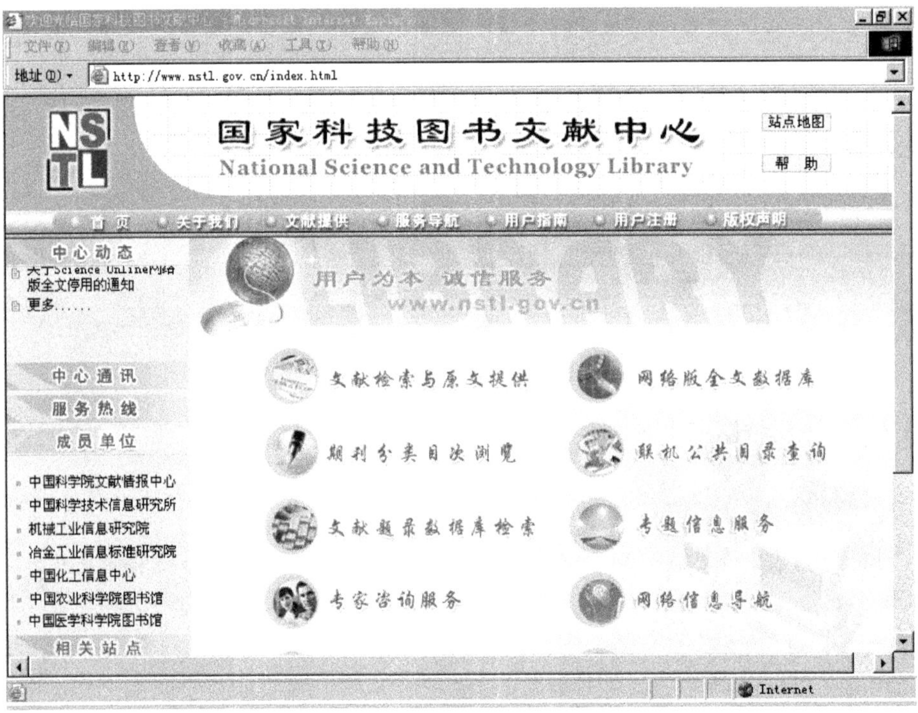

图 4.19　国家科技图书文献中心主页

2. 文献检索与原文提供

文献检索与原文提供（图 4.20）提供普通检索、分类导航检索、期刊检索、按馆藏单位检索、按文献类型检索和高级检索。可选择中文库、西文库和俄文、日文库，可选择时间范围，可选择查询条件，然后输入检索词，即可进行检索。非注册用户只能检索文摘，注册用户可通过文摘检索进行原文请求。

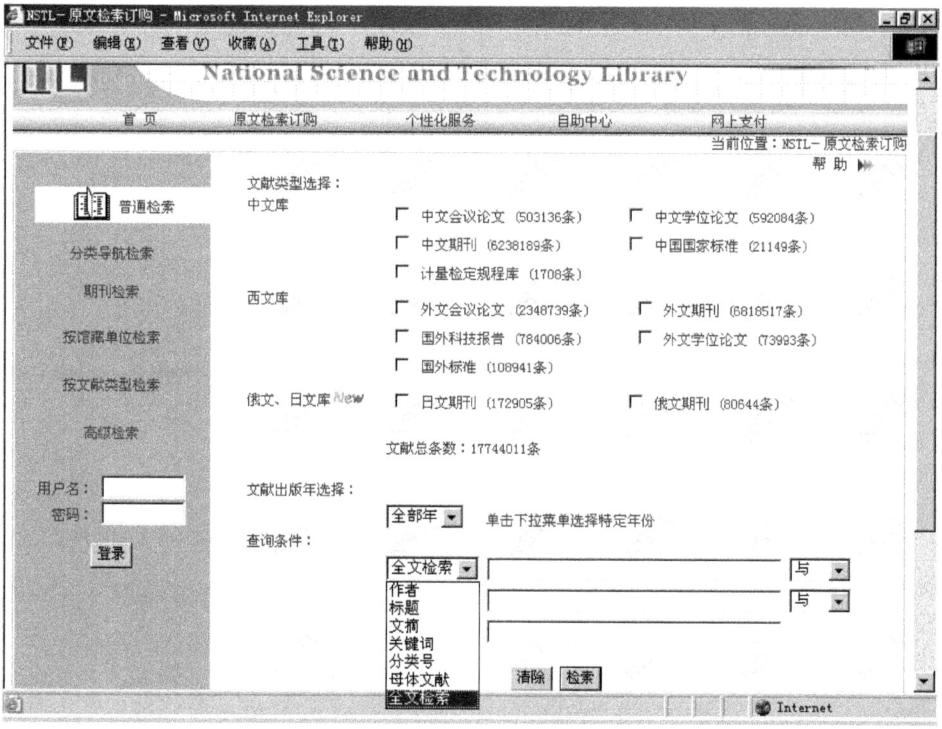

图 4.20　文献检索与原文提供

3. 文献题录数据库检索

文献题录数据库检索系统包括世界专利数据库、标准数据库、中文科技资料目录数据库、国外文献精选数据库、国外机电工程文献题录数据库、国外科技资料目录数据库、机械工业科技成果数据库、馆藏中文书目数据库、馆藏外文书目数据库等 10 个子系统，覆盖多个领域约 50 万条数据信息，基本采用中文文摘、简介和题录的形式对文献进行报道，不提供全文。我们提供的检索方式让你可以更方便更快捷地查询到所需文献。提供题录类、文摘类、书目类、成果类、计量基准类、冶金设备类、世界专利和 LB 工具书的检索（图 4.21）。

4. 网络版的全文数据库

中心提供美国《科学》杂志、英国皇家学会四种会刊和会志，以及英国 Maney 出版公司出版的 15 种材料科学方面的电子版全文期刊的免费浏览、阅读和下载。我国内地（不含港、澳、台地区）任一互联网 IP 地址用户均可通过其设在北京

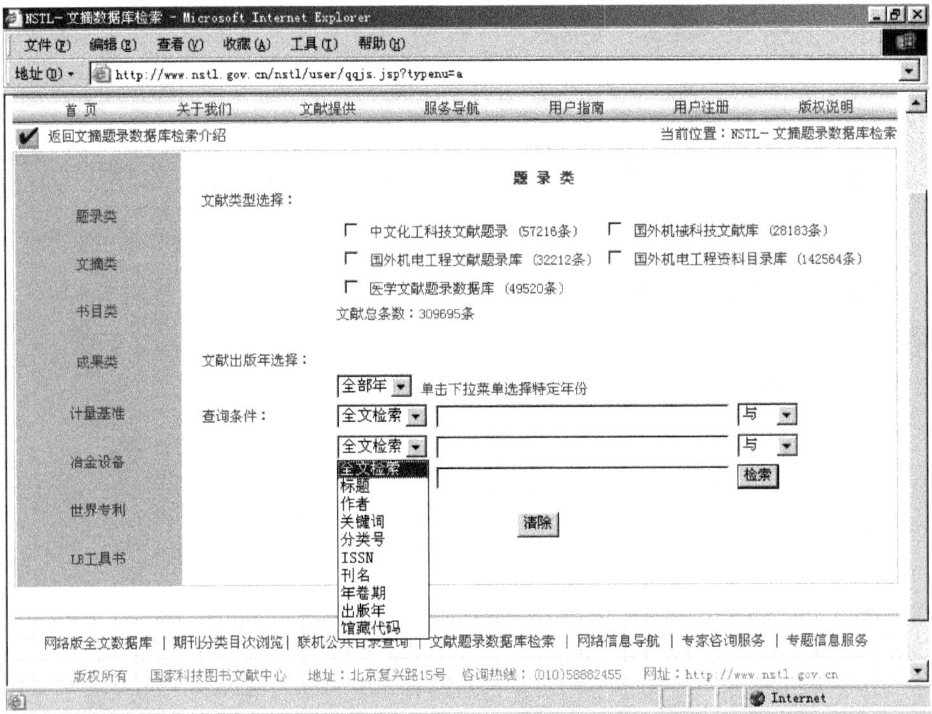

图 4.21　文献题录数据库检索界面

的镜像站点 http://corrado.catchword.com 得到免费英国 Maney 公司材料学方面全文文献服务。该镜像站点拥有数千种科技期刊可供检索文摘，但只有以下 14 种提供全文浏览，也可以访问本网站提供的英国皇家学会网络版期刊得到其他学科的原文服务。

英国皇家学会网络版期刊: Proceedings A 会志 A 辑 ；Proceedings B 会志 B 辑 Transactions A 自然科学会报 A 辑；Transactions B 自然科学会报 B 辑。

英国 Maney 出版公司网络版期刊：British Ceramic Transactions 英国陶瓷会刊；British Corrosion Journal 英国腐蚀学报；Interdisciplinary Science Reviews 跨学科科学评论；International Materials Review 国际材料学评论；Ironmaking and Steelmaking 炼铁和炼钢；Materials Science and Technology 材料科学和技术；Plastics Rubber and Composites 塑料橡胶及复合材料；Powder Metallurgy 粉末冶金；Science and Technology of Welding and Joining 焊接科学与技术；Surface Engineering 表面工程。

另外还有部分全文期刊：美国冷泉港实验室（CSHL）期刊；加拿大国家研究委员会（NRC）期刊；中欧科学期刊（CESJ）。

4.1.5　中国国家图书馆简介

1. 概况

中国国家图书馆（http://www.nlc.gov.cn）的前身是建于清代的京师图书馆。20 世纪初，在变法图强和西学东渐的背景下，有识之士力奏清政府兴办图书馆和学堂，以承扬民族文化，吸收先进科学。1909 年（清宣统元年）9 月 9 日宣统皇帝御批兴建京师图书馆，辛亥革命后，京师图书馆由北京政府教育部接管，并于 1912 年 8 月 27 日开馆接待读者。1916 年京师图书馆按规定正式接受国内出版物呈缴本，开始履行国家图书馆的部分职能。1928 年 7 月更名为国立北平图书馆，馆舍迁至中南海居仁堂。1929 年 8 月与北平北海图书馆合并，仍名国立北平图书馆。1931 年文津街馆舍落成（现为国家图书馆分馆），成为当时国内规模最大、最先进的图书馆。

中华人民共和国成立后，1950 年 3 月 6 日国立北平图书馆更名为国立北京图书馆。1951 年 6 月 12 日更名为北京图书馆。1975 年 3 月共和国第一任总理周恩来提议并批准兴建北京图书馆新馆，1987 年落成，邓小平同志为北京图书馆题写馆名。1998 年 12 月 12 日经国务院批准，北京图书馆更名为国家图书馆，对外称中国国家图书馆。这意味着在世纪更替的重要时刻，国家和社会赋予国家图书馆更重要的使命。1999 年 4 月 16 日江泽民主席为国家图书馆题写馆名。

气势恢弘、庄重典雅的中国国家图书馆（图 4.22）坐落于北京市海淀区高粱河畔，紫竹院公园旁。总馆占地 7.24 公顷，建筑面积 14 万平方米，地上书库 19 层，地下书库 3 层，总共可容纳 2000 万册藏书。该建筑荣膺“八十年代北京十大建筑”榜首。包括北海之滨的文津街分馆，馆舍建筑面积共 17 万平方米。

中国国家图书馆是综合性研究型图书馆，是国家总书库。履行搜集、加工、存储、研究、利用和传播知识信息的职责。国家图书馆是全国书目中心、图书馆信息网络中心。研究和采用现代技术，在全国图书馆标准化、规范化、数字化、网络化建设中起骨干作用。承担着为中央国家领导机关，重点科研、教育、生产单位和社会公众服务的任务。负责全国图书馆业务辅导，开展图书馆学研究。代表国家执行有关对外文化协定，开展与国内外图书馆界的交流与合作。

中国国家图书馆馆藏宏富，品类齐全，古今中外，集精撷萃。截至 2003 年底，馆藏文献已达 2411 万册（件），居世界国家图书馆第五位，并以每年 60 万～70 万册（件）的速度增长。

国家图书馆的藏书可上溯到 700 多年前的南宋皇家缉熙殿藏书，最早的典藏可以远溯到 3000 多年前的殷墟甲骨。国家图书馆的珍品特藏包括善本古籍、金石拓片、古代舆图、敦煌遗书、少数民族图籍、名人手稿、革命历史文献、家谱、地方志和普通古籍等 260 多万册（件）。外文善本中最早的版本为 1473～1477

年间印刷的欧洲“摇篮本”。这部分藏品极为珍贵，闻名遐迩，世界瞩目。

图 4.22　中国国家图书馆主页

国家图书馆全面入藏国内正式出版物，是世界上入藏中文文献最多的图书馆。同时重视国内非正式出版物的收藏，是国务院学位委员会指定的博士论文收藏馆，图书馆学专业资料集中收藏地，全国年鉴资料收藏中心，并特辟香港、台湾、澳门地区出版物专室。

国家图书馆的外文书刊购藏始于 20 世纪 20 年代，是国内典藏外文书刊最多的图书馆，并大量入藏国际组织和政府出版物，是联合国资料的托存图书馆。

随着信息载体的发展变化和电子网络服务的兴起，国家图书馆不仅收藏丰富的缩微制品、音像制品，还入藏了国内外光盘数据库近百种，电子出版物 8000 余种（图 4.23）。

2. 国家数字图书馆

2001 年 10 月，经国务院批准“国家图书馆二期暨国家数字图书馆基础工程”正式立项，该项目将在国家图书馆新馆内建成“国家数字图书馆国家中心”。这个项目的成功立项是中国数字图书馆工程发展历史上极为关键的一步。目前，该工程已被列为国家“十五”重点建设项目。

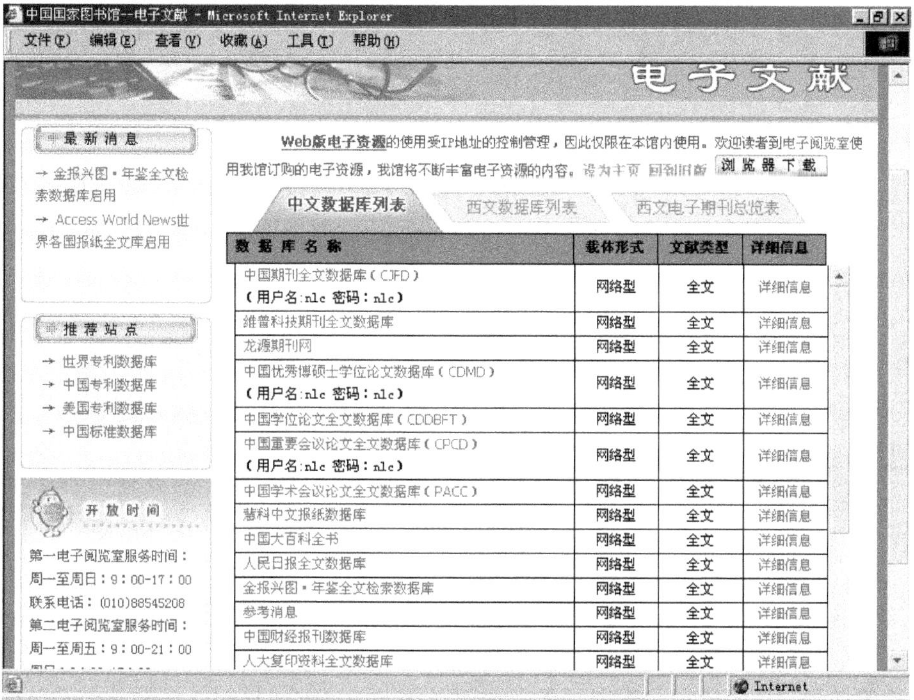

图 4.23

中国数字图书馆工程的建设坚持“统筹规划、需求牵引、科技创新、滚动发展”为指导思想，坚持公益性为主、资源建设为核心、统一标准规范、开放建设与利益共享、开发与引进相结合等原则进行建设。其总体建设目标是：通过资源建设工作的组织与实施，建成超大规模的、高质量的分布式中文数字资源库群并提供网上等多种服务；联合引进若干国内需要的国外专题资源库并实现共享；实现全国大部分地区图书馆文献资源的联合目录系统。以国家数字图书馆国家中心为基础，以行业、地区分中心为辐射，逐步建设具有模块化、开放性、互相联通并且稳定可靠、可扩展的计算机网络与存储体系。集成具有自主知识产权的高新技术成果，努力形成总体技术与国际主流技术接轨的中国数字图书馆总体架构；开发具有中国特色的数字图书馆智能应用系统。培养一批高水平的专业人才队伍，持续发展中国数字图书馆工程。其建设内容包括数字资源建设、软/硬件基础设施建设、应用系统开发、标准规范制定、信息服务、人才建设及知识产权的解决。

目前在数字资源建设方面，以图书文献机构的丰富馆藏为依托，并结合其他文化机构的资源，累积建设了总量近 10TB 的数字资源，内容涉及文学、艺术、法律、科技、教育、旅游等各类信息，并依托国家图书馆馆藏进行了古籍的数字化加工工作；在技术研发方面，开发完成了数字资源加工系统、数字图书馆应用系统、数字图书馆区域服务系统和文献数字化工业化生产加工系统；在知识产权解决方面进行了有益的探索，并组织开发了版权管理系统；积极参与数字图书馆标准规范的研制工作，制定完成了“中文元数据方案”等。

4.2　国外知识检索系统

4.2.1　ISI Web of Knowledge

1. 概况

ISI Web of Knowledge 是一个基于 Web 而构建的动态的数字研究环境（图 4.24），通过强大的检索技术和基于内容的连接能力，将高质量的信息资源、独特的信息分析工具和专业的信息管理软件无缝地整合在一起，兼具知识的检索、提取、分析、评价、管理与发表等多项功能，从而加速科学发现与创新的进程。ISI Web of Knowledge 以 Web of Science（ISI 著名的三大引文索引 Science Citation Index Expanded®，Social Science Citation Index®，Arts & Humanities Citation Index®）为核心，凭借独特的引文检索机制和强大的交叉检索功能，有效地整合了学术期刊（ISI Web of Science）、技术专利（Derwent Innovations Index）、会议录（ISI Proceedings）、化学反应（ISI Chemistry）、研究基金（ISI eSearch）、Internet 资源、学术分析与评价工具（ISI Essential Science Indicators）、学术社区（ISIHighlyCited.com）及其他重要的学术信息资源，提供了自然科学、工程技术、生物医学、社会科学、艺术与人文等多个领域中高质量、可信赖的学术信息，从而大大扩展和加深了单个信息资源所能提供的学术研究信息。ISI Web of Knowledge

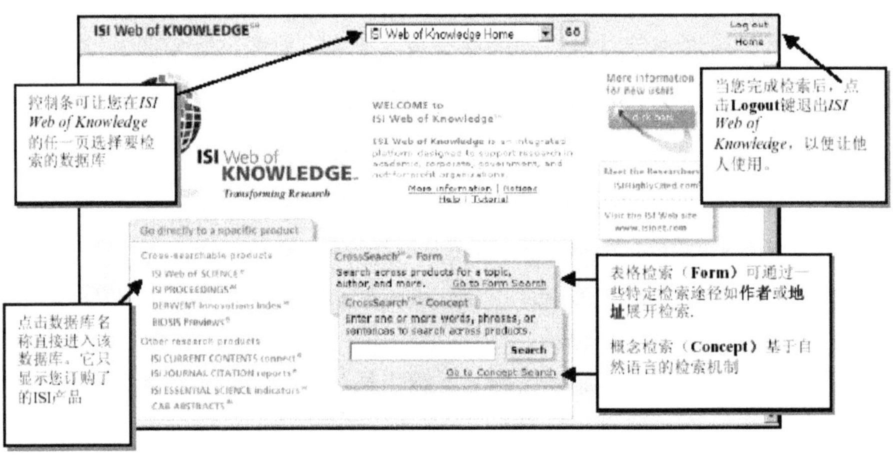

图 4.24　ISI Web of Knowledge 主页

为不同来源的学术信息资源的整合提供了一个统一、开放而强大的平台，实现了不同时间、不同类型、不同来源信息资源之间的整合与沟通，最大限度地保持了知识体系的完整性，提供了科学研究的全方位信息，从而构成了一个以知识为基础的既集中又开放的信息体系。

2004 年 6 月 7 日，Thomson 公司宣布启用新版 ISI Web of Knowledge——世界最著名的信息解决方案，声称它提供了最直接的学术信息发现路径。它为作者提供了新的个性化选择，为高级研究人员提供了更先进的检索工具，为新手提供了更直观的界面，为图书馆员则提供了效率更高的信息集成能力和新的期刊分析工具。凭借回溯年限至 1945 年的丰富的多学科内容和 ISI 先进的引文检索体系，Web of Science 成为全球信息专业人员和研究人员首选的科学情报源。升级版 Web of Science 凭借“one-click”检索和开放式链接、易于使用的术语索引以及新的导航辅助手段，使研究人员更易于使用。

升级版 Web of Science 主要新特点如下：

（1）允许用户通过作者、出版年代、期刊学科分类、机构、语言或者期刊刊名，分析和限定检索结果，使用户能够由结果中挖掘数据、提炼检索式、聚类和组织检索结果，并浏览以数字、百分比和图形方式展示的分析结果。

（2）允许用户轻松追踪某一成果的引文活动而无须形成检索的引文定题快讯。独有的引文检索提供对 3300 多万记录的简单、基于步骤的检索，并辅之以对共同引用的导航能力。

（3）新提供了个人引文定题快讯，用户可以存储和管理高达 100 个引文定题快讯。

（4）2005 年，Web of Science 这一 20 世纪全球最具影响力的科学研究工具将可以通过“The Century of Science”存取。届时，该 Web of Science 平台上的回溯文档将包括数十万个日期可以追溯到 1900 年的记录，以及 1900～2004 年的被引用参考文献和被引用参考文献导航。

（5）可以为用户提供每一篇相关论文共同引用的参考文献量，帮助用户了解哪些参考文献被共同引用，从而更好地决定专利与相关记录之间的关联度或两个相关记录之间的关联度。为选定学科领域新提供了增强术语列表（词典），从而改善了检索过程，使用户识别合适的术语及其变体更为简明易用。

（6）跨库交叉检索。ISI Web of Knowledge 就通过跨库交叉检索对世界最高质量的多学科期刊、会议录、专利和 Web 内容提供无缝导航。交叉检索中，新的用户驱动功能使其能够更直观地存取特定产品、存储检索历史、检索多学科信息资源和有价值的外部收藏——只将最必要的和相关度最高的信息直接交付到研究人员案头。新的链接能力包括基于 DOI（digital object identifier）的对数百家出版商的链接和对多种 OPAC 链接的支持。

（7）基于 Web 的期刊引文报告（JCR）。

（8）Derwent Innovations Index 新提供了化学结构检索、独特的化学索引和灵活的文本检索选项。

（9）支持有效存取的技术。在跨库交叉检索能力上，新提供了用户可以将交叉检索提问存储下来供以后再次使用和将做过标记的交叉检索结果存储到集中标记列表上的技术。

（10）在 Current Contents Connect 检索能力上，新提供了 eFirst——为在整册期刊出版前出版商得到的"预出版"期刊文章编制索引。

（11）全文链接能力

新增加的由 DOI 补充的链接将与全文的链接数量由 800 万增加到 1000 万（200 万为 ISI 独有）。链接来源包括大约 250 家新出版商，从而将出版商总数增加到 300 家以上。随同新版 ISI Web of Knowledge 的启用，Thomson 公司还公布了 2003 年 JCR 报告。2003 年 JCR 报告（科学版）收录中国内地科技期刊数量较上年增加 7 种，总数达到 67 种。

2. ISI Web of Knowledge 学术信息资源

1）多学科综合性学术期刊信息——ISI Web of Science

ISI Web of Science 由 ISI 著名的三大引文索引组成：Science Citation Index Expanded，Social Sciences Citation Index，Arts & Humanities Citation Index，收录了全球自然科学、工程技术、生物医学、社会科学、艺术与人文等诸多领域 230 多个学科与专业内近 8500 多种高质量的学术期刊。其中，Science Citation Index Expanded 是全球覆盖学科最广泛的科学技术信息数据库，收录全球自然科学、工程技术等领域内 6000 多种核心期刊的内容。其独特的引文索引有效地揭示了科学研究之间的内在联系，协助研究人员深入了解科学研究课题的过去、现在与将来，同时也揭示了各种不同学科、不同研究领域的交叉与互动，从而为科学研究的立项、规划、发展与深入提供了最有价值的信息资源。目前，全球越来越多的大学、机构、公司和政府都已经将 ISI Web of Science 作为一项非常重要的战略性信息资源投资。

2）科技会议录文献——ISI Proceedings

科技会议录的信息在掌握科学发展前沿与动态、开拓新的研究领域具有重要的意义。ISI Proceedings 包括 ISTP 和 ISSHP 两大会议录数据库。收录全球范围内科学技术、社会科学、人文领域内的会议录资料，包括专著、丛书、预印本以及来源于期刊的会议论文。同时还提供了会议录论文的摘要、参考文献及相关会议文献等信息。

ISI Proceedings 收录 1990 年以来 60000 多个会议的 200 多万篇科技会议论文。

每年大约更新 225 000 条记录，其中 66%来源于以专著形式发表的会议录文献，34%来源于发表在期刊上的会议录文献。新记录每周补充。

3）技术创新的源泉——Derwent Innovations Index

将科学研究转化成生产力最直接的途径就是将科学研究成果及其应用转化为技术专利，而专利文献信息是科学研究中必不可少的重要信息资源。Derwent Innovations Index 是由 ISI 与其兄弟公司 Derwent（全球最权威的专利文献信息出版机构）共同推出的面向学术界的专利信息数据库。这一数据库将 Derwent World Patents Index（德温特世界专利索引，简称 WPI）与 Patents Citation Index（专利引文索引）加以整合，以每周更新的速度，提供全球专利信息。Derwent Innovations Index 收录来自全球 40 多个专利机构（涵盖 100 多个国家）的 1000 多万条基本发明专利，资料回溯至 1963 年。Derwent Innovations Index 通过 Derwent 专业的专利情报加工技术，协助研究人员简捷有效地检索和利用专利情报，鸟瞰全球市场，全面掌握工程技术领域创新科技的动向与发展。

4）生命科学文献信息——BIOSIS Previews

BIOSIS Previews 是世界上著名的生命科学数据库，包括两大数据库：Biological Abstracts 和 Biological Abstracts/RRM。基于 ISI 平台而建立的 BIOSIS Previews 采用了全新的技术架构，帮助研究人员比以往任何时候都更深入、更迅速地获取生命科学及其相关领域的学术信息。中国科学院文献情报中心已经于 2002 年 1 月正式开通了基于 ISI 平台的 BIOSIS Previews。

5）化学反应与化合物信息——ISI Chemistry

ISI Chemistry 是一个高质量、事实型的合成化学和药学信息数据库，提供学术期刊和专利文献中所报道的最新化学合成、材料合成、药物合成和化合物结构及其生物活性方面的信息，是目前唯一基于 Web 展开化学结构及反应检索的大型化学信息数据库。它提供“反应中心”（1840 年以来化学反应信息）和“化合物中心”两大数据库。

6）物理学/电子与电气/信息技术领域内重要的信息资源——INSPEC

由 Institute of Electrical Engineers 所提供的综合性科技信息数据库，内容覆盖物理、电子与电子工程、计算机、控制工程和信息技术等诸多领域，提供了针对这些专业领域的主题索引。

7）全球农业与应用生命科技信息——CAB ABSTRACTS

由 CABI PublishingTM 所建立的全球农业研究和应用生物技术文献的信息数据库。

8）期刊引文分析报告——Journal Citation Reports on the Web

Journal Citation Reports on the Web 收录涵盖 200 多个学科的 7500 多种全球引文率最高的、经过同行评议的科学和社会科学期刊，是提供基于引文数据的全球唯一的期刊分析评价工具。新版 *Journal Citation Reports on the Web* 强化了导航能力和数据显示，提供更多的信息分析工具，包括期刊记录和被引用与引用期刊列表链接，允许用户通过引文或学科导航期刊之间的关系。期刊记录与图书馆的OPAC 记录链接，使用户能够识别馆藏。被引用期刊数据的图形展示显示期刊自引对期刊绩效计量的影响，并提供影响因子、被引半衰期和即时指数与总引用数的关联性。

9）每日更新的学术信息动态——ISI Current Contents Connect

通过 Internet 按照学科分类检索 ISI 著名的 Current Contents，其中包含世界上 7600 多种学术期刊和 2000 多种丛书/书籍中的文章、社论、会议摘要、评论及其他重要内容，每天更新，并提供期刊的完整目录、论文摘要以及作者的电子邮件地址。同时，Current Contents Connect 还提供由专业人员精选和标引的学术网站，并按学科分类导航——Current Web Contents。更有意义的是，Current Contents Connect 还提供了 ISI eSearch，研究人员可以在检索学术出版物的同时，立刻了解某一研究课题相关的研究基金（funding）、Pre-Print、研究活动，并阅读相关的全文，ISI eSearch 目前提供了近 14 万篇全文文献。

10）面向用户的个性化服务——ISI Alert

ISI Alert 提供个性化、可订制与维护的文献快讯定题服务：在 Current Contents Connect 中，用户可以根据科研的课题需要，建立并维护文献快讯服务（ISI Alert），通过电子邮件即可每周获取检索的结果。为选择定题快讯的用户，新提供了按天、月和年选择自己需要的定题快讯频率；新提供了个人引用定题快讯（适用于 Web of Science 订户），用户能够通过自己的个人主页存储和管理引文定题快讯；Current Contents Connect 中的定题快讯自动包括相关 eFirst 内容。

3. Web of Science 的检索

Web of Science consists of high-quality databases that contain information gathered from thousands of scholarly journals in several areas of research. With *Web of Science* you can:

- Search by bibliographic data and by cited reference
- Search by chemical structure，substructure，and reaction
- Create sophisticated search strategies that you can save for future use
- Mark records for saving，printing and exporting
- Link to the full text of articles or to related content from other notable information sources.

The three citation databases include cited reference information for each article. You can use cited references as search terms. A cited reference search enables you to find journal articles that cite one or more articles，books，or other publications.

The Web of Science Home Page（图 4.25）.

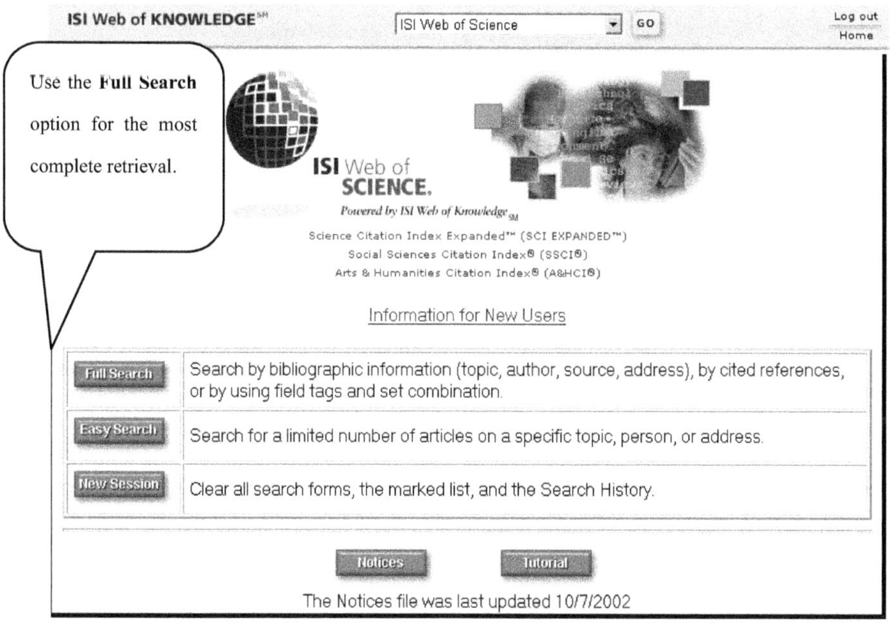

图 4.25

1）Full Search（全面检索）

Select Full Search to access the General Search，Cited Reference Search，Structure Search，Advanced Search，and Combine Searches pages，as well as the Open Histories page（which allows you to open previously saved searches）（图 4.26）.

（1）Cited Reference Search（引文检索）

Citation indexing uses the cited references in published articles as subject index terms. It exploits the formal linkages between papers established by the authors themselves. Citation searching offers the unique capability of finding new，unknown information based on older，known information.

ISI citation information can be used in many ways. For instance，it can be used to discover who is citing your research and how your research is influencing newer research; to uncover the directions in which research is progressing based on an earlier study; to track the work of a research colleague; and to identify the sources of information that competitors，either domestic or international，are consulting for their research.

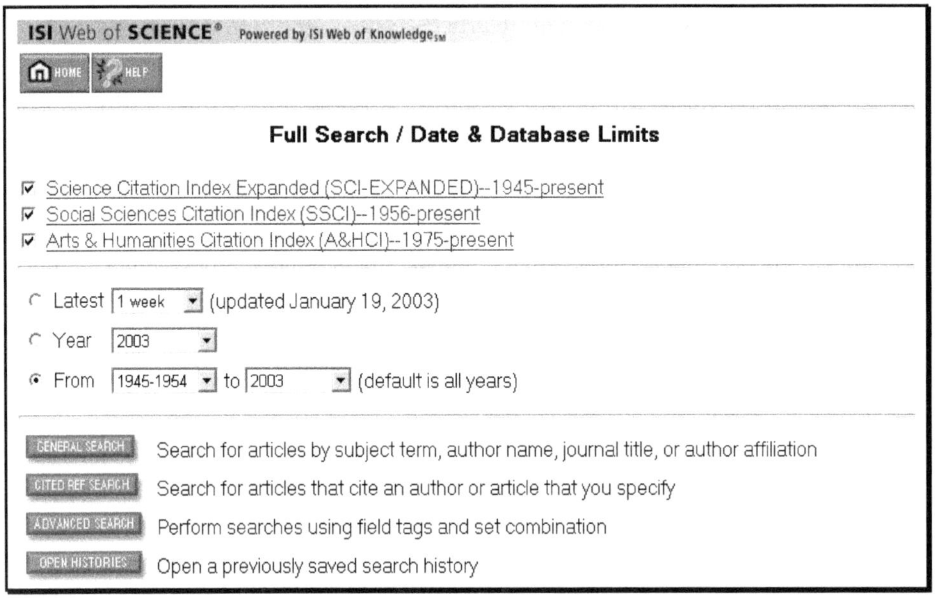

图 4.26

If you want to find out what articles have cited a particular work，choose Cited Reference Search from the Full Search page.

D.R. Cahoon; B. J. Stocks，J.S. Levine，W. R. Cofer，K. P. O'Neill. "Seasonal Distribution of African Savanna Fires" Nature，359 (6398); 812-815，Oct. 29，1992.

Click the LOOKUP button to get a list of the cited papers from the index that match the criteria you specified（图 4.27，图 4.28）.

As these papers cite Petit's paper，they are about the same subject even though they may not use the same terminology. It is possible that you would have missed these papers in a traditional subject search due to inconsistent terminology（图 4.29）.

（2）General Search（一般检索）

Use this search option to search for topics，authors，journals，and authors' addresses. In one or more of the search fields，enter keywords or phrases connected by Boolean operators（AND，OR，NOT，SAME）. Use wildcards（* to represent zero to many characters，? for one character）for maximum retrieval. The individual search fields are automatically combined with the Boolean AND operator.（图 4.30）

（3）Result（检索结果）

A. Summary（题录）（图 4.31）

Cited Reference Search

STEP 1: CITED REFERENCE LOOKUP

Enter individual search terms or phrases separated by OR

LOOKUP　Display list of cited references containing terms entered below.

SAVE QUERY　Save the search as entered below for future use.

CLEAR　Clear all search terms entered below.

CITED AUTHOR: Enter cited author name, or names separated by OR as SMITH AB OR JONES CD

cahoon d*

CITED WORK: Enter 20-character title abbreviation or select from list

nature*

CITED YEAR: Enter one or more 4-digit years as 1995 OR 1996

LOOKUP　Display list of cited references containing terms entered above.

SAVE QUERY　Save the search as entered above for future use.

CLEAR　Clear all search terms entered above.

图 4.27

Cited Reference Search

5 references matched query: Cited Author=cahoon d*; Cited Work=nature*; Databases=SCI-EXPANDED, SSCI, A&HCI; Timespan=All Years

STEP 2: CITED REFERENCE SELECTION

The table below lists all of the cited references which match your search request.

Set limits and sort option.

SELECT ALL　or select specific references from list.

SEARCH　to find articles that cite selected references.

References 1 -- 5

	Hits	Cited Author	Cited Work	Volume	Page	Year
☑	52	CAHOON DR	NATURE	359	812	1992
☑	4	CAHOON DR	NATURE	359	813	1992
☑	1	CAHOON DR	NATURE	35	812	1992
☑	1	CAHOON DR	NATURE	359	812	1991
☑	1	CAHOON DR	NATURE	359	812	1990

图 4.28

Cited Reference Search Results--Summary

Cited Author=cahoon d*;Cited Work=nature*; DocType=All document types; Language=All languages; Databases=SCI-EXPANDED, SSCI, A&HCI; Timespan=All Years; (sorted by latest date)

Page 1 (Articles 1 -- 10): MARK ALL SUBMIT

[1 | 2 . . .]

☐ Grant WB, Pierce RB, Oltmans SJ, et al.
Seasonal evolution of total and gravity wave induced laminae in ozonesonde data in the tropics and subtropics
GEOPHYS RES LETT 25: (11) 1863-1866 JUN 1 1998

☐ Wang YH, Jacob DJ, Logan JA
Global simulation of tropospheric O-3-NOx-hydrocarbon chemistry 1. Model formulation
J GEOPHYS RES-ATMOS 103: (D9) 10713-10725 MAY 20 1998

图 4.29

General Search

Enter individual search terms or phrases separated by search operators such as AND or OR then press SEARCH below.
Set limits and sort option.

SEARCH　Search using terms entered below.

SAVE QUERY　Save the search as entered below for future use.

CLEAR　Clear all search terms entered below.

TOPIC: Enter terms to find from the article title, keywords, or abstract Examples

earthquake*　　☐ Title only

AUTHOR: Enter one or more author names as SMITH AB

rice j*

SOURCE TITLE: Enter words from journal title, or select from list

ADDRESS: Enter words from an author's affiliation (abbreviations list)

harvard

SEARCH　Search using terms entered above.

SAVE QUERY　Save the search as entered above for future use.

CLEAR　Clear all search terms entered above.

SET LIMITS AND SORT OPTION

Restrict search to a specific language or document type:

(Multiple items may be selected from lists)　　**Sort results by:**

All languages	All document types	Latest date
English	Article	Times Cited
Afrikaans	Art Exhibit Review	Relevance
Arabic	Bibliography	First author
Bengali	Book Review	Source Title

Back to top of Search page

图 4.30

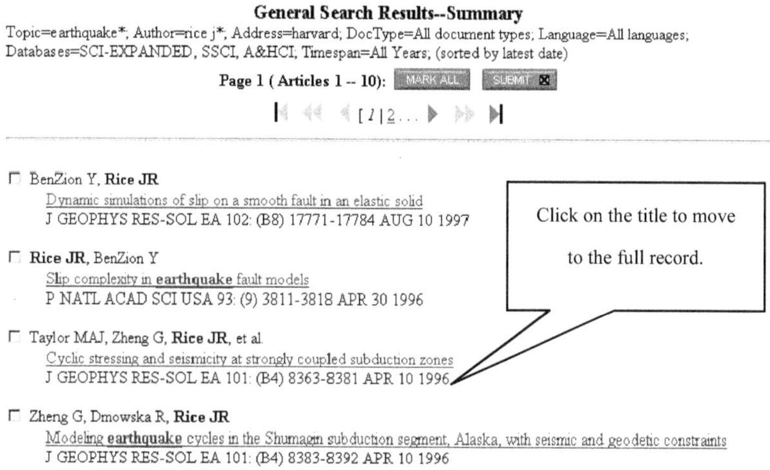

General Search Results--Summary

Topic=earthquake*; Author=rice j*; Address=harvard; DocType=All document types; Language=All languages; Databases=SCI-EXPANDED, SSCI, A&HCI; Timespan=All Years; (sorted by latest date)

Page 1 (Articles 1 -- 10): MARK ALL SUBMIT

[1 | 2 . . .]

BenZion Y, **Rice JR**
Dynamic simulations of slip on a smooth fault in an elastic solid
J GEOPHYS RES-SOL EA 102: (B8) 17771-17784 AUG 10 1997

Rice JR, BenZion Y
Slip complexity in **earthquake** fault models
P NATL ACAD SCI USA 93: (9) 3811-3818 APR 30 1996

Taylor MAJ, Zheng G, **Rice JR**, et al.
Cyclic stressing and seismicity at strongly coupled subduction zones
J GEOPHYS RES-SOL EA 101: (B4) 8363-8381 APR 10 1996

Zheng G, Dmowska R, **Rice JR**
Modeling **earthquake** cycles in the Shumagin subduction segment, Alaska, with seismic and geodetic constraints
J GEOPHYS RES-SOL EA 101: (B4) 8383-8392 APR 10 1996

图 4.31

B. Full Record（全记录）（图 4.32）

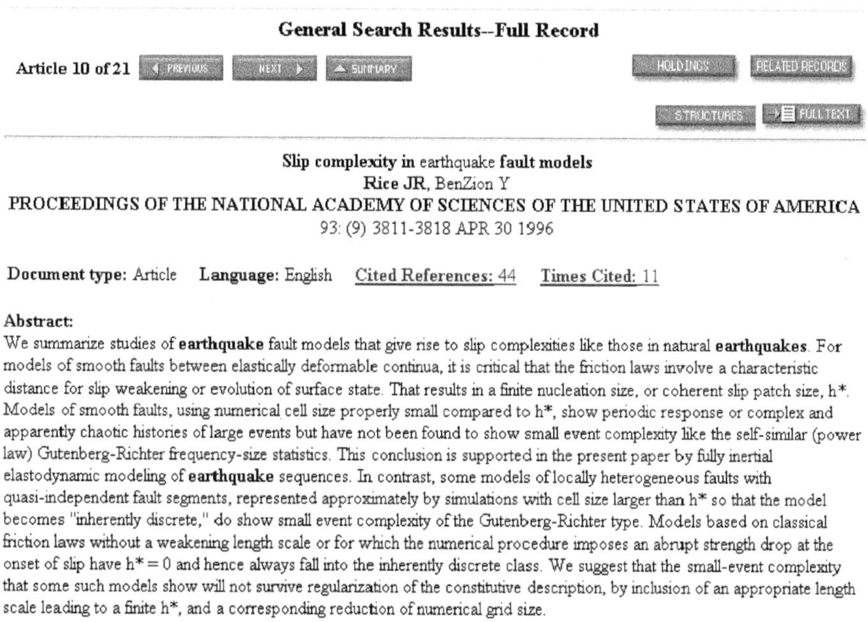

General Search Results--Full Record

Article 10 of 21 PREVIOUS NEXT SUMMARY HOLDINGS RELATED RECORDS STRUCTURES FULL TEXT

Slip complexity in earthquake **fault models**
Rice JR, BenZion Y
PROCEEDINGS OF THE NATIONAL ACADEMY OF SCIENCES OF THE UNITED STATES OF AMERICA
93: (9) 3811-3818 APR 30 1996

Document type: Article　**Language:** English　Cited References: 44　Times Cited: 11

Abstract:
We summarize studies of **earthquake** fault models that give rise to slip complexities like those in natural **earthquakes**. For models of smooth faults between elastically deformable continua, it is critical that the friction laws involve a characteristic distance for slip weakening or evolution of surface state. That results in a finite nucleation size, or coherent slip patch size, h*. Models of smooth faults, using numerical cell size properly small compared to h*, show periodic response or complex and apparently chaotic histories of large events but have not been found to show small event complexity like the self-similar (power law) Gutenberg-Richter frequency-size statistics. This conclusion is supported in the present paper by fully inertial elastodynamic modeling of **earthquake** sequences. In contrast, some models of locally heterogeneous faults with quasi-independent fault segments, represented approximately by simulations with cell size larger than h* so that the model becomes "inherently discrete," do show small event complexity of the Gutenberg-Richter type. Models based on classical friction laws without a weakening length scale or for which the numerical procedure imposes an abrupt strength drop at the onset of slip have h* = 0 and hence always fall into the inherently discrete class. We suggest that the small-event complexity that some such models show will not survive regularization of the constitutive description, by inclusion of an appropriate length scale leading to a finite h*, and a corresponding reduction of numerical grid size.

图 4.32

A）Cited References（被引用文献，即参考文献）

From the Full Record page，click the Cited References link to access this page，which lists the bibliography of the document you are viewing. The list includes records cited by the original article（图 4.33）.

引文（CITED REFERENCES）

点击引文(Cited References，又称为参考文献)热链，你可以看到某文章全部参考文献的列表。

Cited References

Slip complexity in earthquake fault models

Rice JR, BenZion Y

PROCEEDINGS OF THE NATIONAL ACADEMY OF SCIENCES OF THE UNITED STATES OF AMERICA

93: (9) 3811-3818 APR 30 1996

RELATED RECORDS　Explanation

Clear the checkbox to the left of an item if you do not want to search for articles that cite the item when looking at Related Records.

Cited Author	Cited Work	Volume	Page	Year
☑ ANDREWS DJ	B SEISMOL SOC AM	75	1	1985
☑ BAK P	J GEOPHYS RES-SOLID	94	15635	1989
☑ BEELER NM	GEOPHYS RES LETT	21	1987	1994
☑ BEELER NM	IN PRESS B SEISM SOC			1995
☑ BENZION Y	GEOPHYS J INT	101	507	1990
☑ BENZION Y	J GEOPHYS RES-SOL EA	100	12959	1995
☑ BENZION Y	J GEOPHYS RES-SOL EA	98	14109	1993
☑ BENZION Y	SCIENCE	251	1592	1991
☑ BLANPIED ML	GEOPHYS RES LETT	18	609	1991
☑ BRUNE JN	TECTONOPHYSICS	218	59	1993
☑ CARLSON JM	PHYS REV A	40	6470	1989
☑ CHESTER FM	J GEOPHYS RES-SOL EA	97	1859	1992
☑ COCHARD A	EOS T AM GEOPHYS S44	75	461	1994
☑ COCHARD A	PURE APPL GEOPHYS	142	419	1994
☑ COCHARD A	THESIS U PARIS			1995
☑ DAS S	GEOPHYS J ROY ASTR S	62	591	1980
☑ DAS S	J APPL MECH-T ASME	54	99	1987
☑ DIETERICH J	J GEOPHYS RES-SOL EA	99	2601	1994

图 4.33

B）Related Records（相关记录）

From the Full Record page，click the RELATED RECORDS button to access this page，which lists articles that share common references with the article you are viewing（图 4.34）.

C）Times Cited（被引用次数）

From the Full Record page，click the Times Cited link to access this page，which lists records that cite the article you are viewing（图 4.35）.

（4）Export（输出检索结果）

This page displays the records you have marked during the current search session. You can print a formatted copy of the records from your browser; save the records to a text file; export into an ISI Research Soft ProCite，Reference Manager，or End Note database; email the records; or order a copy of the full text of the records（图 4.36）.

Related Records--Summary

These documents in the database are related to parent record:

Rice JR. Slip complexity in earthquake fault models

Page 1 (Articles 1 -- 10): MARK ALL SUBMIT

[1 | 2 | 3 | 4 | 5 | 6 | 7 | 8 | 9 | 10]

☐ BENZION Y, RICE JR
SLIP PATTERNS AND EARTHQUAKE POPULATIONS ALONG DIFFERENT CLASSES OF FAULTS IN ELASTIC SOLIDS
J GEOPHYS RES-SOL EA 100: (B7) 12959-12983 JUL 10 1995

☐ Marone C
Laboratory-derived friction laws and their application to seismic faulting
ANNU REV EARTH PL SC 26: 643-696 1998

☐ BenZion Y, Rice JR
Dynamic simulations of slip on a smooth fault in an elastic solid
J GEOPHYS RES-SOL EA 102: (B8) 17771-17784 AUG 10 1997

☐ Schmittbuhl J, Vilotte JP, Roux S
A dissipation-based analysis of an earthquake fault model
J GEOPHYS RES-SOL EA 101: (B12) 27741-27764 DEC 10 1996

图 4.34

被引次数(Times Cited)

点击被引次数(Time Cited)热链，显示所有施引文献的列表，施引文献指所有数据库中所有年份的施引文献。这些施引文献引用了当前显示的文献。随着更多的记录加入到数据库中，被引次数的数量会增加。

Citing Articles--Summary

Slip complexity in earthquake fault models

Rice JR, BenZion Y

PROCEEDINGS OF THE NATIONAL ACADEMY OF SCIENCES OF THE UNITED STATES OF AMERICA

93: (9) 3811-3818 APR 30 1996

These documents in the database cite the above article:

Page 1 (Articles 1 -- 10): MARK ALL SUBMIT

[1 | 2 ...

☐ Hamilton T, McCloskey J
The predictability of large earthquakes: Evidence from an analogue model of earthquake rupture
PURE APPL GEOPHYS 152: (1) 23-35 MAY 1998

☐ Marone C
Laboratory-derived friction laws and their application to seismic faulting
ANNU REV EARTH PL SC 26: 643-696 1998

☐ Shaw BE
Model quakes in the two-dimensional wave equation
J GEOPHYS RES-SOL EA 102: (B12) 27367-27377 DEC 10 1997

☐ Ohnaka M, Akatsu M, Mochizuki H, et al.
A constitutive law for the shear failure of rock under lithospheric conditions
TECTONOPHYSICS 277: (1-3) 1-27 AUG 15 1997

图 4.35

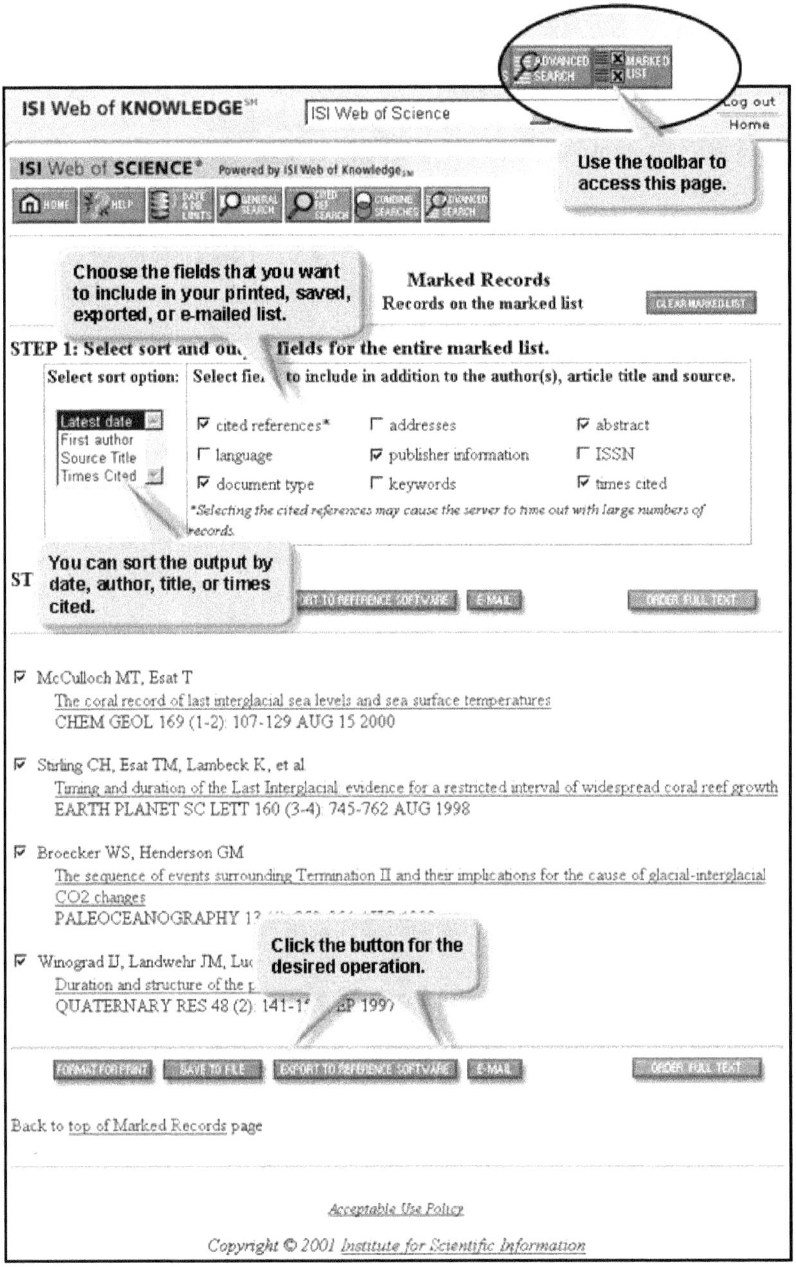

图 4.36

2）Easy Search（简单检索）

Search for a limited number of articles on a specific topic，person，or address（图 4.37）.

4. ISI Proceedings 的检索

ISI Proceedings is an index to the published literature of the most significant domestic and international conferences，symposia，seminars，colloquia，workshops，and conventions in a wide range of disciplines. Proceedings literature is an essential component of international scholarly communication. New theories，solutions，and indications of emerging and developing concepts are typically presented first within papers delivered at meetings and conferences（图 4.37）.

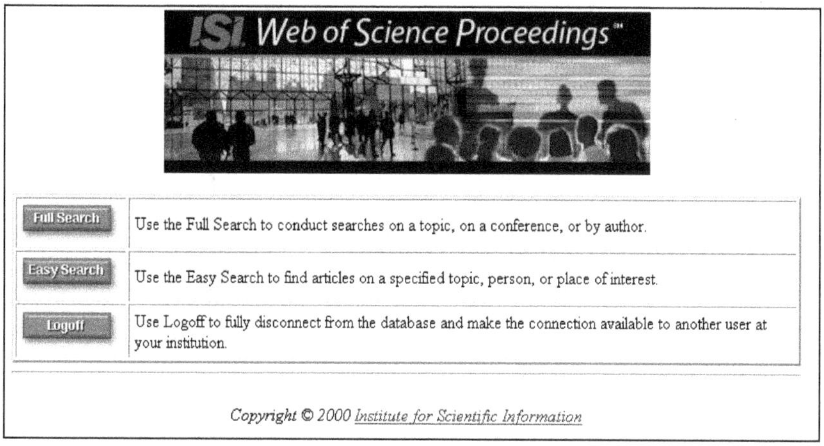

图 4.37

The source publications for the *ISI Proceedings* are books，journals，reports，series produced by publishers or societies，and sets of preprints (when preprints are the only publications from a conference). Coverage includes both English and non-English papers. ISI covers only publications in which the proceedings are published for the first time. Articles and proceedings papers make up the majority of document types found in *ISI Proceedings*. In addition，*ISI Proceedings* now covers meeting abstracts from over 740 titles. Use *ISI Proceedings* to:

- Locate initial published findings on new research or concepts
- Track research by subject，author，institution/organization，or conference
- Make acquisition decisions about proceedings

1）Easy Search（简单检索）（图 4.38）

Click on Easy Search from *ISI Proceedings* home page to access the search option designed for novice and undergraduate users.

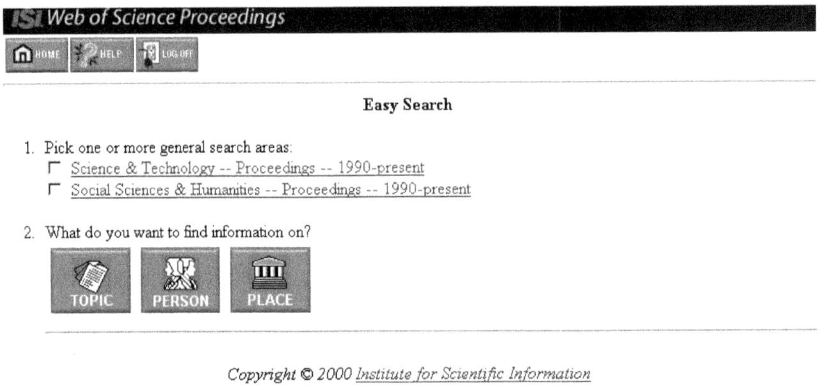

图 4.38

2）Full Search（全面检索）

The Full Search/Date & Database Limits page allows you to select what databases you want to search，as well as the file depth you want your search to cover. From here，you can select what search interface you would like to use: General Search or Advanced Search. If you have a previously saved search history，you can open that using Open Histories.

（1）Topic Search（主题检索）

To search for information on a specific topic，enter keywords or phrases connected by the Boolean and positional operators (see pages 11 and 12) AND/OR/NOT/SAME. A Topic Search will automatically search in the Title，Abstract，and Keywords fields for all records（图 4.39，图 4.40）.

TOPIC =（depress* or anxiet*）and（treat* or manag*）

AUTHOR = ballenger j*

（2）Conference Search（会议检索）

The Conference field includes conference titles，locations，sponsors，and dates. Often，just a few words connected by AND will be enough to search for a particular meeting. For example，to find records of papers from the *International Conference on Cheese Science and Technology（Cheese Science 98）*，held at the University of Melbourne，Australia in 1998，you could enter（图 4.41，图 4.42）.

CONFERENCE = cheese and australia and 1998

（3）Working with the Marked List（标记记录的处理）

From the Marked List，you can format records for printing，save records to a file，export records directly to EndNote，ProCite，or Reference Manager，or format records for document delivery requests（图 4.43，图 4.44）.

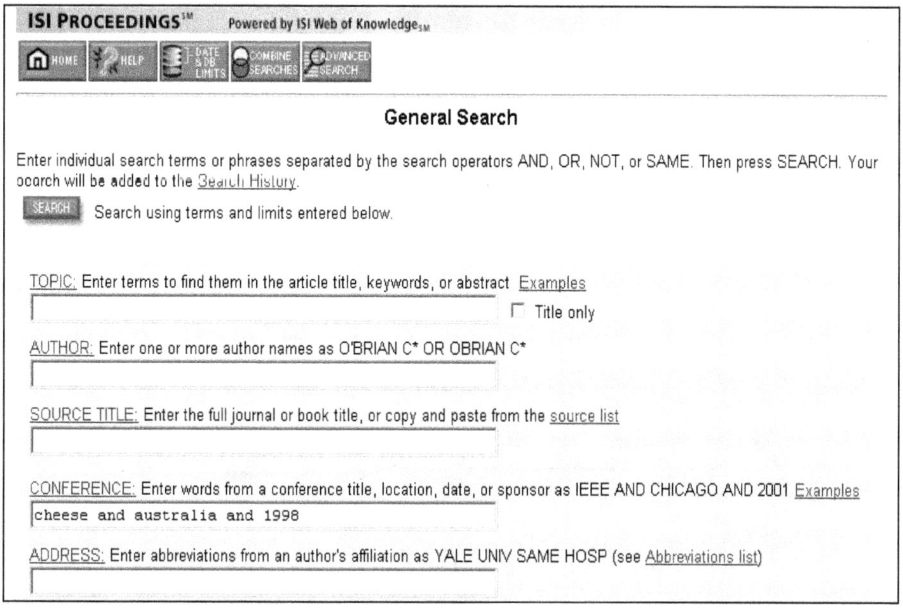
ISI PROCEEDINGS℠ Powered by ISI Web of Knowledge℠
HOME HELP DATE & DB LIMITS COMBINE SEARCHES ADVANCED SEARCH
General Search
Enter individual search terms or phrases separated by the search operators AND, OR, NOT, or SAME. Then press SEARCH. Your search will be added to the Search History.
SEARCH Search using terms and limits entered below.
TOPIC: Enter terms to find them in the article title, keywords, or abstract Examples
Title only
AUTHOR: Enter one or more author names as O'BRIAN C* OR OBRIAN C*
SOURCE TITLE: Enter the full journal or book title, or copy and paste from the source list
CONFERENCE: Enter words from a conference title, location, date, or sponsor as IEEE AND CHICAGO AND 2001 Examples
cheese and australia and 1998
ADDRESS: Enter abbreviations from an author's affiliation as YALE UNIV SAME HOSP (see Abbreviations list)

图 4.39

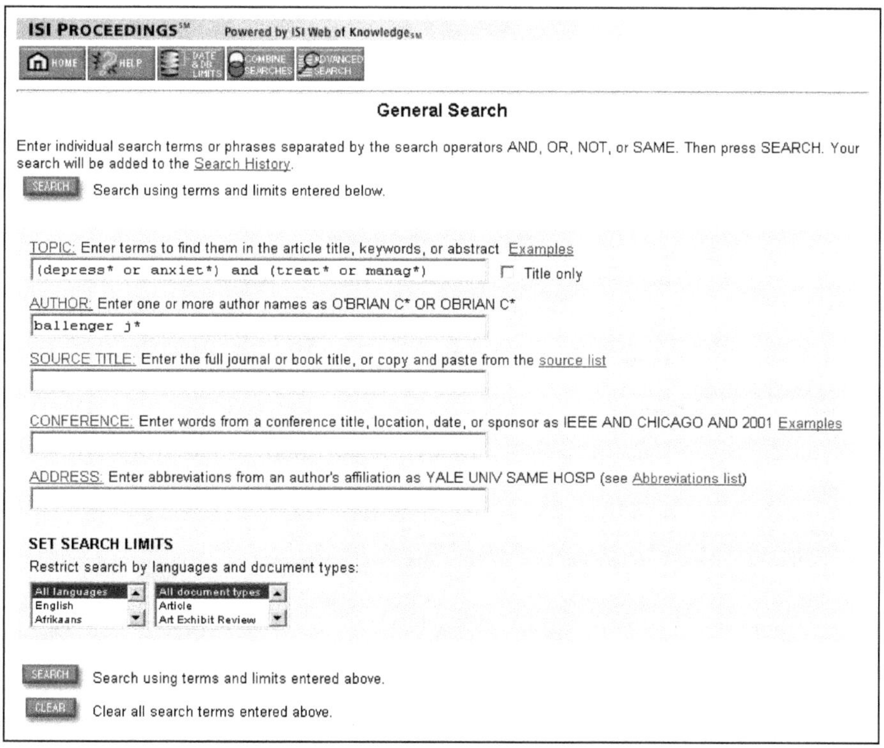
ISI PROCEEDINGS℠ Powered by ISI Web of Knowledge℠
HOME HELP DATE & DB LIMITS COMBINE SEARCHES ADVANCED SEARCH
General Search
Enter individual search terms or phrases separated by the search operators AND, OR, NOT, or SAME. Then press SEARCH. Your search will be added to the Search History.
SEARCH Search using terms and limits entered below.
TOPIC: Enter terms to find them in the article title, keywords, or abstract Examples
(depress* or anxiet*) and (treat* or manag*)
Title only
AUTHOR: Enter one or more author names as O'BRIAN C* OR OBRIAN C*
ballenger j*
SOURCE TITLE: Enter the full journal or book title, or copy and paste from the source list
CONFERENCE: Enter words from a conference title, location, date, or sponsor as IEEE AND CHICAGO AND 2001 Examples
ADDRESS: Enter abbreviations from an author's affiliation as YALE UNIV SAME HOSP (see Abbreviations list)
SET SEARCH LIMITS
Restrict search by languages and document types:
All languages
English
Afrikaans
All document types
Article
Art Exhibit Review
SEARCH Search using terms and limits entered above.
CLEAR Clear all search terms entered above.

图 4.40

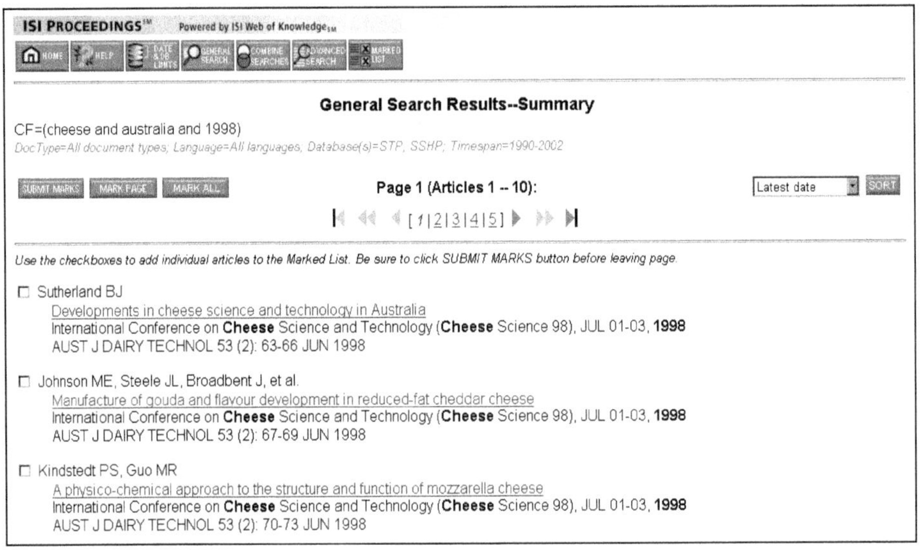
ISI PROCEEDINGS℠ Powered by ISI Web of Knowledge℠
General Search Results--Summary
CF=(cheese and australia and 1998)
DocType=All document types; Language=All languages; Database(s)=STP, SSHP; Timespan=1990-2002
SUBMIT MARKS MARK PAGE MARK ALL
Page 1 (Articles 1 -- 10):
[1 | 2 | 3 | 4 | 5]
Latest date SORT
Use the checkboxes to add individual articles to the Marked List. Be sure to click SUBMIT MARKS button before leaving page.
Sutherland BJ
Developments in cheese science and technology in Australia
International Conference on Cheese Science and Technology (Cheese Science 98), JUL 01-03, 1998
AUST J DAIRY TECHNOL 53 (2): 63-66 JUN 1998
Johnson ME, Steele JL, Broadbent J, et al.
Manufacture of gouda and flavour development in reduced-fat cheddar cheese
International Conference on Cheese Science and Technology (Cheese Science 98), JUL 01-03, 1998
AUST J DAIRY TECHNOL 53 (2): 67-69 JUN 1998
Kindstedt PS, Guo MR
A physico-chemical approach to the structure and function of mozzarella cheese
International Conference on Cheese Science and Technology (Cheese Science 98), JUL 01-03, 1998
AUST J DAIRY TECHNOL 53 (2): 70-73 JUN 1998

图 4.41

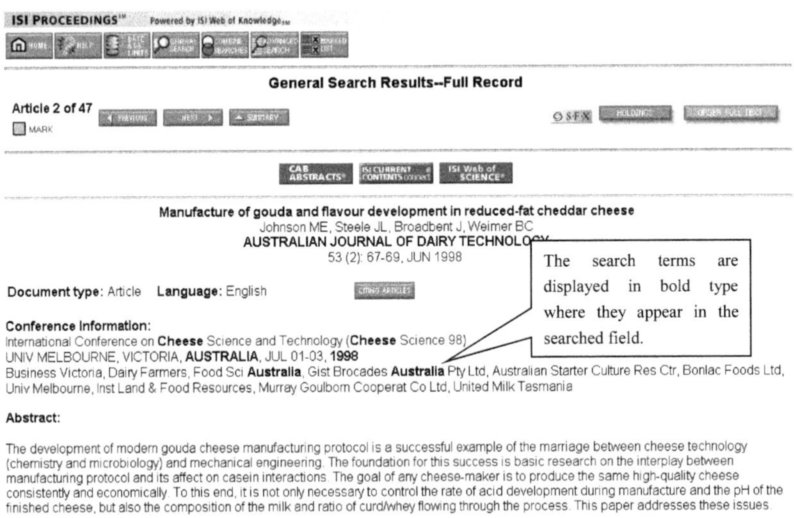
ISI PROCEEDINGS℠ Powered by ISI Web of Knowledge℠
General Search Results--Full Record
Article 2 of 47
MARK
Manufacture of gouda and flavour development in reduced-fat cheddar cheese
Johnson ME, Steele JL, Broadbent J, Weimer BC
AUSTRALIAN JOURNAL OF DAIRY TECHNOLOGY
53 (2): 67-69, JUN 1998
Document type: Article Language: English
The search terms are displayed in bold type where they appear in the searched field.
Conference Information:
International Conference on Cheese Science and Technology (Cheese Science 98)
UNIV MELBOURNE, VICTORIA, AUSTRALIA, JUL 01-03, 1998
Business Victoria, Dairy Farmers, Food Sci Australia, Gist Brocades Australia Pty Ltd, Australian Starter Culture Res Ctr, Bonlac Foods Ltd, Univ Melbourne, Inst Land & Food Resources, Murray Goulborn Cooperat Co Ltd, United Milk Tasmania
Abstract:
The development of modern gouda cheese manufacturing protocol is a successful example of the marriage between cheese technology (chemistry and microbiology) and mechanical engineering. The foundation for this success is basic research on the interplay between manufacturing protocol and its affect on casein interactions. The goal of any cheese-maker is to produce the same high-quality cheese consistently and economically. To this end, it is not only necessary to control the rate of acid development during manufacture and the pH of the finished cheese, but also the composition of the milk and ratio of curd/whey flowing through the process. This paper addresses these issues.

图 4.42

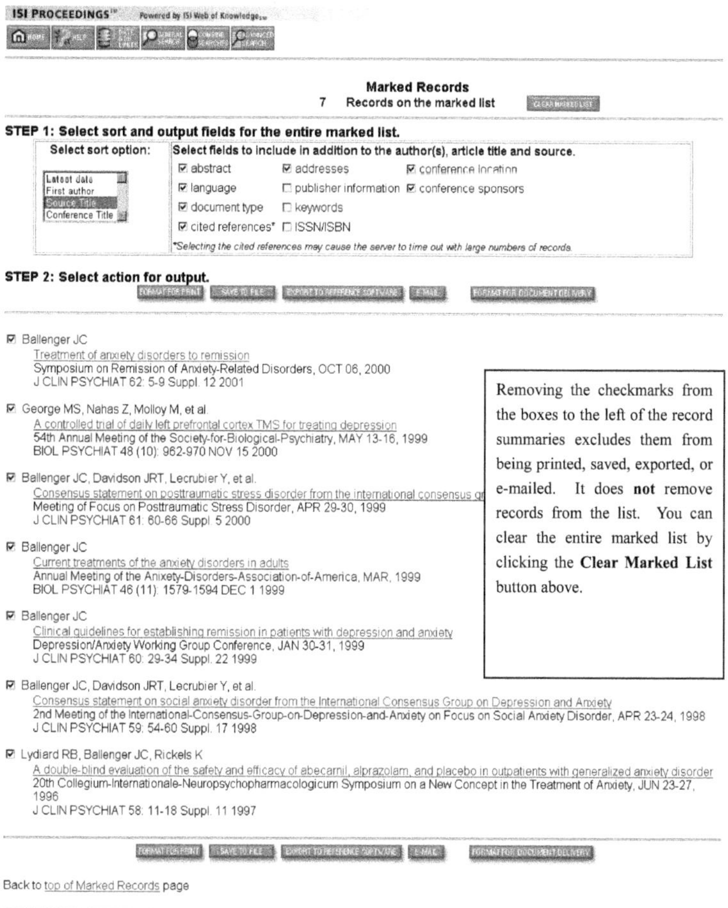

图 4.43

A. E-mailing Records

B. Printing Records（打印记录）

A）From the Marked List page，choose the fields，in addition to article，title，and source，that you want to print.

B）Click the Format for Print button to format the records in a plain text format with field labels.

C）Use you Web browser's File/Print option to print the formatted records.

D）To save records as untagged text，use your Web browser's File/Save option.

（4）Saving Records（保存记录）

To save records in an ISI tagged file format，click the Save to File button on the Marked List Page. Specify a path and file name in the File/Save dialog box.

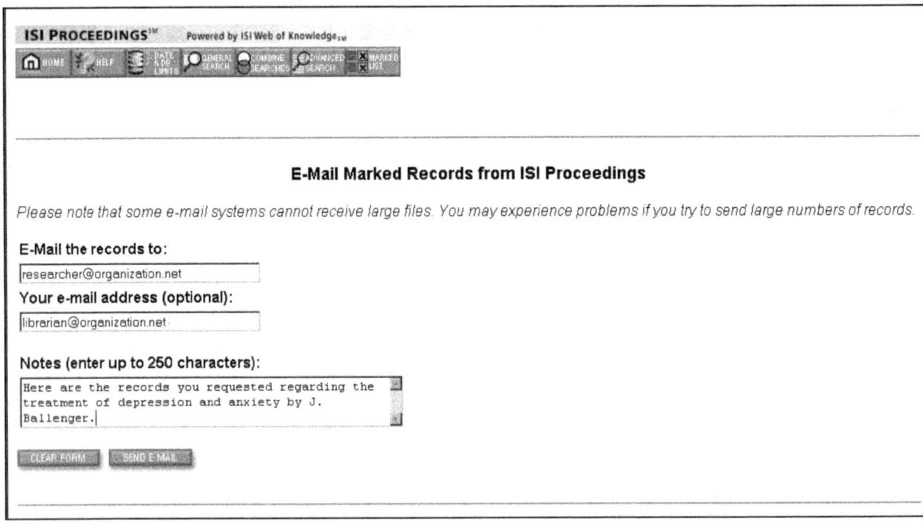

图 4.44

4.2.2　Ei Engineering Village 2

1. 概况

Ei Engineering Village 2（原名 Ei Village）为美国 Engineering Information Inc.（简称 Ei）建立的网络工程信息服务系统，Ei 作为世界领先的应用科学和工程学在线信息服务提供者，一直致力于为科学研究者和工程技术人员提供最专业、最实用的在线数据、知识等信息服务和支持。Ei 的拳头产品《工程索引》（The Engineering Index）创刊于 1884 年，是世界上著名的、历史悠久的、权威的检索工具之一，Ei 一直致力于为客户提供最新的研究和数据服务以确保客户的竞争优势。进入 20 世纪 90 年代，随着网络技术的发展，Ei 开始提供网络版的工程索引数据库（Compendex），同时开始研究基于网络环境下的集成信息服务模式。目前，Ei 为研究人员提供即时的一步到位的桌面服务，可查询多个工程数据库，如 Compendex、INSPEC、USPTO Patents、esp@cenet 、CRC ENGnetBASE、Techstreet 标准、Scirus 等。目前世界上已有 25 个国家使用了 Ei Village，Ei 公司在 1992 年开始收录中国期刊，2003 年被收录的在中国出版的期刊已达近 300 种。1998 年 Ei 在清华大学图书馆建立了 Ei 中国镜像站，提供基于 Web 方式的信息服务，受到我国广大科技工作者的欢迎。它包括以下几种数据库的查询：

1）Compendex

Compendex 数据库是目前全球最全面的工程检索二次文献数据库，它收录了选自 5000 多种工程类期刊、会议论文集和技术报告的超过 7 000 000 篇论文的参考文献和摘要。数据库涵盖工程和应用科学领域的各学科，涉及核技术、生物工程、交通运输、化学和工艺工程、照明和光学技术、农业工程和食品技术、计算机和数据处理、应用物理、电子和通信、控制工程、土木工程、机械工程、材料工程、石油、宇航、汽车工程以及这些领域的子学科与其他主要的工程领域。

网上可以检索到 1970 年至今的文献，数据库每年增加选自超过 175 个学科和工程专业的大约 250 000 条新记录。Compendex 数据库每周更新数据，以确保用户可以跟踪其所在领域的最新进展。

2）INSPEC®

INSPEC®为领先的科技文献数据库。收录选自 3500 种科技期刊和 1500 种会议论文集的 7 000 000 条文献记录。它包含了世界上关于电气工程、电子工程、物理、控制工程、信息技术、通信、计算机和数值计算等方面的主要科技文献。数据库每周更新数据，每年大约增加 330 000 条新记录。网上可检索到 1969 年至今的文献记录。

3）USPTO Patents

USPTO Patents 为美国专利和商标局（The United States Patent and Trademark Office， USPTO）的全文专利数据库。在此可以查找到 1790 年以来的专利全文。USPTO Patents 每周更新数据。用户可通过访问：http://www.uspto.gov/patft/index.html 得到关于此数据库的更详细信息。

esp@cenet 提供在欧洲各国家专利局及欧洲专利局（European Patent Office，EPO）、世界知识产权组织（WIPO）和日本所登记的专利。关于 esp@cenet 数据库的帮助文件，用户可访问网站：http://ep.espacenet.com。

4）Techstreet Standards（Techstreet 标准）

Techstreet 标准是世界上最大的工业标准集之一。它收集了世界上 350 个主要的标准制定机构所制定的工业标准及规范。Techstreet 标准向技术专家提供十分重要的信息资源和信息管理工具。在此站点可找到和购买超过 500 000 个技术信息。关于 Techstreet 标准的更详细信息可访问网站：http://www.techstreet.com。

CRC ENGnetBASE 提供用户查询 CRC 出版的世界领先的超过 145 部工程手册。网址是：http://www.engnetbase.com。

5）Scirus

Scirus 是迄今为止在 Internet 上最全面的科技专用搜索引擎。采用最新的搜索引擎技术，由此科研人员、学生及任何人可以准确地查找科技信息、确定大学网址、简单快速查找所需的文献或报告。为了给 Engineering Village 2 的用户补充并提供更多的内容及相关的信息，用 Scirus 可以从 Internet 上所有科学的及与科学有关的站点上检索，包括接入受控站点。Scirus 覆盖超过 1.05 亿个科技相关的网页，包括 9000 万个网页，以及 1700 万个来自其他信息源的记录。这些信息源包括 Science Direct，IDEAL，MEDLINE on BioMedNet，Beilstein on ChemWeb，

US Patent Office，E-Print ArXiv，Chemistry Preprint Server，Mathematics Preprint Server，CogPrints和NASA等。Scirus的网页包括4300万个.edu 站点，580万个.org 站点，570万个.ac.uk 站点，450万个.com 站点及200万个.gov 站点。

2. Search Basic（检索基础知识）

Engineering Village 2 offers two ways to search: Quick Search and Expert Search.

1）Quick Search（快速检索）

Quick Search is designed for quick， straightforward searches. The interface allows you to search on a variety of fields from pull-down menus（图 4.45）.

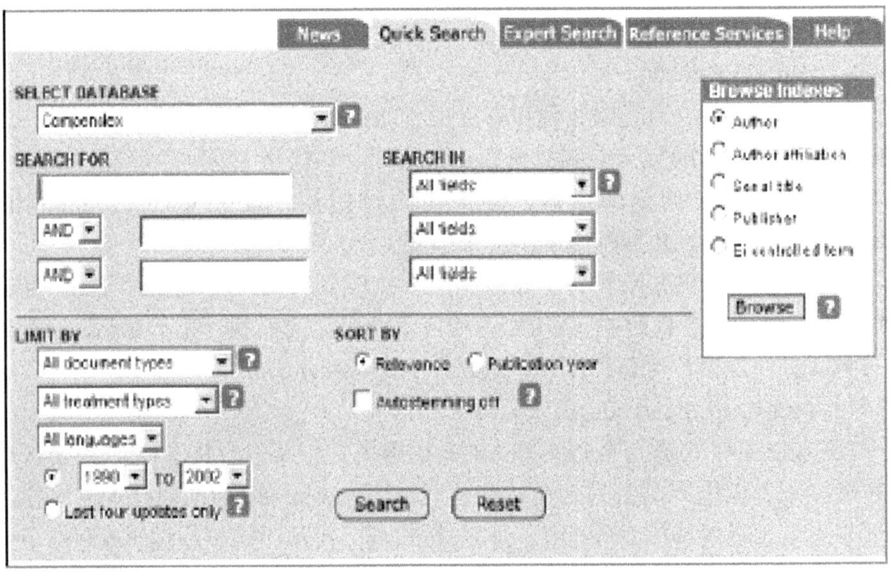

图 4.45

If terms are entered into the three textboxes，Quick Search will always combine terms from the first two textboxes first，and then the term in the third textbox.

a AND b OR c will be searched as（a AND b）OR c

a OR b AND c will be searched as（a OR b）AND c

a OR b NOT c will be searched as（a OR b）NOT c

（1）Truncation（截词）

The asterisk（*）is the right-hand truncation symbol. comput* returns computer，computerized， computation， computational， computability， etc.

（2）Exact Phrase Searching（精确短语检索）

Phrases entered without braces or quotation marks will return good results because of the relevance sort, but to guarantee that the phrase is an exact match, braces or quotation marks should be used:

"International Space Station"、

{solar energy}

（3）Special Character（特殊字符）

anything other then a-z, A-Z, 0-9, ?, *, #, （） or { }

Special characters are ignored by the search engine.

（4）Case Sensitivity（大小写）

The Engineering Village 2 interface is not case sensitive. Text can be entered in upper or lower case.

2）Expert Search（专家检索）

Expert Search provides more power and flexibility. It incorporates advanced Boolean logic and includes more search options than Quick Search（图 4.46）.

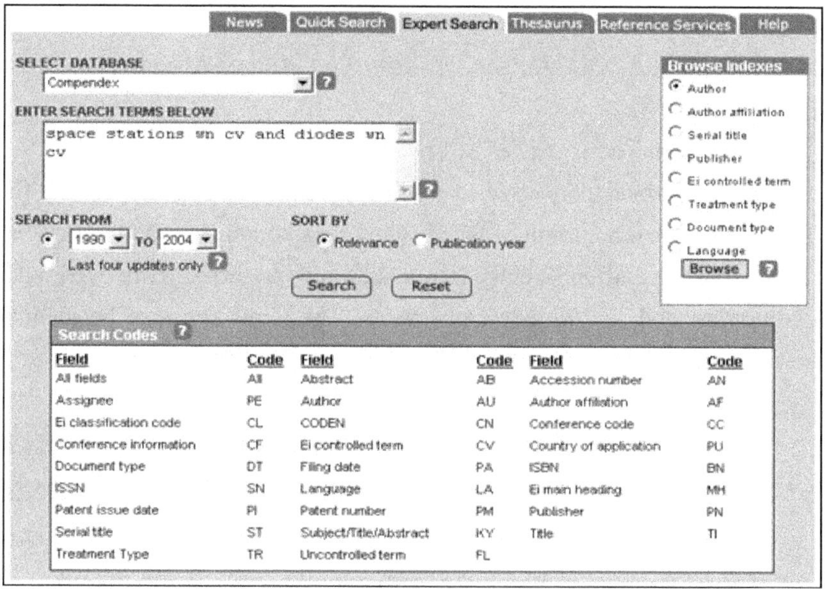

图 4.46

3. Select Database（选择数据库）

Use the SELECT DATABASE pull-down menu to select a database to search.

The database selections you see in the drop-down menu are dependent upon what databases your institution has purchased rights for, or approved access to（图 4.47）.

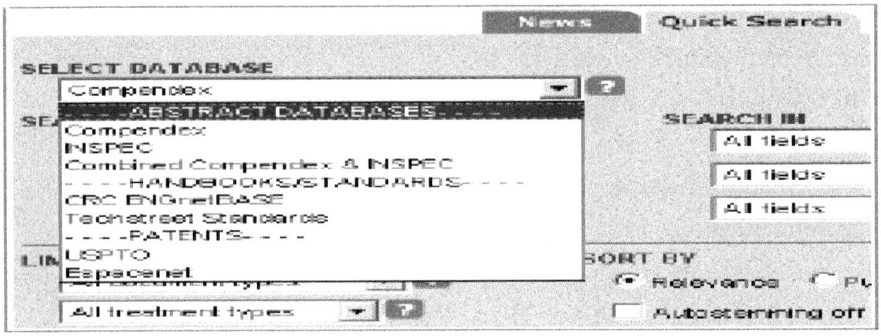

图 4.47

4. Database Searching（数据库检索）

1）Search Field（检索字段）

The following fields are searchable in the quick search interface：

（1）All Field（所有字段）（2）Subject/Title/Abstract（主题词/标题/摘要）（3）Abstract（摘要）（4）Author（作者）（5）Author Affiliation（作者单位）（6）Title（标题）等；

2）Ei Controlled Term（Ei 受控词）

The controlled vocabulary used to index records in Compendex can be found in the Ei Thesaurus. The 4th edition of the Ei Thesaurus contains 18 000 terms，9000 of those preferred terms and 9000 entry terms. 220 new preferred terms were added for the 4th edition as well as 200 new entry terms. The terms can now be identified by using the thesaurus function from the navigation bar（图 4.48）.

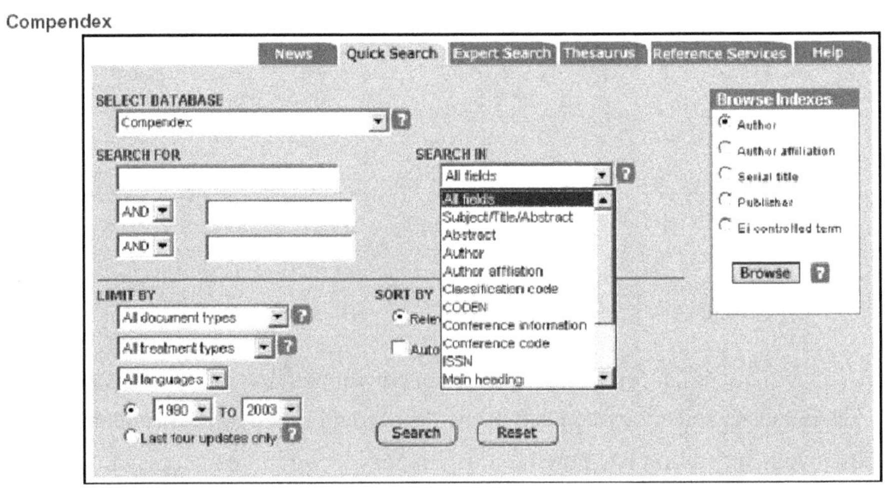

图 4.48

Ei’s controlled vocabulary is a list of subject terms used to describe the content of a document in the most specific and consistent way possible. These terms can be browsed in the Ei controlled term look-up index in Engineering Village 2 as well.

3）Look-up Index（查询索引）（图 4.49）

The look-up indexes help you select appropriate terms for your search.

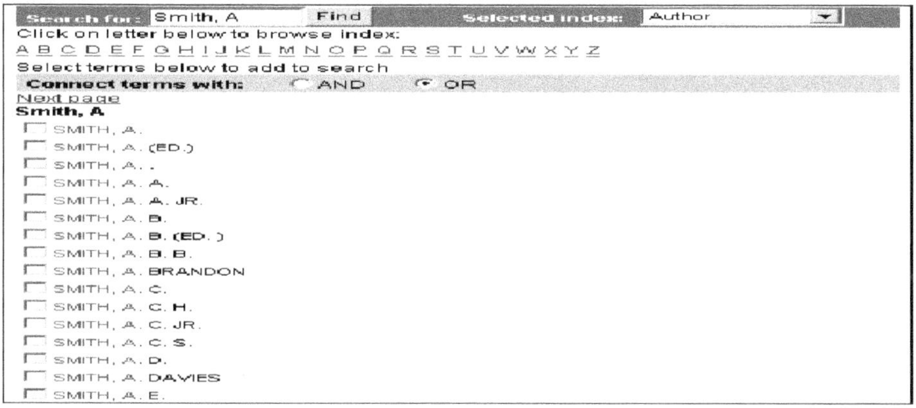

图 4.49

Compendex has indexes for author，author affiliation，serial title，publisher and Ei controlled term.

When you select a term from the index，it is automatically pasted into the first available search box. The SEARCH IN box will also be changed to the appropriate field.

The author look-up index is useful for searching on author names，especially for searching for authors with very common surnames. For example:

Searching on author Alan Smith，as Smith，A* will retrieve records by other authors such as Smith，Albert or Smith，Alex.

4）Search Limit（检索限定）

Using the limits（document type，treatment type and language）is a useful way to formulate searches that retrieve results that serve your research needs more precisely.

If you want a general overview of a topic，then choose General Review as a treatment type. If you are interested in a historic overview of an area of research select the Historical treatment type，etc.

If you know that conference literature is not available at your institution，but your library collection is strong on journal titles，then limit to Journal article only. You can also try to pinpoint comprehensive engineering information in a book format by limiting to Monograph Chapter or Monograph Review.

Finally，if you know that foreign language titles are difficult for you to locate，or alternately，if you are interested in the research results published by foreign researchers，then it is very helpful to limit your search results to a particular language only.

（1）Document Type（文献类型）

The document types used in Compendex are:

All document types（default）

Journal article	期刊论文
Conference article	会议论文
Conference proceeding	会议论文集
Monograph chapter	专题论文
Monograph review	专题综述
Report chapter	专题报告
Report review	综述报告
Dissertation	学位论文
Unpublished paper	未出版文献

（2）Treatment Type（处理类型）

The treatment type is used to specify the slant or approach taken in the document. Document treatments were added to Compendex records in 1985. Therefore， a search with a treatment limit is restricted to post-1985 records only.

The following treatments are used in Compendex：

All treatment types	全部	Applications	应用
Biographical	传记	Economic	经济
Experimental	实验	General Review	概述
Historical	历史	Literature Review	文献综述
Management Aspects	管理	Numerical	数值
Theoretical	理论		

5）Example（实例）

In this example，result records will contain either International Space Station or Mir and all the records will contain gravitational effects（图 4.50）.

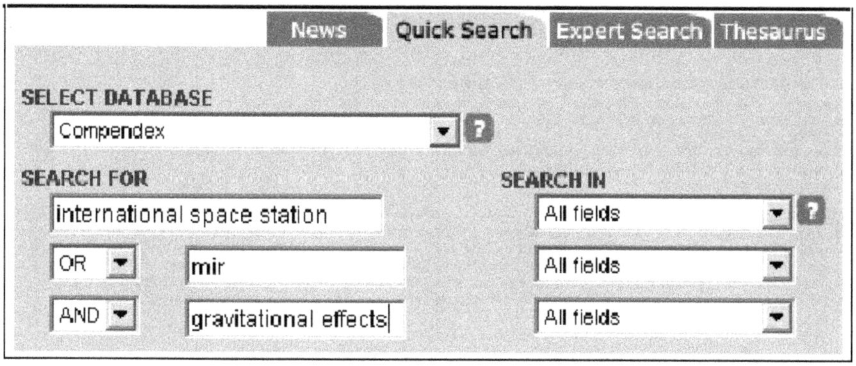

图 4.50

6）Search Results（检索结果）（图 4.51）

Search results are initially presented in the citation format. This provides enough information to identify the source publication. To view a record in its abstract or detailed format click on the Abstract/Links，or Detailed Record/Links hyperlinks beneath each individual citation.

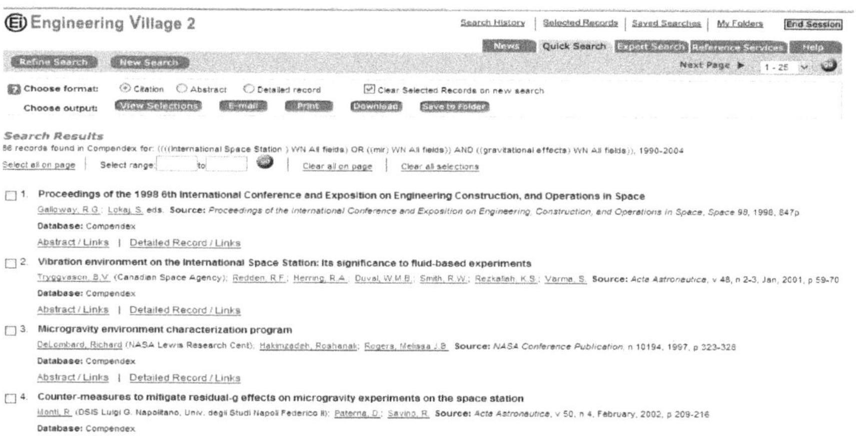

图 4.51

（1）Abstract Record Format（摘要格式）（图 4.52）

1. **Estimation of the transfer function for the Russian Space Station Mir due to astronaut loads**

Neogi, Natasha A. (Massachusetts Inst of Technology); Newman, Dava J. **Source:** *Collection of Technical Papers - AIAA/ASME/ASCE/AHS/ASC Structures, Structural Dynamics and Materials Conference*, v 5, AIAA-2000-1736, 2000, p 379-388
ISSN: 0273-4508 **CODEN:** CPSCDO
Conference: 41st AIAA/ASME/ASCE/AHS/ASC Structures, Structural Dynamics, and Materials Conference and ExhibitAIAA/ASME/AHS Adaptive Structures ForumAIAA Non-Deterministic Approaches ForumAIAA Space Inflatables forum, Apr 3-Apr 6 2000, atlanta, GA, USA
Publisher: American Inst. Aeronautics and Astronautics Inc.

Abstract: An elementary structural model of a modular space station, such as the Russian Space Station Mir or the International Space Station (ISS), was formulated using Euler-Bernoulli beam theory. Based on structural dynamic techniques and modal analysis, a generalized method for deriving a theoretical transfer function between astronaut force inputs and station acceleration outputs is postulated. The validity of this transfer function is then examined using the experimental force data from the Enhanced Dynamic Load Sensors (EDLS) spaceflight experiment, coupled with accelerometer data from the Space Acceleration Measurement System (SAMS). The maximum residue of the experimental transfer function was found at the pole at 0.375 Hz. Unfortunately, due to a lack of on orbit collocation between the EDLS force sensors and the SAMS accelerometer heads, a limited comparison between the theoretical transfer function and the experimental transfer function is obtained. (18 refs.)
(Author abstract)

Ei controlled terms: Space stations | Structural loads | Transfer functions | Accelerometers | Modal analysis | Thermal stress | Gravitational effects

Database: Compendex

Full-text and Local Holdings Links

图 4.52

（2）Detailed Record Format（详细记录格式）（图 4.53）

heck record to add to Selected Records

1. **Accession number:** 00105367485
Title: **Estimation of the transfer function for the Russian Space Station Mir due to astronaut loads**
Authors: Neogi, Natasha A.; Newman, Dava J.
First author affiliation: Massachusetts Inst of Technology, Cambridge, MA, USA
Serial title: Collection of Technical Papers - AIAA/ASME/ASCE/AHS/ASC Structures, Structural Dynamics and Materials Conference
Abbreviated serial title: Collect Tech Pap AIAA ASME ASCE AHS Struct Struct Dyn Mater
Volume: v 5
Publication year: 2000
Paper number: AIAA-2000-1736
Pages: p 379-388
Language: English
ISSN: 0273-4508
CODEN: CPSCDO
Document type: Conference article (CA)
Conference name: 41st AIAA/ASME/ASCE/AHS/ASC Structures, Structural Dynamics, and Materials Conference and ExhibitAIAA/ASME/AHS Adaptive Structures ForumAIAA Non-Deterministic Approaches ForumAIAA Space Inflatables forum
Conference date: Apr 3-Apr 6 2000
Conference location: atlanta, GA, USA
Conference code: 57447
Publisher: American Inst. Aeronautics and Astronautics Inc., Reston, VA, USA
Abstract: An elementary structural model of a modular space station, such as the Russian Space Station Mir or the International Space Station (ISS), was formulated using Euler-Bernoulli beam theory. Based on structural dynamic techniques and modal analysis, a generalized

图 4.53

7）Working with Selected Records（选定记录的处理）

（1）Selecting Record（选择记录）

You can select particular records from the search results in one of three ways. You can individually mark the check boxes next to their corresponding records; you can click on the hyperlinked phrase "Select all on page"（this will select up to 25 records on an individual page of results）; or you can select a range of records by entering the first and last record numbers to be included within the range and then clicking on the GO button..

（2）Selecting an Output Format（选择输出格式）

Once you have selected the desired records， you can then choose the format you wish to view them in，（citation，abstract or detailed）.

You can now select the output action you want for your Selected Records（view selections，e-mail，print，download，save）.

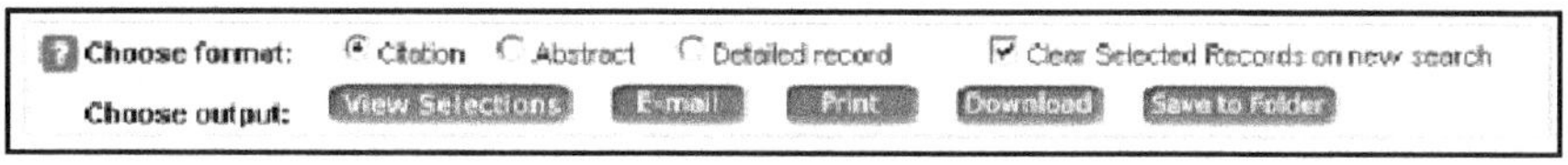

（3）Selecting an Output Format（选择输出格式）

From Choose Output，select the View Selections format. This allows you to view the records you have selected in the format you have chosen（citation，abstract，detailed）.

（4）E-mail Selected Records（E-mail 选定的记录）

By clicking on the e-mail output option， you can e-mail the results to yours or others. An e-mail form box will appear that allows you to enter the e-mail address of the recipient，as well as any message you wish to add to the e-mail.

（5）Print Selected Records（打印选定的记录）

Selecting the print option will format the Selected Records in a clean format suitable for printing. All links to fulltext and local holdings are removed. The records appear in a new window in a printer friendly format. Click on the Print icon in the new window to start printing.

4.2.3 Elsevier Science Direct on Site

1. 概况

Elsevier Science 是设在荷兰的一家跨国科学出版公司，Elsevier SDOS（Science Direct on Site）是 Elsevier Science 公司的电子期刊全文数据库，该数据库收录了自 1995 年以来该公司出版的 1670 多种电子期刊，其中有 1200 多种期刊提供了全文，有 1000 多种期刊被 SCI 收录。目前该数据库在清华大学图书馆和上海交通大学图书馆设有镜像站，为国内提供检索服务。该系统的电子期刊更新及时，有些比印刷型刊物发表更早。

Elsevier SDOS 收录的期刊包含以下学科：农业与生物学、人文艺术、生物化学、遗传学、分子生物学、商业、管理与会计、化学工程、化学、土木工程、计算机科学、决策学、地球与行星科学、经济学、计算经济与金融、能源与动力学、工程技术、环境科学、免疫与微生物学、材料科学、数学、医学、神经系统科学、药理学、毒物学、制药学、物理与天文学、心理学、社会科学。

2. 检索界面

国外的 Science Direct 网站的首页如图 4.54 所示。

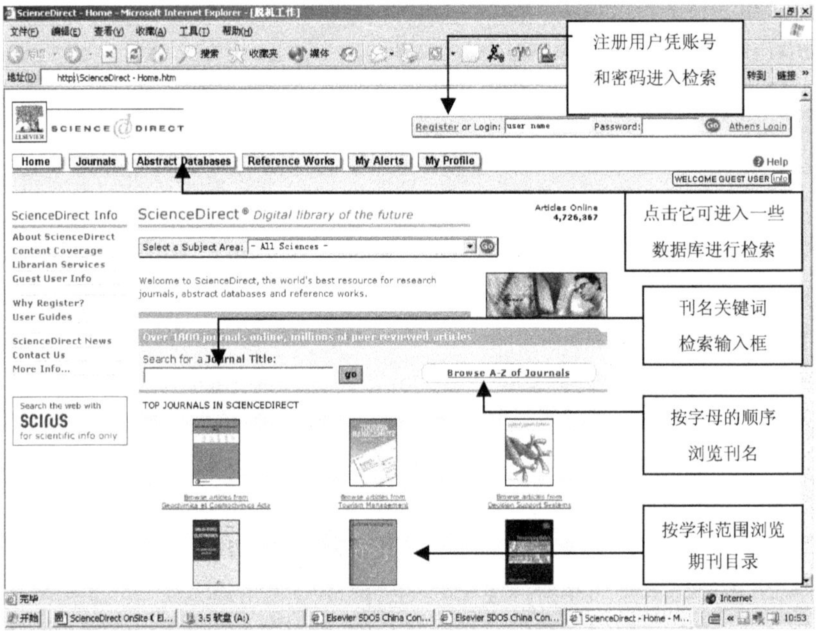

图 4.54　Science Direct 主页

用户使用该网站可以免费检索到期刊文献的题录信息，如果需要全文要交费。

Elsevier SDOS 在国内的镜像站的检索界面：可以从清华大学或上海交通大学镜像站进入 Elsevier SDOS（图 4.55）。

Browse and Quick Search（浏览与快速检索）如图 4.56 所示。

Quick Search 快速检索输入框，可输入检索词；其右边可选择检索字段，如篇名、作者、文摘等，默认为所有字段，点击 Submit 进行检索。

Alphabetical List of Journals 按字母排序的期刊一览表，可按字顺进行期刊目录检索。

Category List of Journals 期刊的分类目次表，可按学科分类进行期刊目录检索。

1）Simple Search（简单检索）（图 4.57）

点击 Simple Search 进入简单检索界面，在输入框里输入检索词，选择检索字段，如篇名、作者、文摘等，默认为所有字段，点击 Submit Query 提交检索式并进行检索。可点击 Reset 清除已有的检索式。

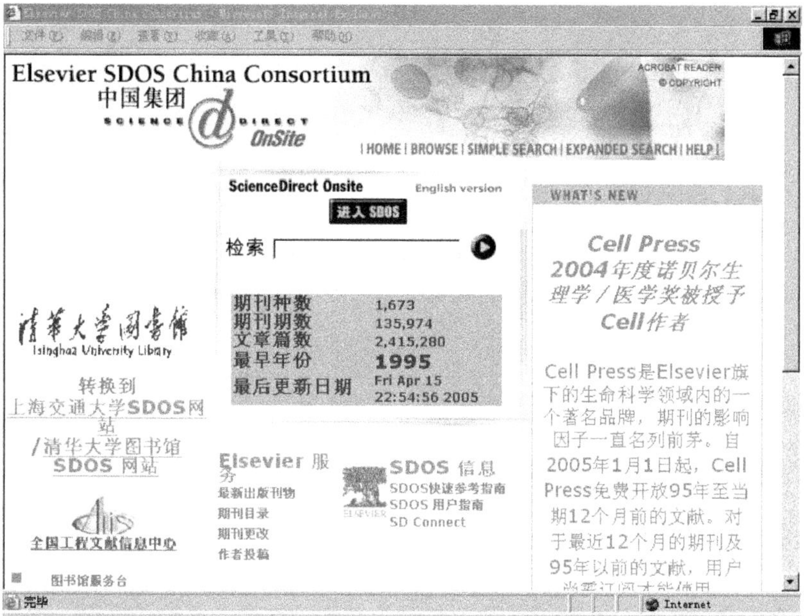

图 4.55　Elsevier SDOS 在国内的镜像站

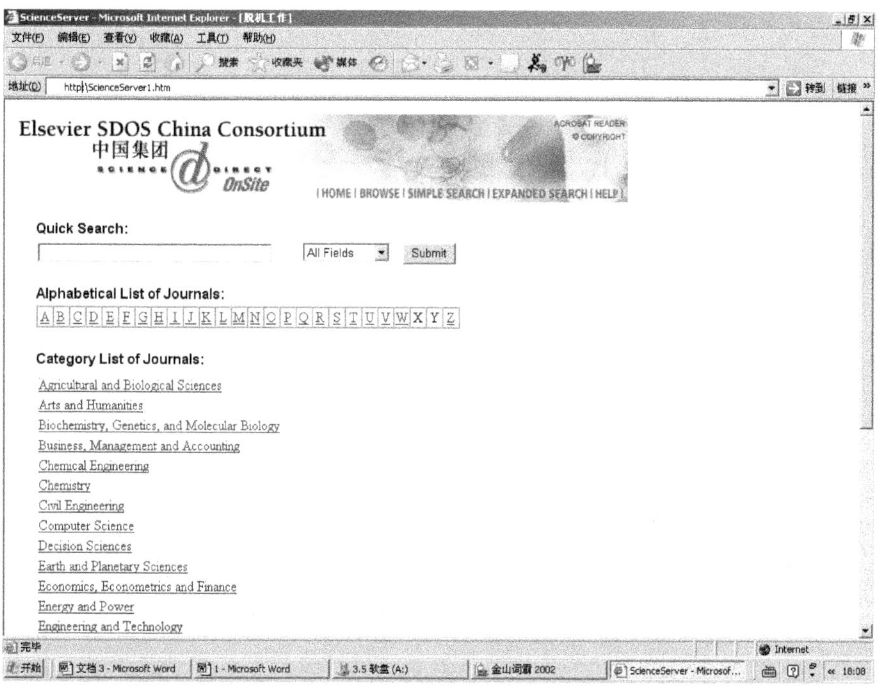

图 4.56　浏览与快速检索界面

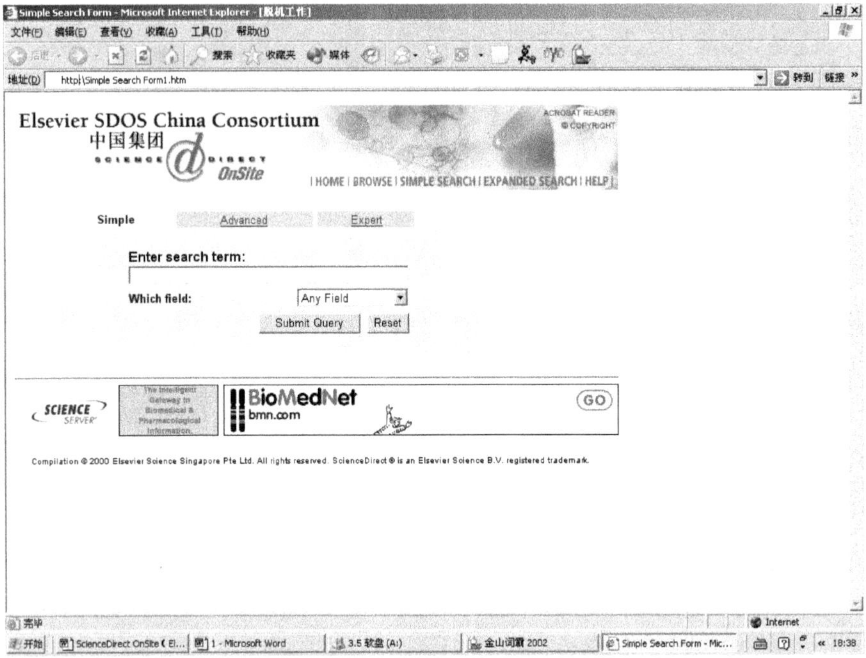

图 4.57　简单检索界面

2）Advanced Search（高级检索）（图 4.58）

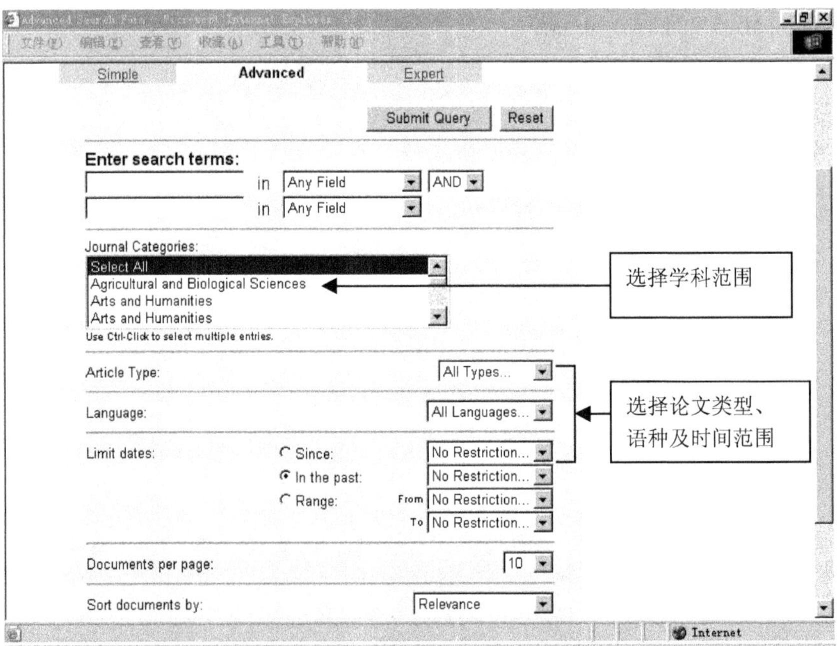

图 4.58　高级检索界面

点击 Advanced Search 进入高级检索，有两个检索式输入框，字段选择与简单检索相同。输入检索词，在这里可以使用布尔逻辑算符（and or not）、无限截词符（*）、位置算符 adj（两词相邻，词序不变）、near（（两词相近，词序不限），也可用 near[N]（N 为具体数字，表示两词之间最多相隔 N 个词），构造一个复杂的检索式进行检索。高级检索还可以选择学科范围、论文类型、语种及时间范围。

3）Expert Search（专家检索）（图 4.59）

点击 Expert Search 进入专家检索，组合检索式输入框里可运用布尔逻辑算符、位置算符等组成比较复杂的检索式进行检索。

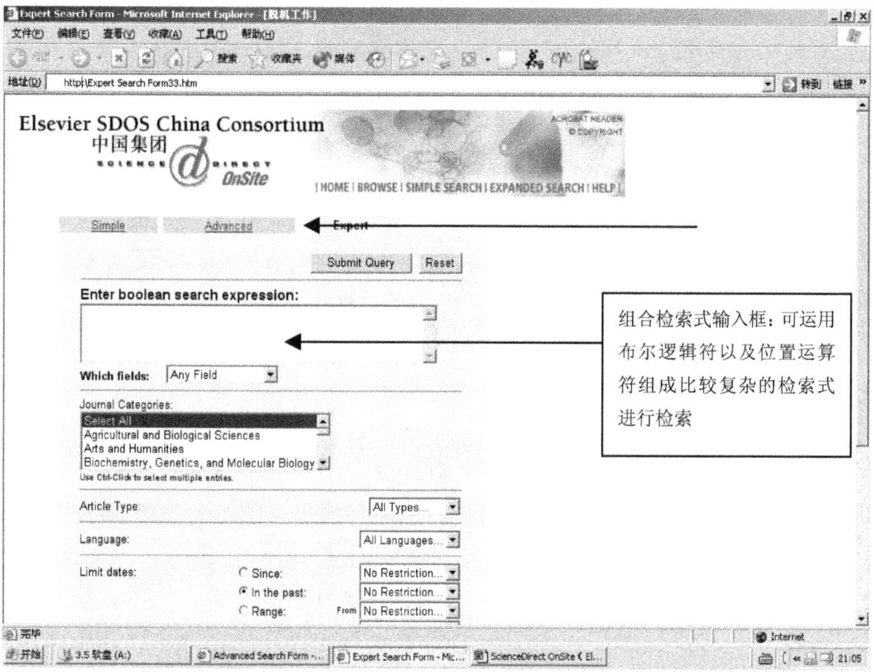

图 4.59　专家检索界面

4.2.4　ProQuest Information and Learning

1. 概况

ProQuest Information and Learning 公司最早的名字为 UMI（University Microfilm International），成立于 1938 年，后来经过几次改名，现在更名为 ProQuest Information and Learning。该公司位于美国的密歇根州，是国际著名的信息出版公司。它是世界一流的信息收集、组织和发行商，其出版物收录了 20 000 多种外文期刊，7000多种外文报纸，160多万篇博硕论文，20多万种绝版图书及研究专集，内容覆盖1000多个学科和专业，为全球160多个国家的学院、政府机构和商业客户提供增值信息服务。它还与世界上8000多家出版商保持合作关系，使该公司的信息资料收集得到充分的保障。公司出版的全文、图像数据库在世界上居于领先地位。下面主要介绍该公司出版的几种全文数据库。

1）ABI/INFORM（商业信息数据库）

ABI/INFORM是著名的商业、经济管理期刊全文图像数据库。ABI为Abstracts of Business Information的缩写。它收录全世界范围有关财会、银行、商业、计算机、经济、能源、工程、环境、金融、国际贸易、保险、法律、管理、市场、税收、电信等主题的内容，涉及这些行业的市场、企业文化、企业案例分析、公司新闻和分析、国际贸易与投资、经济状况和预测等方面，提供有关全世界20多万个公司的商业信息。该数据库推出了Global、Research版及最近推出的Complete版本。Global版收录全球性的商业经济与管理信息，收录的期刊种类有1600多种，其中全文刊有900多种，使用该版本数据库可以检索到1971年以来的期刊文摘和1986年以来的期刊全文。Research版收录北美地区主要的商业经济与管理信息，收录的期刊有1300多种，全文刊700多种，收录的年限始于1986年。Complete版收录的期刊有2300多种，全文刊1600多种。

2）ProQuest Academic Research Library（ProQuest学术研究图书馆全文期刊与报纸数据库，ARL）

ARL数据库是全文图像期刊数据库，是专为大学图书馆和研究图书馆设计的综合性学术期刊数据库，收录了2500多种综合性期刊和报纸的文摘、索引，其中1700余种是全文刊。涵盖的学科包括商业与经济、教育、保护服务与公共管理、社会科学与历史、计算机、科学、工程与工程技术、传播学、法律、军事、文化、医学、卫生健康及其相关科学、生物科学与生命科学、艺术、视觉与表演艺术、心理学、宗教与神学、哲学、社会学及妇女研究等领域。该数据库可以检索到1971年以来的文摘和1986年以来的全文。

3）ProQuest Digital Dissertations（ProQuest数字化博硕士论文数据库，PQDD）

PQDD是世界上最大的国际性博硕士论文数据库。1938年，当时的UMI公司（现更名为ProQuest Information and Learning）就开始收集博士论文。现在PQDD数据库已收录了从1861年至今的160多万篇博硕士论文文摘或索引；1997年以后出版的论文，有电子形式的原文副本提供。用户可在网上免费预览这些论文的前24页，还能立即从网上下载这些论文的PDF格式全文（前提条件是先支付了这些全文的使用费）。PQDD主要收录了北美地区每年获得通过的博硕士论文以及许多国际性的博硕士论文。它有完全版和两个分册版本（人文社科版、科学及工程版）。收录的主题包含传媒和艺术、教育、语言、文学和语言学、哲学、宗教和神学、社会科学、生物科学、地球及环境科学、健康科学、自然科学、心理学等。

2. 检索界面

1）ABI/INFORM 检索界面

（1）Basic Search（基本检索）（图 4.60）。

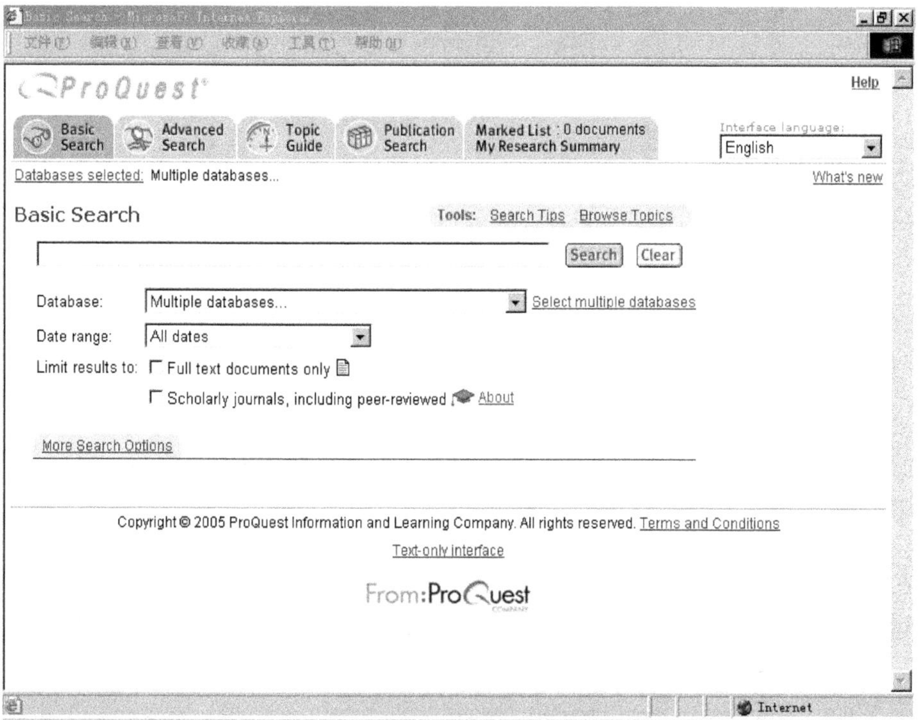

图 4.60　基本检索界面

点击 Basic Search 进入基本检索界面，在输入框里输入检索词，选择一个数据库或多个数据库，选择检索时间段，限制检索范围，点击 Search 进行检索。可点击 Clear 清除已有的检索式。

（2）Advanced Search（高级检索）（图 4.61）。

点击 Advanced Search 进入高级检索界面，可输入多个检索词，可增加或删除一行输入框，选择检索字段，如文献题目、文摘、作者、文献类型等，检索词之间可选择 and、or、not 连接；选择一个数据库或多个数据库，选择检索时间段，限制检索范围，点击 Search 进行检索。可点击 Clear 清除已有的检索式。

（3）Topic Guide（主题指南）（图 4.62）。

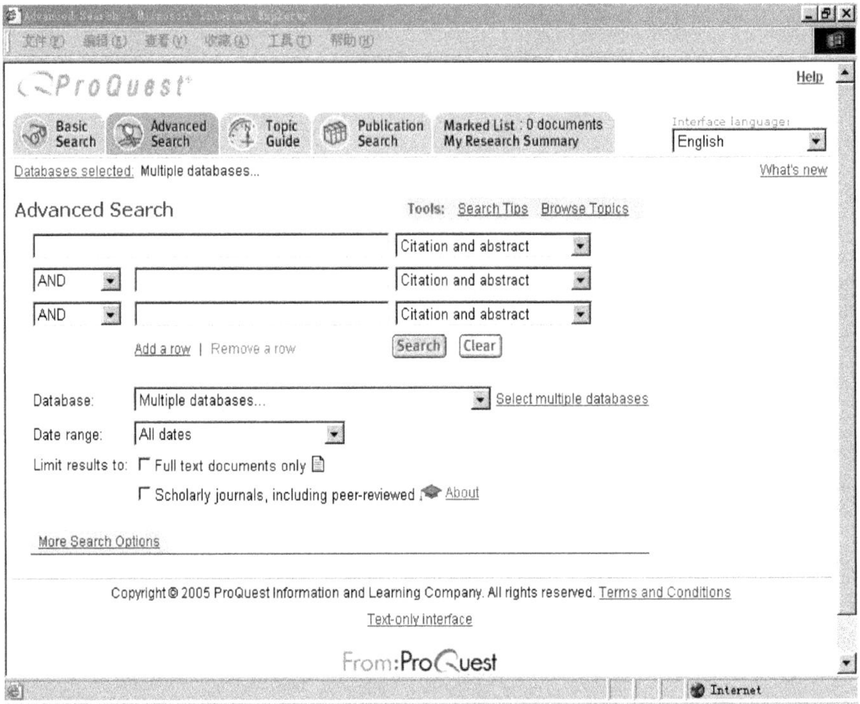

图 4.61　高级检索界面

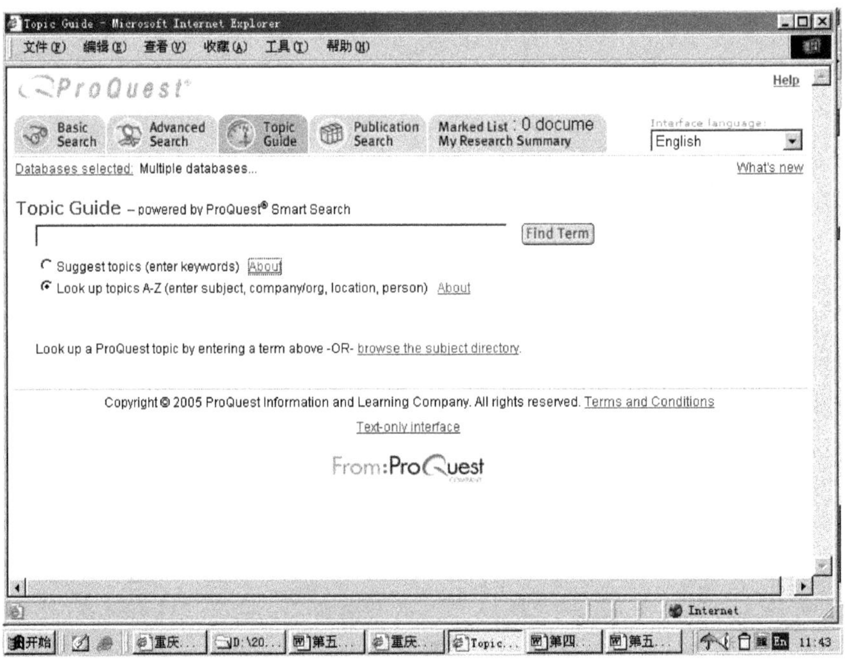

图 4.62　主题查询界面

点击页面上方的 Topic Guide 进入主题查询界面，在检索框中输入一个主题词，选择 Suggest Topics，然后点击 Find Term，系统将提供若干相关的词，For example, if you enter Math，ProQuest will suggest Mathematics education and Mathematics education AND Teaching，等等；Enter a term and select Look up Topics A-Z, then click Find Term. You see the nearest match（alphabetically）to your search terms.

（4）Publication Search（出版物检索）（图 4.63）。

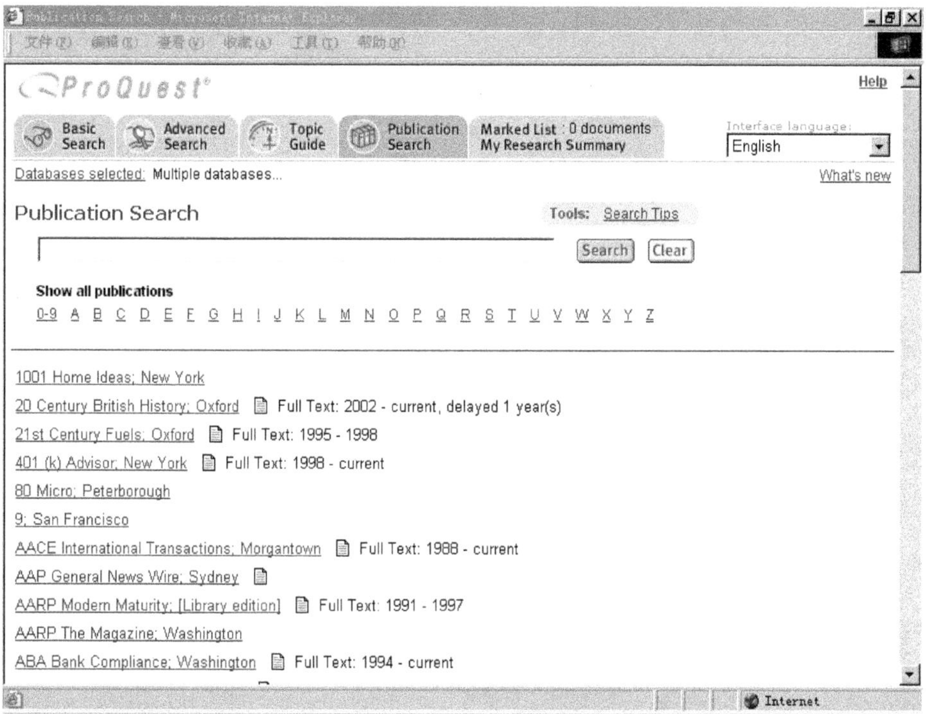

图 4.63　出版物检索界面

点击页面上方的 Publication Search 进入出版物查询界面，在输入框里输入刊名关键词，也可按字母的顺序浏览期刊目录，查询出版物名称及内容。

2）PQDD 检索界面

（1）基本检索界面（图 4.64）。

（2）高级检索界面（图 4.65）。

3. 检索实例

以 ABI/INFORM 数据库为例：检索 ABI 数据库中收录的美国纽约时报的内容。

（1）在基本检索界面中点击上方的 Publication Search 图标，出现刊物检索词输入框，在框中输入 New York times，如图 4.66 所示。

图 4.64　基本检索界面

图 4.65　高级检索界面

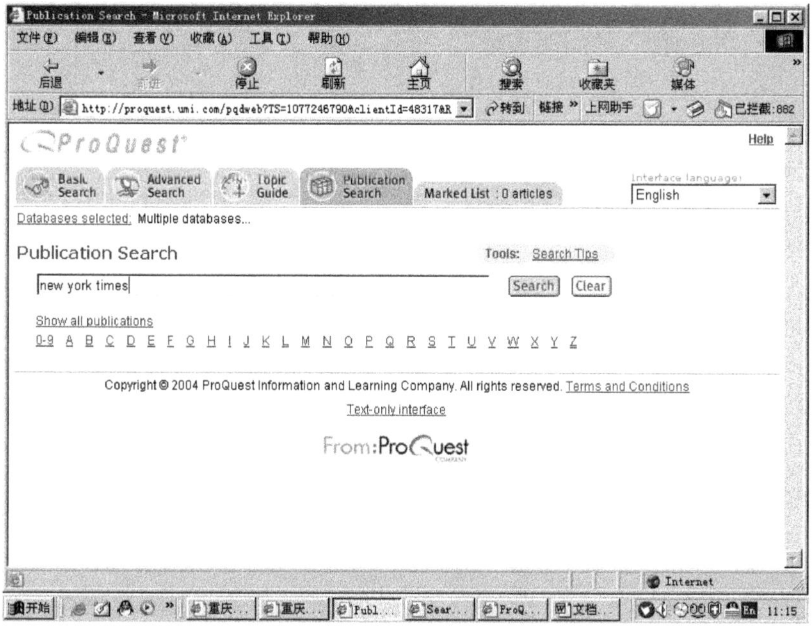

图 4.66　检索词输入界面

（2）点击 Search 图标，出现检索结果（图 4.67）。

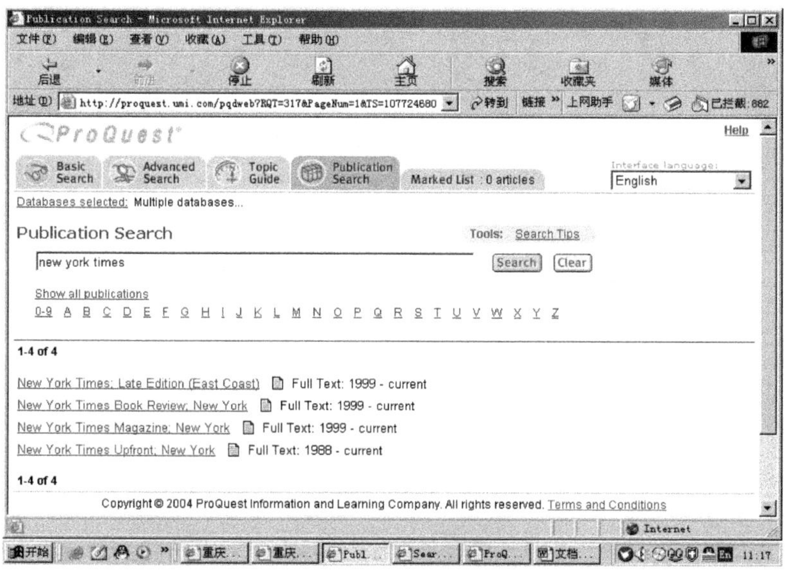

图 4.67　检索结果界面

（3）点击 4 条中的第 1 条：New York Times: Late Edition，出现如图 4.68 所示结果。

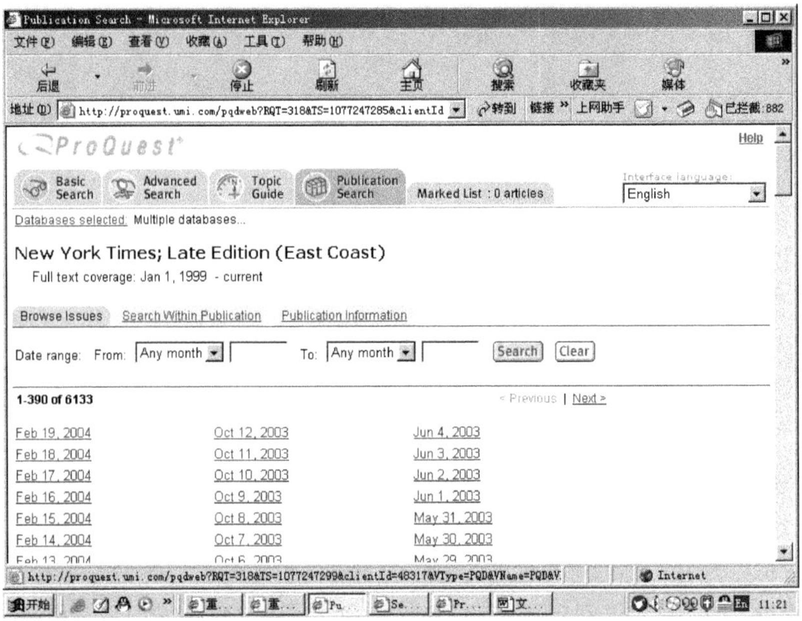

图 4.68　再次检索结果界面

（4）点击 Feb 19，2004，查看这天报纸的内容（图 4.69）。

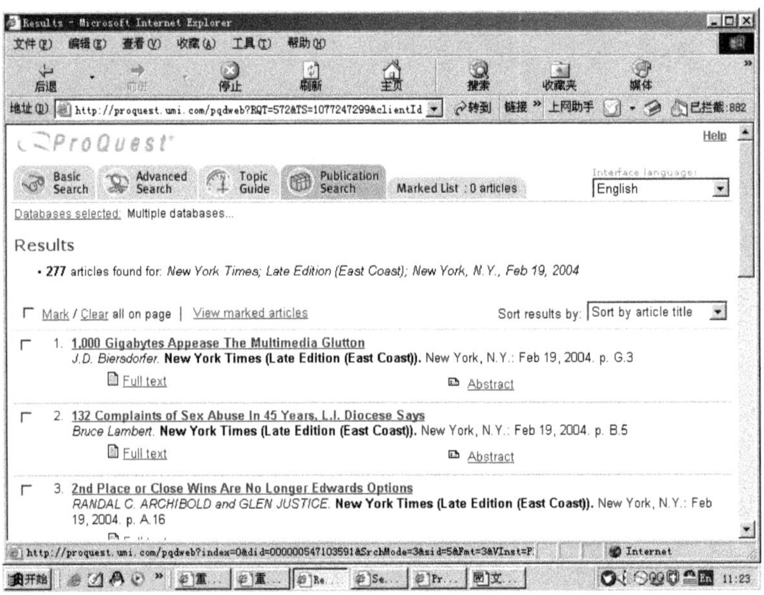

图 4.69　报纸内容

（5）选第 1 条查看文摘内容，点击第 1 条文献的 Abstract 图标，出现文摘内容（图 4.70）。

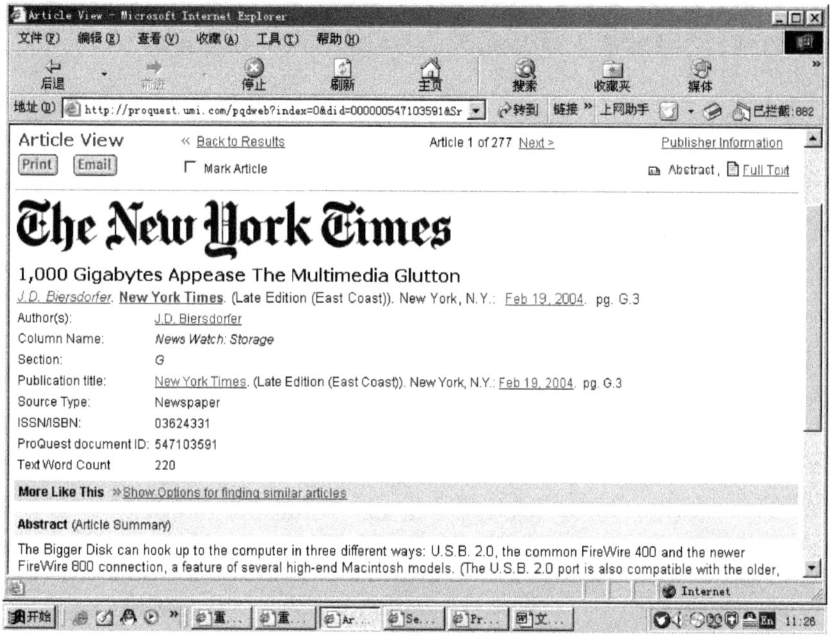

图 4.70　文摘内容

（6）点击第 1 条文献的 Full text 图标，出现文摘及全文内容（注：有的文献全文是 PDF 文件，必须先下载并安装相关阅览器才能查看到全文）（图 4.71）。

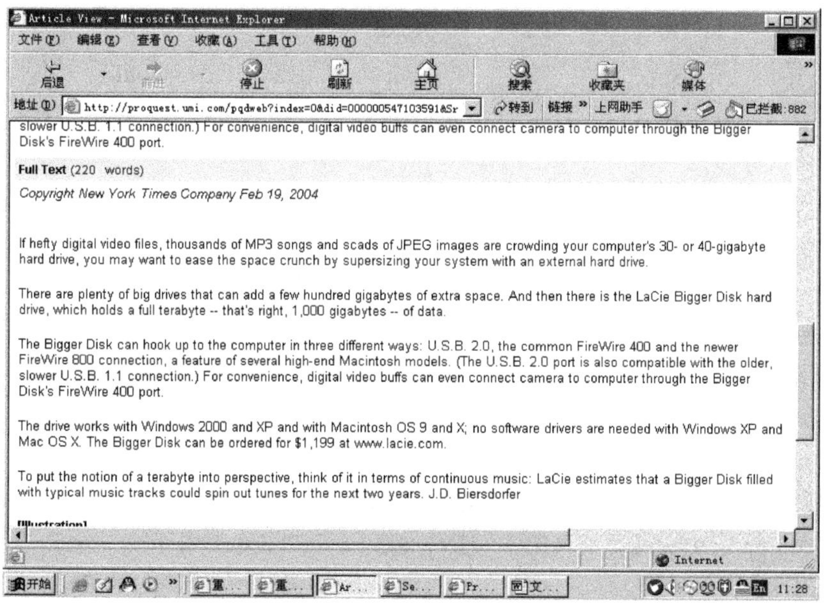

图 4.71　文摘及全文内容

4. 禁用词、字段检索、检索技巧（以 ABI/INFORM 数据库为例）

1）禁用词

ProQuest 数据库中会忽略以下常用单词，若要将它们用作检索短语的一部分，需用引号引起来，如“the sound and the fury”。

About	can	just	out	those
After	could	like	said	through
Also	do	make	should	to
An	each	many	so	use
And	for	more	some	was
Any	from	most	such	we
Are	had	much	than	were
As	has	no	that	what
At	have	not	the	when
Be	how	now	their	which
Because	if	of	them	while
Been	into	only	there	who
between	is	or	these	will
Both	it	other	they	with
But	its	our	this	would
By				

2）字段检索

在 ABI 数据库中的基本检索和高级检索中，可用字段来进行限制检索，达到精确或缩小检索范围。下面列出了一些字段名称、缩写代码及检索实例。

字段名	缩写代码	检索实例
Abstract	AB　ABS	AB(computer and control)
Author	AU	AU(Atchison，Sandra)
Company	CO	CO(African National Congress)
Date	DA	DA(Jan 13 2002)
DUNS Number	DU　DUN　DN	DU(11 348 7201)
Geographic Places	GEO　GN　LO LOC	GEO(US)
ISBN	BN	BN(1 55570 397 6)
ISSN	SN	SN(0739-8395)
Issue	IS	IS(12)

Journal Name	JR　JO　JN	JR(Business Week)
Language	LA　LN	LA(French)
Publication Year	R　PY	PY(2000)，PY(＜1998＝
Source	SO　SR	SO(New York Times)
Subject Terms	SUB　SU　SB	SU(Health Care)
Ticker Symbol	TK　TS　TIK	TK(INTC)—Intel Corporation
Title	TI	TI(Symbol)
Volume	VOL　VO	VO(24)

3）检索技巧

（1）默认情况下，两个单词的查询，如 circus elephant，视为一个正确的短语进行检索。

（2）默认情况下，三个单词的查询，如 New York orchestra，词之间的关系默认为 AND 关系。

（3）使用引号（“”）来检索精确的短语，如“architecture and CAD”，查找包含短语 architecture and CAD 的文章。对于两个单词以上的短语，必须加上引号。

（4）符号 * 仅用作右截词符，它将查找一个单词的所有形式。例如，检索 econom* 将查找“economy”、“economics”、“economical”等。

（5）符号?用于替换单词内部或末尾的单个字符，不能用于单词的开头。例如，检索“wom?n”将查找“woman”和“women”；检索“t?re”将查找“tire”、“tyre”、“tore”等。

（6）可使用布尔、近似、相近运算符用于扩大和缩小检索范围。例如：

AND 查找包含所有单词的文献。实例：internet　AND　education

AND NOT 查找包含第一个单词，而不包含第二个单词的文章。实例：Internet AND NOT html。

OR 查找具有其中任何一个单词的文献。实例：Internet OR intranet。

WITHIN 查找两个单词之间相隔几个单词的文章，所查单词的前后顺序可以颠倒。实例：computer W/3 careers。

WITHIN DOC 查找所有单词出现在索引或文章正文中的文献。实例：Internet W/DOC education。

NOT WITHIN 查找后一个单词前后一定数量的单词内，不出现第一个单词的文献。实例：computer NOT W/2 careers。

PRE 查找字段中 n 个单词内出现所查单词的文章，且所查单词的前后顺序不能颠倒。实例：world pre/3 web。

（7）可使用字段检索与运算符组成比较复杂的检索式，以便得到比较精确的检索结果。实例：sub(mars) AND water AND life。

4.2.5 Kluwer Online

1. 概况

Kluwer Academic Publisher 是荷兰的享有国际声誉的学术出版商，它出版的图书、期刊品质较高。Kluwer Online 是 Kluwer 出版的近 800 种期刊的网络版，专门基于互联网提供 Kluwer 电子期刊的查询、阅览服务。

Kluwer Online 电子期刊覆盖了 24 个学科类目，内容如下：材料科学、地球科学、电气电子工程、法学、工程、工商管理、化学、环境科学、计算机和信息科学、教育、经济学、考古学、人文科学、社会科学、生物学、数学、天文学/天体物理学/空间科学、物理学、心理学、医学、艺术、语言学、运筹学/管理学、哲学。

在国内的 Kluwer Online 电子期刊数据，是由中国高等教育文献保障系统（CALIS）管理中心引进并研制、开发系统，在国内建立的镜像服务站提供的。下面介绍的是 Kluwer Online 电子期刊的中文检索界面。

2. 检索界面

Kluwer 的电子期刊有期刊浏览、检索和篇目检索功能。篇目检索包括简单查询和复杂查询两种方式。

1）期刊浏览与检索界面（图 4.72）

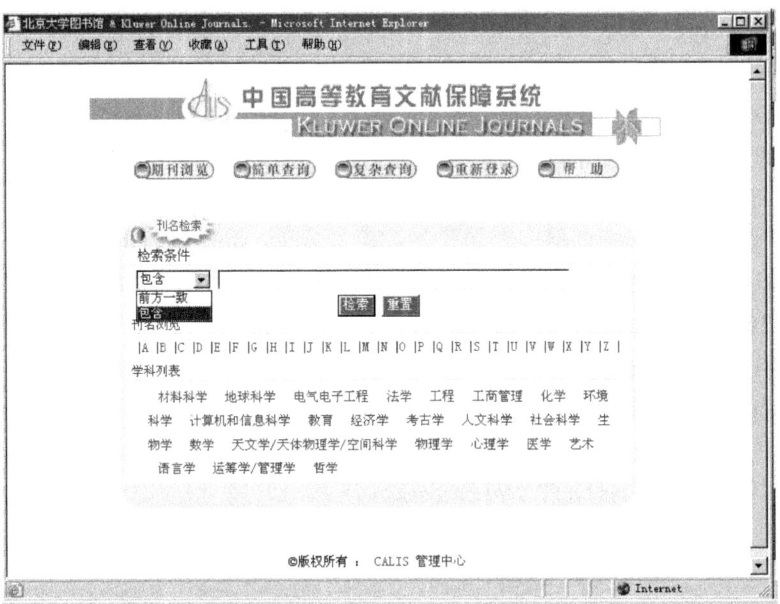

图 4.72　期刊浏览与检索界面

进入 Kluwer 期刊浏览与检索界面，输入刊名关键词，检索条件可选择包含和前方一致，点击检索按钮进行刊名检索，然后再选择想看的期刊，按卷、期进行浏览。还可按字母的顺序进行刊名浏览、按学科分类进行刊名浏览。在上述的几种方式进行检索或浏览之后，在显示的期刊列表中可以做进一步限制，进行二次检索。

2）简单查询界面（图 4.73）

在检索词输入框里可以输入一个或几个检索词，不必考虑词序和大小写，词与词之间默认的逻辑关系是 AND，可以限制文献的种类。种类包括论文、目次、书评、索引及其他。系统默认的检索范围是全部文献。执行检索之后，在显示结果页面也有检索词输入框，允许在检中结果中直接进行二次检索，或者选择重新检索。

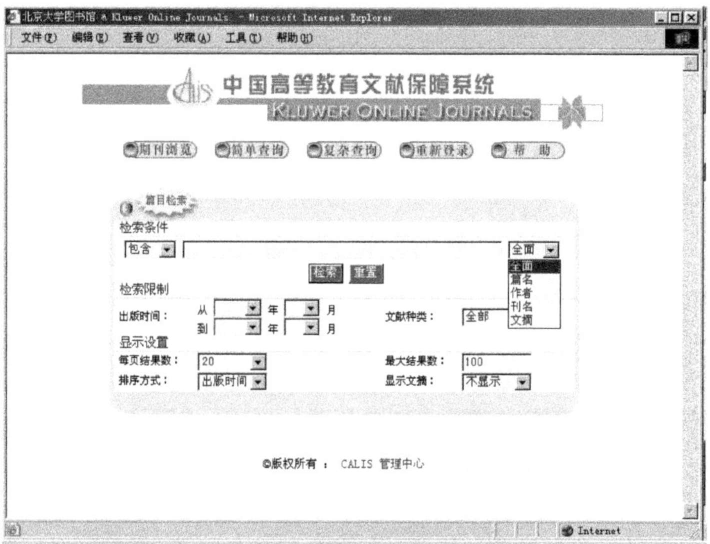

图 4.73　简单查询界面

3）复杂查询（图 4.74）

复杂查询有多个检索条件输入框，可以输入一个检索条件行简单查询或输入多个检索条件实现多个检索条件的组合检索。

检索字段和简单查询基本相同，增加了国际统一刊号（ISSN）、作者关键词（指作者给出的关键词）、作者单位三个检索入口。

多个检索条件默认的逻辑关系为 AND，表示检索必须同时满足多个检索条件。点击相应下拉框，可以根据需要改变为 OR、NOT。

检索限制与简单查询相同：通过限制出版日期、限制文献种类，可以把检索结果限制在一定范围内，从而达到快速和查准的目的，可点击相应的下拉箭头进

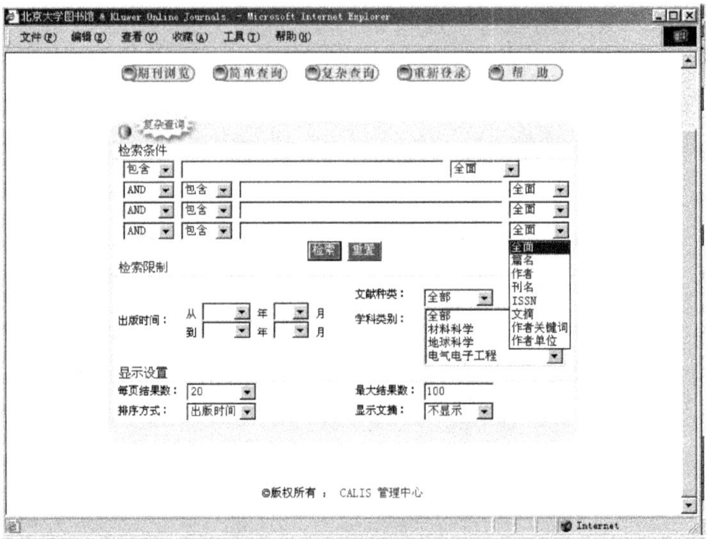

图 4.74　复杂查询界面

行选择。文献种类包括论文、目次、书评、索引及其他，系统默认的检索范围是全部文献。学科类别可选择全部，也可选择其中的某一个学科，如材料科学、地球科学等。

3. 检索实例

（1）进入国内的 Kluwer Online 镜像站（图 4.75）。

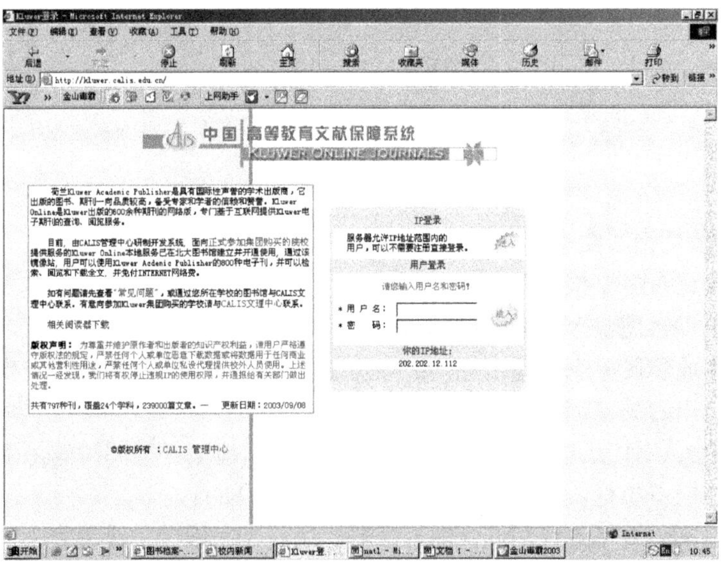

图 4.75　国内 Kluwer Online 镜像站

（2）进入 Kluwer Online 检索界面，单击简单查询，进入篇目检索界面。

（3）在检索框中输入检索词 civil engineering，并限制在篇名字段里检索，年代限制在 1992 年以后的文献（图 4.76）。

图 4.76　篇目检索界面

（4）检索结果：找到 1 篇文献（图 4.77）。

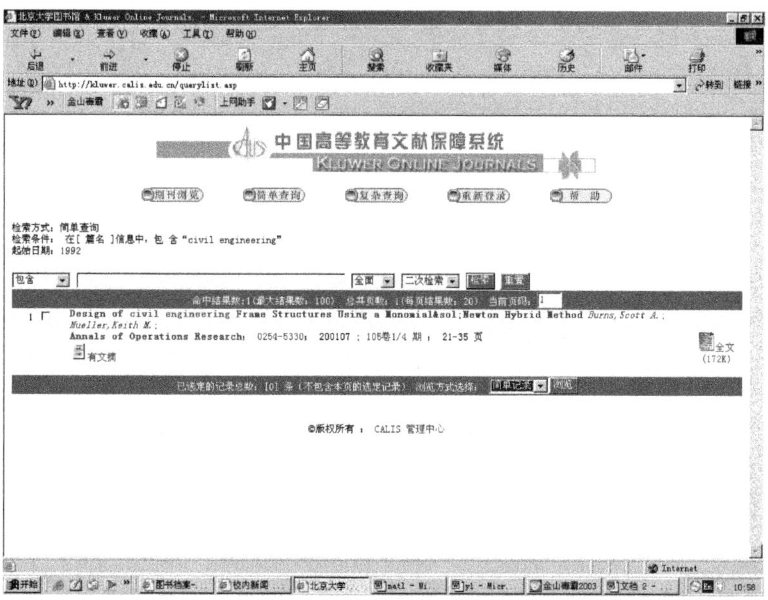

图 4.77　检索结果界面

（5）查看详细信息及文摘（图 4.78）。

图 4.78　详细信息及文摘

（6）下载并阅览全文（注：全文采用 PDF 文件格式，可以存盘、打印，但使用前必须下载 Adobe Acrobat Reader 阅览器）（图 4.79）。

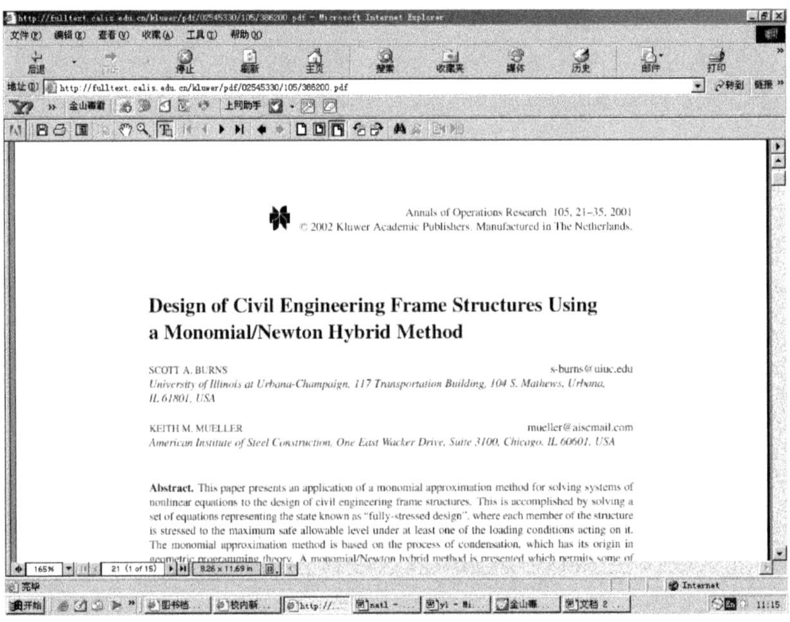

图 4.79　阅览全文

4.2.6 DIALOG 国际联机检索系统

1. DIALOG 国际联机检索概述

国际联机检索（online information retrieval）是指用户利用终端设备，通过通信网络，使用特定的指令和算符，以人机对话方式，查询远程计算机检索系统核心的数据库，从中获取所需信息的全过程。它是计算机技术、数据库技术和卫星通信技术共同发展和结合的产物。国际联机检索具有以下特点：

（1）检索速度快，检索效率高。一般课题均可以在几分钟之内完成检索过程，且在一系列系统的检索技术、检索策略的保证下能达到较为理想的查全率和查准率。

（2）信息资源丰富且质量较高。各大联机检索系统不仅是数据库经销商，而且也是数据库生产者，所提供的一般是各领域的核心、权威数据库，数量从几十个到数百个不等，信息资源丰富且经过严格的加工、处理和组织，质量较高。

（3）可及时提供最新信息。一些大型联机检索系统数据库的更新速度较快，有季更新、月更新、周更新，甚至每日更新，用户可以及时得到最新信息。

（4）费用较高。国际联机检索收费主要由几部分组成：联机机时费（通信费）、数据库检索使用费和信息提供费（如文献打印、传送等费用）等。联机情报检索服务已成为信息产业的一个重要组成部分，形成一种新兴的产业——联机检索工业。全世界开展国际联机检索服务的系统和机构有 200 多个，其中属于商业性的规模较大的著名国际联机系统有美国的 DIALOG 系统、ORBIT 系统、BRS 系统、MEDLINE 系统、OCLC 系统，欧洲空间组织的 ESA-IRS 系统，英国的 INFOLINE 系统，日本的 JICST 系统，以及美、德、日共同开发的 STN 系统等。DIALOG 系统目前是世界上规模最大、最权威的国际联机检索系统之一，下面直接用 DIALOG 官方网站的原文对该系统进行介绍。

The introduction of　Dialog

Providing more than 15 terabytes of content from the worlds' most authoritative publishers，and the tools to search every bit of it with speed and precision. We are a company founded on the idea that information matters-that it really can make a difference in the world-or your corner of it. Dialog，a Thomson business Dialog invented online information services.

Operational long before the commonplace use of the Internet，the earliest Dialog system was completed in 1966 under the direction of Roger K. Summit and was the world's first online information retrieval system to be used globally with materially significant databases.

Today，Dialog is the worldwide leader in providing online-based information services to organizations seeking competitive advantages in such fields as business, science, engineering, finance and law. Our products and services, including Dialog®, Dialog Profound®, Dialog DataStar™, NewsEdge and Intelligence Data, offer organizations the ability to precisely retrieve data from more than 1.4 billion unique records of key information, accessible via the Internet or through delivery to enterprise intranets.

With direct operations in 32 countries, Dialog's products and services are a combination of highly accurate online research tools offering access to unique and relevant databases — designed to meet the specific needs of our wide range of users. Information professionals and end-users at business, professional and government organizations in more than 100 countries prize Dialog services to meet their searching needs.

As part of the Deep Web, which is estimated to be 500 times larger than the content accessible via Web search engines, Dialog products offer unparalleled depth and breadth of content coupled with the ability to search with precision and speed.

Searchable content on Dialog services includes articles and reports from thousands of real-time news feeds, newspapers, broadcast transcripts and trade publications, plus market research reports and analyst notes providing support for financial decision-making, as well as in-depth repositories of scientific and technical data, patents, trademarks and other intellectual property data. Additional content areas include government regulations, social sciences, food and agriculture, reference, energy and environment, chemicals, pharmaceuticals and medicine.

2. The Contents of Dialog

1) Dialog's Business Content

The preeminent source for dependable, authoritative business information, Dialog meets critical information needs from finance to market research to competitive intelligence. Dialog provides up-to-date company and industry intelligence covering nearly 500000 companies worldwide as well as market share and sales figures, business directories and financials on 14 million U.S. and international companies.

Dialog offers access to business journal news and analysis, First Call consensus estimates, consumer marketing data, corporate chronologies and histories, press releases, stock quotes and more. Business information is provided by such sources as Dun & Bradstreet, Standard & Poor's, Frost & Sullivan, SEC filings and the Thomson Financial and Gale Group content used by financial institutions around the world.

2）Dialog's Intellectual Property Content

The premier source for intellectual property information，Dialog offers information to help you create a foundation for your market position. Strategic use of intellectual property information strengthens competitive advantages，saves time and money，minimizes liability and protects investments in research & development.

With Dialog，you can review worldwide patent，trademark，and copyright developments，view online patent images，and look up news on litigation，settlements，and intellectual property regulations.

Our intellectual property databases include U.S. copyright data，trademarks from 14 countries plus the European Community and WIPO，four million trademark images，Japanese trademarks in English，over 15 million patents covering 60 countries，U.S. business process patents and Korean patent application abstracts in English.

Intellectual property information is provided by such sources as Derwent's World Patents Index，IMSWorld Patents International for drugs，Claims®/UNITERM for chemicals，and Ei EnCompassPat™ for petroleum，as well as the extensive TRADEMARKSCAN® collection from Thomson and Thomson.

3）Dialog's Science & Technology Content

Dialog offers comprehensive，global coverage of biomedical research，chemicals，computer science，energy and environment，health industry，mechanical and civil engineering，medical practice，medical devices，pharmaceuticals，software，therapy and treatment breakthroughs and drug interactions.

Explore events on the frontiers of science by analyzing research issues，chemical discoveries，and commercial developments. Review citations，abstracts，numerical data，and full-text writings and reference materials related to the chemical industry. Review abstracts，numerical data，and the full text of reference materials related to health care. Track the drug pipeline by studying and analyzing up-to-date reference materials relating to drugs in development and new drug products. Gain market intelligence on competition by reviewing the latest news，market share information，legislation and drug registrations and licenses. Track worldwide environmental issues by reviewing and analyzing news，pricing and products relating to the oil，gas，electric and nuclear power industries. Study regulatory information to assist in navigating environmental impact legislation，waste management procedures and policy，and upstream/downstream coverage of the petroleum industry，from exploration to refining.

Science and technology Information is provided by such sources as BIOSIS®, Embase, Ei Compendex, Inspec, JR Prous, Kirk-Othmer and Adis International.

4) Dialog's News & Trade Journal Content

Dialog offers the complete text of more than 200 newspapers worldwide with access to all the major wire services around the world. Read leading worldwide business magazines and specialty newsletters.

International business papers include The New York Times, Le Monde, and Neue Zuercher Zeitung. Business magazines include Business Week, Asiaweek, Euromoney, Forbes, and the Economist. Newswires include Reuters, AP, and Agence France-Presse.

Specialty newsletters include Accounting Today, Chemical Marketing Reporter, and Computers and Electronics.

5) Dialog's Market Research Content

An indispensable resource for business decision-makers, Dialog provides the key market research information needed quickly. Dialog offers market share and sales figures, competitive intelligence, business directories, and financials on over 14 million U.S. and international companies.

Dialog's market intelligence databases also include U.S. copyright data, trademarks from 14 countries plus the European Community and WIPO, four million trademark images, Japanese trademarks in English, over 15 million patents covering 60 countries, U.S. business process patents and Korean patent application abstracts in English.

Market research information is provided by such sources as Frost & Sullivan, Euromonitor International, Faulkner Information Services, ACNielson, Freedonia, Jane's Information Group and Kalorama.

3. Web-based Solutions

1) DialogWeb (http://www.DialogWeb.com)

DialogWeb allows both advanced and novice searchers access to the full content of Dialog via the Internet. It offers both a robust Command Search mode that uses the powerful Dialog command language, and a flexible and easy-to-use Guided Search mode that does not require knowledge of commands. Fill-in-the-blank forms allow users to create and modify custom alerts. Search results are provided in either HTML or text and the records can be delivered online or offline via e-mail, fax, ftp or postal delivery.

2）DialogClassic（http://www.DialogClassic.com）

For experienced Dialog command language searchers who prefer access via the Internet. This is a fast and highly flexible interface for power searchers.

3）DialogSelect（http://www.dialogSelect.com）

DialogSelect combines easy-to-use，point-and-click search forms with built-in search intelligence. DialogSelect is organized vertically by major content areas with access to over 300 key Dialog databases. Special features include a powerful search engine， multiple search options and automatic alerts.

4）Dialog Open Access（http://Openaccess.Dialog.com）

An alternative to subscription service， Open Access has no passwords， monthly fees or minimum charges. All that is needed is a credit card to receive instant access to the power of Dialog through DialogSelect.

4. Search example

question:

I keep hearing about the Iridium technology in the news. Apparently， the company is experiencing difficulties， but the technology they use is quite interesting. All I know about the technology is that it deals with using cellular phones via satellite. Can you get me some info from some of the technical journals that explains what the Iridium project is in more depth?

Thx， Brian

1）Choose databases

Step 1: Use the Information Checklist

Look at Brian's request. What information do we already have? What do we need to know? Here are some things to consider.

Is the subject clearly defined?

What is the purpose of the search? A brief overview? A comprehensive search?

What perspective on the topic is needed? Academic? Technical? Popular?

What quantity of information is expected?

What type of information is needed? Complete article? An abstract? Factual data?

Are there any known sources? Authors? Journals? Papers?

Brian's request tells us he wants:

A brief overview of what the Iridium project entails:

Articles from technical journals.

Step 2: Determine which Database（s）will provide the best information.

Dialog has over 450 databases， ranging from directories containing data about companies to those providing trade journal coverage from the popular press. Each database is identified by a unique number. For example，Inspect is File 2. A listing of all databases is provided on Dialog's Web site at http: //library.dialog. com/bluesheets/ html/bln.html. We will also see a link to the database listing on the main page of DialogWeb.

Brian's request immediately narrows our choice of databases to technical sources. Dialog has technical databases that cover all areas of engineering（mechanical， electrical， aeronautical， and civil），as well as electronics，energy，and computer science. On DialogWeb scientific and technology databases are categorized in Science and Technology. This category might be a good place to start our search. Keep in mind these "4 Cs" to evaluate the databases: Content，Coverage，Currency，and Cost. databases selection tools

Dialog offers extensive documentation on database content and Dialog search features. Two important resources to check are:

The Dialog Database Catalog.

Databases selection tool，known as DIALINDEX.

Choosing a Database

Using the databases selection tool— DIALINDEX

The free databases selection tool，DIALINDEX，simplifies database selection for us by arranging databases by subject. DIALINDEX lets us preview search results across a group of databases. This enables us to identify databases that contain records on the subject. Once we know which database（s）has information on our topic，we can redo the search in the best one.

The search below is demonstrated using DialogWeb 2.0. I will have a chance to try searching DialogWeb on my own for the practice exercises at the end of the lesson. To get started on DialogWeb 2.0，I will go to DialogWeb and logon by entering my user ID and password and clicking the 

button（图 4.80）.

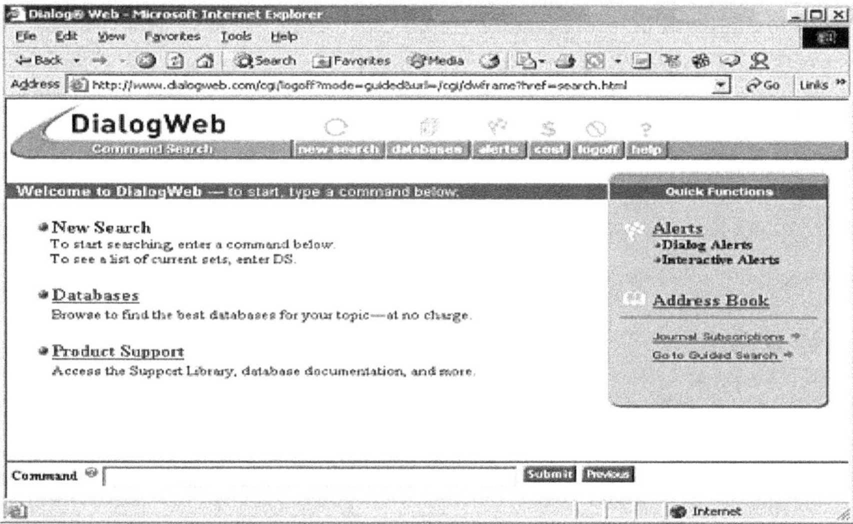

图 4.80

Once I am logged on， I click Go to Command Search and the Command Search main page appears（图 4.81）.

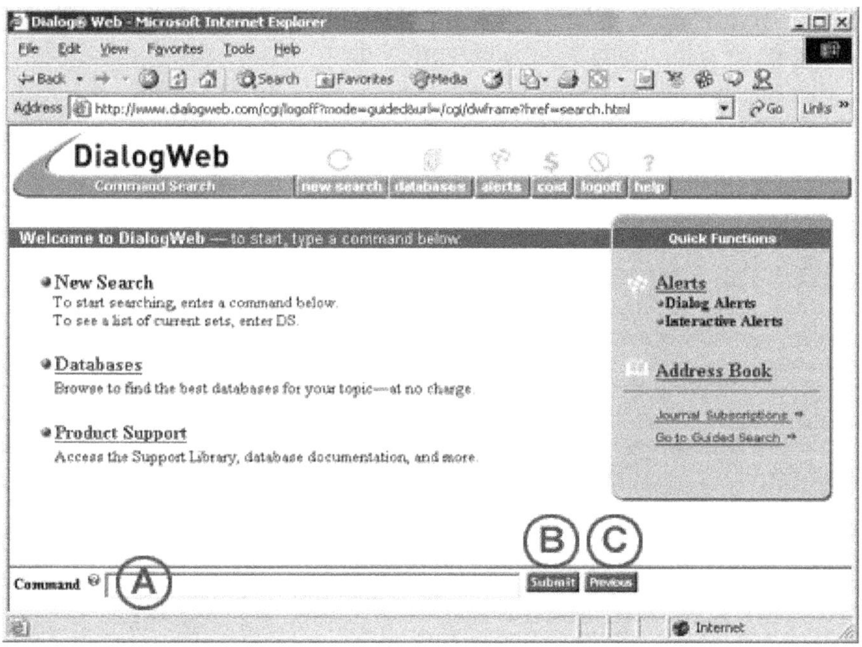

图 4.81

The Command Search main page contains:

① A text box for entering Dialog search commands

② A Submit button that sends the command

③ A Previous button that displays the most recent command entries

Since I am using DIALINDEX to identify which databases have information on our topic，I click Databases and a list of subject categories displays.Now，I must choose from the eight（8）main subject categories. I'll click on Science and Technology. We will see that each category is further divided into focused search topics（图 4.82）.

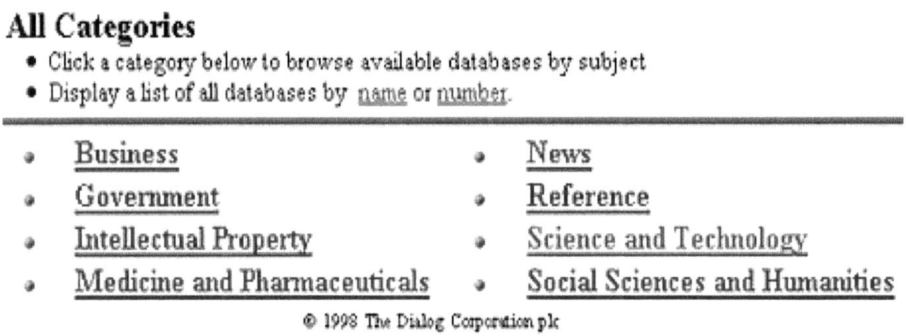

图 4.82

For Brian's search，I will select the Research and Development category to display because I want technical articles worldwide.

A list of databases appears. These databases contain information at a technical level about a variety of scientific and technical topics. I will select Engineering. Remember that the type of information we need will direct our choice of category. In this case，I want to see if there is coverage of the Iridium project（图 4.83）.

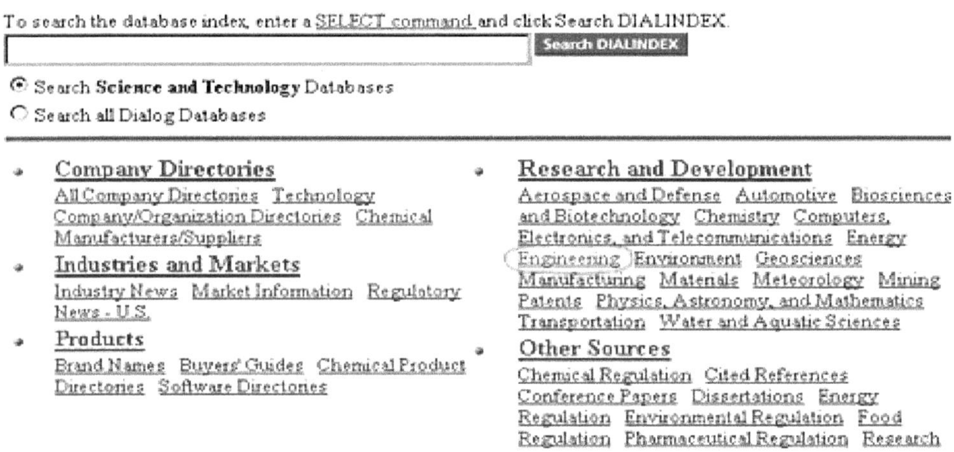

图 4.83

I then click the Engineering Research category that provides a listing of approximately 20 databases containing technical engineering literature.

When the list of databases in the the Engineering Research category displays，I see databases covering specific subjects，such as transportation research，fluid engineering，and petroleum，to name a few.

I want to search the entire category to see which databases have information on the Iridium project. I also have the option of scanning just a couple of databases in the category.

Above the list of databases is the Databases command text box where I can enter my search strategy. For now，I will type a SELECT command followed by my search terms.

Select iridium and satellite and cellular（图 4.84）

Now，I will click the Search DIALINDEX button to proceed. DialogWeb returns a list of all databases that have information on our topic，along with a listing of the number of "hits"（records）found in each of them（图 4.85）.

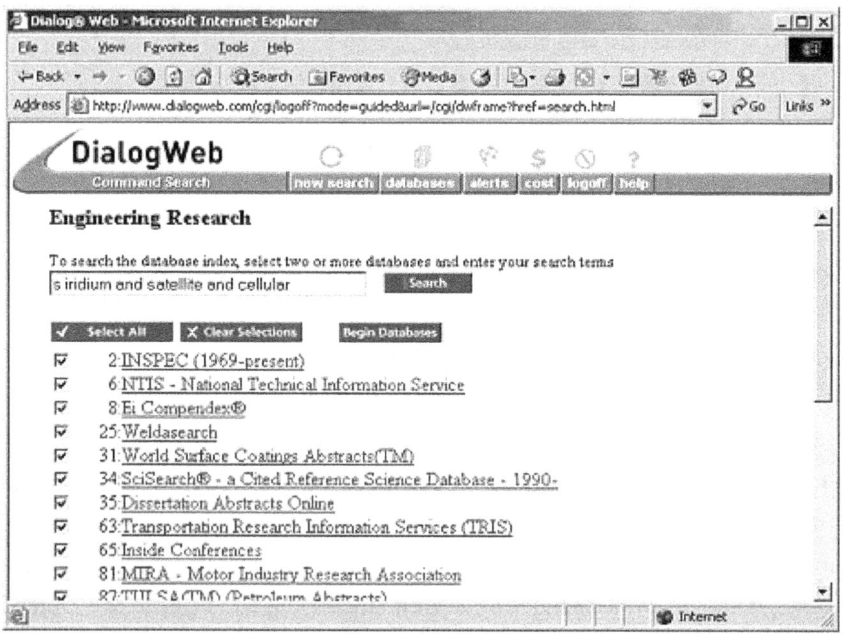

图 4.84

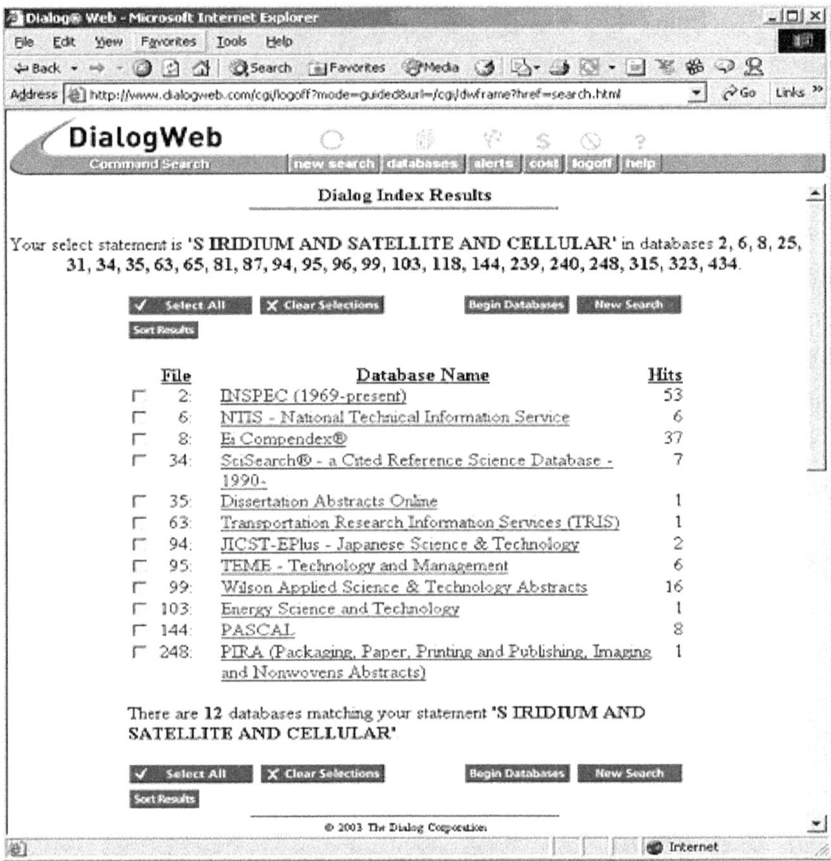

图 4.85

Once the list is completely displayed on the screen，I can reorder it by clicking Sort Results. This makes it easier to see which databases have the most records on the search topic because they will appear at the top of the list（图 4.86）.

We can see a number of databases have information on our topic. I'll get back to Brian and let him know that information on the Iridium project is in the technical literature. DIALINDEX has identified databases with stories on our topic. To see the actual stories，we must check databases we want to search and click Begin Databases to run the same strategy.Alternatively，we may choose the database(s) to search by entering the file numbers and even change our search strategy. If we want to try a brand new search strategy，we can click New Search.

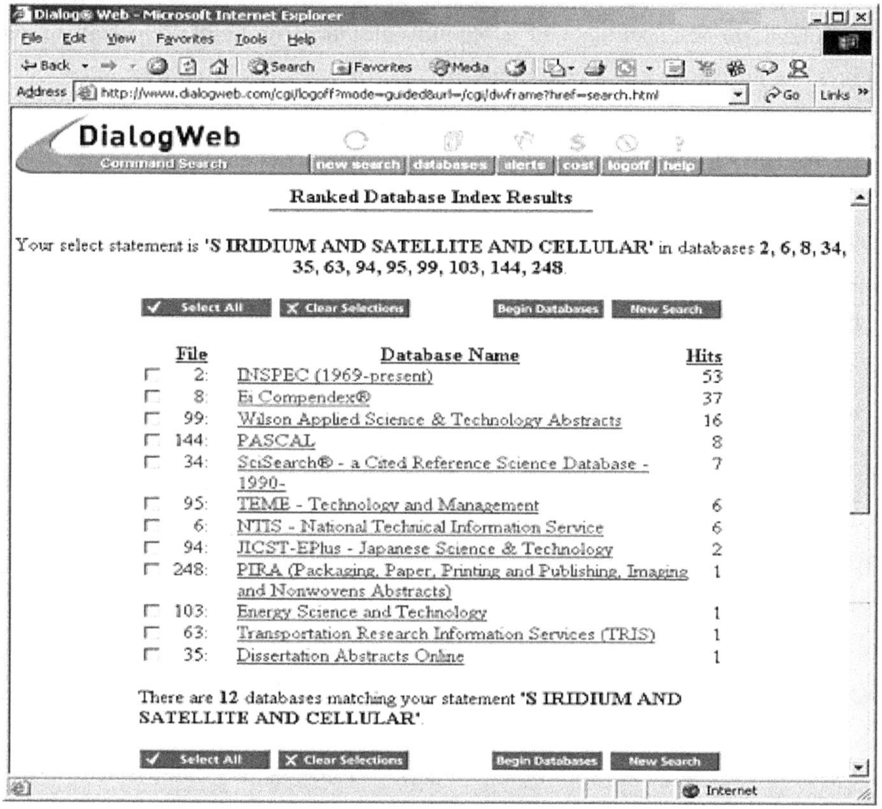

图 4.86

Question:

I just got some additional info on the Iridium project. This source indicated that there is a Main Mission Antenna being used in the Iridium Global Communications Network. Can you get me some info on this antenna，specifically its design?

Thx. Brian

2）Planning a Search

Step 1: Selecting Additional Search Terms

Terms I might use to find information about the Iridium satellite project and its main antenna，could include:

Concept 1	Concept 2	Concept 3
Iridium	main mission antenna	cellular
	MMA	cordless telephone
	satellite	mobile communication

Notice that I also put all of the synonyms for the concept "satellite" in one column and those for "cellular" in a second column. This helps me keep the terms straight when I create my search strategy.

Step 2: Using Search Word Variants: Truncation

To retrieve variations in word endings，we can place a question mark（?）which acts as a wildcard at the end of a word stem. The Dialog system does not care how many characters follow the word stem. Thus，in the following example，all words beginning with the letters SEGMENT are retrieved.

Truncation helps to broaden a search.

Example:	Searches:	segment
s segment?		segments
		segmented
		segmenting
		segmentation

Step 3: Using Proximity Connectors to search phrases

Concept 1	Concept 2	Concept 3
iridium	Main（w）mission（w）antenna	cellular
	MMA	cordless（n）telephone?
	satellite?	mobile（1n）communication?

Step 4: Use Logical Operators to link concepts.

Iridium and（main（w）mission（w）antenna or MMA or satellite?）and（cellular or cordless（n）telephone? or mobile（1n）communication?）

3）Using Search Commands in DialogWeb

Command Search is designed for intermediate to experienced Dialog searchers. It provides complete command-based access to Dialog's extensive collection of databases. You are expected to be familiar with Dialog commands when using Command Search（图 4.87）.

I click Submit or press the Enter key on the keyboard to start our search（图 4.88）. Next，I will use the SELECT command followed by search terms. To begin searching，I enter the Dialog SELECT command in the command text box followed by my search terms under Concept 1. I will conduct several searches，entering each concept as a separate search statement:

Command	Example	When to Use It
BEGIN B	begin 4 b 4 b 4，8 current b compsci	Use BEGIN with a file number to specify the database（s）to be searched. Use CURRENT to restrict a search to the current year plus previous year in the database specified.
SELECT S	select telecommut? s telecommut? s merge? or acqui? s s1 and s2	Use SELECT to create a set of records（e.g.， s1）that contains the specified terms.
Display TYPE T	type s1/free/1-3 t s2/short/1 t s3/medium/1，2	Use the DISPLAY Button to view records or use TYPE to display results in a specified format.
DISPLAY SETS	display sets ds	Use DISPLAY SETS to display a list of all sets created since the last BEGIN command.
logoff LOGOFF	logoff	Click the LOGOFF button to end the search and disconnect from Dialog or enter LOGOFF in the command box.

图 4.87

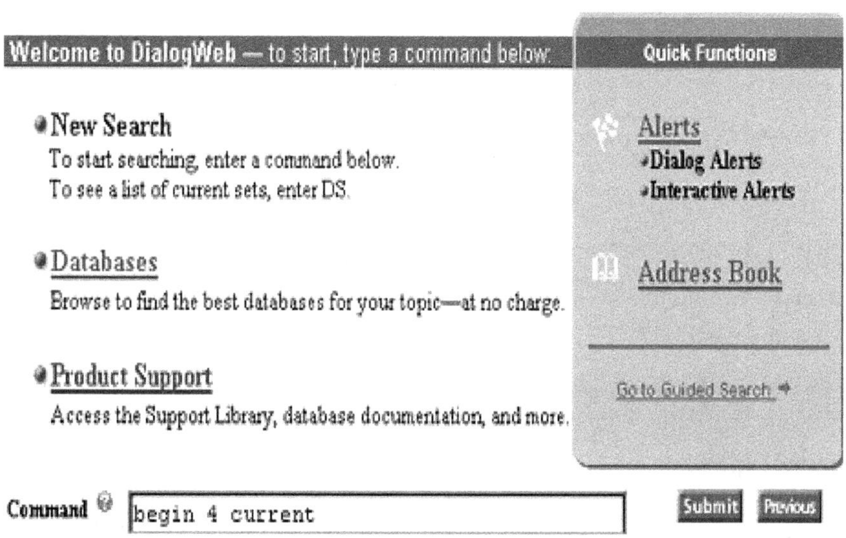

图 4.88

s iridium?

A search history page appears showing the number of records I found（图 4.89）.

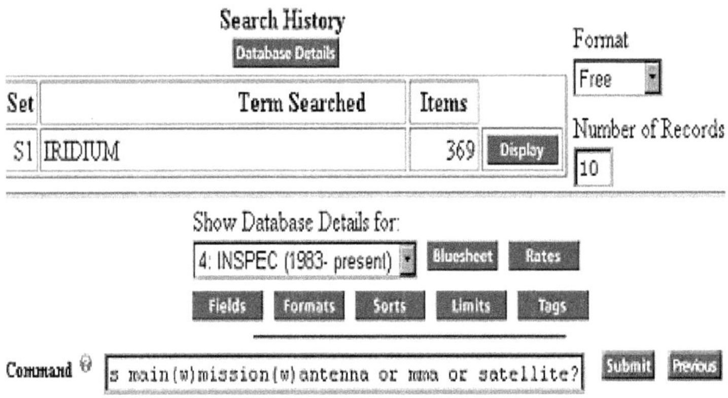

图 4.89

Next，I will enter the second concept in the Command text box and click : （图 4.90）s main（w）mission（w）antenna or mma or satellite?

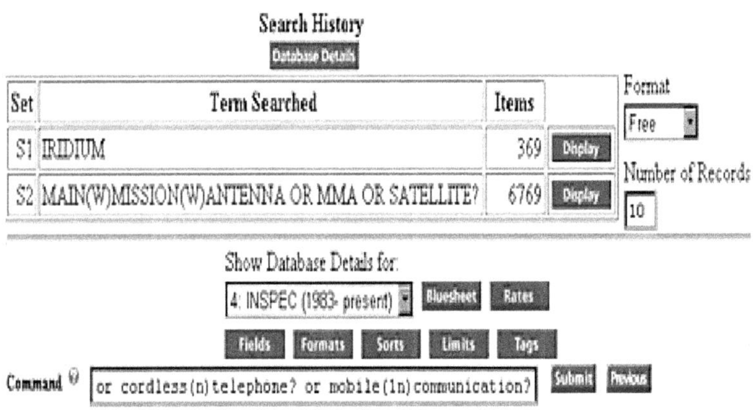

图 4.90

I will continue to refine the search by adding the third concept to the Command text box and clicking the button. s cellular or cordless（n）telephone? or mobile （1n）communication?

The Search History screen indicates that I have three sets of concepts（图 4.91）. Since I want them all to appear in our search，I need to combine the Sets using the AND logical operator.

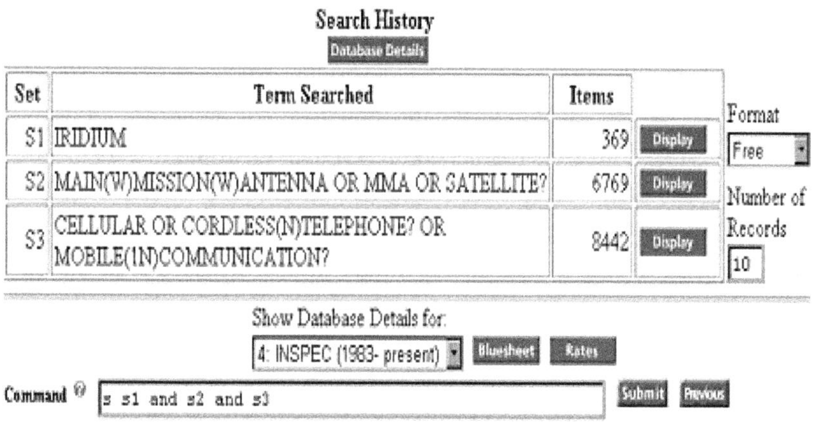

图 4.91

I enter the following search in the Command text box and click on the Submit button. s s1 and s2 and s3

A search history of all of our sets appears（图 4.92）.

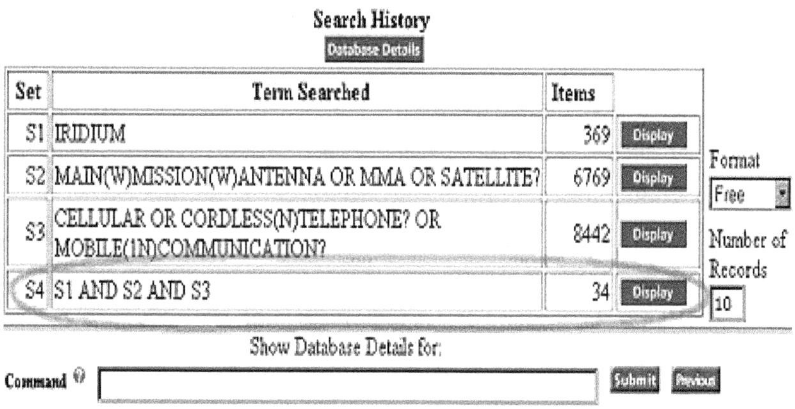

图 4.92

If you want to view Set 4，which contains the combined sets. You will look at Displaying Results.

5. Review

1）We have considered some of the issues to think about when beginning a search. We have used Dialog's databases selection tool，known as DIALINDEX，to help us choose databases.

2）We have also reviewed a simple search strategy to find general information on the Iridium project topic.

As I have pointed out, planning is an important part of any search session. Remember to complete the following steps as you plan your own searches.

(1) Determine and try to describe the topic in one sentence.

(2) Determine a list of databases likely to cover the topic.

(3) Analyze the topic and identify individual concepts.

(4) Select possible synonyms or alternative terms for each concept.

(5) Decide on use of truncation, proximity connectors, and logical operators.

3) We reviewed the basic commands necessary to conduct a Dialog search. We also conducted a search using a search strategy containing synonyms, truncation, proximity connectors, and logical operators. We viewed what this search would look like conducted in DialogWeb.

6. Exercise

Use the ONTAP (Online Training and Practice) databases indicated to practice your searches.

Click http://training.dialog.com/sem_info/ontap_pw.html for the current ONTAP user numbers and passwords.

Click http://www.dialogweb.com/servlet/logon?Mode=1 to log onto DialogWeb.

1) Use DIALINDEX to select a category to browse for appropriate databases containing technical literature on the topic of Iridium.

(1) Which category from the eight main ones would you choose to select computer science journals on the Iridium topic?

(2) Which sub-category would you select for the Iridium topic?

(3) Use the same search terms we used in DIALINDEX when we searched the engineering category to run the search.

2) Plan the following searches. Write down search terms and synonyms. Use appropriate truncation, proximity connectors, and logical operators.

(1) Locate articles that discuss SCADA (Supervisory Control and Data Acquisition) used to control pipeline processes.

(2) Find information on the use of crash dummies to evaluate the safety of motorcycles.

(3) Find an article that provides an engineer designing vacuum cleaner filters with the particle size for dirt.

4.2.7 STN 联机检索系统

1. What is STN?

STN（the Scientific and Technical Information Network）is a full-featured online information system that offers information on a broad range of scientific fields.It connects information professionals，scientists，engineers，and anyone who needs technical information to the world's most complete and authoritative databases.

FIZ Karlsruhe is the leading information center in the fields of energy，physics，mathematics，and related areas. Since its foundation in 1977，FIZ Karlsruhe has been operating an Online Service Center with bibliographic，numeric，factual and full-text databases.

Chemical Abstracts Service（CAS），a division of the American Chemical Society，is the world's principal center for chemical information. Founded in 1907， CAS's best known printed service is Chemical Abstracts（CA），which is recognized as the "Key to the World's Chemical Literature" and forms the basis for the comprehensive CAS databases.

The Japan Science and Technology Agency， Information Center for Science and Technology（JST），is the central organization for information on science and technology in Japan. JST produces databases of which the best known，the JICST-EPLUS file，for example，covers the entire field of natural science， technology and medicine.

With these three scientific organizations in Europe，Japan and the U.S.，STN provides an international service for the scientific community and has become，since its start 15 years ago the leading information network for science and technology.

2. STN databases

1）STN database coverage

More than 200 well-respected databases cover a wide range of scientific and technical topics including: Biotechnology，Government regulations，Patents，Business，Health and safety，Pharmacology，Chemistry，Materials science，Toxicology，Engineering，Medicine and much more.

2）List of STN databases

The CAS Catalog[http://www.cas.org/catalog.pdf]lists the databases and provides a brief description of each database.

3）Details about STN databases

More details about the databases are available in the STN Database Summary

Sheets（http://www.cas.org/ONLINE/DBSS/dbsslist.html）. Details include:

- Subject coverage
- Sources of information
- Size of database and frequency of updates
- User aids available
- Database producer
- Display formats
- Sample records

3. STN Interfaces

STN is available through three interfaces: STN Express with Discover!， STN on the Web， and STN Easy.

1）STN Express

STN Express with Discover! is a fully integrated software package designed to efficiently search scientific and technical databases online through STN® as well as other online hosts. STN Express offers access to STN's complete portfolio of more than 220 scientific and technical databases（图 4.93）.

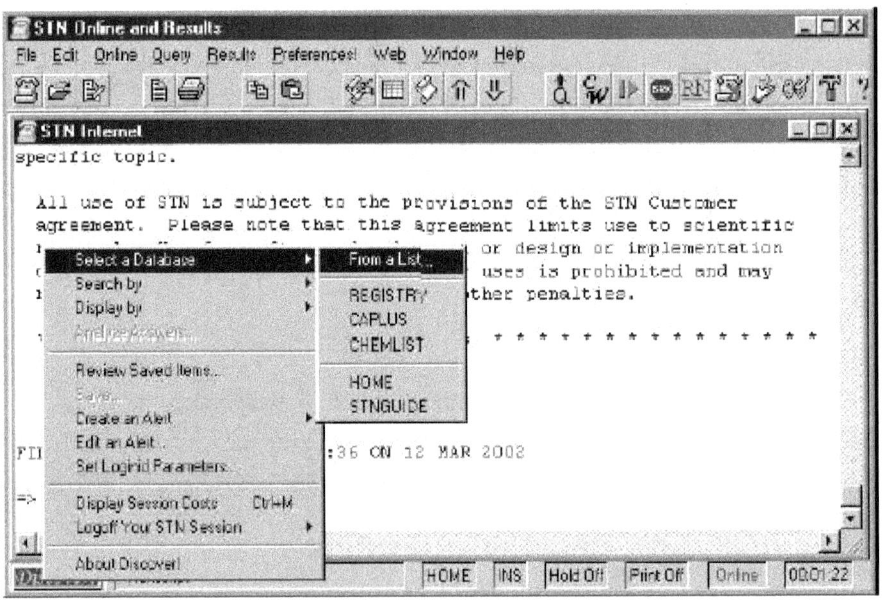

图 4.93

2）STN Easy（http://stneasy.fiz-karlsruhe.de/html/english/login1.html）

STN Easy，the popular point-and-click WWW service，has been particularly designed for customers who search databases only occasionally and who are familiar with the Internet. STN Easy offers access to 100 STN databases（图 4.94）.

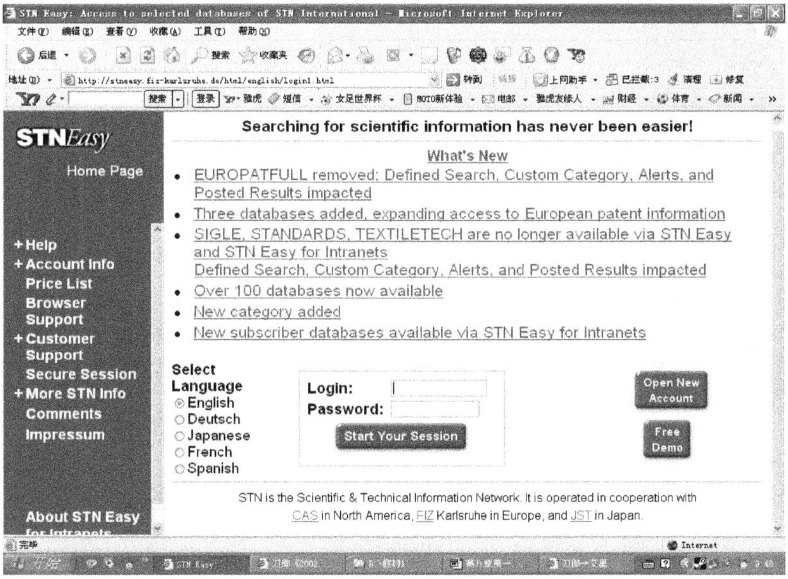

图 4.94

3）STN on the Web（http://stnweb.fiz-karlsruhe.de/html/english/）

As a platform-independent application，this web service offers browser access to STN's complete portfolio of more than 220 scientific and technical databases-anywhere，anytime. STN on the Web combines the widely respected and powerful STN command language functionalities with advanced web technology（图 4.95）.

4. Search examples

1）Searching by chemical name

Search question: Find the structure for the drug Nexium

Use the four basic commands to conduct a chemical name search:

FILE（Enter a database）

E（EXPAND）

S（SEARCH）

D（DISPLAY）

FILE

FILE: Enter a datebase of interest using the FILE command

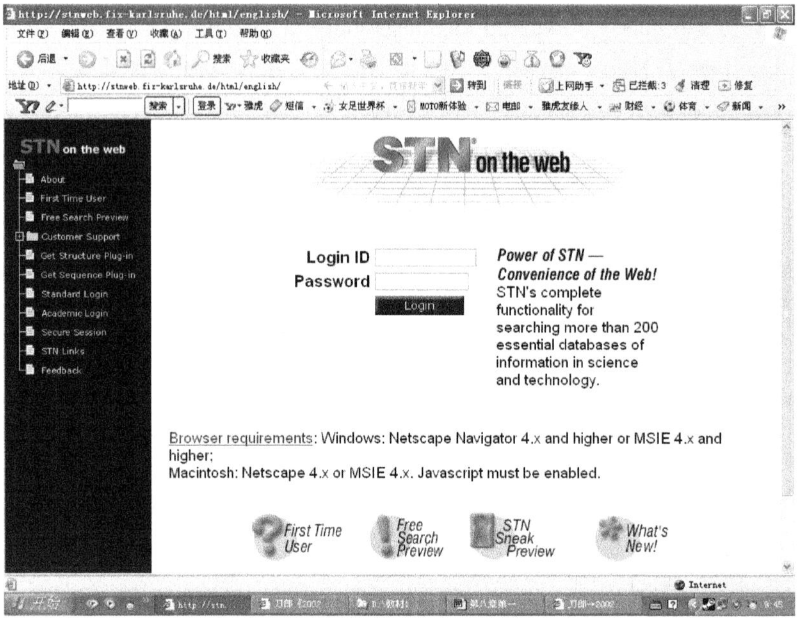

图 4.95

EXPAND:Use the E(EXPAND) command to view chemical names in the database. Append/CN to the name to look specifical in the Chemical Name（CN）Index. This is a good way to ensure that the name is in the database.

E Nexium/CN

The appropriate portion of the Chemical Name Index is displayed for you.

E1　1　NEXIT/CN
E2　1　NEXIT STARK/CN
E3　1　NEXIUM/CN
E4　1　NEXOL　E/CN
E5　1　NEXOPAMIL/CN
E6　1　NEXOVAL/CN
E8　1　NEXTEL 101C10 BLACK/CN
E9　1　NEXTEL 2010 BLACK VELVET/CN
E10　1　NEXTEL 312/CN
E11　1　NEXTEL 312AF14/CN
E12　1　NEXTEL 401C10/901P1/CN

You can see that there is one substance associated with the chemical name Nexium. The E-numbers at the left can be used to search the substances. The middle column indicates the number of substances associated with the chemical name.

Search the chemical name in the CN field with the S（Search）command

S E3

The search details are displayed.

L1　　　　1 NEXIUM/CN

The L-number at the left can be used to display your search results. The middle column indicates the number of records found.

DISPLAY View results: use the D（DISPLAY）command to view the retrieved substance record. Use the STR format to display only the structure.

D STR

The requested structure is displayed（图 4.96）.

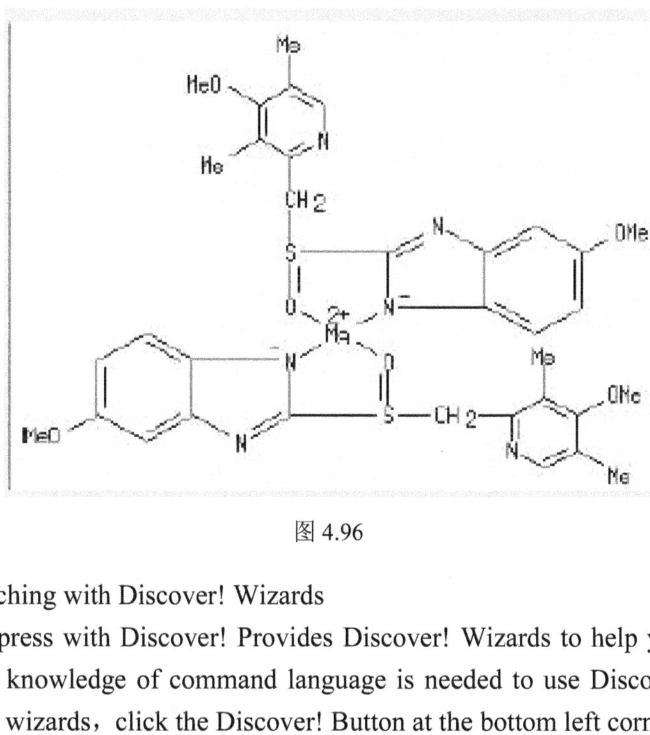

图 4.96

2）Searching with Discover! Wizards

STN Express with Discover! Provides Discover! Wizards to help you with your search. Little knowledge of command language is needed to use Discover! Wizards. To access the wizards，click the Discover! Button at the bottom left corner of the STN Online and Results window. The wizard menu is displayed（图 4.97）.

（1）Select a category or database: To select a database，select Discover!>Select a Database>From 1 List. The STN Database Selection Wizard is displayed. You can select individual databases or subject area to search.

（2）Enter your search terms: To enter your search terms，select Discover!> Search by. Then select a type of search. Depending on the databases you have selected，you may search by Author Name，CAS Registry Number，Chemical Name，

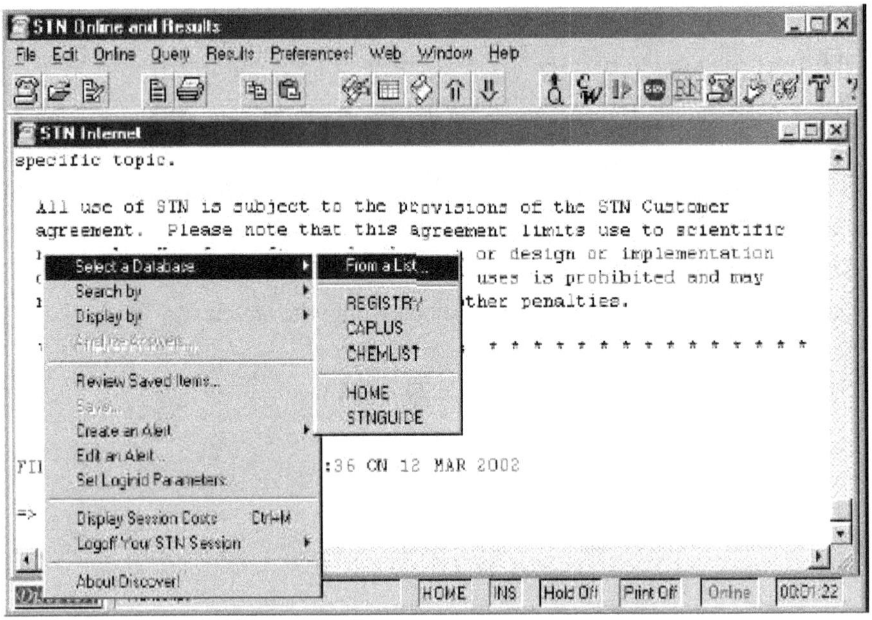

图 4.97

Corporate Source，Subject，etc.

The Search Wizard is displayed. After you enter your search terms，the Search Wizard allows you to refine your query before doing the search.

（3）Display results: After your search has been conducted，you can display the results by continuing to use the Search Wizard. Or，you can select Discover!>Display by>Answer. The wizard helps you choose the answer range and display format.

3）Searching with STN Easy

STN Easy lets you easily search for topics of interest（图 4.98）.

（1）STN Easy provides four ways to search:

① Easy Search-to search topics

② Advanced Search-to search topics，authors，document type，language，publication year，and many other types of information

③ CAS Number Search-to search CAS Registry Numbers or chemical names

④ Patent Lookup-to search patent-specific information

（2）To search with STN Easy:

① Click a search option on the left-hand navigation frame.

② Enter the appropriate information in the search box（es）.

③ Click Search.

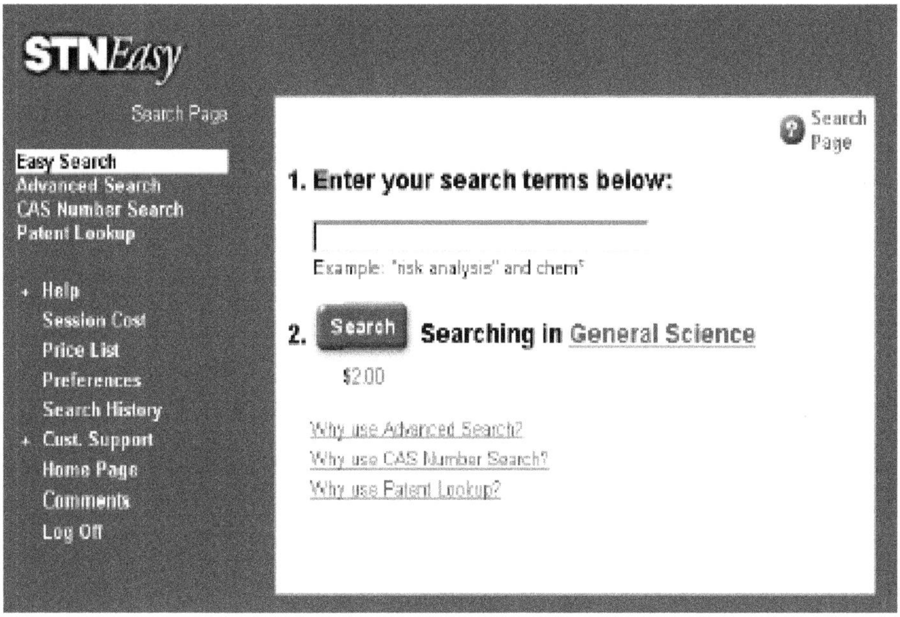

图 4.98

A list of answers is displayed. To display a record，click an answer title of interest. The STN Easy record is displayed.

Exercise：

Use the four basic commands to conduct an author search: FILE，EXPAND，SEARCH，DISPLAY Search question: Find documents written recently by Chad A. Mirkin.

第二篇 情报研究

第 5 章　情报研究概述

5.1　情报研究理论

情报研究的理论基础涉及马克思主义哲学的核心辩证唯物论，20 世纪兴起的系统论、信息论和控制论（老三论）、耗散结构理论、协同论、突变论（新三论），软科学研究及现代咨询理论等。下面对系统论、控制论、信息论、耗散结构理论、现代咨询理论做简要介绍。

5.1.1 系统论

系统论的核心在于系统原理与系统分析。所谓“系统”，可以定义为相互作用着的若干元素的复合体。作为一个整体，“系统”同其单独的组成部分或子系统在性质上完全不同，不能简单地把它看成是所包含的各个要素的总和。情报研究的系统是由相互联系、相互作用的若干要素结合而成的，具有特定功能的有机整体，它不断地同外界进行着物质、能量以及信息的交换，以维持一种稳定、有序的状态。“整体”和各种相关要素的相互联系正是情报研究系统的基本观点。情报研究运用系统概念的目的，是为了更好地认识、改造研究对象的各种系统，创立起人类活动中所需要的系统。情报研究一方面重视发展变化着的系统内部各子系统间的相互关系，注意系统整体性功能；另一方面，注意系统数量的精确度，采用定性、定量研究，或定性与定量相结合的研究方法。

所谓“系统分析”，是对一个系统内的基本问题，用系统观点进行思维推理，在确定与不确定的条件下，探索可能采取的方案，通过分析对比，为达到预定目标选出最优方案的一种方法。也就是情报研究者为决策者选择一个行动的方向，通过对情况的全面分析，对可能采取的方案进行选优，为决策者提供可靠的决策依据。

在复杂的世界中，几乎任何事物都与其他事物通过物质、能量、信息交换相互联系和作用着。系统思维推理方法，就是把所要研究的对象理解为一个从周围环境中划出来的整体。这个整体包含许多从属的子系统，这些从属子系统是相互作用、相互联系着。只有在弄清所有子系统的相互作用、相互联系时，才能理解清楚整体。要对系统内对整体起重要作用的基本要素进行分析，找出主要矛盾，解决主要矛盾，而不是对系统内影响整体的所有问题进行分析、解决。系统以外的因素是系统发展的外部条件，因此，外部环境对系统所施加的影响可能产生的结果，也是不能忽视的，要调查清楚。

作为情报研究的系统分析重点应放在系统发展的前期阶段、宏观决策阶段。这是情报研究系统开发的大事，起着指导作用。目的是决策的出发点，一个完善的系统分析，首先要明确分析的目的，情报研究人员必须明确决策者所期望达到的目的，只有通过对目的全面了解，才能缩小范围，抓住主要矛盾，才能考虑有哪些可供选择的方案来达到目的。

系统论强调事物是一个完整的相互联系的动态系统，强调组成系统的各要素间的相互作用和影响，强调对事物各个方面进行综合考虑和分析。它为情报的系统和综合研究提供了依据。

5.1.2 信息论

信息论的主要研究内容是运用数学理论研究有关描述和度量信息的方法，用数理统计方法来探索信息处理和传输的共同规律，研究如何提高各种信息系统的有效性和可靠性，研究信息的流动过程，即信息联系的规律。信息论认为，任何一个通信之所以需要，是因为接受终端对发送的信息具有“不确定性”，当获得了信息之后，这种“不确定性”就可以减少或消除。信息数量的大小用消除“不确定性”的多少来表示，而事物的“不确定性”的多少，是用概率函数来描述的，采用“熵”这种量来刻画对象的不确定程度，用收到信息后熵的减少来标志“不确定性”的减少，以此作为信息量的度量。通信系统的效率就是传送信息量的效率。情报研究就是以信息论中的信息传输和处理为基础，研究现有事物及其相关联系，探索事物潜在的发展过程和结果的。

信息理论的深入发展和广泛应用将进一步推动情报研究者认识和改造研究对象的能力，利用各种信息获取、存储、变换、传递、处理和控制的规律提高研究水平并设计制造各种智能信息处理机器和设备，改善研究手段。

5.1.3 控制论

控制就是使控制对象——多因素、多变量的动态系统改变或保持某种状态，以达到一定目的的运动过程。控制论就是研究各种系统的控制和调节的一般规律。控制普遍存在于人类社会、自然界和生物界的各种运动之中。人在社会中的行为可看成是受各自内部机构控制和调节的结果。控制论正是解决这些控制问题的科学方法论学科。

控制论的基本概念是信息概念和反馈概念。控制论创始人维纳认为，客观世界有一种普遍的联系，即信息联系，任何组织所以能够保持自身的稳定性，是由于它具有取得、使用、保持、传递信息的方法。这个信息的变换过程，可以简化为信息→输入→存储→处理→输出→信息，在这个过程中，存在着反馈信息。所谓反馈是指一个系统的输出信息反作用于输入信息，并对信息再输出发生影响，起到控制和调节作用。这一原理揭示了这种由信息和信息反馈构成的系统的自动控制规律，抓住了一切控制和调节的共同特点，指出了机器系统内的减熵趋势。

控制论的主要方法包括信息方法、黑箱系统辨识法和功能模拟方法等。

控制论为情报研究提供了研究问题的思想方法和最优控制原理及反馈控制理论。情报研究对象是一个多变量、多因素的信息系统。按控制论的观点来看，它具有向更高层次和状态转移的性质，而情报研究就是要解决在满足一定的约束条件下，利用最优控制理论，使被控系统从初级态转移到最终的最佳状态。

在情报研究成果的利用过程中，可能出现一些外来干扰或环境的变化。这就要求情报研究做某些适当的调整来消除信息状态变化与拟订方案间的偏差，以期提高情报研究的准确度和有效性。这些调整、修改以及消除偏差都有赖于控制论的应用，如用以保持信息状态转移的稳定性，提高决策的抗干扰能力等。控制论的引入使情报研究能较深入地认识系统运动状态变化的内部结构，有效地掌握研究过程中的规律性、实质性问题。控制论为情报研究向高层次定量发展奠定了基础。

控制和调节在各种自然现象和社会现象中是普遍存在的，对于情报活动也不例外。在各种情报活动中，控制是伴随着过程而进行的，没有控制就谈不上情报工作，更谈不上情报研究。对于情报控制问题可概括为四个方面：情报客体控制、情报用户控制、情报过程控制、情报系统控制。这四个方面是密切相关的，解决某一方面问题时必须涉及其他方面。

情报控制过程是一个复杂的社会过程，除具有情报的特殊性外，更多的具有社会性。社会控制问题的解决为研究情报控制方法论开辟了新的途径，而且提供了许多可直接应用的成果，在解决情报科学某些基本问题的基础上，已经形成了如下的基本情报控制论概念：

（1）情报耦合关系分析。情报耦合是指情报之间相互影响的因果关系链所构成的情报联系，它往往体现在情报使用者之间的耦合关系上。基本方式可归纳为串联耦合、并联耦合和反馈耦合。

（2）情报流规律研究。用控制论方法研究情报流的规律可以成功地揭示情报流规律的内部机理，寻求规律产生的原因、预计可能发生的情况，为情报管理和利用提供依据。

（3）情报源分析与利用。布鲁克斯在分析文献情报利用过程中，采用控制论中频域方法的简化，用频数——位次分析代替单纯的等级分析。如果引入时间因子，研究文献情报利用率按时间和空间的分布情况，则应采用现代控制论的其他分析方法。

（4）用户吸收情报的机理分析。在生物控制论中，巴士（R. R. Bush）和莫斯特勒尔（F. Mosteller）曾提出“反应方程”，后来，兰格进一步总结为“学习方程”，可作为用户吸收情报的简化数学模型。在此基础上进行作用概率分析和用户心理研究，以求获得最佳的情报作用方式，实现用户利用情报的目标控制。

（5）情报利用的时差分析。情报产生到利用高峰之间的时间差称为情报利用中的时差。关于这一问题目前已有不少定量研究结论。这些结论是寻求情报使用的最佳时间，是进行宏观控制的基础。

总之，情报控制论是应用控制论的基本方法分析情报流、情报过程、情报用户和情报系统，从中引出一般规律；研究情报传递、接收、加工、处理、利用和管理中的各种控制问题；探讨控制的最佳途径和方法，为现代情报管理工作和信息化社会建设提供科学方法。

5.1.4 耗散结构理论

所谓耗散结构，是指在远离平衡区的非平衡状态下，系统可能出现的一种稳定化的有序结构。耗散结构的创始人普利高津根据热力学原理，把各种宏观系统区分为孤立系统、封闭系统和开放系统。所谓孤立系统，指那些与外界环境既没有物质交换，也没有能量交换的系统。所谓封闭系统，是指那些与外界环境有能量交换，但没有物质交换的系统。所谓开放系统，则是与外界环境有能量交换又有物质交换的系统。生物细胞、生物体、人类社会、情报研究客体等，都是规模大小不等、复杂程度不同的开放系统。他认为，一个远离平衡态的开放系统，当外界条件的变化（即当其中某个参量达到一定临界值时）达到一定的阈值时，系统就会通过涨落而发生突变，就有可能从原来混沌无序状态转变为一个时间、空间或功能上有序的新状态。这种在远离平衡的非线性区形成的宏观有序结构，需要不断与外界交换物质与能量，才能维持并保持一定的稳定性，不再因外界微小的扰动而消失。这种在非平衡状态下，通过系统对外界进行物质和能量交换而形成（或维持）的、新的、稳定的、充满活力的有序结构，普利高津称之为耗散结构。系统在一定条件下能够自行产生的组织性和相干性，叫作自组织现象。所以，耗散结构理论也叫非平衡系统的自组织理论。

耗散结构理论之所以在情报系统的研究中被广为应用，主要是与情报系统本身的特点分不开的，即情报系统是一个动态的开放系统，它与外界不断地进行物质、能量和信息的交换，从而使系统处于一种“远离平衡的状态”。王崇德在《情报科学原理》一书中率先将耗散结构理论归为情报科学基本原理之一，并对其进行了较为详细的论述。

情报系统本身就是动态开放的、远离平衡的系统，它也会不断地产生出增熵。造成情报系统出现增熵的原因是多方面的，也是不可避免的。于是，情报系统还必须从系统外输入负熵流，而只有当引入的负熵流大于系统内部的增熵时，才能使系统总熵减小，从而使系统呈现出一种有序状态。从系统外输入的各种物质、能量和信息在某种程度上都属于负熵流。

耗散结构理论认为，涨落是形成系统有序结构的动力，涨落是有序之源。这一点对于情报系统同样适用。正是由于情报系统的自组织过程处于以非均匀、非对称为特征的非平衡态，所以，情报系统的自组织过程才始终包含着一定的涨落作用。反过来，涨落作用又会影响平衡态，并在一定条件下，促进情报系统的发展。

耗散结构阐述了系统的开放特性，说明了系统从混沌无序状态通过自行产生的组织性和相干性向稳定有序的终态演化的机理、条件和规律，为情报研究过程中整理杂乱无章的信息提供了可循的规律。

5.1.5　咨询原理

20 世纪科学技术文化和社会经济的迅猛发展引发了“信息爆炸”。面对浩瀚的信息海洋，科学家、企业家和政府决策者都在迅速找到自己所需信息的活动中感到力不从心。在“信息革命”的推动下，信息业和现代咨询业应运而生，现代咨询学正是随着现代咨询业的兴起而发展起来的，是智力服务活动的结晶。

长期以来，情报研究和现代咨询一直作为两个不同的领域而存在。但在学术研究中，人们经常把情报研究和现代咨询放在一起研究，表现出一体化的趋势。从工作性质讲，情报研究应属于咨询业范畴；从研究层次看，情报研究应属于咨询研究中的中观、宏观性研究；从经营方式看，咨询业是一种商业化活动，而情报研究则有相当一部分隶属于政府机构；从发展趋势看，情报研究正向咨询转变；从体系结构看，情报研究是咨询中管理咨询的一个组成部分。因此，专业的情报研究人员应该掌握现代咨询学为咨询业提供的理论和方法，奠定情报研究学的理论方法基础。

1. 特点

现代咨询是同现代大生产方式和领导决策观念的变化联系在一起。现代领导把决策问题交给一大批知识渊博的专家去思考，提出各种方案，然后由领导选择。要决策、选择就要咨询。其特点是：

（1）任何咨询都是为决策（控制和管理）服务的。因为只有在进行决策时，才需要咨询。

（2）任何咨询项目都应该提出多种可供选择的方案（要有不同意见和多种方案）。否则，就无从决策。

（3）任何咨询机构或咨询者必须保持相对独立性。咨询机构或咨询者对自已提出的方案的科学性负责，而不受委托者意向的影响，也不考虑这些方案最终能否被委托者所采纳。

（4）任何咨询结果均应该保密。好的咨询结果往往会带来巨大的经济效益，如不注意保密，就可能造成不应有的经济损失。

2. 分类

对现代咨询种类的划分，大致可以归纳为以下几种：

（1）按咨询的性质可分为政策咨询、工程咨询、技术咨询、管理咨询和专业咨询。

（2）按咨询的对象可分为内部咨询和外部咨询。其中外部咨询大致有两种形式：一种是实体咨询，即由独立的专业研究机构（如美国兰德公司）来承担咨询。另一种是虚体咨询，即承担咨询任务的单位、人员很少，主要依靠组织社会上各方面专家来完成咨询任务。

（3）按咨询的层次，可分为战略咨询、战役咨询和战术咨询。

上述各类咨询都离不开信息及情报研究成果，从一定意义上来说，信息及情报研究成果又是咨询业的基础。

3. 程序

现代咨询大致可分以下程序：

（1）了解咨询项目的要求，明确委托者的意图和目标。

（2）成立课题组，选择知识渊博又富于经验的人员任组长。

（3）事前调查，制定咨询工作计划，明确咨询目标、范围及界限，工作内容和方法，日程安排等，同时，提出咨询费用预算和咨询报告的完成日期，签订咨询合同。

（4）按计划安排，搜集有关信息和情报资料，经过筛选整序后，再检索所需的原文资料，然后做实地调查。

（5）在充分掌握资料、数据的基础上，做定性和定量的分析研究，并进行系统分析和必要的预测。

（6）提出初步报告，以便与委托者沟通意见，并听取各方面专家意见。

（7）对咨询报告进行法律性审查，定稿后交给项目委托者。

4. 方法

咨询的方法大致可概括为：以系统分析为基础，预测技术为手段，可行性研究为核心。系统分析是现代咨询的基本方法，它主要运用系统工程的方法对咨询项目进行分析和研究。首先，对问题做系统整体考虑，强调整体目标；其次，寻求解决问题的最佳方案；第三，应用定性与定量相结合的分析方法；第四，建立、健全全面评价的客观标准。

预测技术是现代咨询的最佳手段。预测技术很多，常用的有德尔菲法、对策法、相互影响矩阵法、趋势类推法、相关树和网络法等。

可行性研究是现代咨询的主要形式。它主要从技术、经济、社会、环境四方面综合考查方案的可行程度。它有两种表述形式：其一是由语言（含文字）表述的；其二是由数学形式表述的。

咨询的过程始终遵循科学的程序和方法，人们用咨询结论去办事，一般能达到预期的目的。但对客观事物现状的了解有限，对未来变化趋势还难以把握的情况下，只有依靠专家的经验和智慧下结论。

5.2　情报研究程序

（1）选择研究课题。选择课题是情报研究的第一步，非常关键。通常是在有关方面和情报研究人员自己提出来的候选课题中选择适当者作为正式研究课题立项。课题初步选定之后，对某些影响大、耗资多、时间长的重大课题，拟定开题报告，进行论证。如果有关专家或领导部门认为此课题不宜进行研究，应当重新选题。

（2）制定研究计划。根据选定的课题制定相应的研究计划，以保证研究工作的顺利进行。课题越大，参加单位（或人员）越多，计划越要周密详细。即使是由个人承担的小型课题也要对进展设想、完成时间等做明确限定。

（3）搜集和积累素材。首先是针对课题通过各种方法和途径搜集情报素材，供研究使用。有时，还要视搜集素材的难易多寡而调整研究计划。搜集来的素材要积累起来，进行鉴别、筛选并妥善保管之，这些素材还可以用于以后的类似研究工作。实际上，搜集和积累素材是同步进行的，情报研究人员一边搜集素材，一边对之进行整理。

（4）分析研究和预测。分析研究和预测是情报研究过程中最为关键的一环，是情报研究活动中脑力劳动最活跃的阶段。分析研究和预测主要是运用逻辑思维方法和一些数理模型等方法，对占有的情报素材进行分析、归纳、推理，找出规律，发现问题，得出结论、建议和方案。分析研究和预测虽然是相互联系的统一体，但对某些课题和具体研究方法而言，其侧重点各有区别，而有些课题经初步分析研究还可能要调整研究计划。必须指出的是，分析研究和预测的方法大多都是使用其他科学领域的知识和方法。

（5）编写研究报告。任何课题的最终形式都是研究报告，编写研究报告是把必要的数据进行推理和运算，将得出的研究结论、建议、方案等形成文字并提交给用户。

（6）成果评价。成果评价是情报研究机构管理部门的一项管理控制工作。成果评价的对象就是情报研究报告，研究报告既是服务用户的手段，也是考核情报研究人员业绩的依据。成果评价时情报研究机构应制定具体可行的标准，还必须收集用户对有关研究报告的反馈。

情报研究程序如图 5.1 所示。

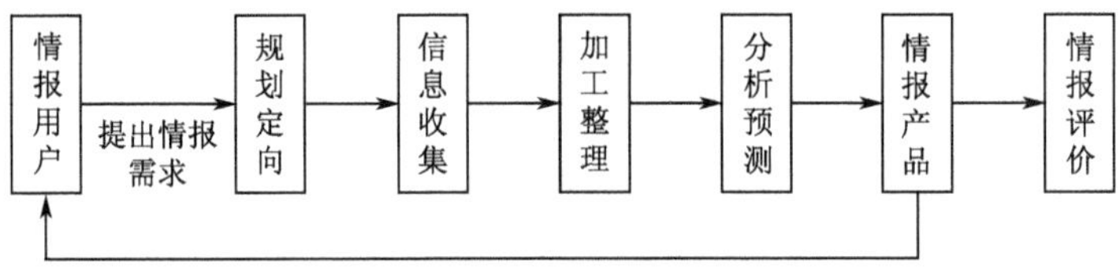

图 5.1　情报研究程序

5.3　情报研究方法

情报研究的方法大多数是从自然科学和社会科学各领域中移植过来的。有学者对我国情报研究的方法研究领域做了统计调查， 发现目前国内较为活跃的是回归分析法、内容分析法、层次分析法和投入产出模型分析法等，但从整个情报研究活动来看，逻辑方法、德尔菲法、引文分析法等相对较为成熟，更多地直接在应用领域得到研究和运用。目前网络技术的发展和 Internet 的广泛应用，对情报研究还采用网络法和数据挖掘法。

我们这里考虑在现代信息环境下，情报信息源逐渐网络化、电子化，情报产品的生成与发布更加快捷、方便，对情报研究方法根据其研究的流程，结合方法的不同学科来源做如下分类（图 5.2）。

5.3.1　逻辑方法

逻辑方法主要有比较与分类、想像与类比以及推理。

比较是按照各个对象以便于揭示他们的共同点和相异点的思维方式。事物间的同一性和差异性是比较得以实施的基础。没有共同之处或完全相同的事物都无法进行比较。通过比较来揭示事物之间的同异，从而认识事物是一种最基本的科学方法，也是情报研究活动中的常用方法。在情报分析过程中，情报人员可以追溯事物发展的渊源以确定事物发展的历史进程，揭示事物发展变化的规律，预测未来。通过比较，我们可以看到不易直接观察到的变异和特征，透过现象把握事物的本质。

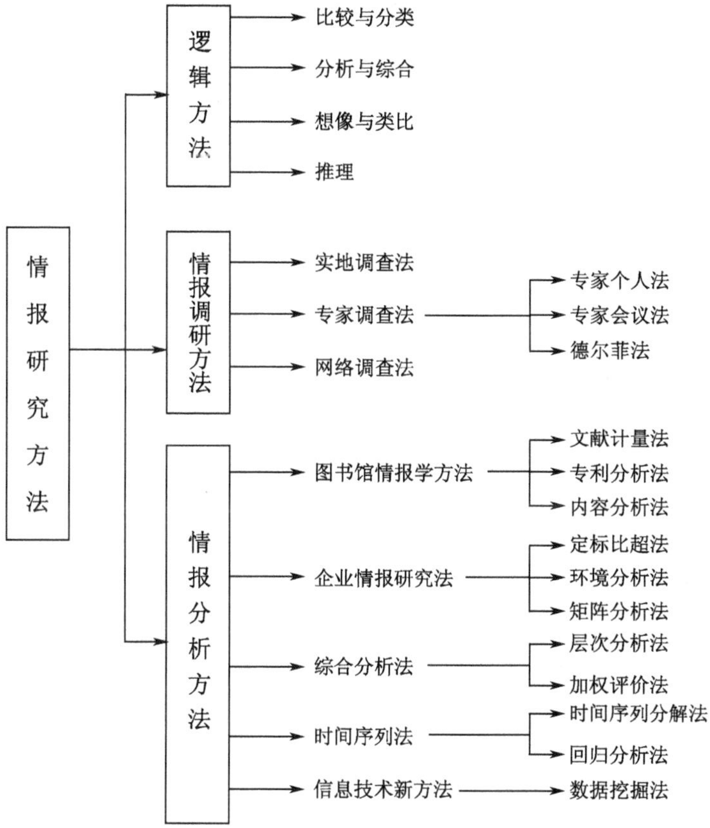

图 5.2　情报研究方法分类

分类是把事物按属性异同区分为不同类的思维方式，它以比较为前提，通过分类形成各种概念系统，反映事物间的区别与联系。在信息整序过程中，面对大量复杂的信息，通过它们的属性来分类，从而使各种情况实时数据条理化和系统化，为情报的深入研究创造条件。同时，在情报研究过程中，其他的研究方法如归纳和演绎、分析和综合都是以分类划分作为重要基础。例如，层次分析法的核心是把问题层次化，根据问题的性质和所要达到的目标把同一层次的问题分解成不同的要素，形成多层次分析模型，其中层次的分解和问题的划分都与分类密切相关的。

想像是人脑在改造记忆表象基础上创建新想像的心理过程，在想像过程中，加工记忆表象的方式有黏合、夸张、强调和典型化。想像分为有意想像和无意想像，有意想像又可分为再造想像和创造想像。再造想像是根据语言描述或图形示意在头脑中再造出相应形象的思维活动。创造想像是根据一定的目的、任务，并按照自己的创建独立的在头脑中创造出新形象的过程。

类比法是从两个或两类对象的某些属性、特征相同或相似出发，根据其中某个或某类对象具有某种属性、特征，进而推知另一个或另一类对象也可能具有某种属性、特征的逻辑方法。在情报研究过程中，只要掌握了某一个别事例或情况，借助联想就可以把它同以往曾发生过的某一个别事例联系在一起，通过比较很容易找出它们之间的相同或相似属性，并从中受到启发，推出结论。

推理是由一个或几个已知的判断推出一个新判断的思维形式，即在掌握一定已知事实、数据或因素相关性的基础上，通过因果关系或其他相关关系顺次、逐步推论，从而得出新结论的逻辑方法。推理通常包含三个要素：前提、结论和推理过程。推理经常使用的方法有：三段论法、归纳推理和假设推理。

三段论法是以两个包含着一个共同项的直言命题为前提，从而推断出一个新的直言命题为结论的推演方法。运用这种方法有助于人们从一般性的前提推出个别性的结论，结合普遍性的规律可分析其特殊情况，根据一般性原则可解决具体性的问题。其运用的特点是：其大前提是一个全称命题，所反映的是被人们掌握的一般性知识、规律和经验；小前提是一个单称命题，所反映的是与情报有关的某种事实；结论则是对情报某一方面或某一情况所做的分析认定。

三段论法基本的推理模式为：大前提 $M \rightarrow P$，小前提 $S \rightarrow M$，结论 $S \rightarrow P$。

归纳推理是个别到一般的推理，即由关于特殊对象的知识得到一般性的知识。在情报分析中，简单的枚举推理是经常用到的方法，它通过简单枚举事物的部分对象的某种情况，在枚举中没有遇到与此相矛盾的结论，从而得出这类事物所有对象都具有此种情况的推理。简单推理主要用于分析和预测的开始阶段。

假设推理以一个假设判断的结论出发，顺次推出将要发生的事件或逆向推出已经发生的事件，来论证、检验原先假设判断结论的一种推理。假设推理主要用于趋势研究。

5.3.2 情报调研方法

情报调研方法主要有实地调查法、专家调查法和网络调查法。

1. 实地调查法

实地调查法可分为普查法、抽样调查法、典型和重点调查法、个案调查法、问卷调查法、访问法、观察法。

通过实地调查法可以获得大量的一手信息，减少在信息收集中的失真。在当今科学技术高度发达、各类现代化的信息获取方法不断出现情况下，实地调查法仍然是获取情报的重要方法之一。

2. 专家调查法

专家调查法可分为专家个人调查法、专家会议调查法和德尔菲法。德尔菲法是一种重要的情报分析方法。

德尔菲法（Delphi）是美国兰德公司于 1964 年发明的。是以古希腊城市德尔菲（Delphi）命名的规定程序专家调查法，它是由组织者就拟订的问题设计调查表，通过函件分别向选定的专家组成员征询调查，按照规定程序，专家组成员之间通过组织者的反馈材料匿名地交流意见，通过几轮征询和反馈，专家们的意见逐渐集中，最后获得具有统计意义的专家集体判断结果。德尔菲法既可以用于预测，也可以用于评估。国内外经验表明，德尔菲法能够充分利用人类专家的知识、经验和智慧，成为解决非结构化问题的有效手段，对于实现决策科学化、民主化具有重要价值。

德尔菲法主要有以下五方面的用途：

（1）对达到某一目标的条件、途径、手段及它们的相对重要程度做出估计。

（2）对未来事件实现时间做出概率估计。

（3）对某一方案（技术、产品）在总体方案（技术、产品）中所占的最佳比重做出概率估计。

（4）对研究对象的动向和在未来某个时间所能达到的状况、性能等做出估计。

（5）对某方案（技术、产品）做出评价，或对若干个备选方案（技术、产品）评价出相对名次，选出最优者。

德尔菲法的特点如下：

（1）采用发函咨询的方式。这种方式是答询专家互不接触，而以发函的方式进行信息反馈。专家们有较多的时间进行思考，对所提问题可以畅所欲言，或者参考前一轮的预测结果修改自己的意见。具有匿名性的特点。

（2）典型的德尔菲法要经过四轮答询，反馈是德尔菲法的核心。对每一轮专家答询的反馈结果经过情报研究者汇总、整理，进一步提出问题，再反馈给每一位专家，以便专家们据此做出判断。由于各项指标经专家们多次反馈意见给出，又经情报研究者科学数据处理，使最后的结果有较强的可靠性。

（3）所咨询的专家由情报研究者决定，专家们的意见要经过表格、符号化、数字化科学处理，对结果要进行统计分析，为情报研究的定量化分析开辟了重要途径。

采用德尔菲法咨询的结果经过研究者定性与定量相结合系统分析与论证，其结果具有准确性和可行性。

德尔菲法的完整实施过程大致可分为准备阶段、征询阶段和数据处理阶段。

（1）准备阶段。这一阶段主要是为顺利开展专家征询调查工作创造条件，需要做好以下几项工作：成立调查领导小组、确定调查目标、选择被调查的专家、设计调查表。

（2）征询阶段。征询阶段的任务主要是组织专家答询并进行多次反馈。经典德尔菲法一般要进行四轮征询调查。

第一轮征询调查。第一轮是征询有关调查目标的应调查事件。调查表中只提出调查目标（问题），由专家提出相应的应调查事件是哪些。同时还向专家提供有关资料，并请专家提出还需要什么资料。组织者对专家们的回答函汇总整理，归并同类事件；按其重要性分类排队；用准确术语提出应调查事件一览表，这个表格既是反馈材料，也是第二轮的调查表。

第二轮征询调查。这轮调查要求专家们针对调查表列出的每一个调查事件，提出自己的选择或评价意见并阐明理由，以及为了改进调查还需要补充哪些资料。选择或评价的主要内容包括事件完成时间预测、方案选优、资金分配比例等。表格收回后，对其进行统计，求出专家意见的概率分布。例如，对事件完成时间统计处理应得出中位数及上下四分点日期。把这些统计资料，附上必要的说明，连同第三轮调查表反馈给专家。

第三轮征询调查。这轮调查要求专家们根据发给他们的事件统计资料和其他说明材料，重新考虑并改进自己原先的评估意见，特别要求少数持不同意见的专家（例如，对事件完成时间的重新的估计处在第二轮统计的上下四分点之外的专家）详细说明理由，并对与其相对应的另一观点做出评论。组织者再次整理统计专家们的估计，并归纳出极端性意见，编出第四轮调查表反馈给专家。

第四轮征询调查。专家们根据第四轮调查表做最后一次分析评价，提出自己最终的评估意见，并对其他论点和论据做评论。组织者对调查结果做最后的统计处理，整理归纳专家们的评论意见。通过四轮调查，专家们的意见一般可趋向集中，达到相当协调的程度。兰德公司曾就科学的突破、人口的增长、自动化技术、航天技术、战争的可能与防止、新的武器系统等六个问题进行了长远预测，经四轮征询，取得了相当一致的结论。

在实际操作中，对不同问题的征询，不一定非要四轮。有时经两轮或三轮调查后，只要专家们的意见趋向稳定，不再改变自己的意见，而且对明显的分歧能提出自己的理由，就可认为成功了。如果四轮调查后，专家们的意见仍不能趋向集中，应考虑分析各种论点和论据，提供给决策部门参考。

（3）数据处理阶段。这一阶段主要是处理和分析专家的应答意见。实际操作中，这一阶段部分与征询阶段是同时交叉进行的，特别是对专家前三轮应答意见的处理尤其如此。这里认为数据处理是德尔菲法的第三阶段，主要是针对专家最终应答意见的处理和分析而言的。一般所要分析和处理的数据包括有关数量和时间的答案、某子方案在总体方案中的比重、众多目标和方案的相对重要性。

3. 网络调查法

网络调查法是以互联网为手段的调查，利用电子邮件法、站点法、视讯会议法、随机 IP 法等方式，获取所需调查信息的方式。国外采用这种方式做了不少调查，如 Stewant 和 Eckermann 关于青年与健康风险的调查研究（1998），Ander 关于高学历残疾女性面临问题的调查研究（2000），以及 Mann 在一个项目中关于大学毕业生的研究（2000），该研究没有对学生面访，而是与样本中的每一位大学生建立常规的 E-mail 交流，采用半结构式的网上访问的滚动程序和附加选择，以挖掘大学生的不同情绪和心思陈述。国外一些商业公司也利用互联网提供市场调查服务，如美国的 Intersurvey 公司，利用该公司创建的互联网络固定样本提供网络市场调查服务。我国已有数家机构开展网络调查，中国互联网信息中心（CNNIC）从 1997 年开始利用网络调查统计每年发布“中国互联网发展统计报告”。

网络调查法相对于传统调查法有以下优点：一是成本比较低，节约了印刷、宣传、核对数据等费用，周期比较短，利于企业及时了解用户需求，保持竞争优势；二是可以对敏感性问题进行调查，减少传统调查中出现的尴尬；三是采集的信息质量较高，通过实时的对所填信息进行验证，过滤了无效信息。

网络调查法的实施包括选取样本、选择和运用调查方法、数据汇总和分析。样本选择的抽样方式有任意抽样、筛选抽样和现有成员抽样。任意抽样不限制调查对象，主要用于销售调查和用户行为特征调查。筛选抽样是按照特定的条件选取调查对象，再向他们展示调查内容方法。现有成员抽样是从已知数据库对象中找出特征，根据某类特征值抽样的过程。

网络调查法包括电子邮件法、站点法、视讯会议法、随机 IP 法。电子邮件方法是调查者以电子邮件的方式将调查问卷发给一些特定的网上用户，由用户填写后反馈给调查者的一种主动调查方法。在调查实践中，调查者还可以利用多媒体技术向回答者展示包括问卷、图样、样品在内的多种测试工具。站点法是将调查问卷的 HTML 文件附加在几个网络站点的 Web 上，由浏览这些站点的网民自愿在网上回答问题的一种被动调查方法，是目前网上调查的基本方法。目前，站点调查法有了新的发展，很多公司为了得到高价值的信息，采取只要完成调查问卷可以让用户免费获得软件和报告的方法。视讯会议法是将分散在各地的被调查者通互联网的视讯会议功能虚拟组织起来，在主持人的引导下讨论调查问题的一种主动调查方法。传统调查法中的专家调查法可以与此相结合，专家不必集中在一起，它适合对关键问题的定性研究。随机 IP 法是以一批随机 IP 作为样本进行问卷调查，该种方法效率比较低，问卷回收率低，但它调查的结果具有代表性。

通过各种调查后进行数据分析，利用统计软件对问卷数据进行统计分析，得出它们之间的相关关系和发展趋势。

5.3.3 情报分析方法

1. 文献计量学方法

文献计量学的主要理论包括洛特卡定律、布拉德福定律、齐普夫定律、引证分析理论。

洛特卡定律是由美国学者 A. J.洛特卡在 20 世纪 20 年代率先提出描述科学生产率的经验规律，又称为“倒数平方定律”。它的主要内容是，在某一段时间，写了 x 篇论文的作者数占作者总数的百分比 y 与其所撰写论文数 x 的平方成反比，即 $y = c/x^2$，其中，c 为某主题领域的特征常数。在对洛特卡定律的研究中，赖普斯提出全部科学家总人数的平方根等于撰写了全部科学论文的 50%那些高产科学家的人数。

布拉德福定律是由英国文献学家 B. C. Bradford 于 20 世纪 30 年代率先提出的描述文献分散规律的经验定律。其文字表述为：如果将期刊按其刊载某专业论文的数量多寡，以递减顺序排列，则可分出一个核心和相继的几个区域，每区刊载的论文量相等，此时核心期刊和相继区域期刊数量成 $1:n:n^2$……关系。

齐普夫定律是美国学者 G. K.齐普夫于 20 世纪 40 年代提出的词频分布规律。它的重要内容是，设有一个包含 N 个词的文献，统计出每个词出现的频次(f)，按频次递减的顺序将他们排列起来，并用自然数给这些词编上等级序号(r)，那么，每个词的等级 r 与相应的频次 f_r 之积为一个常数。

引证分析理论的主要内容是运用数学和逻辑的方法对期刊、论文、专著的研究对象的引证和被引证现象和规律进行分析，以揭示他们所蕴含的研究对象所具有的特征或对象之间关系的一种研究方法。涉及的指标有期刊载文量、被引文量、被引次数、高频被引论文占有率等。

文献计量学方法在情报研究中的应用主要体现在以下几方面：

（1）布拉德福定律主要研究的是期刊的分布，洛特卡定律主要研究是高产作者的分布，情报研究人员通过对核心期刊的相关论文分析，同时在引文分析中，对被引频次较高的论文作者进行分析，可以发现和预测问题的发展趋势。

（2）企业在进行情报研究时，可以对一些合著的论文进行分析，分析作者的来源，发现一些现在的有用信息。例如，A 公司情报研究人员发现其主要竞争对手 B 公司的员工和 C 研究所人员在行业核心期刊上发表论文，可以判断他们之间存在的合作关系，并进一步分析可能的产品和该产品是已经推向市场还是即将推向市场，如果是即将推向市场，本公司的竞争能力如何？能否也推出产品？

（3）企业在进行情报研究时，可以对行业政策研究机构人员发表的论文进行研究，了解行业的最新发展趋势。

2. 专利分析法

专利分析法就是对专利形成过程中的文献进行分析，利用有关统计的方法，结合行业经验进行分析处理、探索隐含在专利文献中的情报，从而为技术创新和决策管理服务。

由于专利具有的创造性、新颖性和实用性特点，专利信息成为协会和企业科学研究成果和新产品开发的重要情报来源。通过专利情报分析不仅可以了解企业的技术开发水平和实力，而且可以用于竞争情报的研究，使专利信息转换为有价值的情报。专利分析的情报价值主要表现在下面几方面：

（1）通过专利情报分析可以洞察行业技术的发展状态，预测未来的发展方向。

（2）通过专利情报分析确认技术上的主要竞争对手，判断行业的竞争态势，评估竞争对手的新技术和新产品的开发实力和技术重点。

（3）通过专利分析，获取有关法律情报。

对专利信息进行分析一般采用原文分析和统计分析两种方法。

原文分析，即通过检索竞争对手企业的专利说明书，对其进行仔细阅读、认真分析来掌握了解竞争对手新产品新拔术的开发特点，从中寻找本企业与其抗衡的突破口，包括寻找空隙法、技术改进法、技术综合法和专利技术原理法。

统计分析，即对专利检索工具中的大量专利条目按不同的角度进行统计。分析的方法包括专利单项统计和组配统计，分析的内容主要包括行业竞争态势的考察、竞争对手识别和竞争对手动向研究。竞争对手的识别主要包括了解行业内当前的竞争对手及范围，确认行业内最主要的竞争对手，识别行业内的潜在竞争对手。竞争对手动向研究主要包括竞争对手合作开发动向考察，竞争对手研究基础及动态，竞争对手关键技术领域分析，竞争对手市场意图分析，竞争对手对本企业的技术威胁考察等。

3. 定标比超方法

定标比超（bench marking，BMK），又称为标杆管理、定点超越、对标分析、基准管理等。作为竞争情报研究的重要方法， 在企业战略管理、质量控制、市场营销、成本管理、人力资源管理和新产品开发等领域得到广泛的应用。

定标比超是将本企业的产品、服务或其他业务活动过程与本企业的最佳部门、竞争对手或者行业内外的一流企业进行对照分析的过程，是一种评价自身企业和研究其他组织的手段，也是将企业内部或者外部企业的最佳做法作为自身企业的内部发展目标，并应用于自身企业的一种方法。作为一种重要的竞争情报分析方法，我们可以从这个角度对定标比超做进一步的理解，定标比超是运用情报手段，将本企业的产品、服务或其他业务活动过程与本企业的杰出部门、确定的竞争对手或者行业内外的一流企业进行对照分析，提炼出有用的情报或具体的方法，从而改进本企业的产品、服务或者管理等环节，达到取而代之、战而胜之的目的，最终赢得并保持竞争优势的一种竞争情报方法。

4. 竞争态势法

竞争态势法就是将与研究对象密切相关的各种主要内部优势因素、弱点因素、机会因素、和威胁因素，通过调查罗列出来，并按照一定的次序按矩阵的形式排列起来，然后运用系统分析的思想，把各种因素相互匹配起来加以分析，得到相应的结论或对策。

5. 层次分析法

层次分析法（the analytic hierarchy process，AHP）是美国著名运筹学家 T. L. 萨蒂创立的一种分析方法，它特别适用于解决具有复杂层次结构的多目标决策问题。目前，这种方法已得到广泛应用，成为决策分析的强有力工具。我国学者把层次分析法应用于地区战略规则的制定、产业结构的预测、科技成果的评估、人才的测评任用等许多领域，取得了令人满意的效果。

层次分析法是一种定性与定量相结合的半定量方法，它根据人类的辨证思维过程，先将一个复杂的研究对象划分为递阶层次结构，同一层的各元素具有大致相等的地位，不同层次的元素具有某种联系，再对单层次元素构造判断矩阵以得出层次总排序，采用逐层叠加的方法，从最高层次开始计算，推算出所有层次对最高层次的总排序。

6. 加权分析法

加权分析法是最为常见的指标合成模型，如果有 m 个评价对象，评价指标体系有 n 个基础指标，第 j 个指标的权重为 W_j，若第 i 个评价对在第 j 个指标上的评价得分为 R_{ij}，则第 i 个评价对象综合评价得分为

$$S_i = \sum_{j=1}^{n} W_j R_{ij} \qquad (i = 1, 2, \cdots, m)$$

加权分析法将多个指标通过不同权重合并成为一个综合指标，使无法排序的对象成为可排序的对象。当加权求和法计算被评对象的综合得分值时，意味着承认各项指标对于总目标的贡献是可补偿的这样的前提条件。

在进行情报研究时，把课题目标分解为几个要素，将不同要素按重要性原则

赋予不同的权重，最终的结果是各个要素的值与该要素的权值相加，从而得到总评价。

7. 数据挖掘法

数据挖掘就是从大型数据库的数据中提取人们感兴趣的知识，这些知识是隐含的、事先未知的、潜在有用的信息。提取的知识可表示为概念（concept）、规则（rule）、规律（regularity）、模式（pattern）等形式。

数据挖掘综合了各学科技术，有很多功能，其主要的功能包括以下几类：

（1）关联分析。关联分析指若两个或多个数据项的取值重复出现且概率很高时，它就存在着某种关联，可以建立起这些数据项的关联规则。

（2）聚类分析。聚类是把数据按相似性分成若干类，同一类的数据彼此相似，不同类的数据相异。聚类分析可以建立宏观的概念，发现数据的分布模式和可能的数据属性之间的相互关系。

（3）分类。分类是找出一个类别的概念描述，它代表了这类数据的整体信息，即该类的内涵描述，一般用规则或决策树模式表示。分类是利用训练数据集通过一定的算法求得分类规则，可被用于规则描述和预测。

（4）预测（趋势分析）。预测是利用历史数据找出变化规律，建立模型，并用此模型来预测未来数据的种类特征。

（5）偏差检测（异常分析）。数据库中的数据常有一些异常记录，从数据库中检测出这些偏差很有意义。偏差检测的基本方法是寻找观测结果与参照之间的差别。

（6）时序模式。是指通过时间序列搜索出的重复发生率较高的模式，与回归一样，也是用已知的数据预测未来的值，但这些数据的区别是变量所处的时间不同。

8. 回归分析法

回归分析法是处理相互联系的变量间关系的有力工具，回归分析法的基本思路是分析研究对象与有关因素的相互关系，用适当的回归分析模型表达出来，然后利用这个模型对研究对象的未来状况进行预测。

客观存在的各种变量之间的关系可分为确定性关系（如某种商品的销售金额与商品单价、销售量的关系）和非确定性关系（如某种日用商品的销售量与当地人口数量的关系）两种。后者表明这些变量之间既有关联，又不存在数值对应的相互关系，就是所谓相关关系。尽管在非确定性关系（即相关关系）中，变量之间的关系是随机的，但在大量数据的观察中往往呈现一定的规律性，我们可以用相应的办法来表达这种规律性。回归分析法是一种有较严密的理论基础和较成熟的处理变量之间相关关系的计算分析方法，如果模型建立得当，可得到比较精确的预测结果。在情报研究工作中，大多数变量之间的关系是非确定性的，因此，回归分析法大有用武之地。

5.4　情报研究机构

5.4.1　情报研究机构类型及特点

现代情报研究机构具有信息、咨询、研究三位一体的功能，是一种高级的信息服务机构。美国有几百所集信息、咨询、研究于一体的单位，被誉为思想库（think tank）、智囊团，为联邦政府、大企业、大工厂出谋划策。当代美国社会中的思想库可谓五花八门、数量惊人，仅在华盛顿特区就有大大小小 100 多个思想库。根据研究美国思想库最著名的学者唐纳德·阿贝尔森的估计，在全美国思想库有 1200 多个。从隶属关系来看，美国的思想库可以分为四类：官方机构、半官方机构、民间机构和大学依附型机构。

官方机构是指通过立法或者惯例存在于政府体系内部，为总统和部门领导层决策服务的机构。美国官方机构库从服务对象的层次上划分有总统管辖的机构、各类行政部门管辖的机构、国会内的机构。

半官方机构是指独立于政府体系之外，对政府政策的制定有重要作用的机构。它可分为两类：一是政府资助的机构。这类机构是美国政府通过财政资助或投资的方式建立，通过委托合同形式进行相关研究的咨询机构。它们虽然得到政府或执政党的资助，却又不直接隶属于政府或执政党，服务对象也不只限于政府机构或执政党组织，也可以是一些大公司企业。被誉为"美国的大脑"的兰德公司就属于这类思想库。尽管兰德公司最初设立时是由福特公司资助的，但后来则由美国政府直接出面解决其经费问题，它曾经有 90%的经费来源于政府合同，并且主要是美国空军和国防部。由于它在军事方面的研究成绩斐然，还被誉为美国的"超级军事学院"，美国许多重大的军事战略决策都出于这个思想库。此外，像斯坦福研究所、赫德森研究所、东西方中心等研究机构也与美国政府有密切的合同关系，属于优秀的半官方研究机构。二是与政府部门对口的研究机构。这类因为其研究方向与某些政府部门的工作相对应，往往直接与该部门发生合作关系，虽然政府的资助只占很小的比例，其经费大多来自于大的基金会或公司的赞助，但是它们与政府具体部门的关系密切，因此对具体部门的政策影响较大。

民间机构在美国的数量最多，组织形式多种多样，它们大多由私人或民间团体创立，在组织上独立于其他任何机构，其经费属于自筹。它们的研究人员主要由前政府官员、专家、学者组成。这类研究机构可以自由选择服务对象和研究课题，规模大者设有较多的专职人员，规模小的除一些专职管理人员外，主要是根据课题的需要邀请各方面的专家、学者参加研究。大型的民间思想库不仅规模庞大，人员众多，资金力量雄厚，而且主要都集中在华盛顿特区，接近美国的权力中心，比较容易对决策层产生影响，它们中有代表性的如传统基金会、布鲁金斯学会、美国企业研究所、卡内基国际和平捐助基金、战略与国际问题研究中心、城市研究所等。

大学依附型机构是由大学在其他机构、团体的协助下创建的，其经费主要来自校方的拨款和一些基金会、企业公司的资助或私人捐助，研究人员大多是校内各学科的学者和从其他大学、研究机构聘用的研究员，其服务对象和研究课题相当广泛。美国乔治城大学的战略与国际问题研究中心、哥伦比亚大学的国际动态研究所、哈佛大学的国际事务中心、加利福尼亚大学的国际和战略研究中心、约翰斯·霍普金斯大学的高级国际问题研究学院以及耶鲁大学的经济发展中心等都是有重要影响的大学依附型研究机构。总的来说，大学依附型研究机构所以能作为“智囊团”，在美国政府的决策中发挥作用，主要是因为它们具有自己的独特优势。这种优势主要表现在四个方面：一是高层次人才密集；二是学科领先且综合性强；三是资料丰富、信息灵通；四是具有良好的自由的学术研究氛围。大学依附型思想库所在的大学一般具有悠久的历史，文化积淀深厚，大都是美国的“常青藤大学”，又具有人才培养和科学研究相结合的优势，容易形成启发灵感、活跃思维、增强创新性的良好氛围，从而使这类思想库易于产生创新性的思想、方法、成果和政策建议。

日本的情报研究机构分为政府的思想库、民间的思想库和科技情报机构三大类。政府思想库主要为政府的决策服务，日本内阁情报调查室主要任务是搜集、综合分析国内外有关政治、军事、经济、文化和治安等方面的情报，为内阁制定有关政策提供依据；1988 年在原科学技术厅资源调查所的基础上成立的国家科学技术政策研究所就是为了加强政府对科技政策研究的指导作用而设立的；通产省属下的工业技术院和日本贸易振兴会则更加重视国际经济情报的调查分析，为日本国际贸易出谋划策；亚洲经济研究所和综合研究开发机构（NIRA）大部分经费由政府资助，对政府的决策制定起参谋作用。另一类情报研究机构是由民间设立的，是一种股份制的营利机构。其研究重点根据上属机构性质各不相同，由三菱集团所属的 27 家企业出资建立的三菱综合研究所能对政府机关的政策立案产生重大影响；三菱商事、三井物产、伊藤忠商事、丸红、住友商事和日商岩井等六大综合商社分属于六大企业集团，他们除了从事国际国内贸易以外，还收集分析各国的政治、经济、技术、金融、市场、税制甚至风土人情的信息；野村综合研究所的情报研究范围涉及经济、科技、政治及综合战略等方面；野口研究所属下的野口情报中心专门从事化学、化工方面的情报研究；大阪的木村经营研究所主要为中小企业提供全方位的经营咨询服务，同时为外资企业和地方政府提供相关的咨询服务；花王公司的情报科学研究所，从1993年开始建立营销情报系统，利用从超级市场和零售商店现场采集的数据、购买的专业数据库，进行统计分析，还可以提供关于竞争对手的情报，进行广告费用、销售策略等的支持。第三类情报研究机构是科技情报研究机构，如日本科学技术情报中心（JICST）。

其他国家如德国的工业设备企业公司、系统技术研究所和系统工程公司，英国伦敦国际战略研究所也都是有名的情报研究机构。

我国情报研究机构包括各类信息研究所、大型企业公司内部情报研究机构和高校情报研究机构。各类情报研究所如中科院文献情报中心、中国科技信息研究所、信息产业部电子信息研究所、中国核情报研究所、中国化工信息研究所、中国航空信息研究所、兵器工业部研究所、全国各地省（市）省级情报机构等。他们为各级各行业领导机关、决策机构、科技管理部门的决策，及时提供情报支撑，为科学研究单位承担的科研项目提供情报调研服务，为社会有关行业和部门提供科技信息咨询服务，为促进科研成果产业化提供信息支撑服务。国内大型企业非常重视情报研究工作，都设有自己的情报研究所或兼有本行业情报研究职能的部门，如宝钢、扬子江制药集团、长虹、长安集团等，他们提供的服务主要是为本行业动态报道、述评、专题报告、手册、译文集、论文集，针对研究课题的信息检索等，但总的说来是对一次文献的加工利用，难以满足深层次的情报研究和分析报告的需要。高等学校是情报研究的另一重要机构，高等学校具有人力资源优势，也是情报研究理论研究的主要力量，担负了为本校科研情报服务及地方企业发展和经济建设情报服务重任，其主要工作是培养情报研究人才、进行科技项目的立项和成果查新、为地方科研提供咨询服务。

情报研究的这三方机构不是独立的，应该有机结合，利用相互的优势。美国称著名的情报研究机构为思想库，20世纪70年代，兰德公司总裁唐纳德·赖斯曾形容思想库位于由政府、企业和大学组成的三角形的中心。政府和企业是问题和财力的储藏地，企业同时又是技术和设备的来源；大学是输送人才和产生学术思想的基地，又是进行学术思想交流和传播的地方。这种特殊地位使思想库既可以与政府保持较密切的联系，但又不成为政府的附属物，以解决实际问题为目标，不是一个类似于大学的纯学术研究机构，但又能与大学保持密切的联系。这些思想库能够实现完全自主管理，实现管理者和研究者关心国家大事和社会发展的理想。

在我国多数综合性、地区性和专业性情报研究所内，以及在不少基础和应用科学研究所内都有从事情报分析研究工作的机构，但迄今也还没有像兰德公司那样著名的专门从事情报分析研究的咨询机构。

5.4.2　情报研究机构实例

1. 美国兰德公司

1）兰德公司概况

在兰德公司的英文名称中，RAND 是 research and development 的缩写。兰德公司是美国著名的智囊库，也是世界著名的思想库。它成立 1948 年 11 月，成立的初期主要是为空军服务，研究武器的改进和战略管理问题，是一个以军事为主的综合性战略研究所。半个世纪以来， 兰德公司一直被推为全球十大超级智囊团之首。它以权威的分析与卓越的决策咨询影响和左右着美国的政治、经济、军事、外交等一系列重大事务的决策。兰德公司的服务对象逐渐扩大到政府、国际机构、工商部门。其研究范围也从军事扩展到政府与公众广泛关注的众多领域，这些领域包括军事、国际事务、能源与环境、科学技术、国家司法、教育、人口与老化、健康与保健、儿童与青少年、交通和基础设施、恐怖、公共安全、国家安全等。这些研究主要由兰德公司的 33 个研究中心完成，这些研究机构包括艾罗约中心（军事）、亚太政策中心、中东公共政策中心、俄罗斯和欧亚中心、人口研究中心、老年研究中心、家庭研究中心、兰德欧洲、兰德健康、兰德科学技术等。同时，兰德公司还设立一些研究小组和技术服务机构。你可以通过兰德公司网页了解其最新的信息（图 5.3）。

图 5.3　兰德公司主页

兰德公司在成立初期就完成一批有影响的研究报告，其第一份报告是“宇航飞船环球飞行试验初步计划”，为美国宇航事业的全球领先发展奠定了坚实的基础。兰德公司平均每年发表 350～450 份报告，还有大量的论文和专著。其中，大约 70%的报告根据合同只能定向地向合同单位公开，或经过一段时间以后才能公开，只有 30%的报告才能公开发表。已经公开的研究报告可以在美国和其他国家的众多图书馆中找到。目前，兰德公司已经向社会公开各种研究报告约两万篇。

重视社会和公众关注的热点是兰德公司选择课题的依据，它是一个独立的非营利性机构，它的研究项目不需要政府和有关部门的批准。所必须遵从的是科学和事实，是社会的热点。正是由于兰德公司选题自由、研究学风自由，所以许多研究成果有独到的见解。

2）机构及运行

1992 年兰德公司在荷兰的莱顿设立了兰德公司欧洲总部，后来又在英国的伦敦和德国的柏林设立了代表处。目前，兰德公司在总部加州圣莫尼卡以外的七个地方设立了分支机构，其中三个在欧洲，三个在美国（纽约、匹兹堡和阿灵顿），还有一个在中东的卡塔尔。兰德公司最初是从道格拉斯公司分离出来的，因此几十年来，兰德公司董事会的成员全是美国人，但随着兰德公司国际化的进程的发展，瑞典前总理卡尔·毕尔德于 2002 年成了兰德公司新一届董事会成员。

兰德公司不仅在机构上调整适应国际化进程的需要，而且也加强了与国外客户的横向联系。在“冷战”期间，研究防务问题的费用占了兰德公司总费用的 80%左右，但“冷战”结束后，1994～1995 年度中的这一费用下降到 64%左右。为了适应新的形势的需要，兰德公司加强了经济、社会和国家安全方面的研究。另外，兰德公司一般不为其他国家服务，现在已打破这一禁区，开始为其他国家进行研究，其中包括帮助中国的一些机构进行研究。作为非营利性的独立的研究机构，兰德公司的大客户都是以委托者和赞助者的身份出现，目前，兰德公司公开的大型客户包括哈佛和斯坦佛等 25 所大学、IBM 和福特等 44 家工商界公司、美国商业部和国防部等 23 个政府部门、美国 37 个州和市、澳大利亚国防部和中国卫生部等 10 多个机构、韩国 49 个基金会、联合国和世界银行等 6 个国际机构、美国汽车制造联合会等 5 个专业机构和 26 个非营利性机构，这充分表明兰德公司已是一个国际化的大型公司。

3）兰德公司的人才结构

为了把兰德公司建成世界一流的智囊库，向社会提供高质量的研究报告，兰德公司非常注重研究人员的素质，兰德公司的研究人员所覆盖的专业十分广泛，有各方面的专家， 包括数学家、工程师、计算机专家、经济学家、政治家、语言学家等。此外还有物理学、计算机科学、法律、教育、医学、决策分析、军事分析、文艺方面的专家。还在各大学及研究机构中聘请了 700 名专家作为高级顾问。情报研究是一种横跨多种学科领域的研究， 所要解决的问题包括了科学、技术、社会、经济、政策等复杂因素。通过研究人员专业多样化和个人专业知识综合化的途径，　最终能够形成适应知识经济社会要求的复合型专家群体。值得一提的是，美国前国务卿基辛格博士在进入尼克松政府之前，从 1960 ～1968 年一直担任兰德公司的顾问。

兰德公司目前有来自 80 多个国家的 1600 多名职工，85%以上的具有学位，其中具有硕士和博士学位的占 65%以上。这些员工具有不同的工作经验、政治背景、不同的观念、不同的种族、不同的信仰、不同的专业，这样有助于研究百家争鸣，使研究成果有独到的见解。兰德公司还非常注重研究方法的创新，情报研究的重要方法之一德尔菲法就是兰德公司在 20 世纪 50 年代初创造的。

兰德公司也十分注重人才的专门培养，早在 1970 年就成立了兰德研究生院，专门培养政策分析、研究方面的人才。它的学生一半来自公司内部，　每年还向社会输送 20　多名毕业生。它们采用边干边学、理论与实践结合的教学方法（即所谓 on-the-job 法）。这样培养的人才，在进入公司后不需再经熟悉阶段便可胜任研究工作。

2.　日本野村综合研究所（NRI）

1）野村综合研究所概况

日本野村综合研究所是日本五大思想库之一，1965 年由野村证券集团出资创办，前身是野村证券公司的调查部，是最早的民营企业兴办的智囊机构。总部设在神奈川县镰仓市，侧重研究，另有一总部设在东京，侧重调查，有“双头雕”之称。在华盛顿哥伦比亚特区、纽约、伦敦、新加坡、香港、巴西等地设有分支机构，广泛搜集信息。野村综合研究所的研究课题十分广泛，大到国家战略、能源对策，小到超级市场、业余时间、出租汽车等。其中，镰仓总部下设经济研究部、经营计划研究部、社会体制研究部、国际研究部、生物科学研究部五个分部，从事各个方面的研究工作。而东京总部的主要工作是围绕证券业务的调查研究，调查对象是日本及世界主要国家的经济、金融、产业活动，股票市场，债券市场行情等。

研究所现有职员 3000 多人，也是在全球铺设调研网络的国际化思想库。它通过文献钻研与实地调查，将所获信息运用综合研究和系统的方法，撰写调研报告，接受政府及企业关于社会、经济、科技、综合战略等方面课题的咨询委托，成果累累。还定期与美国布鲁金斯学会等合作研讨有关重大的国际性主题。野村研究所拥有自己的图书馆，图书馆藏书 11 万册、报刊 2000 种，出版《财界观测》（月刊），《野村周报》及《经济学报》、《经济评论》等刊物。其名望在世界思想库中也名列前茅。

2）野村综合研究所运行情况

与兰德公司不同，野村综合研究所是营利性的企业。市场就是需求所在。日本思想库的两大市场是“企业”和“政府”。换句话说，企业和政府对思想库成果的需求最大，是思想库最主要客户。从客户关系和研究收入看，20 世纪 60～70 年代，思想库产业处于成长初期，政府是主要客户。特别是中小型思想库，自主研究开发资金力量有限，其研究业务来源，在比较大的程度上依靠各级政府的委托研究。政府需求为他们的研究成果提供了重要市场，也就为思想库的发展提供了市场支持。80 年代以后，一方面思想库经过一段时间的发展，积累了经济实力和经营经验，自己开拓新市场的能力增强；另一方面，政府受财政状况的制约，购买研究成果的财力减弱，政府对研究产品的需求相对减少，企业和社会各界对研究产品的需求相对增加。90 年代末，思想库的市场需求，来自系列民间企业占 29.9%，政府占 16.4%，地方公共团体占 16.1%，系列外民间企业占 16%，特殊法人占 11.1%，民间研究机构占 2.8%。其他一些需求有国外客户和民间基金团体。如果把日本各级官方和特殊法人需求都看作是政府需求，那么，政府需求和企业需求分别占市场需求的 43.6%、45.9%。

因此，野村综合研究所自成立以来，根据企业发展需要，以及日本内外政治经济环境变化，不断调整思想库的研究功能，从金融证券研究，到软件开发、电子商务经营，发展成多种经营的头脑型企业。1988 年与野村电脑系统公司合并，增加了系统开发业务，扩展了综合研究所的功能。该企业的口号是“创造未来——Dream up the future”。研究所长期从事支援企业改革，向公共部门提供政策研究服务和政策建议的工作，开展经济类调查。它既是调查咨询型企业，也是援助知识管理、电子商务、资产运用的知识服务型企业。近年来更注重支援企业的电子商务化（EC）发展和建设，用长期积累的经验和技能，帮助客户在经济环境的变革中，看准方向，更好地实现发展目标。

第 6 章　预测情报研究

6.1　预测情报研究概述

6.1.1　预测研究的由来及发展

早在 20 世纪初，英国的威尔斯就曾提出系统地研究未来的要求，然而，由于受科学技术发展水平和科学预测方法成熟程度的限制，当时未被普遍重视。到了 40 年代，预测研究作为一门科学才进入萌芽时期。当时的预测研究还属一种哲学概念，以纯理论、纯学术的研究为主。60 年代，预测研究开始从纯理论研究发展到应用研究，它的主要研究对象也从社会科学转向自然科学和应用技术。70 年代以来，科学技术的社会地位更加重要，它既使社会得到巨大效益，又给社会带来严重的问题与危机。现在，预测研究更成为人们最为关注的主题。最近 30 年来，科学技术的发展带动了许多新兴工业，如高分子合成工业、原子能工业、电子计算机工业、半导体工业、宇航工业、激光工业等。今天，工业为我们提供的日用品，90%都是 20 世纪初所没有的。新产品不但层出不穷，并且更新周期也大大缩短，如果我们缺乏必要的预测，将会带来严重的经济后果和社会后果。例如，一个新的化工联合企业，从设计、施工到投产，一般至少要 10～15 年，如果在设计时不能预见化学工业的发展趋势，那么，这个企业完全可能在竣工前就过时了。又如，研究高能物理所需要的实验装备（高速加速器、对撞机等），投资以亿万计，价值连城，如果事先没有足够的预测，那么很可能刚一落成就已落后。美国 70 年代初，制定了攻克癌症的计划，由于预测不够，后来成果不大，损失了 15 亿美元。另外，高度的工业化、现代化也给人类社会带来诸多的不良后果，如人口、环境、生态平衡、城市建设、交通、教育、家庭、道德伦理……都是预测研究的课题。因此，预测研究必须包括自然科学、社会科学、工程技术等广泛领域，并且涉及政治、经济、历史、社会、教育、心理、文化等许多方面。

6.1.2　预测情报研究的类型

预测情报研究是一门范围很广的综合性研究，可分为社会未来预测、科学预测、技术预测、经济预测等。

社会未来预测是研究与社会发展有关的未来问题，它的主要对象是由于科学技术的发展而产生的种种社会问题，如人口膨胀、环境污染、生态平衡失调、城市的恶性发展、交通拥挤等。其目的是协助决策机构制定政策，选择最佳方案，提出改进措施。同时，社会未来预测还要及时预测各种社会现象的发展趋势，以便促进对社会有益的发展趋势，阻止对社会不利的发展趋势。

科学预测是用科学的方法去分析研究现代科学技术各个领域的内在联系，寻求科学技术未来发展的目标，从而为制定科学研究计划提供重要参考。科学预测主要研究如下几方面的问题：确定应优先考虑的科研范围和科研发展重点；周密地组织科学研究活动，通过严格的科学管理调动科研的一切积极因素；合适地分配科研力量等。科学预测的目的在于促进科学研究和科学实验取得更大的实效。

技术预测是预测研究中最为活跃的活动。它研究与技术发明、技术应用有关的一系列问题，预测即将出现的技术发明及技术发明与市场所需要的新产品的关系等。技术预测的发展在很大程度受到实际需要的制约和影响。

人们在进行科学预测时，一般应考虑以下几方面的因素：世界上科学技术的进展情况和发展趋势；本国相同范围内科学技术的进展情况；跨学科综合性课题的进展情况；各工业部门的发展情况以及具体产品和工艺的发展情况。

经济预测从大的方面来说，是为制定国民经济规划、经济计划和经济政策服务的。主要应预测科学技术发展的前景及其对经济的影响；预测自然资源的状况和劳动资源的状况；预测最终产品的需要量以及各种非生产性的社会需要；预测再生产的社会条件；预测财政、信贷、价格、税收等因素的变动对社会生产和市场供求的影响。经济预测对于一个企业而言，主要是进行销售预测、原材料预测、设备投资预测以及人力预测。

军事预测是各种预测活动中发展得较早、较为成熟的一种。军事预测是协助国家确定战略目标，研究未来战争的兵力部署和作战计划，估计未来战争中所需要的新式武器，以及核战争给人类带来的影响等。

当代的各种预测研究是建立在对客观世界规律认识的基础上的认识活动。虽然预测研究至今尚未形成完整的理论体系，但是随着人类对客观规律认识的加深，预测的效果也日益显著。正如有的学者指出的那样："成功的可能固然难以预测，但如果我们永远不去探索，那么成功的可能性就为零。

根据联合国经济合作与发展组织技术顾问、技术预测的著名开拓者 E. 捷恩茨的研究，人类创造性活动的流程如图 6.1 所示。

6.1.3 预测研究的基础和要素

各类预测研究都有自己的预测范畴，从而也必然带来一些个性特点，但是，作为预测研究，它们都必须以科学为基础，具有一些共同的科学的方法和步骤。预测研究的基础和要素大致如图 6.2 所示。

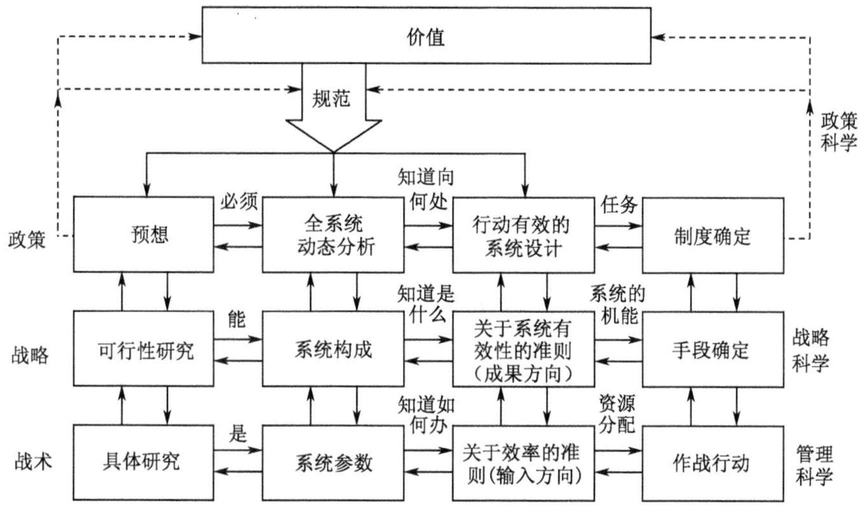

图 6.1　人类创造性活动的流程

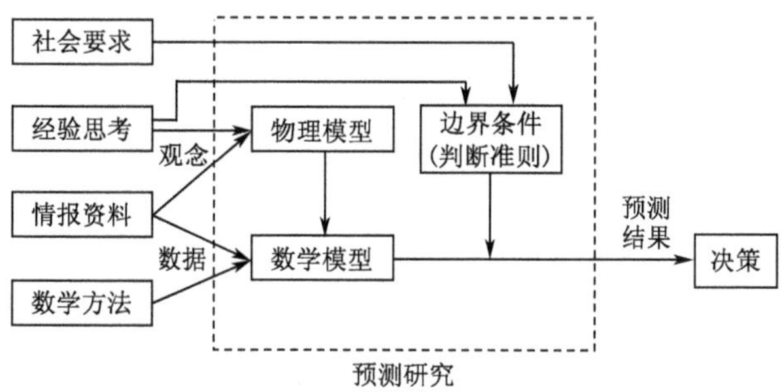

图 6.2　预测研究的基础和要素

由图 6.2 可见，预测研究有四个基础：社会要求（社会价值）、经验思考、情报资料和数学方法。预测研究有三个要素：物理模型、数学模型和边界条件（判断准则）。

社会要求与价值随不同社会制度发展阶段、文化传统和民族特性等不同而有许多差异。例如，25 年前，瑞士 P.穆勒发明滴滴涕而获得诺贝尔化学奖，但是现在许多国家已经禁用它了，因为价值标准改变了。因此，同样的预测问题和方法，完全有可能得出不同的结果，机械地套用别人的预测结果是极其错误的。

经验思考既取决于参加预测研究人员的社会经验，更取决于人的思考水平。创造性思考包括水平思考、垂直思考和跳跃思考等，都与人的智力高低有密切关系。所以，预测研究不单是方法问题，更重要的还在于预测人员的素质。

情报资料的作用是显然的。情报不外乎观念与数据两类，前者主要用于建立物理模型，后者主要输入数学模型使预测计量化。观念方面最重要的是及时了解各种新思想，以达到“信息催化”的作用。为此，对于各种思想，应作为情报信息不怀偏见地广泛收集，而不应该按既定准则先划框框。在数据方面要求准确、全面和系统，虚假失真的数据、一鳞半爪的数据都是无法进行预测研究的。因此，建立一个从物质上和法律上加以严格制约的社会化统计系统和情报网络系统（包括数据库）是正确预测的前提。

预测研究的三要素中，建立物理模型是关键的。E.捷恩茨就技术演进过程给出了一个一般模型。他将技术演进分为技术开发和社会影响两个阶段，每个阶段又包括四级过程（表 6.1）。这八级过程是纵向的演进，而在每一级中还有横向的扩展，例如，①对某种科理论的新假设（第 1 级）；②渗入到其他的基础技术研究（第 2 级）；③一些独立的技术综合（第 3 级）；④现有技术的扩散（第 4 级）；⑤对辅助系统和分支系统的需要（第 5 级）；⑥推广到其他部门（第 6 级）；⑦对其他国家的技术援助计划（第 7 级）；⑧对社会目标承担的道德限制（第 8 级）。

表 6.1　技术演进过程

技术演进级别			举　　例
演进方向	社会影响阶段	8. 社会	8. 社会上与通信有关的领域
		7. 社会系统	7. 国防以及其他国家通信领域
		6. 环境	6. 通信生产工业
		5. 应用	5. 通信系统的市场
	技术开发阶段	4. 功能技术系统	4. 硬件通信系统和功能辅助系统
		3. 单元技术	3. 硬件技术、集成电路技术等
		2. 技术资源	2. 扩散方法、光刻法等
		1. 科学资源	1. 关于半导体自然现象的认识，如电子型和空穴型概念的建立

技术演进是一个三度空间模型，如图 6.3 所示。

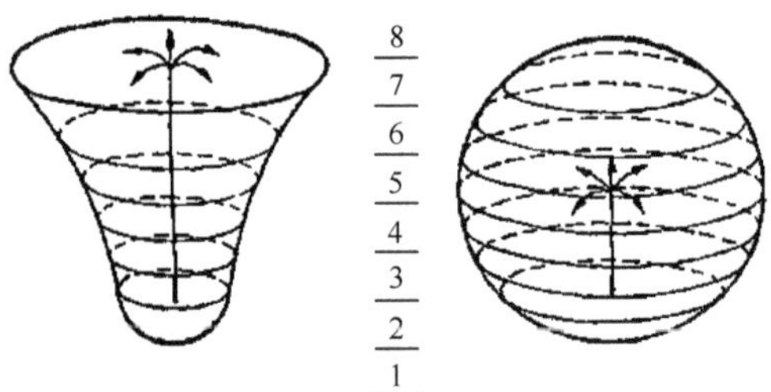

(a) 适于开放型社会　　　　(b) 适于封闭型社会

图 6.3　技术演进模型

6.1.4　预测研究的一般步骤

（1）根据社会要求、一般情报和创造性的思考，提出预测的课题，规定目标和任务、对象、基本假设，确定研究方法、结构和组织工作。

（2）大量收集预测的背景材料，即本预测研究涉及的科学技术、经济生产、社会、文化以及政治等方面因素的材料，包括历史演变和现状动向。还要收集国内外同类预测研究的成果。

（3）在辩证唯物主义指导下，吸收各种有益的新思想，用系统分析的方法，建立初级的物理模型。

（4）根据背景材料和征询专家意见，对初级模型进行检验、修正和细化，并进一步建立数学模型。

（5）明确边界条件和最优化判断准则。

（6）将实际数据输入数学模型，用优化准则进行判断，得出预测结果。还可以采取几种预测方法进行，以互相验证。

（7）对预测结果再次征询专家意见，以检验预测结果，并进一步检验预测模型。

（8）将预测结果交付决策。

6.1.5　预测的准确度问题

由于事物的复杂性和变异性，必然导致预测的误差性和不准确性。历史和现实中也不乏预测失败的例子，例如，1959 年 1 月号《未来》杂志曾对 20 世纪 60 年代技术进行预测。到 1969 年，当检查效果的时候，发现大约一半是错的，譬如燃气轮公共汽车、用电子发光作家庭照明等都没有实现。因此，对预测的准确度应当有正确的认识。

首先，必须明确预测究竟应该起什么作用。预测不是什么神机妙算，只是一个有价值的科学工具，它有助于决策，为决策提供良好的背景材料，但不能代替决策。预测总是只有在某个条件下达到某个概率的准确性。

影响预测准确度的因素主要有：

（1）客观实际情况不断迅速地变化，人的认识总是滞后的。根据日本经济新闻社的调查，大约 60%的公司认为这是长期预测困难的主要原因。

（2）客观事物发展有渐变，也有突变，在突变的情况下是难于预测的。社会发展如此，技术进步也是如此，如晶体管的发明，在发现半导体带来电子学飞跃进步以前是很难预见的。而后来，对于集成电路、大规模集成电路的发展，人们的预测就只有 1～2 年的误差了。

（3）预测研究还是年轻的事业，现在供预测的系统资料还比较缺乏，有待于不断积累；现在从事预测研究的人员还不够多，水平也不够高；预测方法还不成熟，各种方法的适用范围还没有规范化，这些都需要在实践中不断改进。

（4）限制预测实现的因素也很多。例如，技术预测可以根据技术进步的趋势加以预测，但是实现这一预测，还取决于经济发展能力、市场需要以及社会后果等。从技术上讲，现在发展 10 倍音速的高超音速民航机是多年前就可以预测得到的，但是由于造价高、噪声公害等原因，美国波音公司不久前却被迫放弃了 2.7 倍音速的民航机设计。

总之，客观事物的发展瞬息万变，而人的知识总是不完全的，所以从根本上讲，完全准确的预测是不现实的。

其次，在动态研究中不断提高预测的准确度。由于以上原因，我们不可能把预测当作一次完成的工作，而应该根据客观实际的变化，不断修正，不断逼近。因此，预测研究必须长期持续，要有专门队伍稳定地反复地进行，才能使预测的准确度不断提高。

6.1.6　直观的重要性

预测虽有许多科学的方法，但是不能排斥人的直观判断。相反，直观判断在预测，特别在决策中占有十分重要的地位。

所谓直观判断是人的一种思维能力，是指在决策和发现问题中敏锐的感觉和闪念。它的表现似乎是非科学的，但在本质上是科学的。现代脑神经科学的研究已不断揭示，在人的大脑的海马区内储存着大量的记忆信息，即使当代最大的电子计算机也是无法比拟的。这些记忆是潜在的，不断自我加工综合的，但不能自觉地意识，而只是在某个问题的触发下会突然输出，形成创造性的见解。在预测研究中，任何方法和计算技术都无法包揽一切情况，更何况其中许多情况是错综复杂、无法计量计算的，这样，就给人的直观判断留下了广阔的天地。在建立物理模型和确定边界条件时，在检验预测结果时，在最后决策时，都需要直观判断。

如何提高预测中直观判断的作用？可以提出以下几点建议：

（1）选择直观判断力强的人员从事预测研究工作。

（2）预测研究人员要不断接受知识更新教育和智力训练，以不断提高他们的直观判断力。特别在当今知识和技术更新周期越来越短的情况下，这点尤为重要。预测研究人员还应具有较广泛的文化素养，它是直观判断力的重要源泉。

（3）预测研究靠个别人员的直观判断还是不够的，要特别重视各种头脑的综合。其中要包括专才和通才两类专家，构成“头脑系统”，这个系统做出的直观判断力将是更强有力的。

（4）必须要有发达的情报网和情报处理的人机系统的支持，才能更好地发挥人脑的直观判断力。情报系统实际是脑外“海马区”，是脑内海马区一个极好的补充。

预测研究实质上是人的智力的高度活动，所谓预测方法和模型不过是智力活动方式的一种物化表现。不论人们自己意识与否，你头脑里都有某种预测模型，并以这种模型认识和预测事物。每个人的智力不同，智力活动方式也不同，所做的预测自然不同，预测的准确度也自然不同。因此，如果我们把那些智力高超、预测模型优秀的人的智力活动方式，加以记载、积累和分析，并存入电子计算机，那么，必将大大提高预测的效果。即使某个人去世了，他的智力活动方式（预测模型）还可以继续为人类服务。也许这是预测研究的根本方向，也算是对预测的一个预测吧。

6.1.7　预测研究的发展方向

目前，预测研究的主要发展方向如下：

（1）建立新的预测模型和计算方法，以适应越来越多的各种复杂的预测课题。

（2）进行综合性预测。单项预测固然需要，但是考虑各种因素之间交叉效应的综合性预测，才能有效地满足规划和计划的要求。

（3）从各个方面提高预测的准确度，可以延长所能预测的时间。而能预测的时间越长，预测的意义就越大。

（4）预测突变过程是预测研究的重大课题。以往的预测实际上都是假定事物发展和变化是渐进的，但是客观事物恰恰有时是突变的。预测突变对人类生存和发展的意义可能更大，值得加以重视。

6.2　预测研究的方法

6.2.1　预测研究方法分类

各种预测研究方法很多，据统计至今已有 150 种以上。对这些方法进行科学的分类是有意义的，它反映了不同的认识论和方法论，本身就是预测研究的重要内容。目前有许多种分类方法，根据 E. 捷恩茨的报告，可分为四类：

（1）直观型预测：主要靠人的经验、知识和综合分析能力进行预测，如未来脚本法、头脑风暴法、德尔菲法等。

（2）探索型预测：对未来环境不做具体规定，假定未来仍然按照过去的趋向发展，从而可以在现有知识的基础上探索未来发展的可能性，如历史比较法、生长曲线法、趋势外推法、分析模型法等。

（3）规范型预测：根据社会的需要和预想的目标，作为限制条件来估测实现目标的时间、途径和创造可能的条件，如关联树法、形态模型法、网络技术以及模拟方法等。

（4）反馈型预测：将探索型预测和规范型预测相互补充，并使它们处在一个不断反馈的系统之中。

在这四类预测中，直观型预测最简单易行，而又是最基础的方法，不仅在其他类型方法无法运用的时候必须用它，而且在运用其他类型方法的过程中也有许多环节（如确定判断准则）需要运用它。直观型预测和规范型预测相互补充，并使它们处在一个不断反馈的系统之中。倘若把直观型预测作为预测基础排除之后，科学的预测方法实际上只有探索型和规范型两类，反馈型仅仅是它们的综合运用。这两类预测的关系是辩证的。探索型是从现实可能出发，从现在推向未来；而规范型是从未来需要出发，从未来追溯到现在。两者怎样合流是值得探讨的问题。图 6.4 所示是两类预测的图像关系。

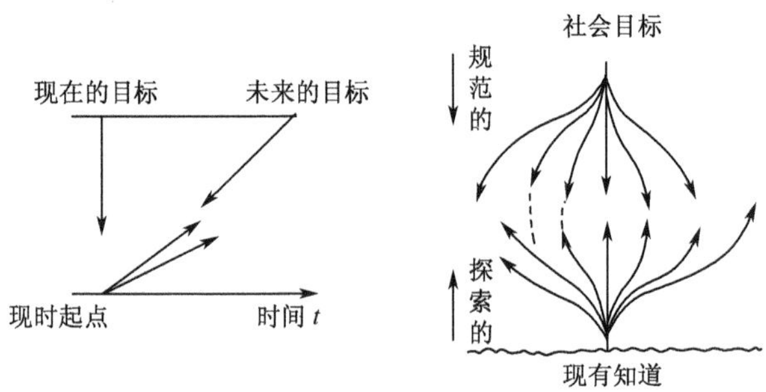

图 6.4　探索型预测与规范型预测的关系

英国经济学者对预测研究方法的分类在一定程度上反映了上述这种关系，如表 6.2 所示。

表 6.2　预测研究方法分类

	探 索 型	规 范 型
客观的	（德尔菲法） 趋向外推法 学习曲线法 单纯解析模型法 多元变量模型法（在经济预测时尚无比它更有效的方法）	运筹学方法 （线性规划、非线性规划等）
主观的	德尔菲法 博弈法 启发式规划	关联树法 德尔菲法 心理启发式规划
系统的	1. 静态的 投入产出分析 关联图解法 形态学分析 2. 动态的 交叉效应矩阵法 未来脚本法	网络分析法 水平关联树法 （博弈论） （周期规律法）

另一种代表性的分类，如图 6.5 所示。

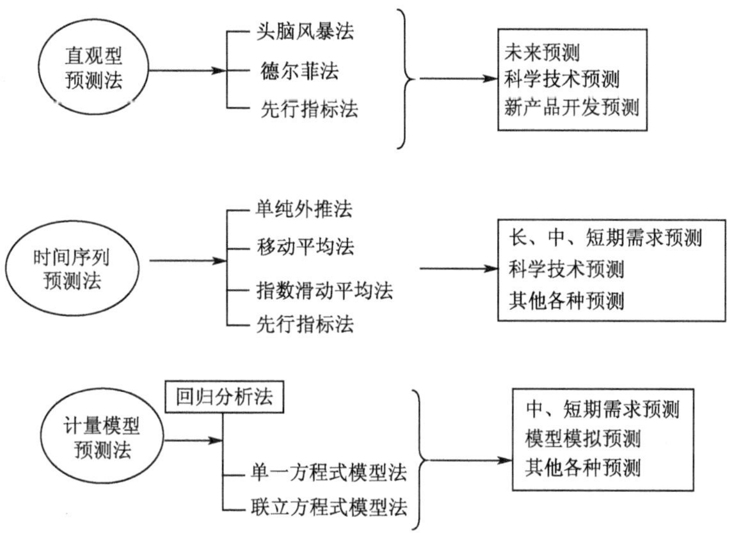

图 6.5　各种预测方法的分类与应用对象

6.2.2　系统分析方法

系统分析是在系统思想高度发展和成熟的基础上产生的一门科学，它具备必要的理论和方法。兰德公司对系统分析所下的定义是：系统分析是一种研究方略，它能在不确定的情况下，通过对问题的充分调查，找出其目标和可行方案，并通过直觉和判断，对这些方案的结果进行比较，帮助决策者在复杂问题中做出最佳的决策。下面重点介绍预测情报研究和软科学研究最重要的方法——系统分析法。

1. 系统分析的程序

人们解决问题的一般程序如图 6.6 所示。

图中“提出问题”，可以是解决问题的人，亲自在实践中发现问题，也可以是第三者提出问题；“分析问题”包括认识它是什么问题，分析和设定目标，分析材料，找出目标与材料之间的关系；“解决问题的行动”包含选择解决问题的方案和解决问题的办法，最后进行评估。

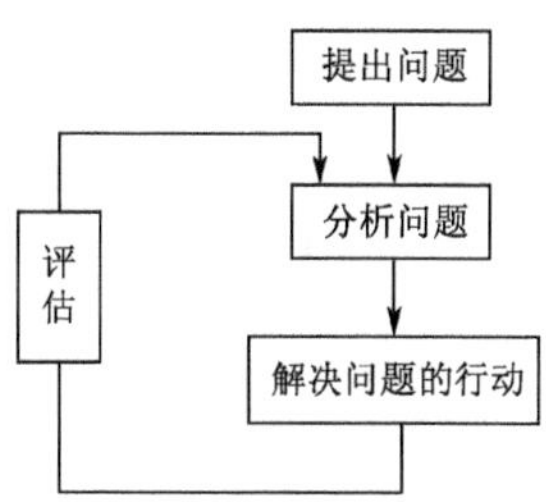

图 6.6　解决问题的程序

解决问题的运筹学程序如图 6.7 所示。

在第二次大战中，由于军事上的需求，将过

去简单的解决问题的程序发展成为运筹学程序。

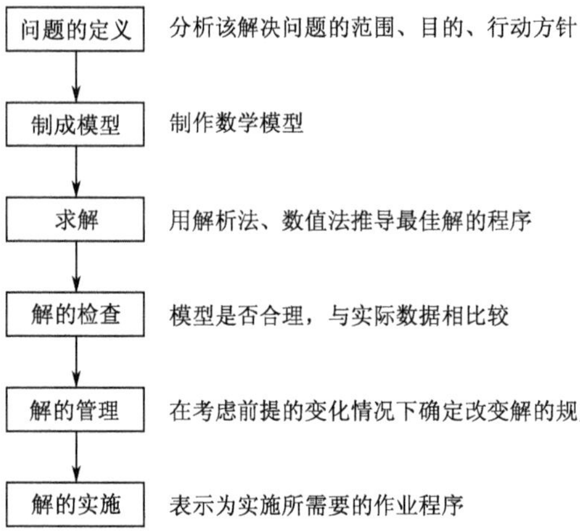

图 6.7　解决问题的运筹学程序

系统分析程序如图 6.8 所示。

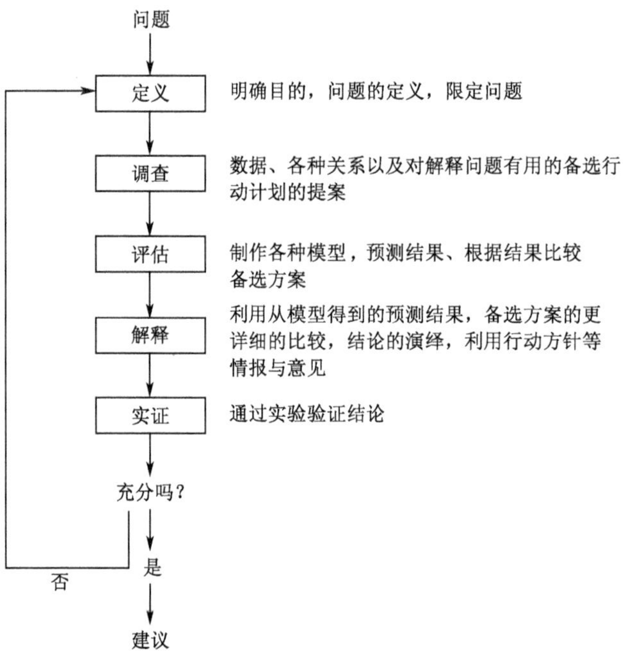

图 6.8　系统分析的程序

2. 系统分析的准则

系统分析处于战略地位，而运筹学则处于战术地位。系统分析发展了运筹学，也可以说是运筹学的延伸。因此，作为一个系统分析者，除了要求知识面广博之外，还必须随时注意以下几个准则：

1）外部条件与内部条件相结合

作为一个系统，不仅有系统内部诸因素的作用，而且必然受到外部条件的制约。例如，设计一个工厂，既要考虑到工厂本身的各种因素，如生产系统、物流系统和情报系统的相互作用，也要考虑到外部环境系统、协作系统、运输系统以及职工生活福利系统等各种因素的影响，必须将内外部各因素结合起来，进行综合分析。

2）局部效益与整体效益相结合

一个母系统由许多子系统组成。在通常情况下，每个子系统的效益最佳，母系统的效益也最佳。但情况并不都是如此，有时就子系统来看是经济的，但对母系统来讲就不经济了；反之，就子系统来看并不经济，而对母系统来讲却是经济的。局部效益好，不等于整体效益好；局部效益差，不等于整体效益就差。因此，在选择方案时，必须将两者结合起来考虑，而更加重视整体效益的最佳化。

3）定量分析与定性分析相结合

定量分析在系统分析中是必要的，因此，往往要建立数学模型，使其结构化、公式化、货币化。但是，在实际工作中，有不少因素是难以用数量来表达的，如劳动条件、政治因素、环境影响等。这些因素只能根据经验统计分析和直观判断来解决。作为系统分析，就不仅要进行定量分析，而且要进行定性分析。在一般情况下，先进行定量分析，后进行定性分析，最后两者结合起来进行综合分析。有时这两者也互相交错进行，最终达到选优目的。

4）当前利益与长远利益相结合

选择一个良好的方案，不仅应该从当前利益出发，而且还要考虑到长远利益。如果一个方案，从目前利益与将来利益来看，都是有利的，那显然是最理想和完美的。但是在当前利益与长远利益之间，并不总是这样一致。有的方案，对当前有利而从长远看不到；也有的方案，当前看来不利而对长远有利。因此，必须将两者结合起来考虑，并且更多地注意长远利益。

所以，系统分析这门学科充满着辩证法。列宁在谈到辩证法的要素时指出："事物（现象等）是对立面的总和与统一"。"分析和综合的结合——各个部分的分解和所有这些部分的总和、总计"（《列宁全集》第 38 卷，第 238、239 页）。唯物辩证法的基本观点，应该作为系统分析指导思想。

3. 系统分析实例：区域能源发展方向预测

国际上某一地区考虑能源的发展方向，它就必须首先对既有能源情况做系统的调查，从而选定重点发展的能源种类，再进行综合比较，最后对技术上可行性、厂址选择等问题，也加以系统分析。

1）统计近30年来各种资源所发电力并进行比较

从统计资料来分析，可以看到，现有发电资源是依靠水力、煤、油和天然气。进一步，对各种资源的开发利用情况做详细的调查，其结果如下：

（1）水力资源的开发潜力有限。水力发电的总开发量可达500万千瓦，但有开发经济价值的仅200万千瓦，其中已开发的占90万千瓦，正在施工中的约为46万千瓦，故近期内有开发经济价值的仅有40万千瓦。虽然水力发电量每年有增长，但由于用电量急剧增长，它在总发电量中所占比重逐年下降，水力发电有逐渐被火力发电取代之势。

（2）煤蕴藏量有限。据调查蕴藏量为2.6亿吨，如照年产量400万吨计，仅够开采60年。况且煤大部分还需用于其他工业（如炼钢），不能作为发电的主要资源。

（3）石油、天然气不足以依靠。本地区探明的石油藏量较少，目前，自产石油仅占总耗量的2%不到，其余均依赖进口。天然气蕴藏量较大，现用天然气发电已达11万千瓦。但考虑到天然气污染小，决定优先列为家庭与工业燃料，不作发电之用。

最后，经过综合比较，本地区目前发电总量中的70%以上用石油发电，石油占整个进口能源的99%，其来源是中东波斯湾国家，地区集中，一旦中东局势变化，则电力供应就会发生危机。此外，近年来石油价格大幅度上涨，对工业发展也不利。因此，开辟新的能源实属必要。

煤有较多的进口来源，但它涉及海洋船只、码头装卸设备、陆上储存、运输等许多问题，故不能作为理想的电力资源。相比之下，核燃料不仅可从多个地区进口，有可靠的世界市场，且为一种高能燃料，体积小，用量少，运输、储存等问题不大。可以从六个方面对三种能源进行比较，见表6.3。

表6.3　各种资源系统比较

资源种类	煤	石　油	核燃料
进口来源	澳大利亚等地	中东	美、加、澳、非洲
是否受国际危机影响	受影响	受影响	不受影响
运输工具	船、车	船	飞机
储存	需要大量储存场地	大油库	不占很大地方
发同等电力所需的燃料	8万千克	5万千克	1千克
运输时间	2～3周	1个月以上	2～3天

2）核能发电与火力发电的经济比较

（1）建厂投资高。一般建成一座核电厂所需投资可以建成同样能力的火力电厂两座。

（2）发电成本低。发电成本指建厂投资、燃料、维修操作等各项费用的综合指标，核电厂建厂费用大，但燃料便宜，操作人员少，维修费用低，故其综合指标发电成本还稍低于火力发电厂。

因此，还是核能发电具有较好的经济性。

3）就环境污染看核能发电

（1）空气污染小。一台 600 兆瓦烧煤发电机，每小时排出 7 吨二氧化碳、18 吨灰分和 5 吨一氧化氮。石油中含硫 3%，故也排放有害气体。核能发电则对空气不发生污染。

（2）放射性污染。核电厂的放射性污染有三种：废气、废料和废液。

废气：通常每人每年在自然环境中会受到自然环境的宇宙线等照射，所受到放射性剂量为 150 毫伦。而根据核电厂的设计标准，操作人员每年所受的放射性剂量至多不超过 50 毫伦，相当于自然环境辐射的 1/3，故对人体没有危害。

废料、废液：废料经中和、脱水、浓缩后，混以水泥，固化后放在密封的铁筒内，埋于深山中；废液经过滤、衰变、加大量水稀释后注入大海。

4）核电厂厂址选择

必须考虑如下几个因素：

（1）远离地震、断层与海啸区。这是因为核燃料是一种放射性物质，并具有较长的半衰期，核电厂一旦遭到破坏，将不堪设想。

（2）人口越少越好，以防发生事故时，使居民受害。

（3）水陆交通方便，有大量水供应。交通方便是为了巨型设备的运卸和人员来往。核电厂要放出大量废热，必须用水冷却。

（4）离负载中心的距离一般希望较近。

5）技术上的考虑

选择反应堆应慎重考虑的项目：①技术设计的成熟性；②可靠性、安全性；③电厂的可利用率；④设备及器材的质量；⑤维修操作性强；⑥经济性；⑦整个工程进度应根据未来 10 年发电计划来制定。

4. 系统分析的技术——系统工程

1）系统工程的发展概况

系统工程的发展史从第二次世界大战开始，当时首先应用于军事，有人也称它为运筹学。20 世纪 40 年代初，贝尔电话公司在发展微波通信网络时，采用了系统工程，他们按照时间顺序把工作划分为规划、研究、发展、发展中的研究和通用工程等五个阶段，在实施过程中尝到了甜头。同期，美国通讯器材公司（BCA）也在彩色电视的研究工作中运用了系统方法，并收到良好的效果。

20世纪40年代下半叶出现了两件大事：一件是1946年电子计算机的问世，这给以后系统工程的发展提供了运算的手段；另一件是1948年N.维纳（N. Wiener）创立了控制论，它使人们对系统的重要属性——信息、反馈加深了认识，为系统工程的发展提供了重要的理论工具。

1950年，美国麻省理工学院试验了系统工程的教育。1954年，美国范·帕拉克大学开设了一门“工程分析”的课程，用来培养学生运用基本理论与教学创造性地解决各类问题的方法。从此，人们对系统工程越来越重视了。

1965年，美国出版了一本《系统工程学手册》，阐述了系统工程的方法论、系统环境、系统元件、系统理论、系统技术和系统数学等，比较全面地概括了系统工程的研究范围，使这门学科渐趋成熟。接着，法国、日本、德国也出版了各种系统工程方面的书籍，在内容上各有所长。

在系统工程的研究与应用方面，美国居于前列，其次是英国等欧洲国家，原苏联与日本起步较晚，但20世纪70年代以来也日益给以重视。美国从1953年起就在个别大学内设置系统工程系和开设系统工程课程，并授予学士、硕士、博士学位。到1974年已普及到40余所大学，其中包括哈佛大学、麻省理工学院、普林斯顿大学等著名大学。美国空军、通用电气公司、威斯汀豪斯公司为培训所属工作人员，都自己举办或委托附近大学举办系统工程训练班。在系统工程的理论及应用研究方面，著名的兰德公司、斯坦福研究所、马特尔研究所、贝尔研究所等都展开了有关的研究和应用。据称美国在70年代初，已有系统工程师17.5万人，目前，已增至300万人。

英国于1964年开始在兰开斯特大学成立系统工程系，以后又有伦敦市立大学等几所大学相继成立有关科系。1971年起，英国的电视广播大学也进行这方面的教学，并授予学士和硕士学位。除培养专门的系统工程师外，一些大公司还举办短期的学习班，向企业管理及领导人员传授有关的基本理论与方法。例如，为经理举办的速成班，只要四天，就可以使富有管理经验的经理掌握系统工程的思想方法，并运用到本行业中去。

日本由于缺少系统工程方面的经验，20世纪70年代初向美国兰德公司等机构求援。为了缩短差距，日本政府及企业界大声疾呼要求设立系统工程专业及研究机构，并通过书刊、演讲会大力开展系统工程的学习与普及工作，出现了“系统工程热”。到1975年，日本已有系统工程师11万人。

原苏联比英美起步晚得多。主要原因是缺乏人才、资金、技术资料和设备，特别是电子计算机。20世纪60年代后期，在运筹技术，如数论规划、博弈、排队论等方面有所进展。到70年代，进一步重视系统工程在大型科研项目中的应用，成立了专门的研究所，进展较快。

我国 20 世纪 60 年代开始在一些科研项目上采用系统工程，如 1962 年，在钱学森同志的倡导和支持下，结合我国情况提出了试行报告，1963 年在 S-1 数字计算机磁芯存储器的研制工作中进行了试点，使用 PERT，S-1 机进展顺利。“文化大革命”中，这方面工作完全停顿。1976 年后，系统工程工作又复兴了。有些大学设立专业，开设课程，如上海机械学院成立了系统工程专业，并邀请国外学者前来讲课，在国内也组织了学术交流。系统工程从 80 年代以来在我国获得了迅速的发展。

2）系统工程的概念

国内的说法有以下几种：

（1）认为不论复杂的工程还是大企业，以至国家的部门，都可以作为一个体系，这个体系的组织建立和经营运转，如水利枢纽、电力网或钢铁联合企业的建设那样，都是工程技术，所以应该统统看成是系统工程。它不是一门工程技术，而是一大类组织管理的技术的总称。系统工程因体系性质不同，还可以再分：工程体系的系统工程（像复杂武器系统的系统工程）叫工程系统工程；生产企业或企业体系的系统工程叫经济系统工程；国家机关的行政管理叫行政系统工程；科学技术研究工作的组织管理叫科学研究系统工程；打仗的组织指挥叫军事系统工程；后勤工作的组织管理叫后勤系统工程等。除去共同的理论基础运筹学外，系统工程的每个专业又有自己的理论基础，例如，科学研究系统工程的理论基础是科学学。

（2）认为系统工程研究的对象是大型复杂系统的设计和运行，一般说来，更偏重于设计。它是一门综合性科学技术，有目的地对新工程对象进行研究并设计，对已有工程对象进行运行管理与改进，以达到总体最佳的效果为目标。这一系统内部的组成是各种设备与人的有机联系，它们与环境又相互作用、密切联系，在时间领域里，系统工程按照工程的时序综合考虑规划、研究、设计、试验、制造、安装、运行各阶段的相互联系。它又是一门跨各专业领域的总体工程学。它也是一种思想方法论与工作方法论。它的若干原则也能用于行政管理系统和一切系统，关键在于这些系统能否抽象为一定的模型并求得最优的解答。因为它是一种方法论，它的若干原则也适用于小系统。

（3）认为系统工程的任务是把工程技术和科学理论方法用于规划和设计大规模的、复杂的，考虑到人-机因素的大系统，使之达到信息、能量与物质等的综合平衡，而又具有良好的性能指标和经济指标，并且，不断完善规划与设计，使整个大系统最优地实施，最佳地运行。

（4）认为系统工程就是组织管理一个系统的一套东西，包括规则、研究、设计、制造、使用一直到生产这一套方法。系统工程就是组织管理一个系统的科学办法。

（5）认为系统工程就是研究整体上达到最优设计、最优控制和最优管理，从而最充分地发挥人力、物力的潜力，使局部和整体之间关系协调配合，以实现系统的综合最佳化，最大限度地提高社会劳动生产率，创造更多的社会财富的一门科学。它是在计算机科学、现代控制理论、运筹学、信息科学、经济管理科学的基础上发展起来的一门边缘科学。

（6）认为系统工程是用系统科学的观点，控制论的基础，信息论的理论，经济管理科学的实质，现状数学的最优化方法，电子计算机和其他有关工程学的技术，融合渗透而成的一门综合性的管理工程技术。

国外的说法有以下几种：

（1）美国 J.哲尔格尔在《系统工程初步设计》中说："作为战术基础的导弹技术可以说是一门最复杂的技术。由于它包括几乎所有的物理学部门，因此，必须有各种受过高度专业训练的工程师来为他们服务。为了保证这些专业工程师适当地协调、配合并有效地进行工作，必须给他们提供某种技术上的指导，以求获得有用的最后结果，这种指导可称之为系统工程学。"

（2）日本岸田纯之助在《系统工程的发展》中这样写道："战后最重要的工程概念有两个：一个是反馈（自动控制方面的）；一个是系统工程。日本战后最初的十几年里，反馈是最重要的概念，而现在重要的概念，可以说是系统工程了。……系统工程是在反馈概念的基础上，以有关各种技术的综合为目的的一种新的工程手法。"

（3）日本工业 JIS："所谓系统工程，就是为了最好地达到系统的目的，对作为系统的对象的组成要素、组织构造、情报流、控制机构等进行分析的技术。"

（4）H.切斯纳茨所著的《系统工程的方法》中写道："系统工程的方法，是把由各种特殊构造和多层机能所组成的系统看作是一个整体，而且系统应当有一个目的，系统的全体应与其目的相称；为使系统内各部分经常保持最佳状态而进行调整工作，这就是系统的目的。"

（5）ASQC"美国质量控制协会"的系统工程技术委员会认为："系统工程，是在系统的设计和制造时在应用科学知识方面具有特别关系的工程学的一部分。"

（6）A.霍尔（A. Hall）在《系统工程方法论》中说："系统工程是一个具有许多侧面的东西，用一段文字来定义是不可能的，通过下列事项可以定义：a. 它的发达；b. 它的过程；c. 它的目的；d. 进行的工作种类；e. 为执行工作所需要的机能及基构成；f. 使用的工具和技术；g. 操作人员种类；h. 同管理施行、作业研究等其他部分的关系。"

我们认为，系统工程是系统分析方法的一种应用技术，而系统分析则是系统工程的方法论基础。

3）系统工程的技术方法

（1）计划协调技术（programming evaluation & review technique，PERT）。

它是由美国海军军械部特种计划局的专家在洛克希德公司导弹系统部等机构专家的帮助下研究而成的。

A. 绘制网络图。

在一项任务确定以后，首先分析一下这项任务可分多少道工序，每一道工序画一个圆圈，并以先后次序用箭头联系起来，画成一张图，这张图就称为网络图，也可叫流程图。

以研制飞机为例，可以分成 14 道大工序（下面程序编号，并不代表其工作先后的次序）：①确定任务，开始研制。②签订研制发动机任务书。③制定出计划，提出研制指标和要求。④完成机身和发动机装配。⑤机身设计完毕。⑥机身生产完毕。⑦签订研制能源任务书。⑧能源生产完毕。⑨签订研制电子设备任务书。⑩电子设备齐套。⑪完成匹配试验。⑫签订研制控制设备任务。⑬控制设备齐套。⑭完成原型样机。

当然研制一架飞机，工序还要多得多，这里是为了便于说明问题，选择其大的工序，画一张极其简化的飞机研制网络图（图 6.9，图中箭头线上的数字以周为单位）。

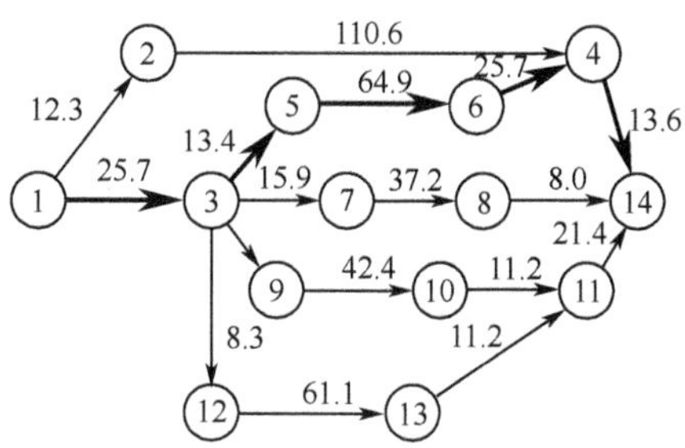

图 6.9　飞机研制的网络图

在一般的大型研制项目或工程项目中，工序是非常多的，因此，网络图就很大，如北极星导弹有十几亿道工序，网络图长 63.8 米，宽 47.8 米，面积为 3000 多平方米。图画好后，接着要求每道工序的主要技术人员估算出完成该道工序所需时间，可估三种时间（以周为单位）：

最顺利情况下，预计最短时间 a;

最不利情况下，最长时间 b;

一般情况下，最可能的时间 m;

对某些任务的工作定额比较肯定的，就不需估计三个数，只要一个数，这就称为肯定型网络。

B. 计算进度，找关键线。

有了三个时间（a, b, m），可以计算出平均周期 T_e 及周期的方差 σ^2， σ^2 是完成工作实际所需周期同预计平均周期之差的平方的统计平均值。

计算出以后，把它写在两道先后工序之间。所需时间清楚后，就可找出关键线。从上述网络图，计算每条通路的时间：

①→②→④→⑭

12.3+110.6+13.6=136.5（周）

①→③→④→⑤→⑥→⑭

25.7+13.4+64.9+25.7+13.6=143.3（周）

①→③→⑦→⑧→⑭

25.7+15.9+37.2+8.0=86.8（周）

①→③→⑨→⑩→⑪→⑭

25.7+14.7+42.7+11.2+21.4=115.4（周）

①→③→⑫→⑬→⑪→⑭

25.7+8.3+61.1+11.2+21.4=127.7（周）

找出平均周期最长线为 143.3 周，此为关键线，也就是主要矛盾线，或称短线。如在这条线上多花一周，整个工程就多一周；如缩短一周，就少一周。这样，就可在关键线上很好地安排人力、财力、物力，使时间缩短；其他线，如 86.8 周这条线，就可利用空余时间抽调人干别的任务或支援关键线。

C. 网络图的最优化。

如果计算完成日期与指定完成期比较能接受，就可着手执行。如果出入较大，就要重新部署力量，安排工作，调整网络。①查一查最紧急线上，即关键线上时间估得合理否？能缩小最好。②研究任务的阶段划分是否对？有无更好的划分法？工序安排合理否？③研究实施方案是否可以修改？总网络有无调整余地？④研究人力、物力、财力安排上有无余地可以调节？也许调节后可以缩短关键线。可以发动群众提合理化建议以改进网络。

D. 定期检查。

为使网络图运转通行无阻，总指挥过一定时间要召集各环节技术主要负责人及计划管理人员进行全面检查，特别检查关键线是否延长或缩短。如工程分散，则需要一条畅通的通信系统（电话、数据传送、电视等）和邮政系统（文件、图纸资料的快速传递）。

E. 计算机功能。

计算机不仅用以计算平均周期，而且主要用来储存数据。网络图在运转过程中有许多数据信息要储存，以便在需要时可以调用。计算机是很大的储存库，可大大减轻人的工作。

美国 20 世纪 40 年代末好几项重大工程应用了 PERT，如研制北极星导弹采用 PERT，使工期提前 2 年完成，行之有效。

PERT 有许多优点，如技术原理简单，便于推广使用，对缩短工程的时间很有效。但 PERT 也有不够完善的地方：①网络中每一事件只能是确定型的，无法处理概率事件；②网络中不能出现网络，每个事件只能执行一次，无法重复；③整个过程只能有一个终端事件。

美国为了克服 PERT 方法的缺点，在阿波罗登月计划中，从 PERT 基础上发展起了另一种类似的 GERT。

（2）图示协调技术（graphical evaluation & review technique，GERT）。

以生产某零件为例，零件经过两个生产阶段：第一阶段完毕后有一道检验工序，根据检验结果，决定该零件或是报废，或是送往第二阶段，或者返工；第二阶段加工以后，经过检测或者报废或者出厂（图 6.10）。

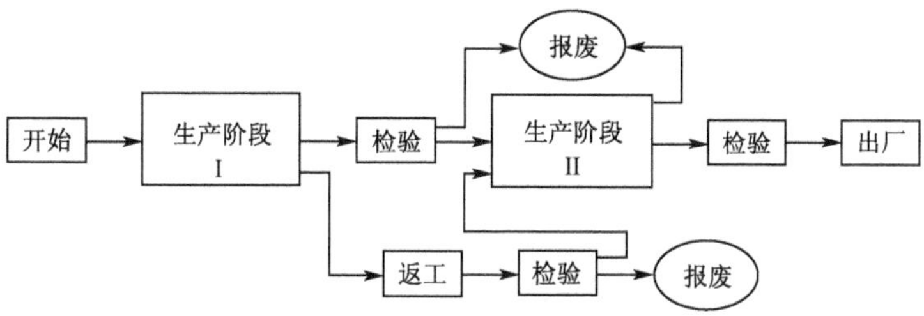

图 6.10　图示协调技术的方框图

GERT 主要应用于时域系统，如大型科研或工程的组织管理、生产组织管理、存储控制以及可靠性设计等。其网络模型与 PERT 流线图相似，不过其节点应为逻辑节点，逻辑节点有图 6.11 中所列的六种形式。

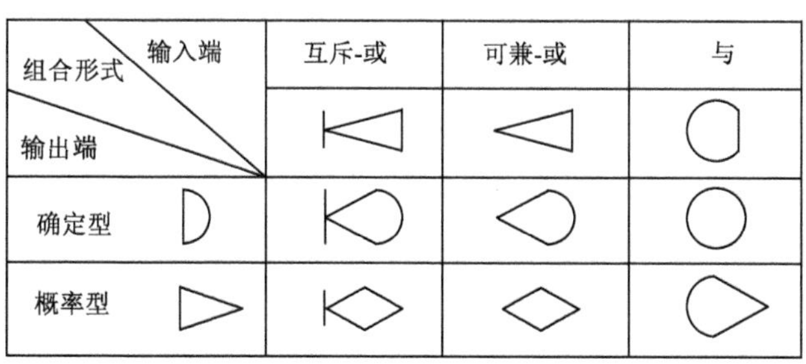

图 6.11　网络图的节点形式

说明：①“互斥-或”型：任一条输入支路实现，都导致该节点实现，但在一个时间间隔中，只允许实现一条支路。②“可兼-或”型：任一条输入支路实现，都导致该节点实现，该节点实现的时间即最早实现的支路所需的时间。③“与”型：该节点只有在所有支路实现后才能实现，实现时间按支路时间最长的计算。④“确定型”：如该节点实现，所有从该节点输出的分支都要发生，即所有输出支路出现的概率均为 1。⑤“概率型”：如该节点实现，从该节点输出的分支最多只能出现一个。

（3）关键线路法（critical path method，CPM）。

1956 年，美国杜邦公司在兰德公司的合作下，着手研究一种制定规划的方法，借以协调庞大企业内部众多业务部门的工作。经过几个月的研究，获得了关键线路法。它的主要特点是可以在纷繁的平等或交错工序流程中理出关键线来，以此作为主要矛盾来抓，以期缩短工期。杜邦公司为了检验 CPM 的效果，决定在设计一所价值 1000 万美元的化工厂时，建立两套班子搞规划。一个用老的经营管理检验方法制定规划，一个用 CPM 来制定规划。计划制定后，由于某些技术上的原因，工厂的原定用途需做部分调整，40%的图样需修改，于是必须重新制定计划：按 CPM 制定的规划，只需修改原计划的 10%，而按老概念和方法制定的规划需全部返工。另外，两者相比，CPM 确定的执行时间要缩短两个月，如果用电子计算机进行运算，还可再减少两个月，并且可以进行人力的合理分配。因此，这是一种行之有效的系统工程方法。

图 6.12 所示是镗床大修工序流程图，包括 10 道工序。

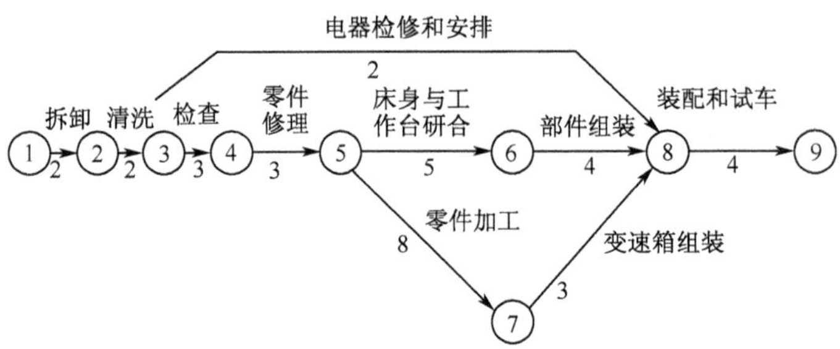

图 6.12　镗床大修工序流程图

图 6.12 中，箭头底下的数字为完成该项工序所需的天数，其时间为肯定型，这同 PERT 方法有区别。因此，其网络图可称为肯定型网络。

接着，就可以找关键线（即用时最长的路线）。

$$①\xrightarrow{2}②\xrightarrow{2}⑧\xrightarrow{4}⑨ \qquad 8\text{天}$$

$$\text{①}\xrightarrow{2}\text{②}\xrightarrow{2}\text{③}\xrightarrow{3}\text{④}\xrightarrow{3}\text{⑤}\xrightarrow{5}\text{⑥}\xrightarrow{4}\text{⑧}\xrightarrow{4}\text{⑨花板}\qquad 23\text{天}$$

$$\text{①}\xrightarrow{2}\text{②}\xrightarrow{2}\text{③}\xrightarrow{3}\text{④}\xrightarrow{8}\text{⑦}\xrightarrow{3}\text{⑧}\xrightarrow{4}\text{⑨}\qquad 22\text{天}$$

因此，中间一条为关键线。为了缩短关键工序总时间可以采取多种方法，如尽力保证关键线上人力、物力并加强管理；在非关键线上挖掘潜力；在关键工序上搞技术革新；也可以采用平行作业和交错作业的办法。平行作业是把一道工序拆成几道同时平行进行；交叉作业是相连接的几道工序交错进行。

（4）计划、程序、预算法（planning programming budgeting system，PPBS）。

它主要是为领导机关制定各项决策（如国防、经济、工业、大型科研项目等）提供必要的情报，以便对可能采用的方案做出选择。1961 年，美国国防部长麦克纳马拉为了解决陆海空三军在生产研制武器系统等方面相互争夺预算的矛盾，委托兰德公司设计这种计划及预算管理方法。以后，该法又推广到商业企业。该法分成三部分：①计划——确定综合的线路目标，提出若干方案，分别做出费用效益分析，求出资源分配的最佳方案；②程序（或规划）——对计划的战略目标编制成为期五年的规划。③预算——在五年规划的基础上制定第一年度的预算。这三者汇总起来就构成“计划、程序、预算”系统方法。

为了便于把计划与预算工作结合起来，两者在结构上完全相同。例如，美国国防部的预算一般按研究、研制、试验和评价四大项进行拨款下达各军种和直属单位。这四大项又分成 340 个部分，它们在预算结构和计划结构上是相同的。在预算结构中，叫作“分项”，在计划结构中叫作“分目”。计划“分目”的下面又分成若干个技术项目，下面又细分为很多技术任务。根据这些技术任务再与企业等单位签订合同。每年根据计划“分目”中的任务在相应的预算“分项”中支取经费。国防部主要根据上述 340 个部分的费用水平进行财务检查。在检查时，把计划的执行情况、年度费用同该计划所需总费用进行对比，这样就可以经常掌握技术工作的进展情况，了解技术突破或挫折对总费用的影响而不单是对当年费用的影响。

PPBS 的优点是：①可以根据最高领导的意图有目的地从上而下制定各自的计划，改变过去从下而上机械地进行汇总所造成的割裂或重复，从而可用最少的费用，取得最大的效果。但为了从上而下地制定计划，高级领导部门需要及时收集大量的统计管理数据，因此必须利用电子计算机。②为了完成主要目标，可利用系统分析选出最佳方案。③既能定出长期费用，又能定出年度预算，便于执行和检查。

6.3　未 来 预 测

未来预测，也称“社会未来预测”或“未来学”，主要探索现代工业和科学技术对于人类社会带来的后果。

当前，国外未来预测的学者，围绕着粮食、能源、科学技术、生理学、心理学等方面的问题展开了广泛的讨论，形成了各种学派，诸如悲观派、乐观派、恐惧派等。

悲观派认为，到 21 世纪的头 10 年，地球上会出现矿藏资源消耗殆尽，粮食生产增长终止，环境污染不可收拾的状况，摆在人们面前的是一幅可悲的图画。他们估计，人类将在核战争中大量毁灭，社会将倒退到永久的野蛮状态，出现一个新希腊悲剧。米都斯（D. Meadows）等人为罗马俱乐部起草的报告《增长的限度》，以及他们在著作中提到的“零的增长”观点，可以说是一个代表。他们建议要急速缩减人口，遏制工业生产的增长速度，应该维持在人和机器简单再生产的水平上……。人们形象地称他们为新马尔萨斯主义性质的“生态学悲观主义者”。

乐观派与此相反，他们并不否认存在着人口过多、食物和能源短缺、环境污染、气候变化等潜伏的危机，但是，他们认为人类将能克服种种史无前例的挑战，在人类面前还处处存在着大有作为的生长点。例如，有的学者认为：“我们最深的矿（现在达到超过 7000 英尺的水平），在我们这个直径 8000 英里的行星的表面上，只不过是一些针刺的小孔，谈论我们主要缺乏何种元素和矿物，显然是荒谬的。”也有的学者认为：“随着世界人口的不断增长，陆地现有的资源（食物、淡水和原料）将不能保证这样众多的人口需要。这迫使人们把眼光再次投向海洋。为此，必须建立新的海洋技术。对海洋生物的运用、海水的淡化以及从海洋矿床开采矿物的众多可能性寄托了很大希望。”因此，乐观派被人们称为新凯恩斯主义性质的“科学技术乐观主义者”，代表人物赫尔曼 · 康恩（H.Kahn）（美国）被日本称作“贩卖玫瑰色未来的推销员”。与此同时，在西方还出现一些与乐观派相呼应的“后工业社会”、“后资本主义社会”、“电子技术社会”等理论。

还有一种“恐惧派”。他们担心科学的发展会使人类在机器社会中变成“劣等种族”。他们认为对人类的主要威胁并不是核战争，而是“一种互相联系的计算机系统”，“世界，也许整个银河系都要被……计算机所统治和控制”，“人将成为计算机思想家的玩物或害虫，成为它们对低级发展形式的一种回忆，保存在将来的动物园里”。有的学者在 1933 年就说：“这种时候将要到来；机器将是如此完善，以致它们不需要人的任何帮助也能操作，机器将接管整个世界……而最后存在的人们，已经变得毫无用处，在这种技术环境中不能呼吸和生活，他们将消失，而在他们的身后将留下一个由他们的智慧和双手创造的新世界”。真是描写可怖又可悲！

世界上著名的未来预测研究机构举例如下：

1）人类 2000 年国际协会

它是由西欧、东欧、北美、南美等地区的国家大约 500 名学者、知识分子、艺术家和思想家组成，会址在荷兰，荷兰未来学家波拉克教授为主席。这个协会的宗旨是，为人类进步做出一些科学贡献，并敦促公众和政府重视对未来的研究，以使未来研究蔚然成风。

2）世界未来学会

1966 年在美国成立，总部在华盛顿。到 1975 年，共拥有分散在 80 个国家中的 16 000 名会员和 70 多个团体会员。学会成立许多研究小组，如生物、医药、城市、通信、教育、能源与资源储备、粮食与人口、新技术、运输等。学会有两种出版物：一种是《未来学家：关于未来的预测、趋向和理论》杂志（双月刊）；另一种是《世界未来学会通报》。截至 1975 年，举行过两次大会，第一次在 1971 年，参加者 1000 人；第二次在 1975 年 6 月，参加者达 2000 人之多。

3）罗马俱乐部

是一个非官方的国际协会，由 25 个国家，近 100 名科学家参加，主要发起人是 A.贝切伊博士。罗马俱乐部研究探讨一些世界性的问题，如富裕中的贫困、环境的变坏、对各种制度失去信息、杂乱的城市扩展、就业无保障、青年的异化、通货膨胀等。罗马俱乐部认为，这种现象有三个特点：①在各种社会中都存在；②它们包含技术、社会、经济、政治等因素；③它们互相影响。1970 年，他们提出了弄清这些问题的全球模型。

4）国际未来可能性协会

是国际性研究机构，总部在巴黎，创始人是法国著名未来研究企业家 B.德•儒弗内尔。拥有分布在 45 个国家中的 100 多名会员，和由 2000 人组成的包括 70 来个国家的联络网，互相保持通信联系。该协会设有专门图书馆，藏有 6000 册论述未来研究的书籍，并提供档案服务，可以查阅过去 20 多年来全世界未来研究的发展过程。协会从 1976～1980 年的研究活动主要为下列六个方面：①社会问题的未来研究和决策过程；②生活方式；③社会动态；④环境与生活的质量；⑤自然资源；⑥国际关系。协会的出版物有双月刊《未来可能性》和每月用两种文字出版的通讯《未来消息》。

5）世界未来研究联合会

是国际性未来研究组织，现有 42 个国家的 34 个团体会员和 235 名个人会员。经费来自团体和个人会员缴的会费和有关团体、基金会或私人的资助。联合会的宗旨：①促进并鼓励未来研究与新的跨学科研究，促进并鼓励人们的富有批判性的新思想；②促进未来研究各领域间的合作；③促进人们提高未来意识；④计划并举办地区或国际未来研究大会，提供交流情报资料和观点的论识；⑤促进各国政府、国际组织、决策团体和机构认识到未来研究的迫切需要，以解决地方、国家、地区、全球范围的世界未来问题；⑥协助国家和国际的未来研究活动。

第 7 章　竞争情报研究

7.1　竞争情报研究概述

竞争情报（competitive intelligence）是关于竞争环境、竞争对手和竞争策略的信息的研究。现代竞争情报是市场竞争激化和社会信息化高度发展的产物，是信息作为一种战略资源的重要体现，也是情报研究的重要发展。

美国是现代竞争情报研究和咨询的发源地，20 世纪 80 年代中期，美国竞争情报专业人员协会的成立是竞争情报成熟发展的标志。90 年代初，我国情报机构引入“竞争情报”，为我国情报研究进入一个新的发展阶段提供了契机。倡导竞争情报的现实意义：首先，能促进科技信息机构与企业的联系，把以往的科技情报研究纳入市场经济的轨道，变间接服务为直接服务；其次，拓宽了情报研究领域，使研究领域逐步渗透到社会经济发展的各个层次和各个方面，丰富了情报研究学科的内涵；再次，是对信息的集成和升华，用知识、技术和经验推动智力对信息再加工、深加工的信息增值服务。竞争情报研究的基本范围可以分为企业内外两个范畴，即企业环境分析和企业内部分析，企业环境分析包括行业动态、宏观环境、竞争对手、客户、供应商和合作伙伴等；企业内部分析包括组织结构、资源、经营战略、企业文化等。

竞争情报研究的内容包括信息收集、信息内容重组、信息深加工以及市场需求发展的预测等一系列智能活动。从企业竞争情报的调查对象上说，企业竞争情报研究的主要内容有企业所处的竞争环境调查分析、企业竞争对手调查分析、企业自身竞争力和素质调查分析、竞争策略制定分析。从企业竞争情报的实施过程来说，企业竞争情报研究包括竞争情报规划和定位、竞争情报收集、竞争情报分析和竞争情报传递。从系统和网络的角度说，企业竞争情报包括竞争情报系统和网络的建立，企业竞争情报离不开情报系统的建立，它既是一个人际网，也是一个人机网，这一系统将竞争情报的重要要素和过程有机地结合起来，保证了企业竞争活动的开展。

竞争情报所要解决的问题包括一个企业如何获得持续的核心竞争优势；如何在产业领域内选择一个合适的细分市场，从而在集中一点的战略基础上建立竞争优势；什么时候和如何才能用协调一致的战略在有关产业的竞争中取得竞争优势；企业在追求竞争优势中的不确定性表现在什么地方；一个企业如何维护其竞争地位。因此，竞争情报研究认清和了解企业所处的环境环境和态势，了解和分析企业竞争者及企业自身的优势与劣势，为企业竞争策略或战略的指定提供富有建设性的建议。企业竞争情报可为企业赢得竞争提供强有力的智力支持和情报保障，将成为企业运行环境监测的瞭望哨、企业运营的导航员、策略制定的智囊团、管理决策的思想库，并从信息、情报知识的层次上保证企业战略的实施。

竞争情报作为一种独特的情报活动，具有很强的竞争性、对抗性、智力性和增值性，一般传统的情报研究工作难以满足这种需求。从竞争情报的目的和产生意义上来看，竞争情报具有很强的竞争性，它是日益激烈的市场竞争的产物。从企业活动的性质来看，竞争情报具有很强的对抗性。在经济、科技领域，处处存在着利益冲突，竞争情报经常是在对方防范，甚至反对的情况下了解、分析竞争对手，目的是为了在竞争中战胜对手，因此具有强烈的竞争性。竞争情报从其研究过程来看，倾注了人的大量的智力活动，对情报进行收集、选择、加工、分析、预测，离开了人的智能分析，竞争情报也就失去了真正的内涵和意义。而且通过人们的智力活动，使竞争情报具有较高的商业价值，为企业带来巨大的经济效益和发展空间，对企业的战略增值也是难以衡量的。

竞争情报工作主要由以下几个部分构成：信息收集整理、信息分析、情报提供、情报利用反馈。根据竞争情报的工作流程（图 7.1），竞争情报系统是建立在多种系统的基础上，包括信息采集、情报分析和情报服务三个模块（图 7.2）。

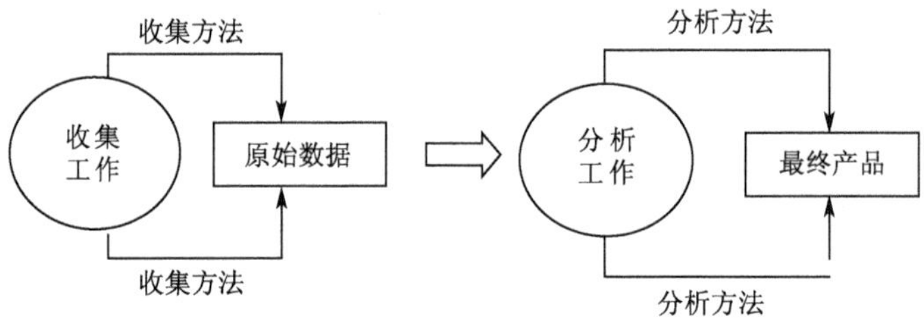

图 7.1　竞争情报工作流程

图 7.2　竞争情报系统

竞争情报收集子系统是竞争情报体系中信息系统的重要构成部分，是竞争情报工作的基础。竞争情报收集子系统根据企业各部门规定的任务和 CIO 确定的情报课题收集信息，并初步筛选，同时做好文件资料的保管及归档工作。

竞争情报分析子系统是企业竞争情报的核心，它是以人的智力为主导实现信息的集成和重组。竞争情报分析人员运用恰当的分析方法和技术，采用人工分析和机助分析把信息转化成真正有用的竞争情报。

竞争情报服务子系统是企业竞争情报的输出系统，它的主要功能是根据决策者和有关人员的情报需求，动态地提供情报产品和情报服务。一般说来，竞争情报服务子系统提供如图 7.3 所示的产品及服务。

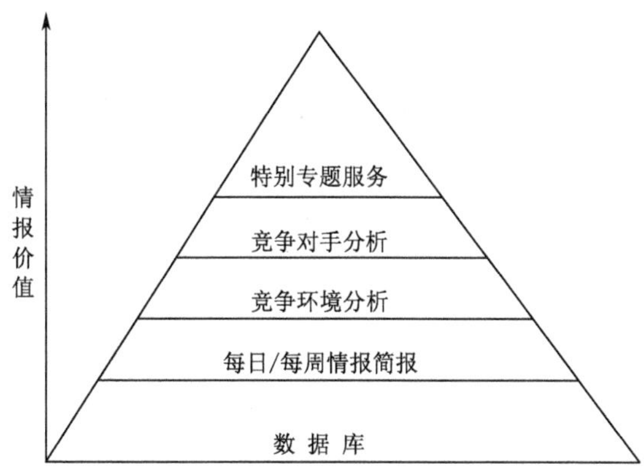

图 7.3　竞争情报服务产品

建立竞争情报系统要与企业文化建设相结合，这样，竞争情报活动才能深入到企业的日常工作中，才能真正提高企业的快速反应能力。企业良好的信息环境是企业竞争情报研究成功与否的重要因素之一。美国罗伯特・马池指出，必须建立一种环境，使企业竞争情报系统官员能够通过某种途径与组织内各阶层管理者分享竞争信息，并让管理者使用这些信息去解决问题或达到某种目标。而在企业的实际操作中，不少部门经理只关心自己周围的信息环境，不愿意与别人交流，因此，从政策、业务流程、信息策略以及行为角度理解并促进信息环境的改善是十分重要的，应在企业中通过提高每位员工的情报技能，建立人际网络及其运行机制和促进信息流动来建立竞争情报驱动的企业文化，在企业文化中渗透竞争情报思维方式和行为模式，使每位员工主动考虑企业的竞争目标和需求，在自己的日常工作和行为中发现对企业竞争情报有用的信息或有启发的信息。同时，通过每位员工对竞争情报的参与，培养员工对企业的认同，提高其业绩。有调查显示，妨碍员工业绩提高的一个因素是员工缺乏关于企业有意义的信息。如果让员工更多地了解企业的运行状况、公司的理念和目标，让他们知道公司的竞争策略需要他们的积极参与，就会增加他们的自豪感和责任感，从而促使他们为企业贡献自己的智慧，提高企业的凝聚力和竞争力。

7.2　竞争情报研究的程序

1. 竞争情报的收集

商场如战场，获取竞争情报是企业开拓市场的需要，竞争情报的获取归纳起来有以下几方面：

（1）公开报刊信息资料。主要来源大部分是公开的报纸杂志、年度报告、会议记录、技术介绍、数据库、网上信息及有关的宣传报道。常用的有政府的工作报告、各类年鉴、手册、商业与技术报刊、专利、各类数据库等。

（2）实地调查收集。包括观察法、跟踪法、监测法、人际交流法、问卷调查法等。

（3）跟踪竞争对手搜集。包括掌握竞争对手最新动向、探清消费者从竞争对手那里得到的信息反馈，并对竞争对手进行跟踪调研、监视和分析， 模拟竞争对手制定有关计划。

（4）委托咨询机构收集。直接向情报资料机构、咨询专家进行咨询，委托他们收集竞争所需的情报。

（5）交换与索取方法。与有关高等院校、科研所、企业、情报部门等建立情报资料交换关系，可以收集到这些单位自办的科技刊物、产品目录、产品说明书、专业会议资料等内部资料。没有交换关系的有时也可以直接向对方索取。

（6）反求工程法。就是对载有商业秘密的产品进行解剖、分析或化验等，从而求知该产品的原材料、设计、生产制造工艺等方面的商业秘密的方法。

2. 竞争情报的组织

目前已有越来越多的企业认识到信息、智慧与知识是企业的财富，能为企业竞争战略的制定提供许多决策性的帮助，然而信息的管理和组织必须是以每天、每星期、每个月为基础的连续性工作，否则就起不到为企业的战略和战术管理工作服务的作用。因此，企业竞争情报研究在信息收集的基础上，需要建立一个正式的竞争情报系统，不断发掘企业内外部信息资源，并在此基础上加以分析，得出结论，帮助企业决策层增加了解如何获得与保持企业竞争优势的途径。

竞争情报系统是将企业作为一个整体来处理，是企业与其外部环境的相互关系的战略性信息系统。该系统的基本工作模式可以描述如下：企业系统在与其外部环境相互作用过程中所遇到的问题是影响企业长期发展的战略问题，这些战略问题通过一定的方式反映给战略管理人员，战略管理人员在竞争情报人员的协助下通过竞争情报系统对来自企业内外部环境的各种数据和信息进行系统分析，战略管理人员据此做出战略决策，然后通过企业与其外部环境的相互作用实施竞争战略（图 7.4）。

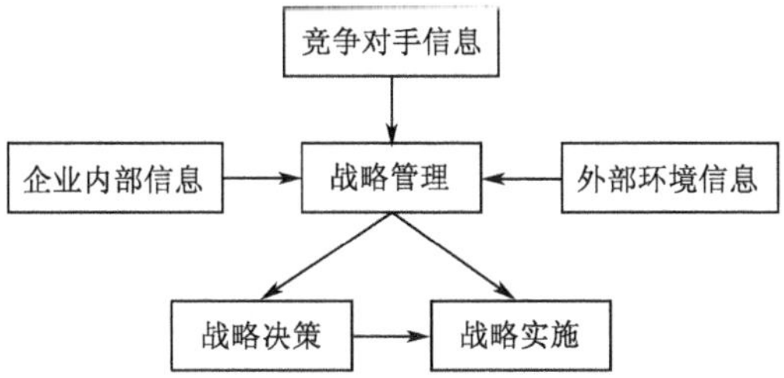

图 7.4　企业竞争情报系统

美国的经验还表明，最高决策层对竞争情报过程的直接参与是竞争情报活动获得成功的重要条件。他们认为："成功的竞争情报部门的组织必须保持与领导者的密切关系，从部门启动之初即应明确他们的情报需求，必须保证他们的始终参与，不仅要参与情报的及时更新，更要参与整个部门的工作过程。管理者们通常都拥有丰富的信息源，他们广博的经验将使他们能有效地参与对信息的解析。"

3. 竞争情报的分析

竞争情报的分析是竞争情报研究的核心和关键，是将收集的零散的、非系统的情报进行有针对性的、系统的分析和综合，最终形成有价值的、可操作的情报。

7.3　竞争情报分析方法

竞争情报的分析方法按竞争情报的内容可以分为竞争环境分析法、竞争对手分析法、企业自身因素分析法、竞争战略分析法。

1. 竞争环境分析法

（1）五种竞争力模型。根据迈克尔·波特提出的驱动产业竞争的五种竞争力作用来分析企业竞争，从而形成战略观点。

（2）产业细分化方法。确定在产业内存在的多种竞争层面，通常可分为产品类别、购买者特征、销售渠道及地理划分。

（3）事件分析法。找出企业必须面对的关键机会和问题，从而保持和增强其竞争地位。

（4）政治及国家风险分析法。用于评价在海外的经营市场（资产、营运、利润、人事等）及风险程度。

（5）专利分析法。专利分析法对专利文献中法律数据信息、对手尚未授权的公开专利进行监视和分析，分析利用竞争对手已授权的专利文献信息，对竞争对手拥有的全部专利、本行业专利状况进行定期统计分析，密切监视竞争对手专利申请动向等，并利用统计分析的方法使这些信息具有总揽全局和预测的功能。专利情报是竞争情报分析中最主要的信息源，有关内容在本书第 8 章详细介绍。

2. 竞争对手分析法

（1）定标比超法。它的基本宗旨是通过对主要竞争对手和同行一流经营组织先进生产和经营环节的信息分析，以此来对比本公司存在的弱点和不足，从中找到赶超对手、占据市场的具体奋斗目标。

（2）竞争对手跟踪。包括对竞争对手的战略、战术、管理、运营及其他相关活动的评估以确认其优势、劣势以及未来的可能。

（3）竞争力分析。用于确定能够成为本企业独具特色的某项价值链活动，它既能够为企业创造价值，又是可持续竞争优势的源泉。

（4）反求工程法。就是对载有商业秘密的产品进行解剖、分析或化验等，从而求知该产品的原材料、设计、生产制造工艺等方面的商业秘密的方法。

3. 竞争战略分析法

（1）竞争态势法（SWOT）。分析应用于竞争情报活动研究的实例，通过调查分析列出来，并依照一定的次序按矩阵形式罗列起来， 然后运用系统分析的研究方法将各因素相互匹配起来进行分析研究，从中得出一系列相应的结论。

（2）共同利益分析。用于研究在不同企业间业务合作的可能有形的（如原材料、生产、销售）及无形的（如管理技巧、声誉）收益。

（3）多元化业务分析。将总公司的各项业务按产业吸引力及竞争态势排列，以帮助管理人员做出资原配置决策，并评估未来现金流量和获利前景。

（4）利益相关者分析及基本假设判断。发现并分析任何能够影响本企业目标实现或被本企业目标实现所影响的个人或团体的目标。

下面重点介绍竞争对手分析法中定标比超法和竞争战略分析法中的 SWOT 法。

4. 定标比超法

定标比超（bench marking，BMK），又称为标杆管理、定点超越、对标分析、基准管理等。作为竞争情报研究的重要方法，在企业战略管理、质量控制、市场营销、成本管理、人力资源管理和新产品开发等领域得到广泛的应用。

定标比超实践起源于 20 世纪 70 年代末 80 年代初美国学习日本的运动中，首先开展定标比超活动的是施乐公司。该公司在遇到日本强劲竞争对手佳能、NEC 公司的全方位挑战期间，产品市场占有率和销售收入出现大幅滑坡，迫使管理决策层不得不面对竞争现实，认真去了解对手、研究对手。初期仅在公司内部的几个部门进行定标比超分析，到 1980 年后逐渐扩展到整个公司范围。通过应用定标比超开展竞争情报研究等活动，该公司制定并实施一系列赶超竞争对手的措施，取得了明显成效。公司主要产品的制造成本降低了 50%，开发周期缩短了 25 %，开箱合格率由 92 %上升到 99.15 %，重新夺回了部分失去的市场。为此，施乐公司在 1989 年获得了由美国生产力与质量中心（APQC）颁发的马尔科姆·鲍德里奇美国国家质量奖（MBNQA），1992 年又获得欧洲质量奖。

定标比超是将本企业的产品、服务或其他业务活动过程与本企业的最佳部门、竞争对手或者行业内外的一流企业进行对照分析的过程，是一种评价自身企业和研究其他组织的手段，也是将企业内部或者外部企业的最佳做法作为自身企业的内部发展目标，并应用于自身企业的一种方法。作为一种重要的竞争情报分析方法，我们可以从这个角度对定标比超做进一步的理解，定标比超是运用情报手段，将本企业的产品、服务或其他业务活动过程与本企业的杰出部门、确定的竞争对手或者行业内外的一流企业进行对照分析，提炼出有用的情报或具体的方法，从而改进本企业的产品、服务或者管理等环节，达到取而代之、战而胜之的目的，最终赢得并保持竞争优势的一种竞争情报方法。

在日益激烈的市场竞争环境中，越来越多的企业意识到定标比超对于企业生存和发展的重大意义——提高产品质量和生产效率、提高企业管理水平和客户的满意度，从而赢得和保持企业竞争优势。

定标比超的实施流程及步骤一直是其理论研究的重点之一，作为定标比超的首创者，施乐公司提出了实施定标比超的“五个阶段、十个步骤”方法，可以借复印机的定标比超为例，用图 7.5 来简单描述。

1）规划阶段

（1）确定定标比超的内容。这是定标比超的第一步。施乐实施的第一个定标比超的内容是关于复印机制造的。施乐震惊地发现日本的竞争对手竟然以施乐的成本价格出售高质量的复印机，因此，针对这个问题开展了定标比超研究，并取得了很好的成果。

（2）确定定标比超的对象。施乐首先研究它的一个日本子公司———富士，然后是佳能等公司，以确定它的日本对手的相关成本是否和他们的价格一样低。

（3）搜集定标比超的数据。研究证实，美国的价格确实比日本的价格要高。日本的成本成了施乐的目标。来自公司主要领域的管理人员纷纷前往施乐的日本

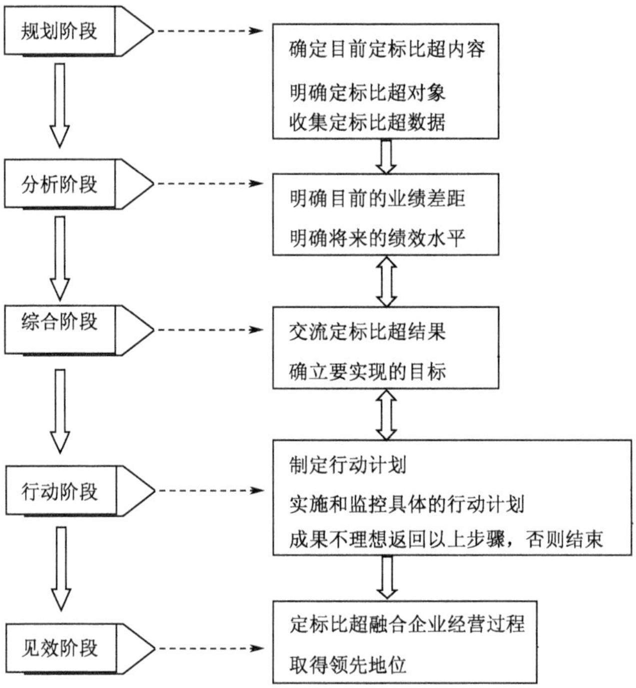

图 7.5　定标比超方法图

子公司、考察他们的活动。然后，施乐开始搜集各种信息。

2）分析阶段

（1）确定目前的绩效差距。之所以日本对手的复印机能够以施乐公司的成本价销售，它们之间在执行上必然存在着差距。将搜集到的信息用来发现差距。

（2）确定将来的绩效水平。根据差距分析，计划未来的执行水平，并确定这些目标应该如何获得及保持。

3）综合阶段

（1）交流定标比超的成果。所有的施乐员工都在质量培训中至少获得过 28 小时的培训，而且有很多员工则进行了高级质量技术的培训。在近四年中，施乐在其培训项目中投资了 12500 万美元。一旦一个新的定标比超项目确定，它都将被公司的员工进行讨论，这样使得其他人可以在日常操作中使用。

（2）确立要实现的目标。施乐公司发现，购得的原料占其制造成本的 70%，细微的下降都可以带来大量的利益。公司将其供应商基数从 20 世纪 80 年代初的 5000 多个削减到目前的 420 个。不合格零件的比率从 1980 年的 10‰下降到目前的 0.225‰，6/7 质量检查人员重新安排了工作，95 %的供应零件根本不需要检查。

零件的采购时间从 39 个星期下降到 8 个星期，购买零件的成本下降了 45%。这些目标并不是必须同时确立，但是随着定标比超过程的进行，它们都顺利实现了。

4）行动阶段

（1）形成行动计划。必须制定具体的行动计划。施乐公司制定了一系列的计划，使得领料时间减少了，复印机的质量提高了。

（2）实施和监控行动计划。定标比超必须是一个调整的过程，必须制定特定的行动计划以及进行结果监控以保证达到预定目标。

（3）重新定标比超。如果定标比超没有取得理想的效果，就应该重新检查以上步骤，找出具体的原因，再重新进行定标比超工作。

5）见效阶段

在对日本行业进行了定标比超之后，施乐并没有停滞不前。它开始了对其他竞争对手、一流企业的定标比超。1996 年，施乐公司是世界上唯一一个获得所有的三个重要奖励的公司：日本 Deming 奖、美国国家质量奖以及欧洲质量奖。显然，采用了定标比超使施乐公司受益匪浅。

从 20 世纪 70 年代末以来，定标比超已经为国内外众多企业所采纳，并作为一种重要的常规工具。因此，很多企业都在长期的定标比超活动中摸索和积累了丰富的经验。虽然不同企业的具体做法和步骤会有所不同，但是这种不同通常只是在文字表述上的差异。通过对以上各种方法的分析和归纳揭示，它们本质上都包含以下步骤：

（1）了解自身的情况，确定定标比超的内容。定标比超是一个将自身的情况和本组织内部最佳部门、竞争对手或者行业内外的最佳组织进行比较，并向它们学习，吸收它们的成功经验和做法的过程。因此，定标比超的前提是了解企业自身的情况，确定需要改进、能够改进的产品、服务、过程或者战略。显然，如果没有透彻地了解组织自身的情况，就无法明确定标比超的方面。事实上，几乎所有的环节都可以进行定标比超，而有的时候，尤其是中小企业，需要改进的地方太多，企业本身又没有足够的人员、资金和时间对所有的薄弱环节进行定标比超。所以，要想取得理想的定标比超效果，确定定标比超的内容非常重要。

一般来说，要选择那些对利益至关重要的环节进行定标比超。不同的企业由于其性质不同，因此赢利的关键环节也有所不同，如影响制造行业企业的首要环节是产品质量，而影响服务行业企业的首要环节则是客户满意度等。因此，一个组织需要根据自己的实际情况选择定标比超的内容。

（2）选择定标比超对象。任何定标比超项目都有一个定标比超的对象，由于定标比超最终是要向这个对象学习，争取赶上并超过这个对象，所以对象的选择就不可掉以轻心。选择合适的定标比超对象，有时候不但可以简化定标比超过程的困难程度，还可以强化定标比超的效果。

（3）收集数据并进行分析。收集数据是定标比超的重要环节，根据国际定标比超交流中心的经验，一个定标比超项目在收集数据上就需要花费 50%左右的时间。事实上，收集数据是进行数据分析的基础，没有收集数据的分析，就成了“无米之炊”。

（4）确定行动目标。找出差距之后，接下来就应该根据本企业现阶段的具体情况，包括企业文化因素、资金因素、技术因素、人员因素等，形成可以操作的方案，有针对性地确定行动，而这也许会引起企业在很大程度上的改变。因此，在这个阶段中，需要将定标比超的结果以及行动计划清楚地告知组织内的各个管理层，并让员工们有充分的时间来对它进行评价，从而得到有关的批评指正，最终得到大家的认可，以减少定标比超结果实施的阻力。

（5）实施计划及评价。定标比超的最终目的是发现不足，努力改进，赶上并超过竞争对手或借鉴其他行业的成功经验，获得最大限度的进步。

在实施定标比超的过程中，需要不停地对这种实施进行监控和评价。监控是为了保证实施按计划进行，并随时按照环境的变化，对定标比超的实施过程进行必要的调整。而评价则是为了衡量定标比超实施的效果，如果定标比超没有取得满意的效果，就需要返回以上环节进行检查，找到原因并重新进行新的定标比超项目。如果定标比超的效果是理想的，则应该通过评价这个环节，从中总结经验、吸取教训，以帮助以后的定标比超工作的顺利进行。

下面以云南省玉溪红塔集团为例，就其实施定标比超指导多元化战略调整的实践做些剖析。

玉溪红塔烟草（集团）有限责任公司，以下简称红塔集团，是目前国内卷烟生产规模最大的烟草企业，在世界烟草公司中排名第 5 位，2002 年销售收入为 151.37 亿元。为了加快企业发展，减小由于产品结构单一带来的市场风险，早在 20 世纪 80 年代中期，红塔集团就开始涉足非烟产业，进行有步骤的多元化经营。截止 2002 年，该公司的多元化经营累积投资达 1.39 亿元，项目 69 个，主要涉及能源交通、金融、烟草配套、建材、机械、医药和旅游服务等 10 多个行业，多元化经营实现税利 21.5 亿元，约占公司总税利的 10%左右。企业经营已从单一产品模式步入产品、资本相结合的混合经营模式，并逐步向高科技领域渗透，初步实现了经营规模由量的扩张到质的提升，极大地拓展了红塔集团的发展空间。

为了更好地推动红塔集团“再造一个红塔”多元化战略的实施，在企业高层管理的支持下，公司由“产、学、研”各方面人员组成应用定标比超方法开展情报研究的项目组，对多元化经营的战略目标、产业结构、发展能力、赢利水平、经营管理、市场化程度和抗风险能力等七个方面的经济技术 24 个小项指标，与美国菲利普·莫里斯公司、英美烟草、日本烟草等排名在前位的世界著名烟草公司的多元化经营状况进行比较，并确定将美国菲利普·莫里斯公司（以下简称菲·莫公司），作为定标比超的“基准”对象，进行全面分析研究。通过比较，研究人员发现，红塔集团除发展能力的部分指标（如资本投入强度等）略占优势外，其他指标均有较大差距：多元化经营占业务总税利的比例，菲·莫公司为36.4%，红塔集团 10.2%，相差 3 倍多；市场化程度，菲·莫公司为 89.6%，红塔集团不足 45%；抗风险能力，菲·莫公司为一级，红塔集团仅达到三级（按指标评定，经营投资风险能力水平可分为一级到五级，一级为抗风险能力最高级）；企业技术创新能力指数，红塔集团仅为菲·莫公司的 18.6%。

定标比超结果表明，红塔集团在多元化经营中存在的差距主要有：

（1）投资经营重点不突出，没有形成在国内外有影响的非烟产品品牌和生产经营规模，而菲·莫公司多元化经营的重点则主要集中在食品、金融和房地产三个产业，其税利占到 80%以上，其中食品加工业中的米勒系列啤酒品牌在美国市场占有率排名第二，世界排名第三，且充分利用烟草产品的营销渠道。

（2）经营管理模式落后。目前红塔集团在多元化经营管理中仍沿用烟草专卖专营的老模式，这与非烟产业市场竞争的要求格格不入，从而造成多元化经营效益普遍低于同产业的平均水平。例如，以红塔酒店为主的旅游服务业，2001 年的投资利税率仅为 4.2%，不到同期云南酒店业同一指标平均值 40%，而菲·莫公司非烟产业的投资利税率平均达到 18%～25%。

（3）海外市场开拓能力差，缺乏适应多元化经营的人才。由于红塔集团多元化经营产品科技含量低，且与主业关联度较差，不能充分利用主业的科技创新力量和营销渠道，产品市场带有较强的地方色彩，非烟产品海外市场开拓缺乏力度，从而造成多元化经营发展空间狭小，制约了多元化经营的健康持续发展。

（4）缺乏具有自主知识产权的产业核心技术。长期以来，红塔集团的技术创新一直是引进为主，而且受烟草专营体制的影响，既没有形成企业内部的创新能力，又不能较好地利用社会创新资源，使多元化经营得不到技术创新的有效支撑，造成了产业发展技术滞后。

应用定标比超进行情报研究，引起了红塔集团高层管理和广大职工的强烈震动，不仅使传统观念发生了明显的转变，而且真正找到了自身的差距和不足，为调整其多元化经营战略提供了有力的依据，起到了较好的效果。

5. 竞争态势法（SWOT）

竞争态势法就是将与研究对象密切相关的各种主要内部优势因素、弱点因素、机会因素和威胁因素，通过调查罗列出来，并按照一定的次序按矩阵的形式排列起来，然后运用系统分析的思想，把各种因素相互匹配起来加以分析，得到相应的结论或对策。

竞争态势法的步骤如下：

（1）运用各种调查研究方法，分析出公司所处的各种环境因素，即外部环境因素和内部能力因素。外部环境因素包括机会因素和威胁因素，它们是外部环境对公司的发展有直接影响的有利和不利的因素，属于客观，一般归为社会的、政治的、经济的、人口的、产品和服务的、技术的、市场的、竞争等不同范畴。内部的因素包括优势因素和弱点因素，它们是公司在其发展中自身存在的积极的和消极的因素，一般归为管理的、组织经营的、财务的、销售的、人力资源等不同范畴。在调查这些因素时，不仅要考虑公司的历史与现状，而且要更多地考虑公司的未来发展。

（2）将调查得出的各种因素根据轻重缓急或影响程度等方式，构造 SWOT 矩阵。

（3）在完成环境因素分析和 SWOT 矩阵构造以后，便可以制定出相应的行动计划。制定计划的基本思路是发挥优势因素，克服弱点因素，利用机会因素，化解威胁因素；考虑过去，立足当前，着眼未来。运用系统分析、综合分析的方法，将排列与考虑的各种环境因素相互匹配加以组合，得出一系列未来公司发展的可选择对策（表 7.1）。

表 7.1　SWOT 矩阵分析表

内部 外部	优势（S）	劣势（W）
机会（O）	（SO）对策	（WO）对策
威胁（T）	（ST）对策	（WT）对策

这些对策包括最小与最小对策（WT），即考虑弱点因素和威胁因素，目的是努力使这些因素趋于最小；最小与最大对策（WO），即考虑弱点因素和机会因素，目的是努力使弱点趋于最小，机会趋于最大；最小与最大对策（ST），即着重考虑优势因素和威胁因素，努力使优势因素趋于最大，威胁因素趋于最小；最大与最大对策（SO）即着重考虑优势因素和机会因素，努力使这两种因素都趋于最大。

企业在进行情报研究与分析的过程中，要用好 SWOT 方法，在前期分析框架时可以参考表 7.2。

对公司 A 进行 SWOT 分析，分别找出其内部因素和外部因素，进行竞争态势分析结果如表 7.3 所示。

表 7.2　SWOT 分析参考表

内部分析	
优　势	劣　势
对市场的监控能力 核心优势 规模经济 成本在市场处于较低的位置 融资能力和先进资源 变革过程和结果 有创新能力的网状组织结构 企业的信誉 产品差异化程度 产品的服务和质量	市场份额处于劣势 较少的核心优势和缺乏重要能力 不利于竞争的高成本老式厂房 薄弱的融资能力和现金流匮乏 缺乏管理和领导技能 缺乏创新能力的组织结构 产品质量差和公司信誉不佳 产品差异化程度不高、产品单一
外部分析	
机　会	威　胁
新市场或新的市场份额 新产品开发 多元化机会 市场成长性 竞争对手不强 人口数目和环境的变化 政策和经济环境的变化 经济增长 国际贸易增长	新的市场进入者 市场竞争程度加剧 消费者和供给方砍价能力加强 替代品出现 市场成熟度较高 人口数目的变化 技术的威胁 经济衰退 新的国际贸易壁垒政策和经济环境

表 7.3　公司 A 的 SWOT 矩阵分析模型

内部能力因素 / 外部环境因素	优势（S） 较强的技术实力 拥有熟练的技术员工	劣势（W） 缺乏深层的管理 分销渠道不均匀
机会（O） 该产品消费增加 竞争者 B 的市场份额下降	SO 策略 1. 保持技术优势，关注生产消费的动向 2. 雇用竞争者 B 的熟练工	WO 策略 必须满足目标市场产品消费增长的需求以保持较强的竞争力
威胁（T） 可能受到市场法规的限制 竞争者 C 正在强大起来	ST 策略 1. 尽可能地进行技术开发，以避免法规的限制 2. 不断提高劳动者的技能，并满足劳动者的需求	WT 策略 1. 避免管理乏力而受到法规带来的限制 2. 设法减小竞争者 C 的市场份额增长带来的威胁

7.4　竞争情报案例

IBM 作为目前世界上最大的跨国公司不仅经营规模大，且业务领域分布广。

世界上的每一个机构甚至每一个人都可能是 IBM 公司实际的或潜在的客户。公司必须为遍布全球的各种机构或个人服务。在信息技术产业的发展过程中，每年都会有数千个新竞争对手出现，因此，所面临的竞争的激烈程度和复杂程度也是前所未有的。在 20 世纪 80 年代，IBM 公司就在市场竞争趋势的判断上出现重大失误，忽视了迅速发展的个人电脑革命，仍然认为大型主机设备硬件的研制开发会给公司带来持续的繁荣；加之瞬息万变的市场，IBM 集权化的组织结构和官僚化的管理体制不够灵活，使公司陷入严重的困境，1991～1993 年公司亏损超过 147 亿美元，成为美国公司历史上最大的净亏损户，并在全球电脑市场上销售排名在 1994 年下降到第三位，其股票价格下跌了 50%。公司发展和生存面临严峻的挑战。1993 年 1 月，IBM 董事会决定辞退公司总裁，聘请原美国 RJR 食品烟草公司总裁郭士纳先生担任 IBM 新的总裁兼首席执行官。

尽管 IBM 开展竞争情报工作已有很长的历史，20 世纪 90 年代初，IBM 公司就曾多次召开竞争情报方面的会议，并邀请匹兹堡商学院的专业老师对竞争情报人员进行培训，帮助其提高业务技能。但由于公司业务部门间竞争情报系统是相互独立的，营销、产品研制和财务部门在其竞争分析和情报活动中各自为政，没有及时为公司出现的危机发出预警。新任总裁郭士纳先生决定对公司的最高决策层和管理层进行改组，完善领导体制，成立 IBM 长、短期战略决策组织，提出“要立即加强竞争对手研究”，“建立一个协调统一竞争情报运行机制”，“将可操作的情报运用于公司战略、市场计划及销售策略中”。为此 IBM 公司制定了一个竞争情报体系计划，建立了一个遍布全公司的竞争情报专家管理核心站点，并针对一个竞争对手开展试验性的竞争项目，在此基础上对所有的竞争对手进行推广。其结构图如图 7.6 所示。

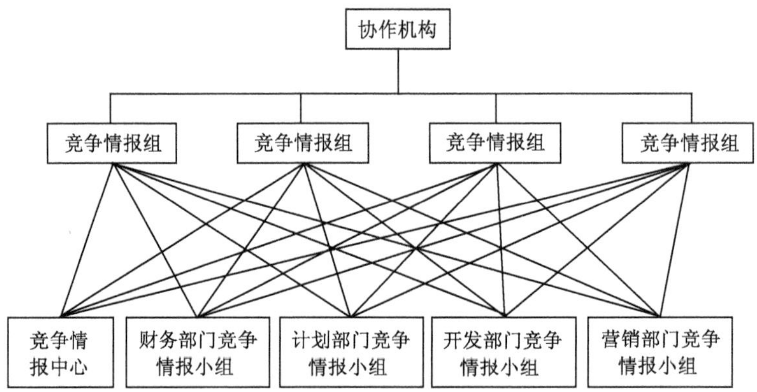

图 7.6　IBM 竞争情报体系结构图

第一步，调整竞争情报系统运行机制。

（1）设立一个协作机构，负责管理竞争情报总体规划。

（2）确定 12 个主要竞争对手。当时 IBM 确定的竞争对手就包括惠普和康柏，对每一个竞争对手，公司都派一位高级管理人员作为专门负责该对手的“专家”，由这些“专家”作为负责人，分别组建虚拟的情报组，负责评价竞争对手的行动和战略，以确保公司制定的针对该对手的战略的正确性，从而确定在市场中应采取的行动。该组成员包括指派的负责人、代表各业务部门的同级负责人、由竞争情报专业人员组成的小型中心以及制造、开发、营销等职能部门的代表。

（3）由公司设置在各机构的现有情报小组实施日常竞争分析，要求这些小组在思考问题和采取行动时能从公司的全局利益出发，而不是将各个业务部门的利益放在首位。也就是说，新的竞争情报规划目标不仅改进公司的竞争情报，而且有助于改善企业文化。

第二步，实施实验阶段。

在建立上述核心机构的基础上，公司下达实施命令，由协作机构负责开展一项试验性项目。该项目针对的是一个单一的竞争对手，其目的是论证情报小组工作方法的可行性；确定关键情报问题；利用已有的情报成果建立模型。

第三步，推广试验项目。

1995 年初，IBM 开始广泛地实施竞争情报规划，即全面推广试验项目。为了将竞争情报与战略制定联系起来，协作机构为战略制定、决策和销售计划向每一个虚拟情报组提供工作框架、方法和工具来领导这项工作。

各竞争情报小组通过使用 IBM 公司的信息技术相互联系和协作，通过信息系统为这些小组提供联机讨论数据库，向管理人员和分析人员提供有关的各种竞争情报数据库；IBM 外部的信息提供人员为使竞争情报组便于接收，便以同样的系统格式提供信息；情报小组还从 IBM 公司内部各级管理人员手中收集有关信息。通过广泛的信息收集，使 IBM 在激烈的竞争环境中立于不败之地。

通过以上的调整，新的竞争情报运行机制及竞争情报规划使全公司的竞争情报力量集中到对付主要竞争对手和主要威胁上，并提供各种方法提高竞争情报小组的协作水平，从而优化了信息资源。

纵观 IBM 建立竞争情报系统以来的发展，竞争情报组集中了 IBM 全球资源，增强了 IBM 公司对抗竞争的能力，竞争情报工作为 IBM 日常应战提供了优势，最大限度地满足了全球市场客户的需求，公司总收入持续增长，1997 年其通信设备收入在通信设备制造公司 50 强中排第 13 位;1995～1997 年，竞争情报使整个公司业绩的增长率分别为 10%、8%、9%，IBM 公司在信息技术行业中又重新占领了领先地位。到 2001 年，公司利润总额达到 80.93 亿美元，股东权益为 193.33 亿美元，IBM 高速增长的商业利润再次受到人们的关注。

第 8 章　专利情报研究

8.1　专利情报研究的意义

8.1.1　专利情报研究概述

1. 专利情报分析法产生的背景

专利情报是竞争情报分析中最主要的信息源，数量巨大、内容广泛。随着科学技术的迅速发展，全世界每年约有 160 万件专利发表在专利文献上，以情报化和国际化的特点反映着当代科学技术的新水平，累计已超过 4600 万件。据世界知识产权组织统计，世界上每年发明创造成果的 90%～95%能在专利文献中查到，专利文献中公开的技术解决方案以后又在其他科技文献中发表的只占 6%左右。专利作为技术的载体之一，包含了大量的技术信息及全世界最全面、最新的技术情报。据世界知识产权局统计，发明成果的 90%首先在专利文献中公开。充分利用专利信息，可以节约 60%的开发经费、40%的开发时间。企业可以通过这些情报分析不同地区的某一技术领域的发展情况，对不同地区的某类产品的先进程度做出预测，从而指导企业的技术开发和产品销售策略，避免盲目开发新产品。通过观察分析专利情报，可以获得各种经济和市场信息。例如，通过对某一项新产品的技术领域内的专利申请量和授权量的分析，可以获知该产品的市场竞争激烈程度。通过分析某一新产品技术领域内的专利申请量和授权量在不同国家和地区的分布情况，可以预测该产品在各国家和地区内的竞争激烈程度的对比；同时也可以对该产品在各国家和地区中的未来的竞争激烈程度做出预测，特别是对竞争对手的专利申请量和授权量及其在不同技术领域的分布情况的分析，可以对竞争对手的发展情况做出预测。根据这些市场情况和竞争对手发展状况分析，企业可以做出及时反应，制定出正确的产品开发策略和销售策略，从而在市场竞争中取得优势，获取更大的利润。

专利的国内外申请量与批准量，可以从一个侧面反映一个国家或地区及企业的创新能力、科技水平和市场化程度，是衡量科技产出和知识创新的一项重要指标。专利，现在已演变为国际工业竞争的一种工业标准与游戏规则，进而发展为国际贸易的非关税壁垒，谁控制了专利，谁就可控制国际市场和国际贸易。众所周知，当今世界上科技领域的优势都集中在发达国家，特别是美国、欧盟成员国和日本三方，其经济中的科技力量更是不言而喻。而这当中，作为科技成果的专利已成为量化的标志性指标，用来衡量一个国家所具有的国际技术地位乃至综合国力。根据对美国专利申请的统计分析，美国在所有工业部门的专利申请中都领先于欧盟和日本。在空间领域，美国占 65.5 %，占绝对优势；欧盟占 25.7 %，日本仅占 3.7%。在电子领域，日本遥遥领先于欧盟，前者占 36.6% ，后者仅占 9.6%。而在制约和化工领域，则欧盟领先于日本，分别占 26 %和 14.8 %、23%和 20.1%。从上述统计数字可以看出，在美国本土，美国占有绝对的优势，空间技术更是美国的强项。根据对欧洲专利申请的统计看，欧盟最大的优势是陆上运输和劳动力密集型产业，它们分别占世界各国同类领域在欧洲申请专利总数的 60.5%和 53.5%。最弱的是电子类，占 29.8% ，而美国占 39.8%。在制药领域，美国也领先于欧盟。由数据分析可知，欧盟的看家本领只在陆上运输和劳动力密集型领域，而知识密集型领域才是世界经济增长的优势，诸如电子、信息、生物和制药方面，而美国恰好在这些方面领先于欧盟。可见，两方的差距是由专利做基础的。从关键技术方面来看，欧盟各国在关键技术领域向欧洲申请的专利占世界各国在这些领域向欧洲申请专利总数的 36%，美国为 43.8%，日本为 13%。欧盟最强的是环境，最弱的是信息。美国最有优势的是信息，引导着世界经济发展的潮流。通过对欧、美、日三方专利技术地位分析可以看出，美国实力最强，这体现在它不仅有空间和信息技术等强项，而且在各个项目中都有一席之地，且是平均增长，故综合国力较强；欧盟虽也有强项，但很不平衡，且有些领域较弱，综合实力显然不如美国。至于日本，除了极个别的项目外，大都在三方中居第三，再次印证了日本应用技术有余而创新不足的老弱点，这也是当前日美两国经济截然相反的因素之一。在世界专利（PCT）数据库中美国专利申请量为 91 125 项、德国 32 454 项、日本 29 557 项、英国 13 309 项、法国 11 590 项、瑞士 4074 项、加拿大 4263 项、而中国仅为 2507 项。

早在 1949 年，Seidel 就已经第一个系统地提出专利引文分析的概念。他指出，专利引文是后继专利基于相似的科学观点而对先前专利的引证，Seidel 同时还提出了高频被引专利其技术相对重要性的设想。然而，直到 1981 年，他的设想才为人们所逐渐证实。20 世纪 90 年代后，随着信息技术、网络技术与专利数据库的不断发展、完善，专利情报分析法才开始真正使用并应用于企业的竞争分析之中，其方法体系也开始不断建立和完善。

2. 专利情报研究的意义

专利情报研究是指对来自专利说明书、专利公报中大量的、个别的、零碎的专利信息进行加工及组合，并利用统计方法和技术使这些信息成为具有总揽全局及预测功能的一种分析研究方法。由于专利具有的创造性、新颖性和实用性特点，使专利信息成为社会和企业科学研究成果及新产品开发的重要情报来源。通过专利情报分析，不仅可以了解企业的技术开发水平和实力，而且可以用于竞争情报研究，使专利信息转换为有价值的情报。因此，专利情报分析法也可以作为一种有效的竞争对手分析方法应用于竞争对手研究之中，主要有以下几个方面的作用及现实意义：

（1）发现竞争对手。专利文献上列有申请人、设计人、发明人的姓名，而同类技术产品的专利申请人、发明人、设计人则必然是竞争对手，故只要将这些人的姓名定期收集，并按各个申请人申请专利数量的多少进行排序、归纳和统计，就能得出本企业竞争对手名称的一览表。对于一个企业而言，有技术上的对手，如著名的科研机构或高等院校，为了促进企业的技术更上一层楼，可采取与之合作的策略；也有产品上的对手，如具有一定生产规模的企业，则应密切监视其技术产品开发动向，并采取相应的对策。

（2）判断竞争对手的技术水平及特点。各企业技术水平的高低和经济实力的强弱，在很大程度上取决于企业发明活动的活跃程度，具体表现为专利申请量以及拥有有效专利量的多少，因此，各企业提出的专利申请量和目前拥有的有效专利就成了衡量其技术水平的标准。通过对竞争对手的全部专利进行定期统计分析、分类排序，并考察其分布情况，可以从中获得竞争对手企业的技术开发及经营策略等方面的数据，由此可逐步判断出竞争对手研究开发的重点、技术政策及发展方向。

（3）评价竞争对手的实力。评估竞争对手的实力可以通过各种具体的专利情报分析方法实现。通过竞争对手专利申请与专利批准数的比例可以考察其技术开发研制效益；通过考察竞争对手国外专利申请数与国内专利申请数之比可以分析其经济实力；还可通过竞争对手每年申请的专利数与实用新型数的比例来分析它的技术水平实力等。国外也有人提出利用专利间引用关系的分析来考察各竞争对手的实力。其具体做法如下：收集各竞争对手专利利用情况的数据，以某企业公司引用本公司早期专利技术所申请的专利数占总专利数的比例为横坐标。在横坐标上，如引用本公司专利的比例越大，就表示该公司是通过利用自己的技术力量来开发技术的，可称为技术开发型企业。反之，则表示主要引用他人专利，这意味着该公司主要是参考他人的技术来进行技术开发，所以可称为技术模仿型企业。而纵坐标则由该公司早期申请的专利被自己公司引用的件数占总专利数的比例构成。此比例大，表示该公司的技术能很好地被公司内部使用，属技术保护型企业。反之，则表示该公司的技术绝大部分被其他公司使用，所以把它称为技术传授型企业。了解了各个竞争对手本质上的不同，有利于开展竞争对手分析工作和制定有关各个竞争对手的具体战略战术。

（4）监测竞争对手的市场策略。专利信息不仅揭示了某一专利技术的内容及法律状态，同时也反映了企业在争夺产品或技术的专利权及占领市场、战胜对手方面的意图和策略。由于目前世界上大多数国家都采用先申请原则，同样的发明，谁先申请，谁就有可能获得专利权，进而占领市场。因此，专利信息虽然不是直接的市场情报，然而通过对专利情报的分析，比如，了解竞争对手在某一段时间里申请了多少专利，申请的是什么类型和什么内容的专利，在哪些国家申请的，可以发现有关产品及材料进入市场的时间、规模等经济信息，还可以间接地收集竞争对手的新产品开发策略，探测出竞争对手的市场范围和市场策略。

8.1.2　专利情报研究的应用

1）竞争力评价

专利的国内外申请量与批准量，可以从一个侧面反映一个国家或地区及企业的创新能力、科技水平和市场化程度，是衡量科技产出和知识创新的一项重要指标。

（1）国家竞争力。从国外情况看，美国、日本、德国甚至韩国不但专利申请量居世界前列，而且也是发明专利和向国外申请专利的大国。日本是一个技术创新非常活跃的国家，专利申请数量曾长期在世界上名列第一，但从 20 世纪 90 年代初，美国大大加强了技术创新活动和专利保护政策，因而专利数量迅速增加，终于在 1992 年从日本手上夺取了这顶桂冠，并且遥遥领先至今。据日本官方公布的有关发达国家专利申请数量的调查报告，美国居第一位，日本排名第二，但如果把欧盟按一个单位计算，日本只能排在第三位。调查结果还表明，日本仅在蛋白质分析和生物反应器技术等方面具有优势。有关人类基因组、信息技术及环境保护等高新技术领域的专利申请数量，从 1997 年 1 月迄今，美国共申请专利 195872 项，德国 64842 项，日本 48462 项，而中国仅 3750 项。美国在专利申请量方面远远领先于其他国家，继续充当技术霸主的角色。从我国情况看，专利拥有量远不尽如人意。世界经济论坛（World Economic Forum）于 2002 年 11 月 12 日发布 2002～2003 年全球竞争力报告，中国的微观经济竞争力在 80 个国家中排名为 38 位，2001 年为 49 位。决定经济增长竞争力的指标包括技术水平、制度环境和宏观经济环境。中国经济增长竞争力排名的提前，主要是因为中国的制度环境有所改善。但中国在人均专利数量、人均的信息技术投资、公司购买技术专利等方面却与发达国家和其他一些发展中国家有较大的差距。

（2）城市竞争力。城市竞争力主要是指城市在集聚生产要素和创造财富以及促进城市所在地区和国家发展方面的能力。城市竞争力是一个综合的概念，它既包括在某一时间段上吸引并集聚资金、人才、技术、品牌、市场的能力，同时又表现为在更长的时间里的发展潜力，后者决定了一个城市在较长时期内的发展地位和竞争水平。之前，中国社科院公布的一份中国城市竞争力报告显示，上海、深圳、广州和北京是中国最具城市竞争力的四大城市；而上海社科院的报告则显示，上海、北京、深圳和广州排在中国城市竞争力的前四位。中国国家统计局的综合实力排名前四位为上海、北京、广州、深圳。当然，从专利申请量及增长率观察，也可以得出类似的结论。截至 2002 年 12 月国内四大城市专利申请受理状况：北京总累计 111 016 项，上海 76 971 项，广州 34 690 项，深圳 19 699 项；按专利申请量排名，依次是：北京、上海、广州和深圳。2002 年四大城市专利申请量：北京 13 808 项，上海 19 963 项，广州 6819 项，深圳 7679 项；按专利申请量增长率排名，则依次是：上海、北京、深圳和广州。

（3）企业竞争力。从申请总量分析可以判断企业的综合实力。例如 2001 年，IBM 公司连续九年成为获得美国专利数最多的公司，也是美国历史上第一家在一年内所获专利数量超过 3000 项的公司。其中 IBM 在基础设施技术（包括软件、服务器和存储系统）方面持 1500 多项专利，在核心组件技术方面（微电子、存储设备和显示器）有 1200 多项专利。德温特公司对 2002 年全球软件基本专利申请量的研究分析表明，日本企业继续占据软件工业的领先地位。在拥有软件领域基本专利的前 10 名的企业中，有九家来自日本。领先软件业革新潮流的是 NEC 公司，其大多数专利分布在网络交换、软件产品及管理、商业经济工具等领域。佳能公司与索尼公司分列第二、三名，其中佳能公司的主要专利分布在软件产品、打印机技术和设备支持处理系统等领域。

2）竞争对手跟踪

通过分类途径，获取该企业的专利情报，再利用专利权人进行聚类后排序即能确定竞争对手。相隔一段时间后，用已确定的专利权人再聚类一次，形成有关竞争对手的时间序列和专利群，通过对这些序列和专利群的分析，即可掌握竞争对手的动态和实力。

（1）发现竞争对手。同类技术产品的专利申请人必然是竞争对手，故只要按各个申请人申请专利数量的多少进行排序、归纳和统计，就能得出本企业竞争对手名称的一览表。将本行业中各个竞争对手在某一技术类别中的专利总数列出加以比较分析，确认谁是本行业中最强有力的竞争者，进而列出各项具体的赶超指标，这就是企业专利竞争情报活动中的 bench marking。发现竞争对手后要根据与对手的差距及不同制定相应的竞争策略。敌弱我强，我方主动“封杀”，夺取市场；敌强我弱，我方避实击虚，不与对手重复建设、重复研究开发；敌大我小，则彼动我动，即对手是龙头、开路先锋，我方围绕其动向，开发生产配套的上下游应用型产品，或为其服务；优势互补，强强联合，化敌为友。

（2）判断竞争对手的技术特点。通过分析竞争对手发明专利的类别，可推断其技术涉及的细节领域；通过分析竞争对手专利申请与专利批准数的比例，可考察其技术的先进程度；通过分析竞争对手拥有的发明专利数量与实用新型专利数，可以判断企业技术开发的成熟程度；按时间顺序分析竞争对手技术的专利申请量，可推断竞争对手的技术开发方向。

（3）监测竞争对手的市场策略。通过对专利情报的分析，可以发现有关产品进入市场的时间、规模等经济信息，探测出竞争对手的市场范围和市场策略。通过某国或某一企业在某一技术领域专利申请量的变化，可以发现其市场策略。在 20 世纪 70 年代初，日本通产省经过充分研究，认定国家的未来取决于电子计算机工业及其基础半导体工业。于是 70 年代后期，日本通产省出资 1.3 亿美元，加上私人投资共 3.2 亿美元。建立客商合作的半导体研究中心，研究出 1000 多项发明，使其半导体公司在许多技术方面赶上并超过美国。 通过某国或某一企业在某一技术领域里向哪些国家申请了专利，可以推断其进军国际市场的战略。据联合国科教文组织《1998 年世界科学报告》，我国在欧洲申请的专利数仅占世界总数的 0.1% ，在美国申请占 0.2%。目前，几个专利大国向国外专利申请量与其国内申请量的比例分别为日本 17.5%、英国 79%、美国 103%、德国 127%、法国 145%，而中国仅为 0.23%。可见，中国向国外申请的专利量太少，与专利大国法、德、美、英等差距很大，与日本也相差五六十倍。从外国在中国申请专利的情况来看，一些工业发达国家的企业已把专利战的触角伸向我国，纷纷来中国申请专利，旨在争夺市场，控制市场；一些技术领域已基本被外国专利覆盖，如高技术领域的发明专利申请量国外约占 50%以上。

8.2　专利情报分析方法

专利情报分析就是对专利形成过程中的文献进行分析，利用有关统计的方法，结合行业经验进行分析处理、探索隐含在专利文献中的情报，从而为技术创新和决策管理服务。专利情报分析能将个别的、看来是互不相关的信息转化成系统的、完整的情报。通过专利情报分析可使专利信息的内容发生质的变化，使它们从只描述某一具体细节的战术情报上升为能对竞争对手进行预测评价的战略情报。专利情报分析实际上就是对检索到的专利文献进行筛选，剔除与检索内容无关的信息，根据实际需要对相关专利文献进行分析。

目前常用的专利情报分析主要有两种分析方法，即定量分析法和定性分析法。

8.2.1　定量分析法

定量分析主要是对专利文献的外表特征进行统计分析，也就是通过专利文献上所固有的标引项目来识别有关文献，然后对有关指标进行统计，最后用不同方法对有关数据的变化进行解释，以取得动态发展趋势方面的情报。统计的主要指标包括专利数量、同族专利数量、专利被引次数。统计的主要内容可分为两种：

一种是专利技术按时间的分布研究，即以时间为横轴、专利申请量（或批准量）为纵轴，统计专利量随时间的变化规律，一般用于趋势预测。另一种是专利技术按空间的分布研究，即通过不同公司、企业间的专利数量对比，来反映他们的技术水平与实力。空间分布一般用于识别竞争对手，分析其技术策略等。

1）统计的主要指标

（1）专利数量。某一技术类别的专利数量可以用于衡量这一技术领域技术活动的水平；而某一公司或某专利权人历年申请的专利数量反映了其技术活动发生、发展的过程及趋势等。

（2）同族专利数量。某一发明的同族专利数反映了这个公司专利申请地域的广度，也反映了此发明的潜在价值——由于需要翻译和专门的法律帮助等费用，在国外申请专利比在自己国家要昂贵得多，只有那些被公司认为最有商业价值的发明才会在多国申请专利，以便保护今后的投资和产品输出的独占权。

（3）专利被引次数。这一指标测算的是一个专利被后面申请的专利所引用的次数。当一个专利多次被后面申请的专利所引用，这就表明该项被引用专利技术在该产业具有很重要的技术先进性，根据引用情况揭示的专利之间的联系，还可以跟踪对应于不同技术的专利网络，发现处于不同技术交叉点上的专利。

（4）专利效率。专利效率测算的是一定的研发经费支出所创造的专利数量产出，此项指标用来评估企业在预定时间内专利数量产出的科研能力和成本效率。专利数量产出的越多，专利效率越高，则该企业的技术研发能力越强。

（5）专利实施率。专利能否被有效地实施、能否带来科技创新，对于那些还未实施的专利技术来说是一个未知数。一般的发明专利的实施都要经过一个开发过程，而开发不是都能成功的，有不少发明专利技术在开发过程中因技术难点解决不了或在现有技术条件下达不到预期效果，不得不半途而废或最终放弃。可以通过技术性能、经济效益、社会效益、市场因素、产业化开发和生产能力、宏观环境以及产业化风险等多个角度对发明专利的实施进行衡量。专利实施率越高，则专利对于技术发展、技术创新做出的贡献越大，与技术发展结合得越紧密。

2）统计的主要内容

（1）专利技术按时间的分布研究，即以时间为横轴，专利申请量（或批准量）为纵轴，统计专利量随时间的变化规律，一般用于趋势预测。任何技术都有一个产生、发展、成熟及衰老的过程，历年申请的专利数量、专利引文数量变化可以确定该技术的发展趋势及活跃时期，为科研立项、技术开发等重大决策提供依据。而对不同技术领域的专利进行时间分布的对比研究，可以确定在某一时期内，哪些技术领域比较活跃，哪些技术领域处于停滞状态。

（2）专利技术按空间的分布研究，即通过不同公司、企业间的专利数量对比，来反映他们的技术水平与实力。空间分布一般用于识别竞争对手，分析其技术策略等。将某一技术类别的专利申请按专利权人进行统计，可以得到某项技术在不同公司或企业间的分布，了解哪些公司或企业在该领域投入较多、专利活动较活跃、技术水平较领先；而对不同技术类别各公司的申请专利频数进行统计，可以了解各公司最活跃的领域，即其开发的重点领域。另外，通过检索某一专利的同族专利，可以得到这些专利申请的地理分布，从而判断其商业价值，了解某公司技术输出的重点领域；也可以为技术引进提供依据，为产品出口避开对方的保护区提供情报。

8.2.2　定性分析法

定性分析也称技术分析，是以专利的技术内容或专利的“质”来识别专利，并按技术特征来归并有关专利使其有序化。这与统计分析仅依靠专利文献外表特征是有很大区别的。定性分析一般用来获得技术动向、企业定向、特定权利状况等方面的情况。可以从发明的用途、原理、材料、结构和方法五个方面来考虑重要专利的内容，并将重要专利按照内容的异同分类。如果专利内容以原理为主，说明这项技术尚未成熟；如果专利内容以用途的多样性为主，则说明技术已能实用。另外，将某技术领域各主要公司的专利按专利内容列表分析，可以看出各公司的技术特色及开发重点；将有关专利按技术内容的异同分成各个专利群，对某一公司拥有的不同专利群或对不同时期专利群的变化情况进行分析，可以对某项技术或产品发展过程中的关键问题、今后发展趋势及应用动向、与其他技术的关系等进行分析与预测。

由于涉及技术的具体内容，定性分析的工作比较繁重、复杂。至于用定量分析还是定性分析，应视希望解决的问题和掌握的专利数据而定。事实上，经常需要将定性分析与定量分析结合起来才能达到好的效果。比如，可先通过定量分析确定哪些公司在某一技术领域占有技术优势（专利申请量或批准量可以反映技术活动水平），辨别这一技术领域的重要专利（某一专利被后续专利的引用数反映专利的重要性），然后再针对这些公司的重要专利进行定性分析。

8.2.3　原文分析法

原文分析法指通过检索竞争对手企业的专利说明书，对其进行仔细阅读、认真分析来掌握了解竞争对手新产品新技术的开发特点，从中寻找本企业与其抗衡的突破口，包括寻找空隙法、技术改进法、技术综合法和专利技术原理法。

1. 寻求空隙法

寻求空隙法也称为图表分析法，即通过阅读分析多份同类的专利说明书，寻找有关技术领域中研究的空隙点，即尚无人涉足或未能引起人们重视的领域，或研究成功的技术领域。比如发明家卡尔逊在研究复印技术时，通过对大量的专利说明书分析，发现过去人们只想到应用化学效应，而无人应用光电效应。他便抓住这个技术空隙进行攻关，最终提出将光导电性和静电学原理结合在一起的新构思，结果使完全干式的复印术获得成功。

2. 技术综合法

技术综合法是通过查阅说明书，分析选择多种技术进行综合的一种方法。比如，发明家 L. J · 发明了圆珠笔技术，而美国化学家 F.西史则发明了一种黏度高、能快速干燥的圆珠笔专用油墨，这两项技术综合在一起形成了现代圆珠笔的发明。

3. 技术改进法

技术改进法指在查阅专利说明书后，找出现有技术的薄弱环节，并对其进行攻关，最后形成更为优化的发明方案的一种方法。这也是我们平时经常讲的对专利技术进行消化吸收再发展的一种方法。日本工业腾飞与他们善于利用这种方法来提高行业、企业的竞争力是分不开的。

4. 专利技术原理法

专利技术原理法指利用专利技术原理来指导新的技术领域中的发明活动。泥浆浇注法在陶瓷工业中的使用已有悠久的历史，一个金属学研究者通过专利文献及实地参观了解到制造炉心管是先用石膏制出筒状模型，再将耐火材料磨制成泥浆状注入石膏模型，经过一些时间，浆中的水被石膏吸收，耐火材料就形成筒状的坯体，然后取出自然干燥再放入热炉中熔烧便可制成优质的耐火炉心管。根据这一制作原理，该学者便考虑将其应用于金属工业中，经过试验制成了料浆铸造法新技术，尤其是在粉末冶金方面取得了很好的效果。

8.2.4　统计分析法

统计分析法指对专利检索工具中的大量专利条目按不同的角度进行统计。分析的方法包括专利单项统计和组配统计，分析的内容主要包括行业竞争态势的考察、竞争对手识别和竞争对手动向研究。竞争对手的识别主要包括了解行业内当前的竞争对手及范围，确认行业内最主要的竞争对手，识别行业内的潜在竞争对手。竞争对手动向研究主要包括竞争对手合作开发动向考察，竞争对手研究基础及动态，竞争对手关键技术领域分析，竞争对手市场意图分析，竞争对手对本企业的技术威胁考察等。

1. 专利信息的简单统计分析

按照专利发明人、专利申请人、专利分类号和专利文献的数量分别进行统计分析。通过对相关情况的统计分析，能够了解各国科技进步的现状、技术研究兴趣或热点的转移情况，能在一定程度上摸清当前技术发明人的注意力以及该项技术领域发展的去向，可以看出在某一技术领域的竞争情况，甚至可以判断出最活跃的领域。通过对专利文献中的每一条专利条目的统计可以了解一个技术领域、一个国家乃至一个企业的专利申请活动以及专利授权活动的数量特征和变化规律，由此来掌握一个技术领域、一个国家和一个企业的新产品新技术开发的竞争态势。专利统计通常可以按四个因子进行，即按专利分类号、专利权人、专利申请日（授权公布日）和专利申请国四个方面。对这四个因子进行单项统计，主要有：某一技术领域（专利分类）专利数量的统计，从中了解某一技术领域的技术发展的状况；某一企业（专利权人）专利数量的统计，从中了解该企业新技术和新产品开发的情况以及技术实力等；某一国家（专利申请国）专利数量的统计，从中了解该国新技术和新产品开发的现状。

2. 专利信息的组配统计分析

通过对专利统计中四个因子进行组配统计，由此获取各种统计信息，然后对这些统计信息进行分析，从中找出有价值的情报。这种分析方法是专利情报分析在竞争情报研究中应用的主要方法。主要包括：某一领域（专利分类）专利数量随年代变化的统计，从中了解某一技术领域的技术发展和变化的趋势；某一领域（专利分类）专利数量随专利权人变化的统计，从中了解在该领域技术领先者、各个专利权人之间的技术实力对比，判断在领域内的主要竞争者；某一领域（专利分类）专利数量随申请国家变化的统计，从中了解在该领域各个国家技术的实力和领先程度；某一企业（专利权人）专利数量随年代变化的统计，从中了解该企业新技术和新产品开发的动态情况以及技术实力的变化等；某一企业（专利权人）专利数量随专利分类变化的统计，从中了解该企业的关键技术领域新技术新产品开发的覆盖面，分析可能对本企业造成威胁的技术和产品；某一企业（专利权人）专利数量随申请地域变化的统计，从中了解该企业意欲进入或可能垄断的目标市场；某一国家（专利申请国）专利数量随年代变化的统计，从中了解该国新技术和新产品开发的动态。

专利信息的统计分析不仅建立在大量的数据搜集、加工和整序基础上，而且需要分析人员的创造性劳动，由于要求的数据量较大，人工操作耗时耗力。为解决专利统计分析中大量数据处理、数据图表绘制等问题，南京理工大学经济管理学院信息管理系还开发了一种“专利统计系统”，该系统可以利用单机或利用网络环境，将统计分析结果通过网络传输给用户。

3. 关键词频统计

关键词频统计主要包括：①删除重复申请的专利，然后从专利权项、摘要和标题中抽取若干带有技术实验概念的关键词；②对关键词的频数进行统计；③是读意，对出现概率比较高的关键词进行逻辑组配，进行技术概念的再理解。

4. 技术细分后再统计

按等级树原则对某一技术进行技术细分展开，对其下位概念逐项进行统计，例如，电扇技术可分为扇头、风叶、控制和其他几个部分，控制部分又可细分为可控硅调速、微处理机调速和其他方法调速。

5. 指标变化图表和技术动态及特性比较表

技术动态及特性比较表主要用来从技术领域、产品的某些功能等角度，反映不同年度和不同企业申请专利的技术动态和特性，从而比较诸企业技术开发趋势和方向。主要形式有：企业在不同年度、不同技术领域中技术开发比较，不同科研选题的比较，不同企业不同科研选题比较，各种因素之间的回归分析。

6. 矢量动态模型法

专利文献除反映科学技术的量变关系外，还隐含着科技发展的方向。因此，借用矢量的概念来加以表示。应用矢量模型法就是把统计的动态数据实行矢量模型化，然后对科学发展动向加以评价和预测。

7. 专利引文分析法

对专利文献引用参考文献的现象进行分析研究，揭示其数量特征和内在规律，并据此进行技术发展趋势的评价。

8. 专题资料分析法

所谓专题资料分析法，就是根据专利文献在国际发明分类表中的分散性，对某专题文献资料的地理分布、研究内容等进行排列组合和分析研究，从中预测世界上创造发明活动最活跃的国家以及侧重研究的领域等。

9. 点情报分析

点情报分析是利用个体专利情报中有关的专利项，如专利权人、专利申请日期、专利批准日期、专利有效期等的分析来获取竞争情报，更多的情形下，是通过专利的技术内容或专利的“质”来识别专利。

10. 线情报分析

将获得的点情报按照一定方式排序，则可得到有序化的“线情报”。如按时间顺序排序，就可得到发明先后的线情报；按分类序列排序，则可得到反映不同技术领域发明情况的线情报。如将某一技术类别的专利申请按专利权人进行统计，可以得到某项技术在不同公司或企业间的分布，了解哪些公司或企业在该领域投入较多、专利活动较活跃、技术水平较领先；而对不同技术类别各公司的专利数进行统计，可以了解各公司最活跃的领域，即开发的重点领域。专利文献的曲线图具有一定的参考价值。低—高—平—低：预示夕阳工业，即使产品目前畅销，但技术性能正在更新换代或被淘汰；零—高—飙升：预示新型朝阳产业；平—低—低—高—再高：预示产业结构调整，产品处于转折点。

11. 面情报分析

将上述线情报加以组合，则可得到各种相互联系的有关技术发展状况的“面情报”。如对在技术分类指导下形成的专利群进行分析，研究专利群的形成、结构、变化以及与其他专利群的关系，能直接或间接地对某一技术或某一企业的现状及今后趋势做出正确的评价和分析。

12. 立体情报分析

将上述面情报加以组合，则可得到发明活动与其他各因素间联系的全面情报，也称多次元或多维分析，即用透视的观点或角度进行专利情报的分析，用 *X*、*Y*、*Z*、*X'*、*Y'*、*Z'*轴进行二维组合的方式把隐藏的所有要素都详细地表露出来，最终得出技术开发及专利竞争情况的分析结果。

8.2.5　专利情报分析研究的局限与问题

1. 专利分析的局限

（1）专利数据并不能完全代表整个领域的创新活动。专利指标直接测度的是发明，而不是创新。发明不一定导致创新，还要经过进一步的技术发展、制造和市场开发才有可能成为一种创新。另外，不少企业选择保守商业秘密来保护其发明创新技术，因此，其他企业是无法通过单纯的专利分析来发现其创新技术的。

（2）专利分析存在着固有的时滞。这是因为申请日期和公开日期之间通常有 18 个月的间隔，对于一个在进一步开发与现有产品相关专利技术的企业来说，这个时滞将直接影响专利分析预测结果的准确性。

（3）并不是所有的科研成果都会申请专利。根据专利法的规定，专利有三种：发明专利、实用新型专利和外观设计专利。对于一个企业而言，如果其成果的内容是有关产品发明、实用新型和外观设计的，一般都以申请专利为宜，这样能更好地保护其成果。而如果是关于方法发明的，一旦申请专利，方法就会公开，他人就很容易效仿、使用，发明者也不易察觉和证明，而且维护权益也费时费力。在这种情况下，有的企业为了长远的战略目标并不急于申请专利，这样就不能够仅仅通过专利判断企业近期的成果了。

2. 专利情报分析法应注意的问题

（1）一项专利可能只在发明它的同一企业或行业内应用，也可能对若干企业和行业都有意义。在讨论创新对生产率增长的贡献时，如行业层次的讨论就应当注意找出发明和应用发明的行业关系，找出具有跨行业影响的技术，尤其是创新很难得到保护而又被广泛应用的技术，为此，有必要根据经济活动领域对专利分析做行业归类。

（2）要会充分利用失效的专利及其专利文献。专利失效并不等于失值，有很多失效的专利的技术含量和市场价值仍然很高，如果能对这部分专利加以开发利用，既是对科技资源的再利用，又可最大限度地节省开发时间和经费，同时还可为企业节约巨额专利转让费。

（3）应深入研究竞争对手在国外申请专利的意图。有时候竞争对手向一国申请专利，并不是直接为了占领该国市场，而是为了在技术上控制在该国的竞争对手，使其无法生产出与自己竞争的产品，从而在国际市场竞争中处于有利地位。

（4）通过分析要能够发现竞争对手的潜在市场及其他合作策略。竞争对手由于某种特殊需要研制的发明专利，刚刚出现时，常会局限在非常狭窄的应用领域内，随着技术的完善和时间的推移，就可能扩大应用领域。应仔细研究竞争对手这种专利的实施利用情况，观察围绕这种专利是否有关联的实用新型和外观设计专利出现，并与其他行业、部门联系，探求应用的途径，从而发现这种专利的潜在市场。

8.3　Internet专利竞争情报开发工具

随着计算机的普及、信息技术和网络技术的发展，专利情报分析逐渐从手工处理过渡到了以计算机为工具的时代。这对专利情报分析提供了极大的便利条件，而且也促使专利情报分析方法向自动化、智能化、可视化方向发展。要对每个领域中所包括的成百上千专利文献进行量化分析，应必须对这些专利文献的申请日、主分类号、优先权申请国、申请人、公开号等著录项进行检索、筛选、统计，并绘制图表。用手工方法显然是极费时费力的。为此需要创建专利情报分析数据库，并采用计算机分析、统计数据库中专利文献著录项的方式对专利文献进行量化分析。在专利情报分析数据库中，运用 Excel 电子表格所具有的强大功能，对每一项著录项目进行排序，从中筛选出每年、各国、各公司的专利申请号，再对上述各项进行数量统计，就可有针对性地做出统计图表，从各个方面了解该领域的专利发展情况。

具体来说，主要包括：①专利申请数量的年代分布，可以预测出某技术领域的未来发展态势；②专利文献的技术主题分类，可对技术主题进行分类统计并做成技术主题分布图；③以优先权所属国统计各国的本国专利申请量，可以了解各国在该领域的技术实力；④各公司所拥有的专利数量统计，可了解各公司在该技术领域的技术经济实力；⑤各公司国外专利申请情况，对具有两个国家以上的专利申请进行数量统计，画出各公司国外专利申请数量的分布图；⑥各国专利申请数量的分布情况，查清在不同国家所面临的竞争对手，可以了解外国公司在这些国家的市场竞争程度；⑦各国家专利的申请情况统计分析，可了解在每一个国家内各公司的竞争态势。

8.3.1　数据挖掘

互联网上专利文献量超过 4600 万篇，用手工分析几乎不可能，在这些大量数据的背后隐藏了很多具有决策意义的信息。那么怎么得到这些“知识”呢?

对这个问题给出的最新回答就是：数据挖掘（data mining）。在“数据矿山”中找到蕴藏的“知识金块”。数据挖掘是一个利用各种分析工具在海量数据中发现模型和数据间关系的过程，其基本步骤分为确定对象、准备数据、建立模型、分析结果、巩固知识、运用知识。上述过程有专门的软件来完成。世界上比较有影响的典型数据挖掘系统有：SAS 公司的 Enterprise Miner，IBM 公司的 Intelligent Miner，SGI 公司的 SetMiner，SPSS 公司的 Clementine，Sybase 公司的 Warehouse Studio 等。

8.3.2　联机分析处理

联机分析处理（On-Line Analytical Processing，OLAP）概念最早由关系数据库之父 E．F．Codd 于 1993 年提出。它能够从多角度对信息进行快速、一致、交互地存取，从而获得对数据的更深入了解。它的技术核心是“维”（dimension）这个概念。“维”是人们观察客观世界的角度，是一种高层次的类型划分。“维”一般包含层次关系，这种层次关系有时会相当复杂。通过把一个实体的多项重要的属性定义为多个维，使用户能对不同维上的数据进行比较。比如二维专利情报分析，可以以时间为横轴、专利申请量（或批准量）为纵轴，统计专利量随时间的变化规律。因此，OLAP 也可以说是多维数据分析工具的集合。OLAP 的基本多维分析操作有钻取、切片和切块以及旋转等。

8.3.3 专用专利情报分析软件

近年国外出现不少专利情报分析软件，可把分析结果以形象直观的立体图形展现给用户，使专利数据的挖掘和在线分析更加具有针对性，效率也更高。

如韩国元私立株式会社开发的专利情报分析系统 INAS 是基于 Patent Map 理论开发的，可把专利情报文献及技术内容数据化。用各种图形、报告和表格形式进行分类整理，提供一目了然的情报内容的专利信息分析，包含定量分析、定性分析及权力要求分析三大类。

8.4 专利分析的步骤

（1）分析用户（或自己）需求，以明确研究的具体内容，确定统计因子。

（2）检索专利信息。通过检索工具或光盘数据库或网络数据库检索要统计的专利信息。有些专利在网上可以免费查询，如美国专利数据库，其网址为 http://www.uspto.gov；通过北京信息中心免费查询中国专利信息数据库，其网址为 http://www.beinet.net.cn 或者 http://www.beic.gov.cn。

（3）选择专利分析方法。如果要确定某一专业或领域谁在此领域内领先，谁是你的竞争对手，可以根据技术主题首先进行检索，然后采用专利分类/专利权人/专利数量的组配统计方法分析此领域专利权人的专利申请（公布）情况。如果要了解你的竞争对手与谁合作，首先按照专利权人（竞争对手）进行检索，然后分析检索到的专利信息中还有哪些专利权人，再统计这些公司在哪些领域中合作。

（4）实行统计分析。根据选择的统计方法，借助统计工具如类似南京理工大学的统计分析软件、英国德温特公司的统计软件——Rank 排序软件进行统计，统计结果用图或表的形式汇总，针对结果进行分析。

（5）反馈调整。将专利情报分析结果传输给用户，并根据用户的反馈进行调整。

8.5 专利情报分析实例

公司管理者通常都要面对一些重要问题：可能影响公司的技术发展趋势是什么?竞争对手的研究开发、工程能力和竞争地位如何?通过专利情报分析可以解答这些问题。

8.5.1 产品技术发展的生命周期

将不同的趋势指标一起分析，可以更精确地判断该技术处在技术生命周期的哪个阶段。分析家们假设任何技术的生命周期都包括四个阶段：新兴期、成长期、成熟期、衰退期。一般来说，在新兴期，专利数量少，但处于增长状态，而且只有少数几家公司从事此项技术的研究，专利的集中程度较高；在成长期，专利数量增多，技术活动水平提高但集中度降低，这是由于有更多的公司进入此技术领域使技术的分布范围变广；在成熟期，这两项指标都趋于相对稳定；到了衰落期，由于技术的衰老，专利活动减少，专利数量减少，集中度由于大部分公司的退出此项技术领域而提高。这种生命周期分析法正是基于某技术领域专利数量变化，往往反映了该技术领域的兴衰这一特点，可用以判断技术发展的趋势、技术开发的新方向和技术应用于工业生产以及形成新兴市场的可能性，为企业的管理者提供决策的依据。图 8.1 是燃气灶这一产品领域内的专利申请数量时间分布图。曲线显示了时间轴上的专利数量变化趋势。我们可以看到，在 1990 年前，有关燃气灶的专利申请很少，说明这项产品技术还处于萌芽时期，进入 90 年代之后，特别是 90 年代末期，随着市场的开放，专利的申请量出现了快速增长的趋势，表明了该产品技术正由新兴期进入了成长期。

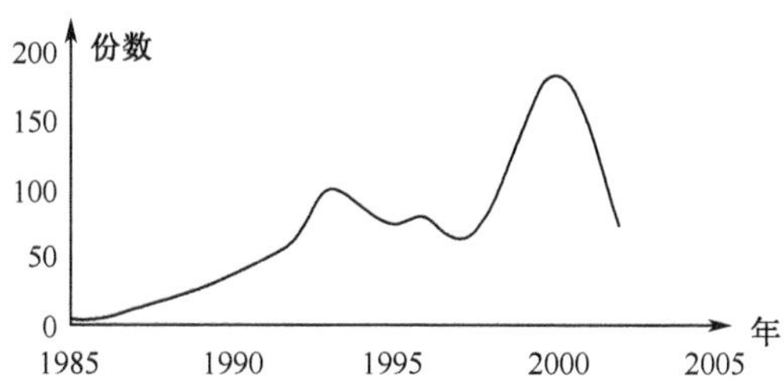

图 8.1　燃气灶专利申请数量时间分布

8.5.2　竞争对手发展重点

这是一个定性分析的例子。将海尔、万家乐、光芒、华帝等八家公司申请的燃气灶技术专利按专利技术内容进行分类。从表 8.1 可以看出，燃气灶的外观设计有关专利最多，是国内燃气灶企业的主攻方向。同时也可以看出，海尔、光芒等公司把燃烧装置作为他们技术的要点；万家乐、美的等公司把火盖作为技术重点。这种分析对了解各个公司的特点和发展重点提供了可靠的情报。

表 8.1　国内八家公司申请专利的技术构成

	海尔	万家乐	光芒	方太	美的	林内	樱花	华帝	合计
外观设计	25	7	3	9	3	2	5	2	56
开关	3	1	1	—	1	—	1	—	7
燃烧器、炉头	6	—	5	—	2	1	1	2	17
包装结构	—	—	—	—	—	2	—	—	2
防回火装置	—	—	—	—	—	—	—	1	1

续表

	海尔	万家乐	光芒	方太	美的	林内	樱花	华帝	合计
火盖	2	6	—	—	—	3	—	1	12
锅架	4	—	1	—	—	—	—	—	5
面板	7	—	1	—	—	—	—	—	8
连接接头	3	—	—	—	—	—	—	—	3
风门调节装置	2	—	—	—	—	—	—	—	2
用途	5	—	—	—	—	—	—	—	5
合计	57	14	11	9	6	8	7	6	118

8.5.3 深圳华为的专利创新

2000 年华为的销售额是 220 亿元，在国内 IT 行业排名第十，然而，它的利润却超过了联想，排名全国第一！2001 年其销售额再增 16%，达到 255 亿元。要知道，这是一家成立仅 13 年的民营企业！它成功的秘诀来自何方？2001 年的销售额 255 亿元，而公司投入科研的资金却高达 30 亿元，达到 11.7%。这在世界的高科技行业仅次于微软。持续的高投入使华为在同行业中逐渐占领了技术的先机，仅 2001 年一年，华为就有 500 多项专利技术，而且智能网还获得了国家科技进步一等奖。在华为的展览室，整齐地摆放着一台台闪烁着的机器，每天来这里参观的都是世界各国的通信运营商。

华为的许多产品都处于供不应求的局面，国内外运营商垂青的是华为产品的稳定性和超前性。因为这里展示的都是目前世界上最先进的通信产品，一些刚刚发明的超前技术，在这里已成了定型产品。目前 CDMA 在国内刚刚流行，而华为的第二代 CDMA 产品已经展示了。以前国内的先进通信设备都是进口的，这几年由于华为的崛起，通信设备大步伐实现了国产化；加上华为拥有自己的知识产权，设备的价格也大幅度下调。通信干线传输网以前被国际大公司，如北电、阿尔卡特等所垄断，华为从 1995 年开始进入这个领域，现在已经占有 40%的市场份额。据专家介绍说，这些光网络的群体突破，就如同交换机在中国群体突破一样，强化了民族产业的核心竞争力。据悉，2001 年华为 255 亿元的销售额全部都是靠最新技术取得的。像中国电信、中国联通、中国铁通等通信公司的技术改造使用的产品，50%以上都是华为提供的。2002 年在光网络研发的费用预计将投入 6 个亿。华为技术有限公司知识产权部部长宋柳平说，华为专利申请量总共近 1000 件。核心技术对于高科技企业是至关重要的，核心技术的法律体现形式实际上就是知识产权。在华为，你去问任何一个员工，他都会告诉你，华为要把自己建设成一个哑铃形的企业。也就是说，研发和市场很丰满，而在生产方面只要求掌握核心技术。而在研发和市场之间，华为对前者投入了更多的关注。用华为总裁任正非的话，“对核心技术的掌握能力就是华为的生命”。这话华为说了 10 年，也做了 10 年！这使华为始终保持了令同行业羡慕的高利润率，也使华为拥有近 1000 项自主知识产权，使得华为的产品被德国、意大利、法国、印度等 100 多个国家所采用，并使自己从思科、朗讯等国际大公司的客户变成了它们的竞争对手。中国加入世贸组织前有政府保护的壁垒，国内企业有很大的生存空间，所以没有真正的压力发展自己的竞争力。加入世贸组织后，政府保护的壁垒已经逐步拆除，政府在很大程度上要由规则的制定者变成规则的执行者和接受者，对企业爱莫能助，中国企业要在真正的全球化市场上与外来的企业竞争，就好像儿女要离开父母走向社会独立生活，所以必须寻找自己的竞争力。

8.5.4　电动汽车专利技术分析

中国加入世贸组织后，采取怎样的专利竞争战略去应对日益激烈的国际竞争，是中国企业迫切需要解决的重要课题。在专利竞争战略中，涉及的一个最为重要的方面是“专利技术竞争情报分析”。专利竞争情报分析通常包括：专利技术领域的现状与发展动态、技术生命周期、专利技术主要竞争对手、潜在对手以及该技术的发展方向和国际趋势等方面。

1. 电动汽车专利技术分析样本构成

为全面科学地分析各国电动汽车技术的专利信息，本文以中国专利数据库和美国专利数据库作为数据采集的信息源，其中，中国专利采集的数据为 1985～2001 年公开的数据，包括发明、实用新型和外观设计。截至 2001 年底，中国专利公开的三种专利数据中，有关电动汽车的专利共 684 件，这些专利涉及的 IPC 小组约 400 个。其中发明专利 303 件，约占总数的 44.3%；实用新型 353 件，约占总数的 51.61%；外观设计 28 件，约占总数的 4.09%。从发明专利所占总数的比例看，有关电动汽车的专利其技术含量高，属高新技术领域。美国专利采集的数据为 1990～2001 年公开的数据，截至 2001 年底，美国专利公开的专利数据中，1990～2001 年有关电动汽车的专利共 1960 件，去除部分数据项缺损的数据，涉及的 IPC 小组约 1000 个。为便于进行时序分析，数据的统计以申请日为基础，以半年为单位；考虑到专利申请公开、公告滞后的问题，趋势分析主要考虑 1990～2000 年的数据情况；采集数据时以篇数为单位；在对采集的数据进行分类加工时，考虑了乱分类的情况。

2. 电动汽车技术的发展及生命周期

本文通过研究中国专利数据中电动汽车专利申请量随时间变化的情况和美国专利数据中电动汽车专利申请量随时间变化的情况以及利用采集到的相关中

国专利数据，依据一定计算公式计算出电动汽车技术生长率（V）、技术成熟系数（α）、技术衰老系数（β）和新技术特征系数（N），生成α，β，N随时间变化一览表（表 8.2），通过这些图表探索电动汽车技术的发展历史和生命周期。

表 8.2　α、β、N 随时间变化一览表

时间系数	1996	1997	1998	1999	2000
V	0.2069	0.2609	0.2303	0.2182	0.2249
α	0.4615	0.5714	0.4430	0.4390	0.4043
β	1	0.9545	0.9753	0.9762	0.9495
N	0.5090	0.6077	0.4993	0.4902	0.4626

注：V 为电动汽车技术生长率，α为技术成熟系数，β为技术衰老系数，N 为新技术特征系数。

3. 中国专利申请随时间变化的情况

1985～1991 年，电动汽车技术的申请量很少，且申请量变化不大；1992～1997 年，电动汽车技术领域的专利申请量逐步增加，此时，电动汽车技术处在技术发展期的特征明显；到 1998 年，相关的专利申请急剧增加，1998～2000 年，相关的专利申请量又维持在一个高水平阶段，从而反映出电动汽车技术逐步趋于成熟。

4. 美国专利申请随时间变化的情况

国外电动汽专利技术的发展与中国专利的发展趋势大体一致，所不同的是：1990～1995 年，电动汽车技术在美国的申请量呈增长态势，1995～2000 年，专利申请量持续在一定水平，申请量变化不大，显现出电动汽车技术正处于成熟期的特征。

5. α、β、N 系数随时间变化的情况

从表 8.2 可以看出，电动汽车技术生长率 V 值从 1996～1997 年增长很大，而从 1998～2000 年，V 值持续在一定区间并显出变小的趋势；同时，电动汽车的技术成熟系数α值的变化也反映出从 1998 年开始逐年变小的趋势；而技术衰老系数β 值并没有逐年减小，没有反映出技术衰老的特征；同样，新技术特征系数 N 值的变化规律与 V 值的变化规律性相似，1997 年以后开始逐年变小，这说明电动汽车技术已不属于新技术范畴。总之，无论是中国专利数据还是美国专利数据均反映出电动汽车技术已趋向成熟，电动汽车技术在中国的发展较美国滞后 3～5 年的时间。通过以上分析，电动汽车企业应该明确：目前，整体来说有关电动汽车的技术已经趋向成熟，企业在研究制定相关专利战略时，应根据企业具体情况，为已经研制成功的技术积极申请专利，以取得法律保护；对尚未投入开发的技术，

以实施技术引进战略为宜，也可以采取交叉许可战略或协同战略，使企业在最短的时间内获得技术，投入生产，参与市场竞争。

6. 电动汽车技术领域发展重点

1）国内的情况

在所采集的中国专利数据中，取专利申请量前 40 个 IPC 小组进行总体排名，他们所代表的专利数量之和是 430 个，占总数 853 项的 50.41%。由此可以看出，国内电动汽车方面的技术主要在使用初级或二次或燃料电池的车辆内部电源的电力牵引技术、车辆供电技术、动力控制器技术和有关电动机等方面的技术以及电池、蓄电池、燃料电池和电池组充电技术等。另外，有关车辆客室专用加热或冷却、自然力提供动力等方面的技术，也是研究的重点之一。

2）国外的情况

截至 2001 年年底，美国专利公开的专利数据中，取前 40 个 IPC 小组数据进行排名，它们所代表的专利数量之和为 1109 个，占总数 2401 项的 46.19%。由此可见，国外电动汽车技术的发展重点也主要集中在车辆的供电技术、使用车辆内外部电源的电力牵引技术、动力控制器技术、电池技术和电动机技术等方面，与国内的情况基本一致。在国外专利中，电池组充电等方面的技术和有关蓄电池等方面的技术比重明显增加，排名趋前，涉及电动汽车的关键技术——使用车辆内部电源的电力牵引等方面技术所占比重也比国内大。最值得注意的是，国外电动汽车技术中，电动机的控制技术以及电传导连接等方面的技术投入力量也不少，国内电动汽车生产企业应引起高度重视。通过分析，可以帮助企业了解生产电动汽车涉及的关键技术，以此评价本企业技术特点以及在电动汽车领域的地位，指导企业技术投资方向等。

3）电动汽车技术的发展趋势

在所采集的中国专利数据和美国专利数据中，本文通过分别取专利申请量前 40 个 IPC 小组，分析它们随时间变化而变化的情况，来研究电动汽车技术的发展趋势。从中国专利前 40 个 IPC 小组的申请量与时间变化的情况和美国专利前 40 个 IPC 小组的申请量逐年变化情况可以看出，专利申请数量随时间变化呈增长趋势。分析显示，有关车辆供电、车辆内部电源电力牵引、动力控制方法、使用初级或二次或燃料电池的车辆内部电源的电力牵引、蓄电池、车辆电力制动系统、电传导连接等方面的技术具有发展前景。其中，电池组充电技术所反映的专利申请量变化是：从 1990 年开始出现相关申请，到 1992～1993 年专利申请量出现一个小高潮；之后，在 1994～1996 年相关专利申请量一直维持在一定的水平，到 1997 年，专利申请量再次大幅增加；之后，又维持在一定的水平，并有减少的趋势。这说明，有关电池组充电技术经过十余年的发展，已经趋向成熟。此外，有关用于车辆的磁力悬置或悬浮，包括一个以上电动机的车辆电动力装置的布置或安装、一般用于车辆的电力制动系统的涡流制动、有电力助动或传动装置的车辆制动控制系统或其部件、与电机连接用于控制机械能的装置等方面的技术，随着时间的推移呈逐年下降的趋势，而且在 1998 年以后大多不再有新的申请出现，这说明有关这些领域的技术已经由成熟向衰老转化，参与研究和申请专利的企业在减少。

通过以上分析，可以得出以下结论：目前，无论国内和国外，电动汽车涉及的关键技术包括：①电池技术，它包括铅酸电池、燃料电池，以及燃料电池中的氢气储存技术和电能储能系统技术等；②电动机技术，包括电动机的速度或转矩的控制技术和启动技术以及机电变换器技术等；③动力控制器技术；④能源管理及系统控制技术；⑤电池组充电放电技术；⑥排放控制技术等。企业可以据此了解现阶段有关电动汽车领域的热点技术和关键技术以及逐步衰老的技术，指导企业未来技术投资方向以及专利许可战略和技术储备战略的实施。当然，从技术分析角度来说，企业应该对技术分析中所涉及的关键技术逐个进行详细分析，利用完整的数据库分别制定检索策略，找出每个关键技术所涉及的国际专利分类号和申请专利的企业等，并关注主要申请人的专利活动。专利与企业竞争力密切相关，加强对专利竞争情报的分析，对企业了解相关技术领域的专利活动和主要竞争者的专利动态，及时调整本企业的技术投资方向和专利战略，显然具有十分重要的意义。

第 9 章 科技查新咨询

9.1 科技查新基础

9.1.1 科技查新的沿革及定义

科技查新是在我国科技体制改革进程中萌生并发展起来的一项情报咨询工作。20 世纪 80 年代后期，各级科研管理部门为了提高科研立项、成果鉴定与奖励的严肃性、公正性、准确性和权威性，采取了不少措施，制定了一系列管理办法和规定。其中，为了避免科研课题重复立项和客观正确地判别科技成果的新颖性而设立了查新咨询工作。

科技查新机构的资质必须经由科学技术部认定或授权认定，并根据查新机构的综合情况和特点，规定了各查新机构所能受理的专业范围。原国家科学技术委员会于 1990、1994 和 1997 年在全国范围内共授权了 38 家一级查新单位，也称国家级查新单位。早在 1989 年，重庆大学科技查新站就是重庆市科委首批审批通过的五家查新站之一，1992 年，重庆大学科技查新站经国家教育委员会审批为 12 家“高等学校科技项目咨询及成果查新中心工作站”之一。2003 年，教育部又重新认定教育部部级科技查新工作站，重庆大学图书馆被认定为全国 22 家理工类“教育部科技查新工作站”之一。

科技查新工作由国家科学技术部统一归口管理，2000 年 12 月，科学技术部发布了《科技查新机构管理办法》和《科技查新规范》(2001 年 1 月 1 日起施行)，进而规范了查新机构的行为，保证了查新的公正性、准确性和独立性，使科技查新工作步入了法制化轨道。《科技查新规范》对整个查新工作进行了全面的规范，包括基本术语、基本原则、查新委托人、查新机构、查新合同、查新人员、查新咨询专家、检索、查新报告、查新过程中可能出现的争议、查新档案管理、查新程序和附则等共 13 个部分，《科技查新规范》中对查新过程中涉及的基本术语进行了定义和规范化，规定各方的相应权利和义务及行为规范，为维护查新各有关方的合法权益提供了法律依据。

科技查新是针对某一特定的研究课题进行的，首先，通过计算机检索和手工检索等手段查出国内外公开发表的与该课题相关的文献；其次，查出的文献与被查课题进行对比分析；最后，根据分析结果对被查课题的“新颖性”进行判定。科技查新的结果是为被查课题出具一份“查新报告”。

《科技查新规范》对科技查新工作的定义是："查新是科技查新的简称，是指查新机构根据查新委托人提供的需要查证其新颖性的科学技术内容，按照本规范操作，并做出结论。这里所提到的查新机构是指具有查新业务资质的信息咨询机构。"查新的关键在于新颖性，所谓新颖性就是指查新委托日以前，查新项目的科学技术内容是否在国内外出版物上公开发表过。

9.1.2　科技查新的意义

科学研究具有继启性和交流性，　一切科学研究都是在前人和他人研究的基础上进行的，正如牛顿所说，他的研究成果不过是站在前人的肩膀上而取得的，研究的目的都是为了创新，都是为了解决现实生活、生产实践或科学实验中的某个问题。而现有的知识，特别是数字化网络环境下浩如烟海的知识信息，以及图书馆保存的大量的文献信息，可以说都是前人或他人的智力成果，是知识创新的产物。因此，我们在进行科研活动时，一方面必须要借鉴前人和同行的研究成果，另一方面要避免课题的重复研究、浪费无谓的精力和时间。在任何研究课题选题前或开题后，以至科学研究的全过程都必须进行文献检索调研和查新，以确保科研选题的创新性、避免重复劳动，做到"知己知彼"、"心中有数"，方能"过后方知"，"一见就知"和"未来先知"。科学研究成果的形式，无外乎是研究论文、学术专著、研究报告或发明专利。科学研究的全过程都离不开情报信息，无论是选题立项，还是科研项目完成后的成果鉴定、申报专利或奖励，有针对性的检索查新调研都是十分重要和必要的。

科技查新工作的服务范围包括科研立项，成果鉴定、评估、验收、转化、奖励等。新的《科技查新规范》将以前的查新咨询明确为查新鉴定，查新报告是作为上述工作的鉴定资料的一部分。由此可以看出，查新在我国的科学研究和技术开发过程中扮演着十分重要的角色。

（1）为科研立项提供依据。立项是科研过程中至关重要的第一步，查新可以作为科研立项的前期工作，为立项是否恰当提供客观依据，可以表现在以下几个方面：有效避免低水平科研项目的重复，节省人力、物力以及我国并不富裕的科研资金；有助于科研人员了解国内外相关研究领域和同类技术的现状，明确要建立的科研项目在论点、研究开发目标、技术路线、技术内容、技术指标等方面是否具有新颖性，并根据所掌握的情况调整、修订自己的研究和开发方向，保证科研开发在立项时就处于高起点、高水平，为获得科研经费提供有力的支持。

（2）为科研成果鉴定提供依据。科技成果是科技工作者辛勤劳动的结果，查新可以使他们的劳动成果得到客观的确认，用文献检索的方法找出查新课题的新颖之处，给科研立项课题或科研成果一个独立、客观、公正的结论。

（3）为专利申请提供支撑。专利法要求申请专利的发明创造必须具备新颖性、先进性和创造性。专利检索查新可为申请文件撰写、新颖性和创造性判断提供对比文献和依据。

（4）为新产品开发提供依据。企业新产品新工艺等技术创新活动，尤其是要申请科技部或各省市科委创新基金，或者是新产品鉴定或认证都可以通过查新咨询得到支持。

9.1.3　科技查新的特点

科技查新是一种带鉴证性质的科技信息咨询服务工作，它虽然与一般课题检索一样，都是以文献信息资源为基础，根据用户的文献需求，运用各种检索手段，为用户提供相关信息，但科技查新又具有以下特点：

（1）科技查新的目的是为科研立项，科技成果鉴定、评估、验收、转化、奖励等提供客观依据，不但要对相关文献进行检索，还要对检索出的文献和数据的结果进行综合加工、分析，再与查新课题相比较，通过对比来判别查新项目的新颖性。

（2）科技查新对检索效率要求较高。既强调查全率，更强调查准率，以查到与课题密切相关的对比文献为目的，只要出现一篇与查新课题内容相似、主要技术指标相近或优于查新课题的文献，即对查新课题构成否定。

（3）科技查新按照《科技查新规范》规定，要求一定时限，一般应从查新委托之日起前推 10 年，但也可根据不同的学科特点和技术产品、工艺和专利的成熟程度，缩短和延长检索年限。

（4）科技查新机构和委托人双方要按照合同法和《科技查新规范》的规定，签订查新合同，明确双方权利、义务以及违约责任：科技查新报告作为科技鉴定资料，查新人员要对查新结论所产生的一切后果负相应的法律责任。

（5）科技查新是专家鉴定的支持和补充。专家评审是专家根据自身对专业知识的掌握和实践经验，从主观上对评审对象做出结论，而科技查新是信息工作人员对已出版的文献信息进行有针对性的检索，并将检索结果进行综合分析，从而判别查新项目的新颖性，同时，也为专家的评审从文献方面提供一个客观的事实依据，使科技评价更加公平、公正。

9.1.4　科技查新程序

科学技术部在《科技查新规范》中推荐的科技查新程序为：查新委托→受理委托→检索准备→选择检索工具→规范检索词→确认检索方法和途径→实施检索→完成查新报告→提交查新报告。

1. 查新委托

查新委托的单位或个人在提出处理委托事物之前，首先自我判断一下查新项目是否属于查新范围，再根据查新项目的专业内容、科学技术特点、查新目的等和查新机构所能受理的专业范围自主选择查新机构，并据实、完整地向所选择查新机构提供查新必需的相关技术资料和有关材料，包括项目的科技资料、技术性能指标、中英文对照的检索词、参考文献、国内外同类科学技术和相关学科的背景资料等。

2. 受理委托并签订合同

现行的《科技查新机构管理办法》和《科技查新规范》规定了科技查新机构的查新范围，因此，查新机构在受理查新时要首先考虑委托课题是否属于自己的受理范围，而后根据委托人提供的相关资料确定是否可以受理，如果符合受理条件，再根据查新人员的个人状况，如所具备的专业知识等来确定查新人员和审查人员。查新人员要确认委托人提交的材料是否齐全，确认是否能满足委托人的查新要求，确定完成查新的时间，如果可以接受委托，就要根据《科技查新规范》关于查新合同的要求与委托人签订查新合同。

查新委托人与查新机构所签订的查新合同是具有法律效力的，就是说一旦合同成立，双方就要为此承担相应的法律责任，因此，查新人员不仅要熟练掌握有关查新方面技术，而且要熟悉相关的科技法律制度，如国家科技进步法、科技组织方面的相关法律、关于科技成果方面的立法、科技奖励法律制度、关于科技人员管理方面的立法、技术合同与技术市场的立法、关于国际科技合作与交流方面的相关法律制度等。

3. 检索准备

在实施查新之前，查新人员要进行课题分析，仔细阅读委托人提供的相关资料，了解委托人查新的目的和对查新的具体要求，并尽可能多地了解课题的研究情况，这对制定检索策略和文献对比很重要，必要时还要进行专家咨询。检索准备应包括根据查新课题选择主题和确定相应的工具书。

4. 选择检索系统及数据库

检索工具选择得是否恰当会直接影响检索结果，选择数据库要本着能够全面覆盖查新课题范围为原则。

（1）首先要选择综合性的数据库，如 SCI、Ei、INSPEC 等，这些数据库不仅收录的学科全、范围广、年限长，且收录的期刊及其他类型的文献资料均为各学科领域的研究前沿出版物，尤其是对一些跨学科的查新项目最重要。

（2）专业数据库的特点是收录本学科的资料全，因此在必查之列。另外，现在各研究领域之间相互交叉与渗透、理论和应用涉及多学科，因此，内容相关的其他专业数据库也要列入检索的范围。

（3）国内外专利数据库。

（4）查新重大课题时也有必要对一些重要期刊（如 Nature 和 Science Online）进行专门检索。

（5）其他网络资源。

从检索工具的类型上要兼顾目录型、题录型、文摘型、全文型；从检索手段上要以计算机检索为主，而手工检索作为机检的补充不能忽略。

5. 检索策略制定

检索策略制定包括检索词、检索提问式、检索界面选择和检索功能运用。

1）检索词选择

检索词是一个广义的概念，有的检索系统叫检索项。包括能够反映查新课题主题或主要技术特征的关键词、主题词、分类号、作者、作者单位等，检索词的提取要考虑同义词、近义词等形式，一般包括单复数、词尾变化的同根词等。要尽量应用系统的布尔逻辑、位置逻辑和截断算符功能。

2）组配检索提问式

组配检索提问式就是用一个式子来描述检索要求。首先，应把检索词分成若干组面，组面间用 and 算符，同一组面内的检索词用 or 算符。词尾变化的各种同根词用截断算符代替。

3）检索界面选择

现有检索系统一般都有快速检索、初级检索（又称基本检索、简单检索等）和高级检索（又称专家检索）等检索界面，可根据具体需要和情况选择，但专业查新人员最好选择高级检索，有助于提高检索效率。还有，要特别注意利用检索界面上的限制选择功能，如学科分类、二次检索、时间范围、文献类型、语种等来缩小检索范围，提高查准率。

6. 实施检索

当制定好检索策略后，要根据检索策略，实施检索。实施检索中，要根据检索结果情况，不断优化检索策略。如果遇到检索结果太多或为零、检索到的结果与查新课题不相关等情况，就需要通过增加、减少、调整、修改检索词的方法来修改检索策略，有时要反复多次，才能得到满意的结果。

7. 查新报告撰写

查新报告是查新机构用书面形式就查新事务及其结论向查新委托人所做的正式陈述，是体现整个查新工作质量和水平的重要标志，查新报告包括相关文献分析和检索结论撰写，筛选出与查新课题内容相关的文献，这些文献要能反映其研究水平、技术指标、参数要求，与查新课题有较高的可比性。查新人员要对查新课题内容及查新点与检索到的结果（即相关文献反映出的现有研究或技术水平）进行比较，对检索出的文献进行全面分析，实事求是地做出文献评述论证结论。报告应包括以下内容：

（1）基本信息。查新报告编号，查新项目名称，查新委托人名称，查新委托日期，查新机构的名称、地址、邮政编码、电话、传真、电子信箱，查新员和审核员姓名，查新完成日期。

（2）内容信息。查新目的，查新项目的科学技术要点，查新点和查新要求，文献检索范围，检索策略，检索结果，查新结论，查新员与审核员声明，包括与查新课题密切相关的原文在内的各种附件。

8. 查新报告审查、提交

查新机构完成报告后，按照查新合同的约定向查新委托人提交查新报告和相应的附件。

鉴于查新人员对各种科技领域发展的了解有一定的局限，即使是专业非常对口的查新人员，对本专业研究情况及发展趋势也难做到了如指掌，在查新过程中很多时候需要找有关专家咨询，以便了解与课题相关的领域目前的研究与开发状况，委托人可以提出某人不适合做本次查新咨询专家的名单，作为查新人员的参考，而查新人员对查新咨询专家的意见及咨询结果也不予公开。

9.2 科技查新实例

9.2.1 实例 1：GSP 药品管理系统

1. 查新目的：申报国家级高新技术产品

2. 查新项目的科学技术要点

该解决方案，从功能架构、业务处理单元、业务流程定义等一系列环节充分体现医药作为特殊商品所遵循的 GSP 管理规范。这套系统最大的特色主要有以下几点：首先，业务流程可以让用户自己设置，通过自定义业务流程，使每个业务环节的流程更加灵活、方便，打破了固有的业务流程模式，使每一个用户都能得到最大的满足，真正体现了产品的人性化设计。其次，系统提供了强大的二次开发平台，系统中的每一个报表，用户也可以根据自己单位的实际情况来进行设计，即动态报表设计，满足了不同用户的需求。再次，系统的多参数业务流程，简化系统的流程，可以使用户更好地满足自己单位的实际业务操作。最后，GSP

管理有机地融在企业日常业务处理之中。

3. 查新点与查新要求

（1）系统业务流程可以让用户自己设置；
（2）系统提供了二次开发平台，所有的报表都可以自己设计；
（3）系统采用了多参数设置；
（4）GSP 思想有机地贯穿整个流程。
（5）重点检索国内近 10 年的文献报道。

4. 文献检索范围及检索策略

1）文献检索范围
（1）中文科技期刊全文数据库　　　1989～2004 年 1 月
（2）中国科技成果数据库　　　1985～2003 年
（3）中国学术会议论文数据库　　　1985～2003 年
（4）中国专利文献数据库　　　1985～2004 年 3 月
（5）计算机文摘数据库　　　1990～2003 年
（6）中国科技经济新闻数据库　　　1992～2004 年 1 月
（7）科技奖励项目
（8）中国企业、公司及产品数据库
（9）万方数据库
（10）Internet 查询
2）检索策略
（1）关键词：①药品；②医药；③管理系统；④管理软件；⑤计算机；⑥GPS。
（2）中图分类号：TH772.2，TP399，R540.4，R954，TP315。
（3）国际专利分类号（IPC）：A61B5/0402。

5. 检索结果

根据查新要求，针对本研究项目的技术要点，通过光盘、数据库、Internet，对该项目进行近 10 年的国内文献检索。在检索文献范围内，检索并筛选出相关文献 10 篇：

文献[1] 协力商霸医药管理系统，http://www.chinabbc.com.cn/ lianmeng。
文献[2] 千方百剂医药管理系统，http://www.cmol.net/it/soft/qfbj.htm。
文献[3] 时空医药管理系统，http://www.soft-sk.com。
文献[4] 英克医药 GSP 管理软件，http://www.inca.com.cn。
文献[5] 药博士医药 GSP 管理软件，http://www.as888.com/ybs/right.htm。

文献[6] 鞍山紫云 GSP 医药管理系统，http://www.ascatv.com/gsp1.htm。

文献[7] 四维医药管理系统，http://www.gzqynet.com/jxc-rj_06.asp。

文献[8] 航嘉医药管理系统，http://www.wepep.com/product/hj_yy.php。

文献[9] 慧源 GSP 药品经营企业管理系统，http://hnpy.onlinedown.net/soft。

文献[10] 赛博软件医药管理系统 SB-BMS 简介，http://www.cnsaibo.com/software。

6. 查新结论（含相关文献分析）

在 GSP 药品管理系统方面，与查新项目查新点相关的技术分析如下：

协力商霸医药管理系统的功能特点：提供了 GSP 管理；提供多种符合企业实际业务的流程方案，并支持对软件业务流程进行调整，使之能满足客户个性化的需求；系统提供菜单维护、打印维护、套打调整、单据设定、报表设计、查询工具、汇总方案等工具，为技术员对系统的维护以及二次开发提供平台，系统采用多参数设置[1]。

千方百剂医药管理系统是以 SQL Server 大型网络数据库技术作为其程序开发的底层数据库。该系统全面支持 GSP 管理，采用了多参数设置[2]。

北京时空超越科技有限公司开发的时空医药管理系统，符合国家医药 GSP 管理系统的规范流程；系统采用多参数设置，提供二次开发平台；业务流程可以让用户自己设置[3]。

北京英克科技有限公司开发的英克医药 GSP 管理软件完全满足医药行业 GSP 的要求，系统采用多参数设置；提供了二次开发平台，业务流程可以让用户自己设置[4]。

由深圳市世纪商通计算机科技有限公司自主开发拥有知识产权的医药管理软件——药博士医药 GSP 管理软件，完全按照国家药品监督管理局颁发的《医药商品质量管理规范》（简称 GSP）和《药品经营管理规范实施细则》的标准和 GSP 认证要求。它将 GSP 的要求完全渗透到软件的业务流程中，企业在运用软件处理日常业务的同时就可以自动完成 GSP 所需的各种记录和表格，从而能有效地帮助药品流通企业贯彻 GSP 管理规范，并顺利实现 GSP 的管理达标，系统采用了多参数设置[5]。

鞍山紫云 GSP 医药管理系统涵盖了医药企业管理的方方面面，拥有商品进、销、存、应收/应付、统计查询、数据分析、成本核算、GSP 管理及多账套管理等功能。该系统具有强大的二次开发支持，在提供大量统计报表的基础上，还可根据用户的特定情况进行改动添加，实现用户的个性化管理需求；针对用户提出的特殊需求无须进行专项开发，只需根据栏目项进行调整即可完成，系统采用多参数设置[6]。

晋新公司开发的四维医药管理系统，采用标准的 GSP 设计；提供报表设计工具，可以设计用户自己满意的报表格式；提供专门的报表查询模块，供企业管理者日常查询经营活动中的各种数据；系统采用了多参数设置[7]。

航嘉医药管理系统在系统设计上很大程度地本着构件化、分布化、工具化等原则进行，增加了系统的弹性机制，大量的基础构件的建立极大提高了系统的开发速度，为客户的个性化要求能做出及时的反应。大量应用工具的配套输出（报表制作工具、查询制作工具），方便了用户的二次开发，系统将 GSP 管理渗透到各项业务环节中，形成完整的质量控制体系，系统采用了多参数设置[8]。

慧源 GSP 药品经营企业管理系统，从药品采购、入库，到保管、出售完全按照 GSP 规范的要求的流程处理各种数据[9]。

赛博软件医药管理系统按照国家 GSP 标准开发了质量管理模块，使其能促进并强化医药企业对 GSP 标准的实施，建立完整、规范的质量管理体系，可输出数十种 GSP 标准报表[10]。

经以上相关文献的分析，并结合委托查新项目研究的主要要点，本项目查新结论如下：

（1）GSP 药品管理方面，国内开发了许多软件，这些软件都是将 GSP 思想贯穿整个流程。协力商霸医药管理系统、千方百剂医药管理系统、时空医药管理系统、英克医药 GSP 管理系统等软件都是采用多参数设置，并具有支持二次开发、业务流程让用户自己设置等功能。

（2）本查新项目所具备的产品特点与国内报道的 GSP 药品管理软件的功能基本一致。

9.2.2　实例 2：压电生物芯片及自动分析方法与仪器

1. 查新目的：科研项目报奖

2. 查新项目的科学技术要点

该成果为生物分析领域的新方法、新技术，通过将微电子，传感器及分子生物学技术相结合，构建了由微型压电生物传感器阵列组成的新型生物芯片，实现同时对多种生物分子及具有生物功效的化学物质的快速、准确、高信息量的检测。

该成果基于压电生物芯片的实时非标记检测，以及所设计的微流型芯片检测池，实现了采用生物芯片的流动分析技术，建立了新型的生物自动量分析方法；并通过集成样本处理、芯片检测、数据分析等模块，构制出新型的生物自动定时分析仪器。

与现在生物分析技术相比，具有高效快速、无需标记、成本低廉以及准确灵敏和自动简便等特点。可应用于生命科学、医药卫生、农业及环境等领域。

3. 查新点与查新要求

压电生物芯片由压电谐振微传感器阵列、各传感器表面固定的不同的生物探针构成，可同时检测多种靶分子。

芯片上各探针与靶分子的反应过程，由压电传感器进行实时动态监测，根据探针——靶分子反应模型解析传感器动态响应与靶分子浓度的定量关系，实现对靶分子的非标记定量分析。

与以荧光检测为主的现有生物芯片技术相比，压电生物芯片技术的灵敏度与荧光检测相近；同时，具有无需标记和实时监测的独特性，使其更为简便、快捷，并有外界干扰少、使用成本低等便于实际应用的优点。

基于压电生物芯片的实时非标记检测，采用所设计的微流型芯片检测池，实现了采用生物芯片的流动分析技术，即在探针——靶分子反应的初始阶段完成测定，无需等待反应结束即可进行结果分析，并可连续、自动进行多个样品的测定，且仅需微量试样。

通过集成样本处理、自动进样、芯片检测、数据分析等模块，构制出新型的生物自动定量分析仪器，实现了从样本处理到结果分析整个分析过程的一体化和自动化，并可测量多个不同样品。

重点检索上述查新要点的国内外近 20～25 年的文献报道。

4. 文献检索范围及检索策略

1）文献检索范围

（1）中文科技期刊全文数据库	1989～2004 年 3 月
（2）中国科技成果数据库	1985～2003 年
（3）中国学术会议论文数据库	1985～2003 年
（4）中国专利文献数据库	1985～2004 年 3 月
（5）中国科技经济新闻数据库	1992～2004 年 3 月
（6）中国新产品库	1990～2003 年
（7）科技奖励项目	
（8）中国企业、公司及产品数据库	
（9）Derwent Innovations Index（德温特世界专利索引）	1966～2004 年 5 月
（10）INSPEC（英国科学文摘数据库）	1980～2004 年 5 月
（11）NTIS（美国政府报告数据库）	1980～2004 年 2 月
（12）Medline（美国医学数据库）	1970～2004 年 4 月
（13）Biotechnology and Bioengineering Abstracts	1982～2004 年 4 月

（14）Wilson Applied Science and Technology　1989～2004 年 4 月
（15）ANTE: Abstracts in New Technologies and Engineering　1981～2004 年 4 月
（16）Conference Papers Index　1982～2004 年 1 月
（17）United States Patent　1980～2004 年 5 月
（18）Europe Patent　1980～2004 年 5 月
（19）Japan Patent　1983～2004 年 5 月
（20）ISI Proceedings（国际科技会议录索引）　1996～2004 年 5 月
（21）ISI Web of Science（科学引文索引）　1999～2004 年 5 月
（22）IEEE/IEE　1990～2004 年 5 月
（23）Elsevier SDOS　1988～2004 年 5 月
（24）BIOSIS Previews（美国生物科学数据库）　1999～2004 年 5 月
（25）CAB Abstracts　1990～2004 年 5 月
（26）Internet 检索

2）检索策略

（1）检索词：①生物芯片/biochip；②基因芯片/gene chip；③DNA 芯片/DNA chip；④压电生物芯片/piezoelectric biochip；⑤压电基因传感器/ piezoelectric genosensor；⑥电磁生物芯片/ electromagnetic biochip；⑦传感器阵列/ sensor array。

（2）中图分类号：Q81，Q78，Q503，TP274，TP212.3。

（3）国际专利分类号（IPC）：G01N27/30，A61N1/08，G01N33/53，H01L27/00，G01D5/14G01N33/569，G01D5/14 。

5. 检索结果

根据查新要求，针对本研究项目的技术要点，按照检索策略，在检索文献范围内，检索并筛选出相关文献 8 篇：

文献[1] Fabrication of piezoelectric biochips with self-assembled alkanethiol layer and hydrocoating，Journal of the Chinese Institute of Chemical Engineers，v 34，n 1，January，2003，p 151~160。

文献[2] Real-Time Analysis of Mammalian Cell Cultivation Using a Piezoelectric Biosensor，The 1st International Meeting on Microsensors and Microsystems，2003，p 109。

文献[3] 可单点选通式微电磁单元阵列芯片、电磁生物芯片及应用，申请号：99120320.8。

文献[4] Individually addressable micro-electromagnetic unit array chips，US6355491。

文献[5] Piezoelectric cell growth biosensing method using polymer-metabolic product complex interactions，US 5, 135, 852。

文献[6] An Acousto-Electric Biochemical Sensor Array（AEBSA）for Monitoring Biological and Chemical Processes，http://www.research.drexel.edu/techcom/engine.asp?deva=Chemistry3。

文献[7] Integrated circuit biochip microsystem，US6, 448, 064。

文献[8] DNA biochip using a phototransistor integrated circuit，Analytical Chemistry， v 71， n 2, Jan 15, 1999, p 358~363。

6. 查新结论

1）国内

（1）台湾公立大学化学工程系的 Chen，Hsiu-Mei 等人制作了自组装压电生物芯片。其目的是为了改进用于人类免疫球蛋白持续重复性注射的压电蛋白质生物芯片的稳定性和重复利用能力，开发了一种新的制备方法。在压电晶片上的微金电极表面上采用结核病特效药长链层自组装法制作，然后用氧化高碘酸盐连接器修饰，最后固定蛋白质[1]。

（2）台湾公立大学化学工程系的 Chen，Hsiu-Mei 等人运用压电生物芯片对哺乳动物细胞培养进行实时监测。在哺乳动物细胞的培养领域里，一种无标记、实时监测技术将对细胞连接、生长和增殖的研究提供巨大帮助。在运用压电生物芯片实时监测细胞培养的研究中，研究了压电生物芯片基片上的表面作用及多种表面材料处理方法，包括金电极、自组装层和胶原质层。基片上的细胞数量的增加和频率值的降低形成了良好的相关性，说明了压电生物芯片的频率能够正确反映细胞培养情况。对纤维原细胞成功的持续实时监测展示了压电生物芯片在细胞生物学方面应用前景[2]。

（3）北京博奥生物芯片有限责任公司的周玉祥等人 1999 年在中国和美国分别申请了电磁生物芯片专利（CN、US6，355，491）。该发明有单独可设定排列的微电磁单位的阵列，同时，可以利用芯片对特定的生物分子或化学试剂进行微粒子和微结构的指示处理。电磁生物芯片由设定排列的微电磁单位和固定在其表面上的微分子组成。通过对电磁阵列中的电磁点的控制和电磁点上的生物分子的磁力更正，芯片可以用来对生物分子进行合成、释放等特定的操作，增加了生物化学或化学的分析准确度，并且减少检验时间。除此之外，电磁生物芯片将对生物分子损伤减到最小程度，而且增加检验结果的再现性[3~4]。

2）国外

（1）美国 E. I. Du Pont de Nemours and Company 的 Ebersole 等人 1989 年申请了用于聚合物代谢产物检测的压电细胞生长传感器（US 5135852）。该发明包括一种压电传感器设备和利用压电传感器设备检测代谢生长需求、抗生素反应、各种细菌等微生物代谢产物的一套方法和系统。当一种微生物被栽种在一种适合其生长并含有代谢物和有机物的培养基后，其代谢产物会使培养基酸化，并在压电传感器设备上面形成有机代谢沉淀物。设备表面的质量变化使压电传感器设备的频率发生变化，由此来测定微生物的生长情况和类型[5]。

（2）美国费城大学生物工程学院的 Ryszard M. Lec 博士发明了一种应用于监测生化反应过程的压电生化传感器阵列（摘要编号：02-0456D）。该发明的压电传感器装置可以对生化反应进行实时定量监测，并可实时、准确地反映其反应动力学。这项发明包括由压电晶片制成的一个压电传感器阵列，或者说，它包括由许多一个个混合装配的传感器组成的一个压电传感器阵列。这些同时是生物媒介的传感器探针可用来检测和鉴定如抗原、DNA、蛋白质等混合靶物质及其他生化目标和生化反应。样本通过微液化装置来进行处理。该装置可以实时监测修饰、合成、释放和杂交等生化反应。由传感器完成的检测过程在微流装置中或在传感器和生物媒介交界面进行。传感器原理是基于对检测媒介表面黏弹性和电气化学特性改变的检测。传感器的探测结果可以在显示器上用数字或图像显示出来，或者直接智能化的传输给使用者[6]。

（3）美国 Vo-Dinh 等人已研究并在 1997 年申请了一项集成电路生物芯片传感器的专利。该专利公开的集成电路生物芯片传感器包括：一个可特异性地与目标生物分子结合的探针，一个固定探针的固体支持物；至少一个传感器与探针相连，从而使传感器检测到辐射信号。探针和传感器间有一个膜结构，此膜可以过滤电磁辐射；另外，在探针和传感器有一个固定在固体支持物上的透镜。检测电路至少与一传感器相连，以产生与检测信号相应的输出信号，从而显示样品生物分子的状态[7~8]。

经以上相关文献的分析，并结合委托查新项目研究的主要要点，本项目查新结论如下：

在生物芯片研究领域，国内外文献报道的主要是荧光标记生物芯片。研究压电生物芯片并与本查新项目接近的技术只有少数。例如，台湾公立大学化学工程系的 Chen，Hsiu-Mei 等人制作了自组装压电生物芯片并运用压电生物芯片对哺乳动物细胞培养的实时监测（文献[1]～[2]）。美国 E. I. Du Pont de Nemours and Company 的 Ebersole 等人发明的用于聚合物代谢产物检测的压电细胞生长传感器（文献[5]）。美国费城大学生物工程学院的 Ryszard M. Lec 博士发明的一种应用于监测生化反应过程的压电生化传感器阵列（文献[6]）

本查新项目研究的压电生物芯片与文献[1]、[5]比较：本查新项目可同时检测多种靶分子；芯片上各探针与靶分子的反应过程，由压电传感器进行实时动态监测，根据探针——靶分子反应模型解析传感器动态响应与靶分子浓度的定量关系，实现对靶分子的定量分析，具有无需标记和实时动态监测的独特性。

在国内外文献中，未见与本查新项目自动分析方法及仪器相关技术报道。

在国内外文献中，本查新项目与同类技术比较，技术较为全面和成熟，并建立了独特的自动分析方法和仪器，整套检测设备简单，简便快捷，便于实际应用。

9.2.3　实例 3：复合型压力止血绷带的研制

1. 查新目的：申请第三军医大学军事医学科研预研基金

2. 查新项目的科学技术要点

本研究利用现有的气囊压力止血绷带的模式，在腹侧附加一块止血敷料，背侧附以气囊。止血敷料使用纯天然壳聚糖纱布制成，绷带用双层棉布制作，两端加上松紧带和尼龙搭扣，可根据伤员的受伤部位调节绷带大小，以达到最佳效果。本课题设计的这种既有药物止血功能又有物理压迫止血功能的复合型压力止血绷带，方便、快捷，有利于作战创伤的自救互救，具有广泛的应用前景。

壳聚糖，又名甲壳胺，学名为聚-2-脱氧-D 葡萄糖，是甲壳质脱乙酰基的产物。它是阳离子性聚电解质，可以溶于多种酸溶液中，属高分子线性多糖，具有一定的黏度，无毒、无害、无不良反应，制成的纱布或无纺布具有良好的组织相容性和体内被吸收性等，可灭菌、促进伤口愈合、吸收伤口渗出物且不脱水收缩等优点，还是药物缓释剂，可与任何药物配伍，因此，广泛用于医用敷料。气囊压力绷带采用袖带式血压计的设计模型，控制止血绷带的压力。

3. 查新点与查新要求

（1）将物理止血方法与化学药物止血方法有机地结合起来，克服单因素止血方法的弊病，有利于高效止血。

（2）吸收了创可贴和气囊压力止血绷带的优点，拟生产出系列的复合型压力止血绷带。

重点检索国内近 10 年的文献报道。

4. 文献检索范围及检索策略

1）文献检索范围

（1）中文科技期刊全文数据库　　1989～2004 年 1 月

（2）中国科技成果数据库　　1985～2003 年

（3）中国学术会议论文数据库　　1985～2003 年

（4）中国专利文献数据库　　1985～2004 年 3 月

（5）中国科技经济新闻数据库　　1992～2004 年 1 月

（6）科技奖励项目

（7）中国企业、公司及产品数据库

（8）万方数据库

（9）Internet 查询

2）检索策略

（1）检索词：①止血绷带；②止血压力带；③止血带；④气囊压力；⑤壳聚糖。

（2）中图分类号：R472，R826，TS176.4，R605.972，R605.972，R608。

（3）国际专利分类号（IPC）：A61L15/06，A61L15/03，A61F13/00，A61L15/28，A61L15/28。

5. 检索结果

根据查新要求，针对本研究项目的技术要点，通过光盘、数据库、Internet，对该项目进行了近 10 年的国内文献检索。在检索文献范围内，检索并筛选出相关文献 10 篇：

文献[1] 黏性绷带，申请号：02141070.4。

文献[2] 气囊式绷带，申请号：95240073.1。

文献[3] 肝脏气囊式加压止血带，申请号：00207739.6。

文献[4] 齿扣式止血带，申请号：91205219.8。

文献[5] 中药止血绷带，申请号：89206603.2。

文献[6] 一种可生物降解消炎止血材料组合物及制备方法，申请号：02121201.5。

文献[7] 新型止血带，中国科技成果，项目年度编号：99018225。

文献[8] PT-Ⅰ型止血带及其临床应用，生物医学工程学杂志，1990，7（2），159～161。

文献[9] 气囊压迫止血带的研制与应用，实用护理杂志，2002，18（8），31～31。

文献[10] 快速止血绷带，技术与市场，2003（2），26～26。

6. 查新结论（含相关文献分析）

在止血绷带方面，国内主要研究情况如下：

1）专利文献报道

巴西庄臣及庄臣工商有限公司在中国申请的一种专利黏性绷带，包括一个带黏性的带子，该带子有一个外表面和一个内表面，其中内表面的两个带黏性的末端被贴在使用者的皮肤上，其中间部分被贴在皮肤的受伤部位，该中间部分上有许多均匀分布的用于与皮肤受伤部位接触的微囊体，其中微囊体的材料是适合药用的材料，这些微囊体被外力压迫或被从受伤皮肤内流出的液体所溶解，每一个微囊体至少含有一种活性药剂，这些活性药剂至少能发挥下列作用之一：麻醉、杀菌、止血、愈合及发挥抗生素的作用。微囊体由无毒材料制成，其选自凝胶、藻酸盐和聚氨基葡萄糖[1]。

南京的胡玉震发明的一种用于股动脉止血的气囊式绷带，其特征是在绷带上固定塑制或橡塑制的口袋，口袋的开口为一通管。可在绷带的相同位置叠加固定两只气囊[2]。

一种肝脏气囊式加压止血带，其包括压力气囊、气管和打气球，而打气球与压力气囊通过气管联通，压力气囊由硬质的外层和软质的内层构成，在外层一端有搭扣，而在外层另一端的游离段上有卡扣，并且卡扣能卡在搭扣内。本实用新型结构简单而紧凑、操作方便，利用该肝脏气囊式加压止血带，不但能有效地对肝脏起到止血作用，而且不会对肝脏造成损伤，不容易滑脱，压力容易控制，相对较安全[3]。

第四军医大学第二附属医院的冯英明提出一种医疗护理和战时急救用的止血带，属于医疗护理器材。该实用新型由一根弹性良好的胶皮带、包埋在胶皮带一端的且与之固定成一体的无弹性扣袢和包埋在胶皮带另一端且与之固定成一体的无弹性的齿扣带组成。齿扣带穿入扣袢上的孔内并收紧固定后，整个带子即连成一体，起止血作用。本实用新型具有操作省时方便、止血效果确切，便于携带且能减少或免除抽血时针头脱落、急救时局部组织坏死等缺点，适合于各医疗部门使用[4]。

河北的刘崇敬发明的一种既能止血止痛又能包扎的中草药止血绷带。该绷带在其一端涂上止血中草药糊，经烘干，即可随时使用。对于轻中度创伤出血的伤口，不必再先涂止血止疼药，再用敷料和纱布绷带包扎，而可直接用止血绷带一次操作，即可达到止血止痛防止感染的目的。该止血绷带制作简单，便于携带，使用方便，能及时有效地止血，是一种较好的医药卫生用品[5]。

北京的肖世新发明一种可生物降解消炎止血材料组合物及其制备方法。它是以壳聚糖、明胶和医用消炎止血原料制成。它不但可以用作创可贴的消炎止血材料，而且还用作内科手术的体内止血材料和免揭创可贴消炎止血材料[6]。

2）科技文献报道

第三军医大野战外科研究所的陆松敏等人根据止血带的生物力学原理，按照最佳止血带压力、最佳止血带宽度和最佳止血方式研制了 PT-Ⅰ型局部加压止血带、ET-Ⅰ型止血带。该止血带是目前我军常规装备的一种充气式止血带。由止血带外袋、橡胶充气囊、充气球、气囊塞组成。止血带外袋由草绿色的确良缝制而成，上有强力尼龙搭扣，长 75cm、宽 13cm。充气橡皮囊以天然胶为原料采用加芯模成型二次充化工艺法压模后黏合而成。充气球为市售品经加工而成，其设计合理，结构简单，经大量生物效应研究证明，动物存活率、肢体跛行率、血压、心电、肢体静脉压、血凝纤溶、血气、生化、肾功能、电生理、病理等方面均明显优于沿用的橡皮管止血带，组织学观察无坏死性改变。该止血带经临床及边防前线部队使用数百例，止血效果满意，未见神经麻痹及低血压等并发症，具有重量轻、成本低、不易损坏、便于携带、安全可靠、并发症少等优点，一改多年来传统的橡皮管止血带的落后状态。ET-I 型止血带是根据生物力学原理以及正常人体试验研制而成的主要用于四肢血管伤出血的止血带，由长 110cm、宽 4.5cm、厚 1.5mm 的扁平有孔橡胶带和金属搭扣两部分组成。根据试验所得数据证实，当止血宽度增加时所需止血压相对降低，止血压力只需 300mmHg，明显提高了止血带使用的安全性。与橡皮管止血带相比较，ET-I 型止血带明显降低了动物残废率，全身反应及病理改变均较轻，经前线手术队及数百例临床病例使用，效果满意，未发生并发症。ET-I 型止血带适用于装备连卫生员、营救护所，也可用于各级医院手术室用以提供无血手术[7~8]。

海军第四二一医院的曾伟杰等人研制了一种气囊压迫止血带。制作方法与规格：①选用天然乳胶，以不锈钢为模具，陶土粉末为脱模剂，合成胶选用华南理工大学生物力学研究所研制的“流化配方”，气囊可承受 15kg 的压力和张力；②用不锈钢棒浸入配好的乳胶溶液中，经红外线烘烤，成管状胶管，这是球囊雏形，然后根据各种规格如 5～10ml、5～20ml 等剪段；③用同样的方法制作止血带，当浸烘三次乳胶溶液后，贴上尼龙线，套上气囊管，再反复浸烘止血带，这时，只要拔出尼龙线便形成气囊的通道，接着套上单向阀，一条气囊压迫止血带便制成[9]。

南京大学经反复试验筛选出一种无毒无害并且能被机体吸收的生物材料作为凝血物质的载体，并进行了凝血物质配比以及载体浓度的摸索研究，确定了最佳配方和浓度，由此做成的止血膜，当与伤口血液接触时，立即在凝血物质作用下形成凝血块，达到止血目的，止血膜万一进入伤口，在 5～7 天内即可被机体完全吸收。该止血膜经动物体外试验，其凝血速度比对照组提高 4 倍。动物整体试验，本品使大伤口在几秒钟内即刻止血，出血量比对照组减少 46%[10]。

经以上相关文献的分析，并结合委托查新项目研究的主要要点，本项目查新结论如下：

（1）在止血绷带研究方面，国内文献报道了几种气囊压力止血绷带，如相关文献[2]～[4]、[7]～[9]，同时还报道了采用化学药物止血方法研究的止血绷带，如相关文献[1]、[5]、[6]、[10]。其中文献[6] 是以壳聚糖、明胶和医用消炎止血原料制成。以上止血绷带的研究都是分别基于物理方法或化学方法。

（2）在止血绷带研究方面，采用物理方法与化学方法相结合，研究复合型压力止血绷带，即在现有的气囊压力止血绷带的模式基础上，在腹侧附加一块纯天然壳聚糖止血敷料，背侧附以气囊制成的止血绷带，对于这类研究，在国内文献中未见报道。

第三篇 知识创新

第10章 知识创新

10.1 知识创新概述

知识创新是指通过科学研究获得新的基础科学和技术科学知识的过程。从广义上讲，知识创新包含技术创新、管理创新、制度创新、理论创新。科学研究的根本任务是科技创新，即探求未知、创新技术。知识创新的目的是追求新发现、探索新规律、创立新学说、创造新方法、积累新知识，也是知识管理的目标。知识创新是技术创新的基础，是新技术和新发明的源泉，是促进科技进步和经济增长的革命性力量。知识创新为人类认识世界、改造世界提供新理论和新方法，为人类文明进步和社会发展提供不竭动力。

天体运动和自然演变创造了世间万物，同时也创造了人类。随着人类的产生，人类在认识和改造自然的生存和生产活动中又创造了人类社会和世界。可以说，人类的历史，就是一部创新的历史，是一部知识创新和知识应用的历史。最近300多年，随着工业经济的发展，创新成为人类社会发展的主要动力。最近30年以来，科学技术日新月异飞速发展，人类社会进入以信息化和全球经济一体化为主要特征的知识经济时代，创新更成为时代的主题。创新就是解决问题，解决技术问题叫技术创新，解决管理问题叫管理创新，解决体制问题叫体制创新，解决理论问题叫理论创新。无论何种创新，本质都是求新、求异、求发展。归根结底都是知识创新，是新思维和新思想及其实现。1912年，美国著名经济学家熊彼特在《经济发展理论》一书中提出：所谓“创新”，就是“建立一种新的生产函数”，是把一种从来没有过的关于生产要素和生产条件的“新组合”引入生产体系。“创新” 的意义即等于发明（invention）+利用（exploitation）。

20世纪50年代以来，“创新力”这个由吉尔福特积极倡导和大力发展的概念，似春天的使者走遍了世界各个角落，创新力这个术语就像一句神奇的咒语，对各行各业有了类似“芝麻开门”般的魔力。科学家，特别是心理学家，争先恐后对此进行了深入的研究，企业家和产品开发人员、市场开发人员也争先恐后应用这种思维方法创造利润。目前，创新力已成为心理学研究中的一个热门领域和焦点问题，更应该成为知识经济时代知识创新的最主要的利器。创新力心理学研究的复兴首先有其深刻的社会原因，科学家认为，创造型人物的新发现、新发明和新成果，对整个国家来说都具有重要意义，因为按照卡尔文·泰勒的观点，创造活动不但对科技进步，而且对整个社会都有着巨大的影响，哪个国家能最大限度地发现、发展、鼓励人民的潜在创新力，哪个国家就处于十分有利的地位。

按照不同的分类原则，知识创新可分为不同类型：

（1）组合创新。事物间的组合、搭配就是系统内部的关联和结构，其可能形式多种多样，能够产生的功能结构也是多种多样，关键需要我们去实验、探索和发现。

（2）进化和生长创新。知识创新可能产生于一个偶然得到的想法，但从新想法到创新之间需要有一个形成发展的过程，即创新的进化与生长过程。

（3）嫁接创新。嫁接原则上也是一种新的组合方式，只不过这里强调与新环境的组合。任何一种有生命力的东西，在新的环境中，为了自身的生存与发展都会产生一系列的适应行为，去探索与环境的最佳组合，有效利用新的资源。即使一些老的东西，在新的环境，为了保持生命也会积极探索，散发新的生命力。这是知识创新的一种重要形式。

（4）间断与逆向创新。创新往往不是在原有的思路上简单延伸扩展的结果，也不是从既定的公式中演绎出来，创新往往产生于原有思路中的“中转”或“逆转”，因此具有相当大的突现性，是某种突变的结果。因此，知识创新产生于对原有状态和思路的中断和背叛，达到转折点的结果，转折点后面将会产生许多意想不到的新现象和新规律。

知识创新至少包括以下三个最基本的特征：

（1）创造性。知识创新的基本特征在于创造性。创造性是以实用性为指向的，知识创新的创造性思维是面向活现实世界，如果发现不尽如人意之处，人们一定会去寻求改进的途径。进一步讲，知识创新的创造性实践是着眼于创新的效果与效益的，通过权衡投入与产出的价值比来进行项目的筛选与决策。同时，知识创新包括知识的创造性生产和知识的创造性应用，二者是相互依赖、相互促进的。创造性生产是创造性应用的认识前提，知识创造性生产的水平，制约着知识的创造性应用的深度。而知识的创造性应用是知识的创造性生产的实践基础，知识的创造性应用指示了创造性生产的方向，知识的创造性应用的状况，也要求与知识的创造性生产相适应。

（2）整合性。该整合性体现在不同学科知识的整合、不同形式的整合以及不同主体的整合。任何工程化组织的构建都不是仅靠单科知识所能解决问题的。它需要包括材料学、工程学和生命科学等多种学科的汇聚。此外，还需要那些并不属于科学或技术的知识。在创新的整合知识中，自然科学与社会科学合为一体，为区分研究对象而在抽象中隔离开的知识，在打破学科界限的具体实践需要中，又重新走向统一。

（3）不确定性。知识创新是创造性的活动，无论是其活动的方式与过程，还是结果与效用，都是开拓性的、尝试性的，这就决定了知识创新内在地包含着不确定性。深入理解知识创新的这种属性，有助于发现知识创新的活动规律。知识创新的不确定性是指在知识创新的各个层面和各个阶段都存在未知空间，都有主体难以预料和把握的因素，表现出知识创新的复杂性，表现为不同程度的不确定性特征。知识创新的不确定性，概括地说表现在认识和实践的基本层面。

从认识层面，知识创新的重要方面是创新知识的生产，如果把创新知识的生产作为特定目的的认识活动，那么，知识生产的方向选择面临着不确定性。创新主体不能在开始时就确定在多条路径、多种方向中，哪一种是能够导致创新知识生产的路径和方向。创新知识的生产是填补空白，是探索性地做出发现与发明，对于在探索过程中出现的问题也是不确定的，因为问题本身是新的、未出现过的。创新知识生产形成了新的认识模式，加入了新的评价标准，知识生产的正误是不确定的，不能保证认识结果的正确与有效。新知识的产生是通过艰苦的劳动与大量的资源消耗取得的，但它的创新价值与生产价值不一定成正比，知识创新的价值是不确定的，既有价值大小的不确定，也有价值计量的不确定。

从实践层面上看，知识创新的重要内容是知识创造性的转化与应用，是造成现实世界改进的重要因素。创新是开创性的实践，主体的创新能力是不可能在创新之前得到检验与证明，是否具有创新实践能力是不确定的。即使有过成功的创新，显示过主体的创造能力，也不能成为下一次创新能力的保障，因为创新的内容与性质都发生了变化。创新是通过实践的力量对不同资源和要素的整合，不同资源如何整合为创新，没有现成的规定，是否缺乏某种关键的资源或要素，也不能确定，这种不确定性就导致了创新努力有成有败，创新过程并不像特定模式所设想的，是一个从知识或技术输入到产品输出的简单流程，而是有着多重反馈、多条路径的复杂过程，创新的过程是不确定的。创新实践是通过主体活动，造成新的效果，但创新效果受多种因素制约，许多因素是创新主体难以控制的，这就使创新的效果也不确定，并不以主体的意志为转移。

10.2 知识创新理论

10.2.1 熊彼特的创新理论

熊彼特是 20 世纪美国著名的经济学家，他建立的以创新概念为特征的动态经济发展理论，对社会经济发展和企业的成长都做出了经典的描述。随着时间的推移，他的理论被发展为以技术变革和技术推广为对象的技术创新经济理论，和以制度变革及制度形成为对象的制度创新经济理论等现代创新理论。熊彼特认为，经济活动本身存在着一种推动其发生非连续变化和移动的力量，它破坏均衡而又恢复均衡，这就是“创新”活动，正是创新活动推动经济的发展。熊彼特认为，“创新”是对循环流转均衡的突破，是企业家实行“对生产要素的新组合”

建立的一种“新的生产函数’。也就是说，把一种从来没有过的生产要素和生产条件的“新组合”引入生产体系。熊彼特式的“创新”或“新组合”包括以下五种情况：①采用一种新的产品；②采用一种新的生产方法；③开辟一个新的市场；④掠取或控制原材料或半制成品的一种新的供应来源；⑤实现任何一种工业的新的组织。

10.2.2 技术创新理论

在熊彼特创新概念的基础上，在20世纪60年代初，产生了“技术创新”理论，西方经济学界一般称之为“新熊彼特学派”。比较著名的有埃德温·曼斯菲尔德（Edwin Mansfield）、莫顿·卡曼（Morton L. Kamien）、南希·施瓦茨（Nancy Schwartz）、理查德·莱文（R. Levin）、赫莱纳（G. K. Helleiner）等人。

埃德温·曼斯菲尔德在20世纪60年代初提出了技术模仿及其影响因素，分析了在同一个部门的不同企业之间推广的经济因素对技术创新与模仿之间的关系以及二者变动速率的研究，填补了熊彼特创新理论的空白。莫顿·卡曼、南希·施瓦茨通过对技术创新与市场结构的研究，突破了熊彼特的完全竞争的市场结构分析，揭示了技术创新与市场结构的关系，提出了竞争程度、企业规模和垄断力量这三个变量如何决定技术创新问题。与此同时，莫顿·卡曼和南希·施瓦茨还提出了两种类型的技术创新，一类是垄断前景推动的技术创新，另一类是竞争前景推动的技术创新。这两种创新形式互相依存，共同推动企业创新活动。此外，理查德·莱文对技术创新与企业规模、数量等的变化进行研究后，提出了企业用于研究的费用在其总收入中所占的比例与行业发展和竞争强弱的关系等，对揭示技术创新投入规律具有重要意义。这种有关技术创新的思想对本文的技术知识开发与吸纳过程的研究产生了很大的影响。

10.2.3 制度创新理论

熊彼特的创新理论体系的另一个重要发展是制度创新理论，主要代表人物是兰斯·戴维斯（L. E. Daivis）和道格拉斯·诺斯（D. C. North）等人。

戴维斯和诺斯认为，制度创新是指能够使创新者获得追加利益的现存制度的变革。制度创新与技术创新有类似的一面，这就是，技术创新往往是采用技术上一种新发明的结果，制度创新往往是采用组织形式或经营管理形式方面的一种新发明的结果。例如，采用新生产技术，或有了组织形式或经营管理形式的新发明或社会政治环境有了新的变化，又出现了获取潜在利益的机会时，才产生制度创新的可能性。所以，制度发展的过程也就是从“制度均衡”到“制度创新”，再到“制度均衡”，又到“制度创新”的过程。戴维斯和诺斯等人的制度创新思想在本文的许多有关制度知识及其作用、组织能力研究、新型知识创新企业的组织模式等方面都不同程度地得到了体现和应用。

10.2.4　"螺旋型创新"理论

1. Lant 和 Mezias 组织学习螺旋成长概念

Lant 和 Mezias 认为组织需要推动学习活动的动机，来自于成员执行工作的绩效程度。组织需要设定成员初级"行为改变度"的目标，以及学习后的"行为抱负度"（aspiration level）。组织学习形成知识的螺旋型成长，其目的在于促使组织能够设立新目标，其核心观念在于组织必须学习去"创造做事情的新方法"，而非止于"改进做事的老方法"。

2. Bohn 的知识提升模式

Bohn 认为，组织成员学习知识越多，越能发现知识无涯，自己所知有限，正如古人所云"学然后知不足，教然后知困"（《札记·学记》）。Bohn 的知识提升模式主要在呈现知识的螺旋由数据开始，转化为信息，然后是知识，再从知识的理解进展到智能的应用，其过程形成一个连贯性的螺旋。当个人不断学习后，知识增加，"智能"会变得深且广。因此个人依其智慧的判断，从资料的搜集整理出发，做信息的撷取，进而萃取有意义的隐性知识和形成文字的"显性知识"，通过理解而类化，并和个人已具有的旧知识相联结，增进个人处事与做事的"智慧"。

3. Janszen 的创新螺旋

创新产生于知识螺旋上。Janszen 认为，知识螺旋由"组织"出发，进行"技术"创新，逐步移向"应用"，再由应用扩散到"市场细分或顾客群"，进而反馈到组织做进一步创新，此创新的轨迹形成创新的螺旋。从"创新螺旋"概念加以衍生，组织中新创新的产品无论在哪个阶段，均有可能因竞争环境产生变化，致使新产品尚未推出市场即已丧失生产价值。但就知识创新的观点而言，即使新产品的创新未获预期效果，但其所累积的经验将是企业组织重要的资产之一，仍应纳入组织的知识管理系统中做知识累积。

4. 野中郁次郎和内广隆"群体知识创造螺旋理论"

日本学者野中郁次郎和内广隆针对西方知识理论不能解释创新的局限性，提出了"群体知识创造螺旋理论"，即"螺旋型创新"理论。这里的"群体知识创造"是指"公司作为一个整体创造新知识，将其在组织内传播，并使之体现在产品、服务和系统中的能力"。

"螺旋型创新"理论的认识论基础是明确区分隐含知识（tacit knowledge）和

明晰知识（explicit knowledge）。而知识创造的关键在于隐含知识的转化和运用。当隐含知识和明晰知识的相互作用从一个较低水平动态地上升到一个较高水平时，就形成了一个螺旋。认识论层次上的知识螺旋和本体论层次上的知识螺旋随时间的相互作用，从而实现创新。

群体知识创造螺旋模型由以下内容构成（图 10.1）：

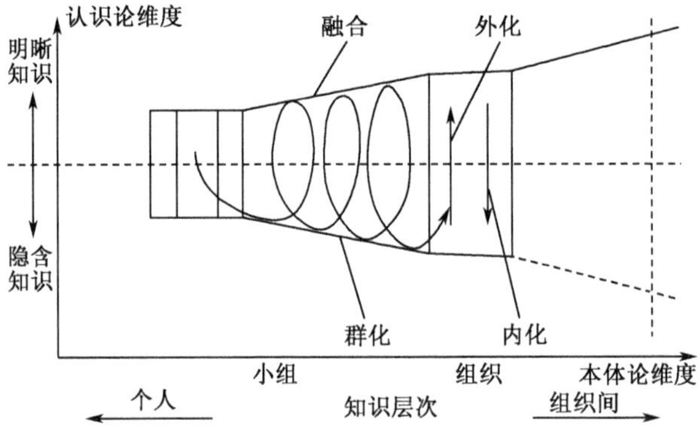

图 10.1　群体知识创造螺旋模型

（1）两个维度：本体论和认识论。

（2）两类知识：明晰知识和隐含知识。

（3）四种模式：①从隐含知识到隐含知识，称为群化；②从隐含知识到明晰知识，称为外化；③从明晰知识到明晰知识，称为融合；④从明晰知识到隐含知识，称为内化。

（4）四种知识内容：①认同型知识；②概念型知识；③系统化知识；④运作型知识。

（5）促进知识螺旋式前进的五个启动条件：①意图：这是创造知识的组织预计将要达到的目标，以便动员全体方向明确地一致努力，也能作为判断一种知识是否符合实际的重要依据。②自主权：尽可能保证个人的自主行动，使自动组织起来的个人在信息和知识的获取、理解和联系方面保持较大灵活性。③创造性混乱：目的是刺激组织和外部环境间的交互作用，打断人们常规进程，刺激个人的高度投入。一次环境波动触发组织内的一次破坏，破坏要求人们把注意力转到对话上促进知识创造。④冗余：这里的“冗余”是指“现有的信息量超出了组织成员即时的业务需要范围”。冗余信息可使个人进入别人的领域，“侵入致学”，可以扩大个人的认识空间，以利于加速创新过程。⑤多样性：为了对付环境的挑战，一个组织内部的多样性必须同环境的多样性和复杂性相匹配。

（6）知识创造过程的五个阶段：①分享隐含知识；②建立概念；③检验概念；④建立原始模型；⑤知识的跨层交流，以实现科学因素和人文因素的有机整合。

10.2.5 “莲花式创新”理论

戴布拉·艾米顿在《全球创新战略：创造增值联盟》中，提出了“莲花式创新”理论。在解释这一概念时说：“用交错的（莲花）花瓣来描述未来动态的全球经济中为取得商业成功所需要的多重关系。”“莲花式创新”理论的本质是整体性的协作创新。“创新系统必须是协作性的（collaborative），而不是竞争性的或合作性的（cooperative），而且必须包括供应商、分销商和其他利益相关者，包括顾客和竞争者。”

从系统整体观出发，戴布拉用“创新价值系统”模型取代“创新价值链”模型。她指出，创新价值链思想已经过于简单而且不合时宜。尽管起初在定义线性关系和具体活动时，它是有用的，但它不能为现代创新战略提供坚实的框架，因为现代创新战略强调的是利用网络化的企业和以知识为基础的企业能力。而价值链思想难以为瞬息万变的市场提供所需要的实时决策，也不能从整体的观点进行最优的资源集成。相互依存的知识经济需要一个更灵活的管理系统，以使经营决策具有高影响力。

10.2.6 知识创新理论的启示

1. 概念与模式具有逻辑的合理性

知识通过组织学习活动， 可以形成螺旋型成长，具有逻辑的合理性。知识通过组织成员间的互动，共同分享显性与隐含知识的过程，促使组织的知识累积总量不断增加。同时，通过知识的分享过程，组织成员在内在的类化过程与个人已有的经验相结合，进而创造出新的知识，而此新知识成为进一步创造企业价值的原始素材。这创造的新知识转换应用在制造、产品、产品服务上，将在市场上为组织创造更大的市场价值。因此，知识螺旋的逻辑合理性指出了知识从来源、累积、传递、分享到利用、创造等清晰的脉络，提供个人、团队、组织、企业间规划组织学习活动的思考基础。

2. 概括了知识创新活动的必然结果

知识螺旋模式概括了组织进行知识创新活动的必然结果。其最大贡献之一在于，指出组织进行知识创造活动可预期达到的知识创新效果，从而对有兴趣从事知识创新的组织指出了明确而具体的逻辑结果。知识螺旋概念与模式也体现出由数据、信息、知识到智能的知识管理历程。换言之，在资料、信息、知识、智能中的每一个阶段中，组织在知识管理的系统与制度中，均需要做良好的规划，才能涵盖全部知识管理的内涵，并且发挥知识创造的综合性效果。

3. 提供实践组织目标的动力

知识螺旋概念与模式，指出组织从事知识创造活动可获得的知识成果，提供了组织从事知识累积、分享与创造的明确方向，也同时明确了组织知识创造与知识利用的可预期效益，提供实践组织目标的动力。在此动力的引导下，形成领导营造重视学习组织文化的氛围，领导需要有效掌握这股由知识创造组织价值所带来的契机，进而顺利将组织转型为“创新型组织”。

4. 使组织学习产生实质的价值

团队学习运作的成败是实践知识累积、转换和创造，化组织知识为企业最大价值。就知识螺旋概念对组织而言，以高科技产业为例，高科技产品的本质建立在科学知识的应用上，其产品的功能、结构与内涵不断地创新，产品生命期短，常常来不及生产就面临过时。从这些高科技产品的诸多特性，体现出知识在高科技组织中不断累积与创造的过程极为重要，而组织的学习必须达成知识螺旋成长的效果，才能应用所创造的知识产生组织价值。

10.3　知识创新模式和机制

10.3.1　知识创新的模式

知识创新是一个过程，它从启示和新思想开始，经过若干步骤，达到它的终点——首次发现和创造某种新知识、完成新知识的首次应用。新思想可以是问题，也可以是设想。不同的知识创新主体依据不同的实际情况，知识创新过程可能不同，在这个意义上说，知识创新过程没有固定的模式。但知识创新并不是无规律可循的，依据知识创新的内涵、特征，概括知识创新的过程模式如图 10.2 所示。

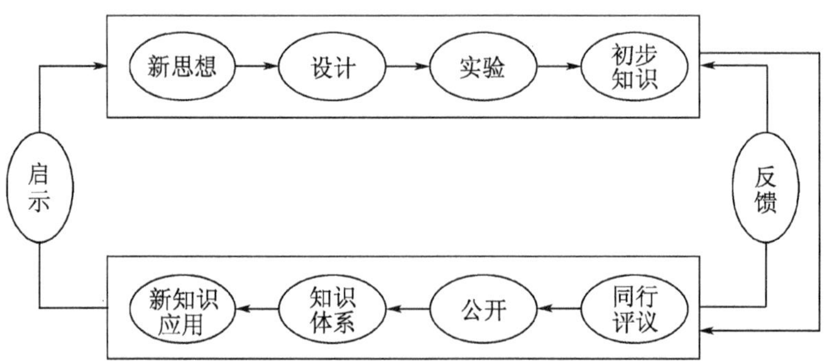

图 10.2　知识创新的过程模式

知识创新过程的一般模式：受理论探索、应用目的或实际经验的启示产生新思想，包括新问题、新构想、新假设、新猜想；通过实验设计和科学实验，获得初步知识；经过同行评议和公开，进入知识体系；新知识得到首次应用；这个过程的每个阶段都有信息反馈和交流。其中初步知识是尚未得到发表和承认的知识，从新思想到初步知识的过程是获得新知识，从同行评议到新知识首次应用的过程是承认和应用新知识。获得新知识固然关键，承认和应用新知识也是不可少的，它们是知识创新的两大阶段。知识创新的实质是引入新知识，其中，科学发现、技术创新和知识创新是把新知识引入知识体系，新知识应用则是把新知识引入各个方面。

组织知识创新从形式上来讲有自上而下、自下而上和团队三种模式，其创新模式比较如表 10.1 所示。

表 10.1　组织创新模式比较

知识创新要素	自上而下的模式	自下而上的模式	团队
知识创新主体	高层管理者	组织成员个体	督促者
高层管理者角色	指挥者	指导者	团队领导者
中层管理者角色	信息处理者	信息收集者	明晰和模糊知识
所创新知识的性质	明晰知识	模糊知识	共同知识
所创新知识的形式	正式文本	个体知识集合	基于团队的网络
组织结构	等级制	非正式渠道	对话与沟通
知识传播	命令与指示	个体协调成本	余信息成本
主要缺陷	依赖高层		

10.3.2　知识创新的动力机制

知识创新的动力机制可以概括为微观、中观、宏观三个层次的内容。其构成如图 10.3 所示。

（1）微观层次的激励机制。它对应于知识创新个体的激励和心理驱动，其结果表现为新的想法、新观点、新假设、新思路。激励机制是知识创新的原动力。在微观层面研究知识创新的动力机制就是要搞清楚知识创新的发生点、发生的类型和发生的动力，寻找和建立有利于启发和激励个体创新精神和创造能力的激励机制。

（2）中观层次的创新机制。是通过社会对创新活动和创新个体的控制、约束、管理和引导来体现和实施的，具体包括以下四个方面：评价选择机制、风险投资机制、协调管理机制和人才培养机制。

（3）宏观层次的政策机制。需要适当的政治环境，需相应的法律、制度加以保障。制度和法律是人们正常社会活动的保证，它是人为制定的，制定它需要有一定的理论和实践依据。

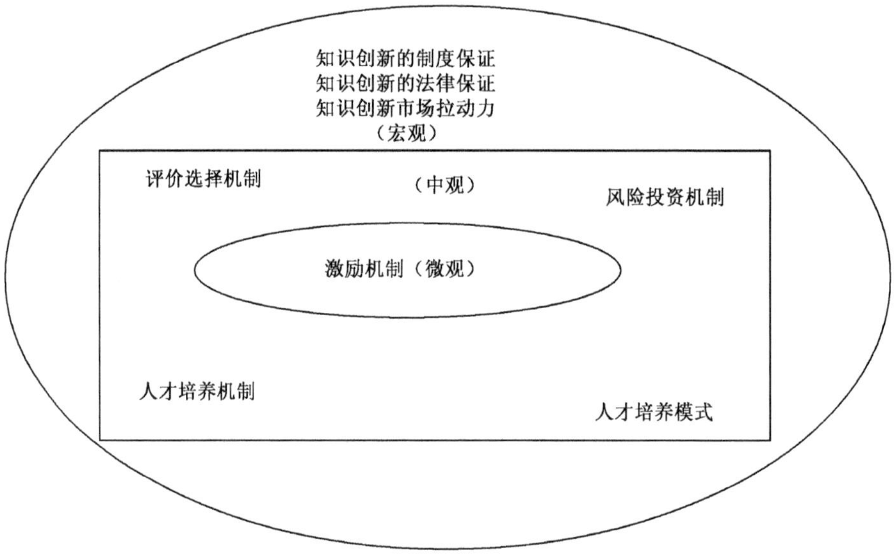

图 10.3　知识创新的动力机制

10.3.3　创新力及其结构

1. 创新力的定义

创新力（creativity）一词源于拉丁语 create（意即创造、创建、生产、造就）。在英文背景中，根据韦氏字典的阐释，创新力意谓“创造的能力，才艺智力的开发”，例如，①创造（creating），或是有能力去创造（able to create）；②产生（productive），所谓产生就是“新、从前没有”的意思；③具有或是表现出想像力和艺术的或者发明才能（having or showing imagination and artistic or intellectual invention）；④对想像和发明的原动力的刺激（stimulating the imagination and inventive powers）。从韦氏英文字典中的解释可以看出，创新力似乎与想像及发明两个词意义相近。人们常说，破旧立新、异想天开、标新立异、独辟蹊径、独具匠心、独树一帜、别开生面、别出心裁、不拘一格、不落窠臼、青出于蓝、脱颖而出……这类成语都有创新之意，都是创新力的反映。

狭义的创新力指提供新颖的、独创的、具有社会意义的事物的能力。如科学上的发现（含看出、觉察、领悟），技术上的发明（含制作、造出、构成、组建等），文化艺术上的创作。

广义的创新是指从事就自身而言是新颖的活动的能力。创新的具体活动能力有：开发新技术能力，如VCD、TV、汽车，计算机等；研制新产品的能力，如随身听、耐克鞋；改进工作方法能力，如目标管理的制定从上至下的方法或从下至上的方法；改革制度或游戏规则能力，如产权重组、委托-代理制度、承包制、股份合作制；婚姻制度的重新设定能力，如从部落之间相互抢女人到付聘金，从一夫多妻制到一夫一妻制；寻求新的决策能力，如从谋断合一到谋断分离，从定性决策到定量决策，从老板包打天下到绍兴师爷到公关大师、策划大师，从三拍（拍脑袋、拍胸脯到拍屁股）老板到作业研究；革新管理体制能力，如从直线管理体制到职能部到事业部管理体制；创新思维在企业中的体现，如技术创新、组织创新、营销创新、制度创新等。

心理学界较为一致的看法是把创新力定义为：根据预定目的和任务，运用一切已知信息，开展能动思维活动，产生出某种新颖、独特、有社会或个人价值的产品的智力品质。这里的产品是指以某种形式存在的思维成果。它既可以是一种新概念、新设想、新理论，也可以是一项新技术、新工艺、新产品。很显然，这一定义是根据结果来判别创新力的，其判断标准有三，即产品是否新颖、是否独特、是否具有社会或个人价值。“新颖”主要指不墨守成规、破旧布新、前所未有，这是相对历史而言的，为一种纵向比较；“独特”主要指不同凡俗、别出心裁，这是相对他人而言的，为一种横向比较；“有社会价值”是指对人类、国家和社会的进步具有重要意义，如重大的发明、创造和革新；“有个人价值”则是指对个体的发展有意义。可以说，人类的文明史实际上是一部灿烂的创新史。

毋庸置疑，个体的创新力通常是通过进行创新活动、产生创造产品体现出来的，因此，根据产品来判断个体是否具有创新力是合理的。另一方面，产品看得见、摸得着，易于把握。而目前人们对个体的心理过程、个性特征的本质和结构并不十分清楚。因此，以产品为标准比以心理过程或创新者的个性特征为指标，其可信度更高些，也符合心理学研究的操作性原则。因此，可以认为，在没有更好的办法之前，根据产品或结果来判定创新力是切实可行的方法和途径。此外，我们之所以强调创新力是一种智力品质，主要是把创新力视为一种思维品质，重视思维能力的个体差异的智力品质。简言之，创新力是根据一定目的产生有社会（或个人）价值的具有新颖性成分的智力品质。

虽然产品的新颖性、独特性和价值大小是判断一个人是否具有创新力的标准之一，但这并不意味着由此可以断定没有进行过创造活动、没有产生出创造产品的个体就一定不具有创新力。有无创新力和创新力是否体现出来并不是一回事。具有创新力并不一定能保证产生出创造产品。创造产品的产生除了具有一定创造的智力品质外，还需要有将创新性观念转化为实际创造产品的相应知识、技能以及保证创造性活动顺利进行的一般的智力背景和个性品质，同时它还受到外部因素，如机遇、环境条件等的影响。由此可见，犹如智力有外显内隐之分，创新力也有内隐和外显两种形态。内隐的创新力是指创新力以某种心理、行为能力的静态形式存在，它从主体角度提供并保证个体产生创造产品的可能性，但在没有产生创造产品之前，个体的这种创新力是不能被人们直接觉察到的。当个体产生出创造产品时，这种内隐的创新力就外化为物质形态，被人们所觉知，这时人们所觉知的创新力是主体外显的创新力。唯其如此，我国学者董奇将创新力定义为：在一定目的和条件下，个体可能产生出某种新颖、独特、有社会或个人价值的产品的能力。

创新力具有三大特征：①独立性，即与众人、前人不同，独具卓识。独立性特点体现在思维中的怀疑因子，对“司空见惯”、“完美无缺”者置疑；以及抗压因子，力破陈规、锐意进取，勇于向旧的习惯传统挑战。②联动性，即“由此及彼”性，有创新思维想像的参与。想像是创新思维之母，它能结合以往的知识与经验，在头脑里形成创新思维性的新形象，把观念的东西形象化，从而使创新思维活动顺利展开。其形式有：纵向联动，发现一种现象后能顺其深入研究，穷根究底，如发现海王星。逆向联动，由一种现象想到其反面，如卢卡奇发现马克思的劳动异化论。横向联动，由一种现象联想与之相似、相关的事物，如魏格纳的大陆板块漂移学说。③多向性，善于从不同的角度想问题。多向思维依赖于发散机智，对同一问题可提出多种设想答案，即扩散思维能力；以及换元机智，灵活地变换影响事物质和量的众因素中的某一个，从而产生新的思路。

2. 创新力的结构模式

1）创新力的静态结构

创新力是一种心理现象，是人脑对客观现实的一种特定反映方式。客观现实世界是统一的物质世界，世界上的一切事物和现象，都遵循着物质本身固有的规律运动、变化和发展着。正是客观现实世界的整体性、复杂性与统一性，才决定了个体的创新力具有完整的结构。

美国社会心理学家埃曼贝尔（T. Amabile）认为，个体的创新力主要包括三种成分，具体如表 10.2 所示。在他所提供的结构中，“有关领域的技能”是特定领域中开展任何活动的基础。

表 10.2　创新力的组成成分

关于领域的技能	关于创新性的技能	工作动机
1. 关于领域的知识 2. 所需的专门技能 3. 有关领域的特殊依赖： • 先天的认识能力 • 先天的理解能力和运动技能 • 正式和非正式的教育	1. 适当的认知风格 2. 意识中或潜意识中诱发产生新观念的知识 3. 有效的工作方式依赖： • 训练 • 观念产生的经验 • 个性特征	1. 工作态度 2. 对自己所接受工作的理解依赖： • 对工作的内部动机初始水平 • 社会环境中明显外部压力的存在和缺乏 • 个体在认识上将外部压力降至最低限度的能力

这三种成分包括实际知识、专门技能、该领域的特殊“天赋”。有关领域的技能构成了个体可能发生反应的总方向，其他的反映将被综合其中，进而决定一个人的知识方向，以这个知识为背景对某种新的反应做出评价。这个组成成分可以看成是一套解决某个特定问题，或从事某项特定工作的认知途径。“有关创新性的技能”包括认知风格、应用有助于探索新的认知途径的启发性知识以及工作风格。个体运用有关创造性的技能，决定了他的成果或反应能否超越该领域以前的成果或反应水平。“工作动机”包括动机变量，它决定着一个人特定工作的态度。这是以前的研究所忽视的。然而，越来越多的证据表明，个体创新力的发展与展现，与其动机，特别是与其内部动机有密切关系。

上述三种组成成分是在不同的专门化程度上进行活动的。首先，有关创造性的技能，是在最普遍程度上活动，它们可以在任何领域中产生反应。这样，某些具有高创新技能的人才能在许多领域做出贡献。其次，有关领域的技能是在中等专门化程度上活动的，该成分包括所有与整个领域有关的技能，而不是仅仅与某个领域的某项具体课题有关的技能。最后，工作动机是在最专门化程度上活动的。动机可以全部限制在某领域的特定工作中，并且对某项工作来说，动机会在一段时间内产生变化。

美国宾夕法尼亚州大学教授罗尔菲尔德提出创新力的八大特征：①对问题的敏感性；②变通性；③流畅性；④独创性；⑤再定义与再构成的智力；⑥区别与抽象的能力；⑦综合能力；⑧组织的一惯性。

吉尔福特与霍夫纳尔对此进行了改造，把创新力解析为如下六个主要成分：①敏感性（sensitivity），即容易接受新事物，发现新问题；②流畅性（fluency），即思维敏捷，反应迅速，对于特定的问题情境能顺利产生多种反应或提出多种答案；③灵活性（flexibility），即具有较强的应变能力和适应性，具有灵活改变定向的能力，能发挥自由联想；④独创性（originality），即产生新的非凡思想的能力，表现为产生新奇、罕见、首创的观念和成就；⑤再定义性（redefinition），即善于发现特定事物的多种使用方法；⑥洞察性（penetration），即能够通过事物的表面现象，认清其内在含义、特性或多样性，能进行意义的变换。

无疑，埃曼贝尔和罗尔菲尔德等学者从创造性活动的技能、动机和智力品质入手，来分析创新力结构，有其独到之处，且有力地推动了后来的研究工作。但由于他们把创新力视为单维的认知结构，忽视创新力的整体性以及影响因素，特别是个性心理特征的作用，因而很难全面地、系统地有效把握创新力结构。近十几年来，随着研究的不断深入，人们越来越重视影响个体创新力水平的自身人格因素，并把这种人格因素作为创新力静态结构的一个有机组成部分。

吉尔福特等人对富有创造性的个体的人格特征进行了深入的研究。他们的研究表明，富有创造性的个体具有以下几个特征：

（1）有高度的自觉性和独立性，不肯雷同；

（2）有旺盛的求知欲；

（3）有强烈的好奇心，对事物运动的机理有深究的动机；

（4）知识面广，善于观察；

（5）工作中讲求条理性、准确性与严格性；

（6）有丰富的想像力，敏锐直觉，喜好抽象思维，对智力活动与游戏有广泛兴趣；

（7）富有幽默感，表现出卓越的文艺天赋；

（8）意志品质出众，能排除外界干扰，长时间地专注于某个感兴趣的问题。

2）创新力的动态结构

近年来，随着现代认知心理学的突飞猛进，研究者在解释和探讨个体的创造性问题解决过程时，越来越多地采用信息加工的原理及其观点。这种观点以信息论、系统论、控制论为基础，把人的问题解决作为一种基本的信息加工过程来加以考察。西蒙（H. A. Simon）认为，科学发明是一个非常缓慢的过程，要创造性地解决一个疑难问题，科学家要进行无数次实验和探索过程。本来人的长时记忆容量几乎是无限的，但长时记忆中的知识经验要进入短时记忆才能加入思维，而人的短时记忆容量太小了，所以要找到一个解题方案很不容易，这是一个极其复杂的过程。该理论认为，个体的问题解决一般过程表现为：获取外界信息，经编码后转化为主体信息系统的一部分储存起来，然后激活和加工整个主体信息系统的有关部分来指导行为，从而解决问题。其中主体的监控和调节贯穿于整个加工过程的始终。

很显然，创造发明实质上也就是问题解决过程，只不过它不是一般的问题解决，而是一种具有创新意义、超乎寻常的问题解决过程，是一个发现问题、组织问题和解决问题的过程。从信息加工的观点看，创新力是在产生有价值的新信息过程中，所运用的各种智力品质的总和。因此，根据个体对问题加工的过程及水平，就可以鉴别创新力。目前，研究表明，创新力高的儿童和一般儿童在信息加工过程上存在一定差异。例如，靠自己的优势自然呈现回忆策略及其复杂性时，创新力高的学生在完成回忆任务时要比其他同伴表现突出。

下面，以问题解决为蓝本，根据信息加工的观点探讨和分析创新力的结构成分。

（1）发现问题的能力。发现问题的能力是指从外界众多的信息源中，发现自己所需要的、有价值的问题的能力。

在外部世界中，存在着大量的、复杂的信息，其中有些是常规性问题，有些是创造性问题。这就要求个体去鉴别、选择出有关问题，排除与自己需要无关的问题。由于以往的知识经验、习惯、立场、评价、情感以及流行的观念与见解，深刻地影响着人们的认识与活动，因此人们通常获取的问题，往往只是局限于自己已有的知识和观念的范围之内，重视常规性问题，忽视了对创造性问题的探索。然而，与创造性问题有关的信息恰恰就隐藏在这些貌似平常的信息之中，能否被发现完全取决于主体超乎寻常的敏锐的洞察力。

历史和实践确凿地表明，科学上的突破、技术上的革新、艺术上的创作，无一不是从发现问题、提出问题开始的。爱因斯坦和英菲尔德认为，发现问题可能比解答问题更为重要，解答可能仅仅是数学或实验技能问题，而发现和提出新问题，从新的可能性、新的角度去考虑问题，则要求创造性的想像，这标志着科学真正的进展。而发现和提出问题则建立在所获取的问题信息的基础上。而且，在许多情形下，某些问题的获取常常直接导致创新观念的产生。因此，问题信息的选择和获取能力是创新力的重要成分之一。

（2）明确问题的能力。所谓明确问题，就是将获取的新问题纳入主体已有的知识经验之中储存起来。对所获取的问题的储存质量与能否产生创造性的思考有密切关系。问题信息编码质量高，储存合理，在进行思考时就容易被激活，容易被提取，容易产生联想，思路也较为灵活，有助于产生创新的观念及成果。研究发现，富有创新力的个体比较注重对所发现问题的各种信息的融会贯通，理清它们的来龙去脉，弄清其中的逻辑原理及相互联系，而不是去死记硬背、堆砌知识和问题信息。这其中所体现的就是明确问题的能力，这是个体创新力发挥作用的基础。

（3）阐述问题的能力。任何创新观念的产生，都需要从储存在头脑中的知识经验中提取有关的信息，这种兼并提取的过程在信息加工理论中称为激活。激活是阐述问题的重要途径。一般人往往只对准了问题的答案，而忽略了问题的问题。由于一个人知识经验中包括的信息繁多而复杂，所以全部将其激活既不可能，也没必要，因此就需要有选择、有针对性地去激活那些与解决问题有关的信息。西蒙认为，这是一个“熟悉化”和“选择性遗忘”的过程。熟悉化指的是一个缓慢地在长时记忆中建立问题表征和相关资料，搜集、激活信息受短时记忆中目标系统的影响，信息进入长时记忆后，又反过来影响目标系统，这样，短时记忆中的目标信息和长时记忆中的问题信息就不断相互作用着，只有当一定时候，所需信息才能被激活，这是一个明确问题基础上的阐述过程。同时，激活的程度也应随问题和要求的不同而做相应变化。如果一个人激活问题信息的能力太差，那么，他要么不能激活那些有关的十分重要的信息，要么问题信息激活的程度不够，这都将影响并阻碍创造性观念的产生。可见，阐述问题的能力也是创新力不可缺少的。

（4）组织问题的能力。问题被阐述以后就进入了加工阶段，创造性观念往往是通过对问题的加工而形成的。因此，在创新力中，组织问题的能力最为关键和重要。对问题的组织加工一般包括心理加工和实际操作加工两种方式。前者指心理水平上的加工，如联想、类比、灵感、直觉等，其他人通常观察不到，但主体可借助内省体验到。后者指实际操作水平上的加工，如实际比较、操作演算、动作尝试、行为探索等，由于这种加工通常是借助一定的外在实物和行动来进行的，所以别人一般可以观察到。在创造活动中，两种加工方式互相补充、互相配合，以促进创造性观念的产生。例如，要发明某一计算公式，首先要在头脑中形成这一公式的表象，然后用笔把它写在纸上进行演算、推导，若发现有错误、不合理，还要进行修改。这里，在头脑中进行的加工属于心理加工，而通过纸笔演算进行的加工属于实际操作加工。

（5）输出问题解决方案的能力。经组织加工阶段后，问题的解决方案基本上已经产生，接下来的工作便是如何输出这些信息，也就是以何种创造性成果输出。一般地，新方案的输出方式可分为两种，即书面输出和非书面输出。非书面输出是指将创造出来的新观念、新信息用非文字材料的形式输出呈现，如新产品、新工具、新技术等。采用哪种输出方式要具体考虑创新者本人的素质和需输出的新方案的性质、特点及社会文化等多种因素。不管是书面输出还是非书面输出，输出方案的能力都关系到创造性成果的最终形式。合理而有效的输出，可以更好地反映创造性的新观念，使创造成果客观化。因此它也是创新力的构成成分之一。

3）创新力的多元性特征

随着创新力研究的不断深入，许多研究者逐渐认识到，一方面，创新力并非那些伟人们所独有，而是一般人共同具有的一种智力品质。另一方面，创新力并非只有科学创新力和学术活动创新力两种，不仅表现在认识、艺术、体育诸领域中，而且也表现在政治、商务、管理、组织等诸方面；不仅表现为学术上的成就，也表现在非学术方面的业绩。总之，创新力可以表现在人类形形色色的实践活动中。换言之，创新力具有多元表现。

20 世纪 60 年代，有关创新力和学校成效关系的观察研究报告，就反映了创新力的多元性特征。赫德森（L. Hudson）的研究表明，具有高发散思维的学生在学业成绩上表现得更好。在 15 岁时，具有发散思维的学生学业成就不如聚合思维型学生，但到高校入学时，这方面的天平就已趋向于自我修正了。他在 1966 年还发现，英国文科专业的学生的智商相对来说比较低，但在发散思维测验中表现较好；而学习理科专业的学生正好与文科学生的情况相反。到 80 年代初，美国哈佛大学心理学教授加德纳（H. Gardner）提出了新的多重智力观。他认为人们具有多重智力。他区分了其中的七种形式，即：①语言能力；②逻辑数理能力；③空间关系理解能力；④音乐能力；⑤躯体运动感觉能力（如舞蹈）；⑥人际交往能力；⑦自我意识能力。

加德纳的理论虽然针对智力提出，但智力和创新力之间有着非常密切的关系，因而他的理论完全可以给创新力研究者以启示和借鉴。既然存在多种形式的智力，那么也可能存在多种形式的创新力。我国心理学家林崇德教授认为，思维是一个系统的结构，包括思维的目的、思维的过程、思维的材料或结果、思维的监控或自我调节、思维的品质、思维中的认知和非认知因素等心理结构。创新力作为思维、智能的一个组成部分，同样是静态结构与动态结构的统一，这种多样性特征，使创新力丰富多彩。这些观点显然拓宽了人们对创新力的进一步理解。

4）创新思维过程及其模式

虽然创造性活动的过程纷繁多样，创新力的表现形式各有差异，但只要认真分析这些多样性背后的心理过程，仍然可以把创造性活动划分为不同的发展阶段。其中，最有代表性的划分当属英国心理学家华莱士（G. Wallas）1926年提出的创造过程“四阶段论”。后来许多学者也提出了自己的划分方法，但它们基本上都是华莱士的“四阶段”模式的演变和发展。

华莱士根据前人的研究（包括科学家的传记和回忆录）认为，任何创造活动的过程都包括准备阶段、酝酿阶段、明朗阶段和验证阶段。

准备阶段（preparation）。在这个阶段里，创新主体已明确所要解决的问题，然后围绕这个问题，收集资料信息，并试图使之概括化和系统化，形成自己的知识，了解问题的性质，澄清疑难的关键等；同时开始尝试和寻找初步的解决方法，但往往这些方法行不通，问题的解决出现了僵持状态。心理学家在划分时，有时将创新主体有关知识的学习、技能的训练等创新之前的必备条件包括在这一阶段内。

酝酿阶段（incubation）。这一阶段最大的特点是潜意识的参与。对创新主体来说，需要解决的问题被搁置起来，主体并没有做什么有意识的工作。由于问题是暂时表面搁置而实则继续思考，因而这一阶段也常常叫作探索解决问题的潜伏期、孕育阶段。

明朗阶段（illumination）。进入这一阶段，问题的解决一下子变得豁然开朗。创新主体突然间被特定情景下的某一个特定启发唤醒，创造性的新意识猛地发现，以前的困扰顿时一一化解，问题顺利解决。这一阶段伴随着情绪强烈而明显地发生变化，这一情绪变化是在面临问题解决的一刹那出现的，是突然的、完整的、强烈的，给创新主体以极大的快感。这一阶段常称为灵感期、顿悟期。

验证阶段（verification）。这是个体对整个创造过程的反思，是检验解决方法是否正确的验证期。在这个阶段，把抽象的新观念落实在具体操作的层次，提出的解决方法必须详细地、具体地叙述出来并加以运用和验证。如果试验并检验是成功的，问题便解决了。如果提出的方法失败了，则上述过程必须全部或部分重新进行。

从华莱士的创造过程四阶段论来看，有些问题并没有得到令人满意的解释。例如，创新思维一定要经过这四个阶段吗？如果在准备期问题解决者就想出一个绝妙的办法，是不是就不算创造性思维了?这些悬而未决的问题引导 K. 帕特里克和穆瑞 • 丹尼做了一系列实验研究。除华莱士外，美国社会心理学家埃曼贝尔从信息加工的角度出发，认为创新活动过程由提出问题或任务、准备、产生反应、验证反应、结果五个阶段组成，而且这五个阶段相互联系，形成了一个复杂的循环系统。图 10.4 就是他绘制的创造性活动的过程图。

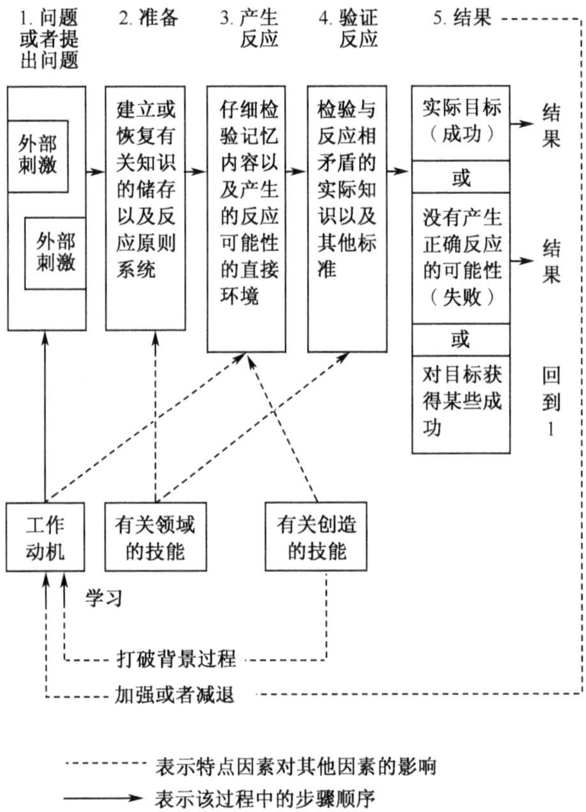

图 10.4　创造性活动过程图

此外，德国心理学家邓克（K. Duncker）提出另一种创造模式，认为创造性地解决问题的过程由一系列相互联系的心理成分所构成。每一种心理成分都把问题汇总成更狭小更明朗的陈述。它可以归纳为三点来陈述：

（1）一般范围。把原来的问题做一般叙述并指出可能解决的方向。

（2）功能解决。它缩小一般的范围。

（3）特殊解决。这是功能解决的更进一步特殊化，从而最终解决了问题。

我国晚清著名学者王国维在其《人间词话》中，以借喻方式表达了有关做学问的“三重境界”，这也是创造活动心理过程的具体反映。这三重境界是：

（1）“悬想”阶段，即“昨夜西风凋碧树，独上高楼，望尽天涯路”。

（2）“苦索”阶段，即“衣带渐宽终不悔，为伊消得人憔悴”。

（3）“顿悟”阶段，即“众里寻他千百度，蓦然回首，那人正在灯火阑珊处。

此外，从科学家、艺术家对自己解决问题或进行创作的回忆录、传记中，我们几乎都可以寻觅到创造性思维的过程：努力→搁置→恍然大悟→验证。

10.4 中国国家创新体系

国家创新体系可分为知识创新系统、技术创新系统、知识传播系统和知识应用系统。其中，知识创新系统是由与知识生产、扩散和转移相关的机构和组织构成的网络系统（知识创新是指通过科学研究获得新的基础科学和技术科学知识的过程），其核心部分是国立科研机构（包括国家科研机构和部门科研机构）和教学科研型大学；技术创新系统是由与技术创新全过程相关的机构及其构成的网络系统（技术创新是指学习、革新和创造新技术的过程），其核心部分是企业；知识传播系统主要是指高等教育系统和职业培训系统，其主要作用是培养具有较高技能、最新知识和创新能力的人力资源；知识应用系统的主体是社会和企业，其主要功能是知识和技术的实际应用。知识创新是技术创新的基础和源泉，技术创新是企业发展的根本。知识传播系统培养和输送高素质的人才，知识应用促使科学知识和技术知识转变为现实生产力。国家创新体系的四个子系统，各有侧重，相互交叉，互相支持，构成一个开放的有机整体。

20世纪90年代以来，中国实施了多项科技与教育计划和工程，为建设国家创新体系打下了良好的基础。中国经济和社会发展的一个显著特点是理论落后于实践，在建设中国国家创新体系上也是如此。1993年由当时的国家教育委员会推出且现在仍在继续完善的“211工程”即旨在提高中国高等教育质量和科研水平，建立适应社会主义市场经济的高等教育新体制。图10.5是中国国家创新体系的实践构成。

中国建立国家创新体系的实践活动开展以来和近来的理论探索的结果表明，中国国家创新体系的建设，还严重受到体制与制度和观念与文化等因素的制约，不进行这些方面的创新，就不可能达到预期的目的。通过研究、分析、对比与考证，认为中国国家创新体系的有机构成的核心部分是知识与技术创新系统；中间是知识基础设施与管理工程系统；外围是体制与制度创新系统和观念与文化创新系统。西方国家创新系统只需要核心部分和中间部分就行了，而中国就要有多层。

外围系统与中间、核心系统共同推出了旨在建立适应社会主义市场经济的现代化企业运行机制，大幅度提高我国企业自主创新能力的《技术创新工程》；中国科学院 1998 年先行一步推出旨在全国提高中面创新能力和科技储备能力的《知识创新工程》；1998 年还推出了由教育部为主执行的旨在全面提高中国劳动者素质的《全民教育振兴计划》；加上已有的国家基金项目和其他重大科技计划，以具体实际的内容构成了中国国家创新体系框架。这些工程和计划的实施，不但需要在整个社会范围内形成一个促进创新活动、应用活动和传播活动的社会机制，还需要有一个完善的国家知识基础和健全的管理体系来保证和促进这些机制的良性进行。图 10.6 是中国国家创新体系的理性构成。

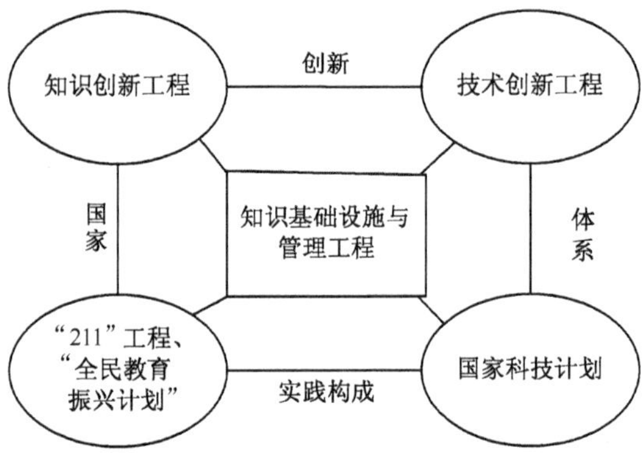

图 10.5　国家创新体系的实践构成

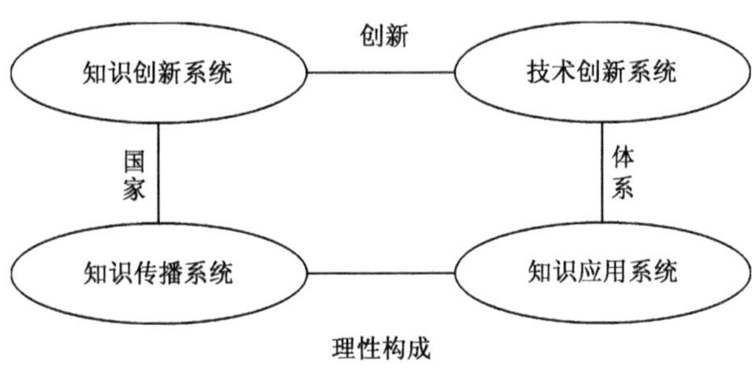

图 10.6　国家创新体系的理性构成

图 10.7 是中国国家创新体系的有机构成（静态）。图示表明，在中国处于核心的知识创新系统和技术创新系统如果不突破体制与制度、观念与文化的限制就很难发挥其巨大潜能，而体制与制度、观念与文化的创新将促进知识与技术创新的整体功能的发挥。

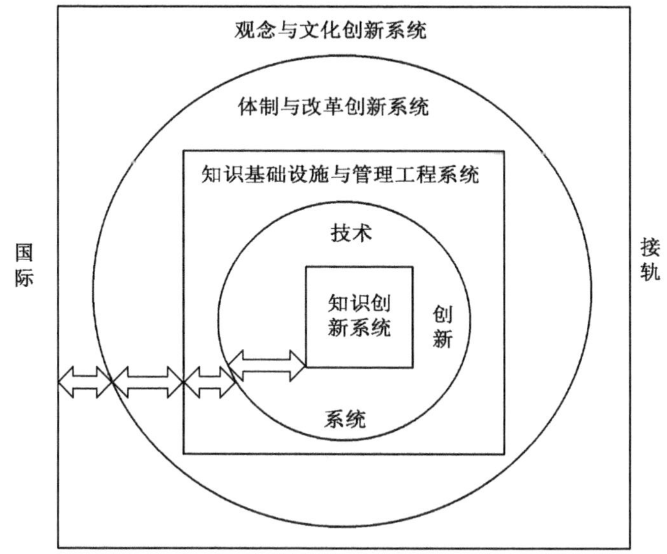

图 10.7　国家创新体系的有机构成

10.5　知识创新方法

知识创新方法对科学知识创新有重要作用。法国著名生理学家贝尔纳说：“良好的方法能使我们更好地发挥运用天赋的才能，而拙劣的方法则可能阻碍才能的发挥。因此，科学中难能可贵的知识创新性才华，由于方法拙劣可能被削弱，甚至被扼杀；而良好的方法则会增长、促进这种才华。”创新方法一般也称创新技法，其种类繁多，并无定数，但根据目前对已有创新方法的研究，有人把创新方法归纳总结出 340 余种。日本电气通信协会把创新技法大体分为六种类型：①自由联想法（包括头脑风暴法、KJ 法等）；②强制联想法（包括 5W/1H 法、焦点法等）；③设问法（包括戈登法、德尔菲法等）；④分析法（包括列举法、形态分析法、输入输出法等）；⑤类比法（包括等价交换法、综摄法等）；⑥其他技法（包括网络法、反馈法等）。

不过，人们认识世界的思维活动，无外乎三种方式：一是同中求异，即演绎分析；二是异中求同，即归纳总结；三是类比联想，由此产生灵感和顿悟。因此，按照人们创新活动的思维方式，创新方法可分为三大类：一是求异法，二是求同法，三是顿悟法。

求异法就是指在创新活动中，针对提出的问题，异想天开，标新立异，充分利用发散思维，展开丰富的想像，从而产生各种千奇百怪的创造性设想，主要代表有头脑风暴法。

求同法是指利用聚合思维方式对存在的问题或设想进行分析、比较、整理、推理选择，从中确定最佳方案，进行创新发明的一种技法，包括列举法、类比法、检核表法等。

当我们思考一件事情时，或设计一件东西的时候，常常会遇到百思不得其解的情况发生，但有时，在某个偶然的事件影响下，我们会突然明白或能够解决这些问题，这就是顿悟现象。利用顿悟所产生的灵感进行创新活动，我们就称之为顿悟法，具有代表性的是联想法。下面列举几种典型的创新方法。

10.5.1　头脑风暴法

头脑风暴法是求异法的典型代表，也叫智力激励法、脑轰法、智暴法，是一种利用小型专题会议，集思广益、相互启发的群体创造方法。当一个人独自思考一件事情或一个问题时，其思路比较容易限制在一定范围内而受阻，如果有几个人对同一问题进行思考，每个人都以自己的知识经验从不同的角度认识同一问题，就有利于互相激励、引出联想，产生共振和连锁反应，诱发出更多的设想。

头脑风暴法1939年由美国纽约BBDO广告公司副经理奥斯本所创立，起初用于广告的创新上，1953年总结成书。这是世界上最早付诸实用的一种创造技法。“头脑风暴”（brain storming）一词原为神经学的一个术语，指神经病患者胡思乱想、白日做梦的状态。奥斯本借用该词来形容人的创造思维自由奔放、激烈涌现的特点。

1. 头脑风暴法四项原则

1）自由畅想原则

该原则的核心是求新、求奇、求异。让与会者敞开思想，任意想像，尽量发挥，不受任何传统思维和习惯的束缚，克服心理惯性和思维惰性的影响，不考虑自己的思路是否“离经叛道”，也不必顾忌自己的设想是否“荒唐可笑”，产生的想法越新颖、越离奇越好，因为看上去是“荒唐”、“离奇”的设想，有时却可能很有价值。

2）延迟评判原则

该原则的要点是限制在畅想和讨论问题阶段过早地进行批评和评判。规定此原则的目的，是为了克服“评判”对创造性思维的抑制作用，使与会者充分感受到心理自由和心理安全，保证良好的激励气氛。创造性设想的提出都有个不断诱发、不断深化和不断完善的过程，常常是有些设想在开始提出时，杂乱无章、自相矛盾，似乎没有什么意义，但它们却可能蕴藏着极好的创意和极高的价值，它们还可能作为“抛砖引玉”，诱发出更新颖的设想和更新奇的方案。如果过早地进行评价，则可能会使其在萌芽阶段就被扼杀掉。

3）以量求质原则

该原则的关键是“质量递进效应”。规定此原则的目的就在于以创造性设想的数量来保证创造性设想的质量。长期以来，人们对于一些看似无用的想法习惯进行过早的批判，以利于问题的迅速解决，但这种批判往往使人们无法突破定势，无法创造性地解决问题。因此在创造发明的过程中，我们要控制这种批判。而克服或削弱这种批判的最好方法，就是追求设想的数量。当人们的思维结果要追求一定数量时，就会有意识地减少批判或者拒绝批判。这样做的结果，思维的界限自然就会放开了，联想也会更加丰富了，有价值的设想、有创见的方案就可能从中涌现出来。因此，头脑风暴法强调与会者要在规定的时间内，加快思维的流畅性、灵活性和求异性，尽可能多地提出有一定水平的新设想，作为获得质量好、价值高的创造性设想的保证。

4）综合改善原则

该原则的依据是“综合就是创造”。奥斯本指出：“最有意思的组合大概就是设想的组合。”规定此原则的目的是要求与会者勤于、乐于并善于在别人的基础上，对各种设想进行综合及改善，从而形成更有价值的设想。每个与会者都会从他人的设想中激励自己、启发自己，或补充他人的设想，或将他人的若干设想综合起来提出新的设想等。随着大家的发言，人们的联想之间形成震荡，就好像每个人都被卷入了头脑风暴的洪流，或者就好像放鞭炮一样，只要点燃一个爆竹，势必引爆一串爆竹，产生连锁反应。

上述四项原则各有侧重，相辅相成，构成一个整体，从而保证了智力激励的实现。第一条原则突出求异创新，这是智力激励法的目标。第二条原则要求思维轻松，气氛活跃，这是激发创造力的保证。第三条原则追求创造性设想的数量，这是获得高质量创造性设想的前提。第四条原则强调相互启发、相互激励、相互补充和相互完善，这是头脑风暴法成功的关键。

2. 头脑风暴法的操作程序

1）准备工作

（1）选择会议主持人。头脑风暴会的主持人应具备以下条件：①有进行创造的强烈愿望，思路开阔，思维活跃，熟悉头脑风暴法的基本原理，理解并能贯彻头脑风暴法的四项原则，充分发挥激励的作用机制，调动与会者的积极性。②对会议所要解决的问题有比较明确的认识和理解，并能根据发言的情况及时对与会者做启示诱导，有一定的组织能力。③具有民主作风，能平等对待每个与会者，造成自由畅想、气氛融洽的局面，能灵活处理会议中出现的各种情况，保证会议按预定程序进行。

（2）拟定会议主题。由会议主持人和问题提出者共同分析研究，进一步拟订本次会议所讨论的主题。一般说来，头脑风暴法适于解决内容单一、目标明确的问题，因此对涉及面较广或包含因素较多的复杂系统问题应进行分解或划分层次，使会议主题集中而明确，这样易于获得方向一致的众多设想。

（3）确定参加会议人选。①参加人数。头脑风暴法的人数以5～10人为宜。②人员的专业构成。应保证大多数与会者都是对会议主题熟悉的行家，但又并非局限于同一专业，要注意与会者知识结构的全面多样性。另外，也要有少数外行参加，以突破专业思考的局限。③人员状况。尽量有针对性地邀请一些对议题有较深入的理论研究或者有较丰富的实践经验的人，同时又是比较善于提出问题的人参加会议，然后再视情况配备其他与会人员，这对提高会议的智力激励效果有利。

（4）提前下达会议通知。提前几天将会议通知下达给与会者，使他们在思想上有所准备，并提前酝酿解决问题的设想。

2）热身活动

头脑风暴会安排与会者“热身”，其目的和作用是使与会者尽快进入“角色”。热身活动的时间不宜太长，可根据会议内容灵活确定，通常应控制在几分钟到十分钟之内；热身活动的形式可根据会议议题自由选择。

3）明确问题

在此阶段，主要由会议主持人向与会者介绍问题，通过介绍问题和对问题进行审视分析，使与会者对会议所要解决的问题有明确的、全面的了解，从而能有的放矢地去进行创造性思考。介绍时应注意掌握鼓励启发原则和简明扼要原则。

4）自由畅谈

这是头脑风暴会的中心环节，也是决定头脑风暴法能否成功的关键阶段。该阶段的要点是千方百计造成一种高度激励的气氛，使与会者能突破心理障碍和思维约束，让思维自由驰骋、浮想联翩，借助于每个与会者之间的思维共振、知识互补、信息刺激和情绪鼓励，提出大量有价值的创造性设想。

自由畅谈阶段的时间应灵活掌握，一般不超过一个小时。主持人待大家充分发表完意见、对所要解决的问题产生出较丰富的设想以后，即可宣布会议结束，从而转入下一步的工作。

5）加工整理

头脑风暴会结束后，主持人应组织专人对各种设想进行分类整理，因为在会上提出的设想大都是未经仔细斟酌和认真评论的，只有经过去粗取精的加工、整理、提炼和完善，才能具有实用价值。该阶段的任务和做法如下：

（1）增加和补充设想。在头脑风暴会后，还可有目的地与部分与会者取得联系，请他们补充原来的意见或提出更加新颖的设想。这是不可忽视的一步。因为通过休息，思想冷静下来以后，人们的思路往往会有新的转变或发展，有可能产生新的有价值的设想。

（2）评价和发展设想。评价设想和发展设想是相互联系的两个方面。对与会者提出的各种设想，既要进行评价筛选，又要进行综合改善。对评价筛选出来的设想，必须逐一进行推敲斟酌、分析比较、发展完善，才能做到优中选优。既可以一个方案为主，吸收采纳其他方案的长处形成新的设想，又可以两个或多个方案并行，聚集合并各自的优点组合成新的方案。

头脑风暴法可以造成自由探讨、相互激励的气氛，但其程序并不是一成不变的，可根据问题性质和实际条件加以变化和灵活运用。

10.5.2 列举法

列举法主要包括属性列举法、缺点列举法、希望点列举法。

1. 属性列举法

属性列举法，是美国科学家克劳福特发明的一种知识创新方法。克劳福特认为，每个事物都是从另外的事物中产生的，一般的知识创新都是旧物改造的结果。所以，知识创新不是凭空产生，而是从旧事物中改造出来的。属性列举法，是通过对革新或发明对象的观察与分析，尽量列举该事物的各种不同的属性或特征，然后确定应改善的事物，以及如何进行改革。

在应用属性列举法时，其主要步骤如下：

（1）选择一个改革或发明的课题。选择革新课题要结合生产或工作的实际情况来确定。开始进行改革时，以选择比较小的问题为宜，这样可使注意力集中在革新对象上，同时也易于发现问题。在工矿企业，可选择销路最低的产品，也可选择竞争最激烈的产品。这有助于调动革新者的发明知识创新的积极性与知识创新性，增强义务感、责任感与荣誉感。

（2）列举革新对象的属性或特征。这个步骤的要领是尽量把构成事物或物品的所有组成部分及其属性、特征（包括性质、状态、功能等）全面列举出来。

（3）从革新的立场出发分析每个属性、特征，找出可以改进的地方。

（4）提出改进的设想。把改进的属性与其他未改进的属性配合起来，就能成为具有新的优良属性的事物或产品。属性列举法很适用于具体事物的革新或发明，特别适合于轻工业产品的改革。这个方法也适用于行政措施、机构体制及工作方法的改进。属性列举法既可供个人使用，也可供团体应用。

2. 缺点列举法

30 年前，日本鬼冢喜八郎针对日本篮球鞋容易打滑这个缺点，把运动鞋的平底改成凹底，解决了篮球鞋打滑问题。鬼冢喜八郎的这种发明知识创新方法称为缺点列举法。

缺点列举法，是通过对事物特别是对物品的观察，把它的缺点列举出来，提出改革设想，并且付诸实现。缺点列举法要求革新者具有敏锐的观察力和批判性思维。

应用缺点列举法的具体步骤如下：

（1）选择需要革新的对象。例如，根据用户对产品的批评，确立革新的产品。

（2）从各个方面对革新的产品进行分析与评价，尽量把它的缺点都列举出来。

（3）针对产品的主要缺点，提出改革设想，并付诸实现。

缺点列举法可以直接从社会需要的功能、审美、经济、实用等角度出发，研究对象的缺点，提出切实有效的改进方案，因而简便易行，常可取得突出的效果。然而，缺点列举法大多是围绕原有事物的缺陷加以改进，通常不能触动事物的本质和总体，因此，总的看来它仍属于被动型的创造方法，一般只适用于对老产品的改造或使新设想、新发明更趋完善。

3. 希望点列举法

希望点列举法是通过列举事物被希望具有的特征以寻找发明目标的方法。

所谓希望就是现实中还没有的，它必须由想像产生。这些想像，有些是由人们的需要引起的，还有些是由人们在与其他物品的类比中产生的，但它都反映了人们对新事物及新产品的向往与追求。这种追求正反映了人的原发性创造本能，也正是因为人类的这种追求，世界才得以有今日。但是，美好的想像却经常由于实现艰难而被放弃，由于它突破了旧的规范而被批判，人们的创造力也随之被扼杀了。列举希望会重新唤起人们丰富的想像力，激发出人们强烈的创造欲望。从这种意义上说，希望点列举法是一种主动型的创造方法。实际上，市场上许多新产品都是根据人们的希望研制出来的。

应用希望点列举法的具体步骤如下：

（1）确定创造的对象。

（2）尽量充分列举被研究对象的希望。

（3）对希望进行分类整理，区分出短期内可以达到的与暂时不能达到的希望。

（4）对合理的设想进行完善，形成方案，进入实施；对暂时做不到的设想可进行改善，供以后参考。

10.5.3 类比法

类比法是在比较的基础上，根据两个或两个以上对象的相似关系受到启发而产生类推，从而导致创新设想的一种思考方式。相似是普遍存在的，无论是宏观世界，还是微观世界，都存在着大量的相似之处。科学家贝弗里奇说过："独创常常在于发现两个或两个以上研究对象或设想之间的联系或相似点。"因此，根据事物间的相似产生类推解决问题，是一种富有创新性的解决问题的重要技法。

类比法是一种最大的创造性的创新技法，根据不同的类比形式，在具体运用时可分为以下几种：原型启发、直接模仿、仿生和移植等。

（1）原型启发是通过观察找到原型，在原型的引发下，产生创新设想的技法。中国古代锯的发明就是原型启发而导致的。

（2）模仿。模仿本身不能称为创新发明，但由于模仿的作用，将某个领域的技术引入到新的领域，对于被引入领域来说，这种模仿就是创新。

（3）仿生。严格地说，仿生也是一种模仿，其模仿的对象主要是生物。主要是从生物的原理、结构与功能等角度模仿。比如，仿照水母发明的风暴预警器以及圆锥形的电视发射塔的设计等都是人类模仿生物而发明创造的。

（4）移植。移植与原型启发、模仿不同，它往往不是先有原型，而是先有问题，然后才去寻找原型，并巧妙将原型应用到所要解决的问题上来。

综摄法是类比法的一种。该法是美国科学家戈尔登发现的。这是一种从已知推向未知的一种知识创新技法。综摄法有两个基本原则，即异质同化与同质异化。异质同化，是运用熟悉的方法和已有的知识，提出新设想。同质异化，是运用新方法处理熟悉的知识，从而提出新的设想。

戈尔登提出综摄法的四种类比方法。

（1）自身类比。这是发明知识创新者把研究的对象拟人化。戈尔登列举法拉第曾经看穿电解液的"心灵"，竭力使原子活动呈现在他的头脑中；凯库勒把自己比作蛇，在吞噬他的尾巴，从而得出苯环的设想。

（2）直接类比。这是从已知的事物去寻找与知识创新同发明对象相类似的东西。贝尔发明电话的设想，是比拟人的听觉系统的构造而得到的，仿生学就是研究如何使用直接类比法，来模仿生物构造的。

（3）象征类比。这是借助于具体事物来表达某种抽象的思维与感情。

（4）狂想类比。这是戈尔登把弗洛伊德的愿望实现原理应用到发明知识创新上，并且运用人工方法于解决问题的情景中而产生的。

10.5.4　奥斯本检核表法

奥斯本检核表法又称分项检查法，由于它几乎适用于任何类型和场合的创造活动，因此享有“创造技法之母”的称号。

1. 原理

奥斯本检核表法是根据需要解决的目标（或需要发明的对象），从多方面列出一系列的有关问题，然后一个个地加以分析，一个个地进行讨论，以产生最好的方案或设想。

一般说来，奥斯本检核表法是从以下六个方面来进行检核的。

（1）用途。现有的事物或发明成果有无其他更多的用途？保持原样不变能否扩大用途？或稍加改变后有无其他用途？

（2）借用。过去有无类似的东西？现有的事物能否借用别的经验？能否移植其他技术？能否模仿别的东西？能否从现有的发明中引入其他创造性设想？

（3）改变。现有的发明能否做某些改变？比如，形状、颜色、声音、味道、式样、花色、品种及制造方法等能否改变？可否通过旋转、弯曲、扭转、回转等办法加以改变？有无其他改变的可能性？改变后的效果又将如何？

（4）扩放。现有产品能否增加使用功能？能否添加零部件？能否增加长度、高度，提高强度？能否延长使用寿命、提高使用价值？

（5）缩略。现有产品能否减小尺寸、缩小体积、减轻重量？能否省略某些部分或者某些零部件？能否浓缩化？能否微型化？能否压缩、分割、简略？

（6）替代。现有的产品能否用其他原理、其他材料、其他方法、其他结构、其他工艺、其他动力、其他成分、其他设备来代替？

（7）调整。现有产品或成果能否调整原有布局？能否调整既定程序？能否调整原来的位置？能否调整日程计划？能否调整规格型号？能否调整因果关系？

（8）颠倒。现有的事物能否从相反的方向来考虑？能否位置颠倒？能否作用颠倒？能否关系颠倒？能否将现有产品的工艺过程颠倒？

（9）组合。现有的东西、产品或者事物能否组合在一起？原理能否组合？方案能否组合？材料能否组合？形体能否组合？功能能否组合？

在创造发明的过程中，人们以上述提问的方式，对现有的东西、事物、产品或者成果，从各个不同的角度逐项进行思考、检查、审核、讨论，就会从中发现问题，提出新的创意或设想。

2. 操作步骤

（1）确定创造对象。

（2）对于创造对象，从检核的九个方面发问、分析，找出问题。

（3）由找到的问题为基础，形成解决问题的若干方案。

（4）将所有初步的、零散的方案加以分析，产生最终解决该问题的综合方案。

奥斯本检核表法虽然作用很大，但也有一定的局限性，在运用该法时，还需注意以下两点：一是要加强对检核对象的具体分析。 对发明创造对象进行细致周密的分析，是奥斯本检核表法能够进行创造的基础。使用该技法解决复杂技术问题时，它仅能提供创造者主观认为“能够那样”或者“可以这样”的大概思路，但还必须与创造对象直接或者间接相关的客观实际相结合，才能完成有实用价值的发明。应尽量避免闭门造车式的检核思考。二是要注意对检核思考方法的有效运用，对于检核思考方法的运用要做到可“分”、可“合”，使之充分发挥效力。“分”是指可将每一条检核项目视为单独的一种技法分别运用；“合”是指可将每一条检核项目与其他创造技法结合起来，综合运用。

10.5.5 中山正和法

日本创造学家中山正和根据人的高级神经活动理论，把人的记忆分成“点的记忆”和“线的记忆”，通过联想、逆向思维、类比等方法，来搜索平时积累起来的“点的记忆”，经过重新组合，把它们连成“线的记忆”，这样就会涌现大量的创造性设想，从而获得新的发明创造。该法主要是用于技术创新，简称NM法。在运用NM法进行新产品设计开发和旧产品技术改造时，不是先去设想它们的具体结构，而是依据所要设计产品的主要功能，“超凡脱俗”加以抽象，找出能反映事物本质（或创造发明所要达到的目标）的关键词来进行联想与类比，将理性构思上升为解题概念，最后使概念具体化形成原理方案。这样就摆脱了就事论事的思考方法，冲破了狭隘机理及观念的制约，特别是运用了发散思维，使设计者“站得更高、看得更远”，往往能够产生突破，设计出“新概念”的产品。

NM法操作步骤如下：

（1）抓住本质。

（2）找出关键。找出表达问题本质的关键词（KW）。

（3）关键类推。对关键词询问“什么是相似的问题?”，进行联想和类比，即问题的类推（QA）。

（4）背景提问。对类推结果询问“它们之间是什么东西发生着作用”的问题，也就是探讨类推结果（A）的背景，所以又称为背景提问（QB），目标是构思出初步设想。

（5）概念提问。对背景提问的问题逐一询问“这个对问题的解决能否给予某种启示”的问题，也即寻找解决问题的方法阶段，称为概念提问（QC），这意味着进一步深入认识对象并从中引出启示，提出解题概念。

（6）形成方案。整理、改进、完善各种启示，并使之具体化，形成产品的设计方案。

10.5.6　联想法

联想法是通过积极的有一定目的的联想，使思维跳出现有的圈子，突破常规，获得创造发明构思的方法。

联想能力强的人能将在意义上距离很远的两个概念联系起来，很可能形成新颖的创造构思。对创造性思维过程的研究发现，奇妙的设想往往是把差距较大的两种事物联系起来得到的。联想法可以分为三大类：自由联想法、强制联想法、类比联想法。

1. 自由联想法

自由联想法是在自由奔放、积极思考、借题发挥、踊跃发言、禁止批判的情况下，召集若干人征询解决问题的措施和意见的方法。该方法的形式之一称为“自由漫谈法”，最初由美国罗基德航空公司率先采用，后来逐步发展。

1）原理

自由联想法的另一种形式叫“入出法”。其原理是把所期望的结果作为输出，以能产生该输出的一切可以利用的条件作为输入，从输入到输出要经历从自由联想提出设想、用限制条件评价设想（如此反复交替）到最后得到理想的输出。该方法与其他自由联想法相比，多了一个评价过程，因而入出法得到的创造性设想往往更加成熟和实用。

2）操作步骤

（1）主持人宣布课题任务，即“输出”的内容；

（2）与会者根据“输出”提出各种“输入”；

（3）对“输入”条件进行全面深入的分析，与会者在输入与输出之间提出各种联想和设想；

（4）主持人宣布限制条件；

（5）与会者依限制条件评价各种联想；

（6）主持人综合与会者联想评价的结果，给出“输出”方案。

2. 强制联想法

在联想中如果给定了限制条件，思维搜索的范围变小了，思考也会随之变得容易了。在这种情况下，限制条件既是限制的条件，同时又是激发的条件；限制是限制了范围，激发是激发了人们的联想，但思维是被限制条件同步控制的。这种给出条件或提示而进行的联想法被称为强制联想法。

强制联想法最为常见的是查阅产品样本法、焦点法两种。

1）查阅产品样本法

查阅产品样本法是将两个以上彼此无关的产品或方法强行联系在一起，从而产生独特设想的方法。具体步骤是：

（1）打开产品样本或其他印刷品，如专利说明书等，随意将其中描写某个项目、产品题目的词句挑出来。

（2）用上述同样的方法将描述另一个项目、产品、题目的词句挑出来。

（3）将上面两种信息一一结合形成第三种产品或方法，产生出独创性的设想。

在这种情形下，思维随着两件事的“联系”而产生，跳跃比较大，比较容易克服个人经验的束缚、启发人的灵感。

这种方法的优点是方法简单，产生的效果也较新颖，这是由于我们原先作为联想基础的两个物体彼此无关，所以一旦建立联系就具有新颖性。这种方法除用于新产品开发外，还可用于老产品的改造。不足在于，设计产品的思路不够严谨。这是由于这种方法是一种强制性联想，也许有些联想没什么道理，也没有实用性，所以在联想后应对各设想一一进行评价。

2）焦点法

焦点法是美国赫瓦德提出的。这种方法既充分地运用了联想机制，又将这种发散性联想与集中思维适当地组合起来，简单易学又富于启发力，且能在较短时间内获得较多的新颖构思。具体步骤是：

（1）选择研究对象，并以此作为研究焦点。

（2）选择任一个物体为参考物。

（3）列出参考物的各种特征，再由这些特征出发进行发散联想。

（4）把由这一事物引起的联想与焦点联系，一一进行组合联想，并列出设想方案。

（5）对设想方案进行评价、选优。

（6）挑选出其中较好的方案后，应进行市场调研，经初步分析认为可行的，可进入研制开发阶段。

这种方法的特点是，思考的自由度较大，且能在很短的时间内使我们的思维进入想像过程。聚焦后提出的产品设想多数都奇特、新颖，具有浪漫色彩。这种方法尤其适用于日用工业品的产品开发及设备改造构思。

3. 类比联想法

类比联想法是指用要发明的创造客体与某一有共同点的事物进行对照类比，通过联想而获得启示，进行创造发明的方法。

1）原理

类比联想法既借助于原有的知识，但又不受原有知识的束缚，它通过人们的联想思维，把两个不同的事物联系起来，把陌生的对象与熟悉的对象联系起来，把未知的东西与已知的东西联系起来，异中求同，同中求异，从而诞生出新成果。

2）具体步骤

（1）以发明创造目的为依据选择类比对象。在这一步中，联想思维是很重要的，要善于应用联想把表面上毫不相关的事物联系起来。

（2）将创造客体和类比对象两者进行分析、比较，从中找出共同的属性。

（3）在此基础上，进行类比联想推理，得出结论。

联想法涉及的面较广，虽然有一些步骤可遵循，但总的看来，联想需要的是广泛而深刻的想像能力。因此，在许多场合并不能预先规定什么性质的联想是最好或最有效的，联想往往与灵感或其他创造技法结合起来使用容易收到较好效果。

10.5.7 组合发明法

组合发明法是一种在确定的整体目标下，通过不同原理、不同技术、不同方法、不同产品和不同现象的组合，产生发明创造成果的创造技法。

晶体管的发明者肖克莱认为："所谓创造就是把以前独立的发明组合起来。"事实上，搞发明创造大致有两条路可走：一条是全新的发现和发明，另一条就是把已知其原理的事实进行组合。组合发明法体现了现代科学技术综合化趋势，反映了发明创造活动的实质。由组合而发明的成果已充满了我们生活和生产的各个领域。

组合发明法以组合求创新，为创新而组合，其组合的形式是多种多样的。按照组合因素的不同，组合发明法可细分为技术手段的组合、材料或零部件的组合、技术手段与现象的组合、现象与现象的组合以及技术原理的组合等各种类型的组合。

由于组合发明法是在一定的整体目的下利用现成的技术成果进行创新，因而往往并不十分需要高深的理论基础和开发非常专门的高级技术。这样，创造者就可在并不很高的知识基点上从事技术起点较高的创造发明。

例如，1979 年诺贝尔生理学医学奖获得者豪斯菲尔德，只是一个没有读过大学的普通技术工作者，使其夺冠的成就仅仅是把已有的X射线的照相装置与电子计算机组合到一起，发明了“CT 扫描仪”。这一仪器在诊断脑内疾病和体内癌变方面具有特殊的效能，“从而使医学界一向梦寐以求的理想成为现实”，因而被誉为20世纪医学界最重大的发明之一。

怀特把喷气推进原理与燃气轮机相结合，发明了喷气式发动机。

在日常工作和生活中，我们所能见到的根据组合发明法发明的东西也很多，如由印泥与图章组成的不用反复按印泥的带印泥的图章，在夜晚能随时记下灵感的带亮灯的钢笔，在暗处能工作的带电珠的螺丝刀，空调机和微型计算机组合成的自控空调等。

由此可见，组合发明法有如下几个要点：

（1）由多个特征组合在一起；

（2）所有的特征都是为同一个目的共同起作用，它们相互支持、促进和补充；

（3）可以达到一个新的、总的技术效果。

然而，组合并不等于凑合，像电冰箱与电话就不能组合成新的有用物品，想把多种功能组合在一起而发明的“多用童车”也未打开市场销路。究其原因，是因为其“多用”严重影响了“单用”，使其变得过分笨重、复杂，从而就丧失了发明的意义。这一点，在使用组合时应特别注意。

常用的组合发明法有成对组合法、辐射式组合法、形态分析法及信息交合法。下面逐一加以介绍。

1. 成对组合法

成对组合法是把任意的两个事物或特征组合在一起，获得发明目标的方法。

1）技法原理

在工作和生活中，每个人都接触过各种各样的事物和物品，随心所欲地将这些事物和物品列举出来，组成一个表，表中每一个交叉点都是两个事物和物品的组合点。依这种表格的形式，将成对的事物和物品联系、组合起来，由此即可产生创造性设想，取得颇有新意的创造成果。

2）操作程序

（1）列举联想元素。随机地列出联想的元素，比如从身边的实物及其想像中可列出钥匙、灯、雨、螺纹、冲击、脚踏、钻、笔等。

（2）画出成对组合表。把各种元素填入具有行列的表格中（表 10.3），进行强制性联想。行列中的每一个交叉点均为一个设想。

表 10.3　成对组合表

	钥匙	灯	雨	螺纹	冲击	脚踏	钻	笔
浆糊	×	×	×	×	×	×	×	△
电	△	○	×		×	×	○	○
折叠			×		×	×		
过滤			×		×	×		
罩		○			×	×		
记数	△		×				△	○
网					×	×		
绳	○	○			×	×		×

（3）分析判断。经过分析两元素交点的“产物”，产生有用的创造性设想。在分析判断中，可分为无意义的联想（用△表示）和已有的发明（用○表示），空白表示一时难以确定的情况。

从表中挑出有发明意义的联想，再进行可行性分析。例如，糨糊笔、电钥匙、记数灯、记数钻等。如果变动一下行、列的位置，还可得到脚踏钻、钥匙笔等一连串新的设想。

3）应用举例

（1）元部件的组合。元部件的组合并不是指一台机器上的零部件的装配，而是指把本来毫不相关的两种或两种以上的元件或部件依一定的技术原理组合为一体，使其具有新功能的方法。

目前应用元部件组合而产生的发明数量极大。例如，日本有人将胸针、项链、耳环、指、服装及鞋的装饰与微型光源组合，使这些产品产生光彩耀人、异常美丽的效果。还有人将手电筒与雨伞组合，生产出一种具有照明功能的雨伞，给持伞的人带来方便。英国的 SIC 公司将发光机构与手套组合，发明了指尖发光手套。日本索尼公司将收音机与手表、万用表与手表、计算器与手表组合，生产出具有各种功能的手表。中国台湾一家公司还将收音机与帽子、电风扇与帽子组合，并采用了太阳能电池，很受旅游者们的喜爱。有人将各种微小的电器产品与钢笔或圆珠笔组合，生产出各种专用笔。还有音乐贺年卡、音乐门铃、音乐枕头、音乐锁、音乐黑板、音乐喷泉、会说话的娃娃、会说话的鹦鹉等组合产物相继问世。

（2）材料的组合。材料组合是应用各种化学、物理原理，将不同的材料组合起来获得新材料的方法。具体方式常有交合、融合、混合、渗透等。

例如，斯恩宾将硝酸滴于棉布上发明了硝化棉火药，帕克斯在其中又加入增塑剂（如樟脑）制成了赛璐珞，德国的化学家将甲醛融于牛奶发明了酪基塑料，贝克莱将甲醛与苯酚融合发明了电木。

人们还应用气体与液体、固体混合的办法发明了冰淇淋、膨化雪糕、泡沫塑料、发泡的轻型钢、加气水泥、速溶饮料等。应用渗入的方法，采用渗碳、渗硼、渗硫、渗氮，研制成功了钛合金等满足各种不同需要的金属材料。

（3）现象组合。现象组合是将不同的物理、化学、生物等现象组合起来形成新技术原理的方法。

例如，日本索尼公司的山田敏之将霍尔效应与磁阻效应两个物理现象组合后研制出了磁半导体。这种半导体可应用于电刷直流电机、无触点开关、无接触电位器等方面。

又如，德国科学家通过对两种现象的组合，发明了一种清除肾结石的方法。一种现象是“电力液压效应”，即水中两个电极进行高压放电时产生巨大冲击力，能将坚硬的宝石击碎。另一种现象是在椭球面的一个焦点上发出声波，经反射后会在另一个焦点汇集。他应用这两种现象的组合去击碎肾结石，获得了成功。

2. 辐射式组合法

辐射式组合法，是以某一新技术为中心，同多方面的传统技术结合，形成技术辐射，从而导致多种技术创新的发明创造的方法。

1）技法原理

充分运用发散思维，以中心技术与其他技术结合，产生新技术。除了更好地发挥中心技术的功能外，有时还可增加一些辅助功能或相关功能。

2）操作程序

（1）确定辐射中心。辐射中心一般为一种新技术。

（2）画辐射线，并把被确定的被辐射技术填入辐射线端点。

（3）将辐射中心的技术与被辐射的技术进行组合，看有哪些能形成新技术。

（4）确定组合后产生的新技术领域并探讨其开发途径。

3）应用举例：超声波技术辐射式组合法

如图 10.8 所示，首先在中心圆里填上超声波技术，然后在四周的小圆里填写各种各样的传统技术，接着逐一进行分析，看超声波技术能与哪些传统技术组合成新技术。

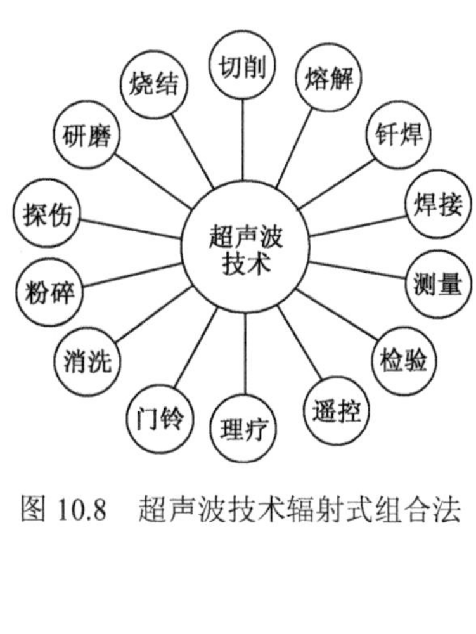

图 10.8 超声波技术辐射式组合法

例如，超声波熔解技术在金属冶炼中已有应用，但我们可将它引入到冰箱使用中，应用超声波将速冷的食品速溶。超声波也可引入到其他的食品加工技术中。

超声波钎焊技术是英国姆拉托公司研制

成功的，用于铝钎焊中，即把烙铁上端固定在超声波装置上，由于超声波引起的小爆炸，使铝板表面的氧化膜破坏，从而将金属表面暴露出来，使铝的钎焊容易进行。

超声波烧结技术是由东京工业大学的实吉教授研究成功的。在用粉末冶金法进行烧结时，如果在要烧结的物件上加上超声波，可以减少烧结时间。

超声波切削技术是把超声波加到切削用的刀具或切割用的锯条上所进行的操作技术。它既可以防止材料被拉断，又可以防止锯刃上粘附金属屑，还可以防止锯刃上熔着金属而破坏锯刃的形状。

另外，超声波被用于探伤、粉碎、清洗、理疗、遥控等方面的技术，也都逐渐成熟。

辐射式组合法不单可用于技术方面，还可用于组合产品上。例如，我们将强磁材料作辐射中心，则可得到一系列的新产品。我们可开发磁性衣扣，不用钉，不用扣，还可有很好的密封性。还可开发磁性工具袋、磁性工具架。可以开发各种用于磁性治疗的物品，如磁疗服、磁疗壶、磁疗鞋、磁疗枕、磁疗睡袋。还可开发磁化水处理器、磁性密闭弹簧等。

3. 形态分析法

形态分析法是通过对研究课题的要素提取、形态分析，得到求解方案并进一步优化的创造发明技法。由美国加州理工学院教授、美籍瑞典天文物理学家 F. 茨维基于 1942 年提出。他曾参加了美国航空工程公司初期火箭研制工作。茨维基利用他提出的形态分析法中的形态矩阵，成功地获得了大量火箭制造的独创性技术方案，从而名声大振。他提出的大部分方案都付诸实现。

1）技法原理

形态分析法的原理是，将发明课题按功能或者构成分解为若干相互独立的基本因素，找出实现每个基本因素的所有可能的技术方式，然后加以排列组合，经过综合分析选出独创性方案。

2）操作程序

形态分析法的操作程序如下：

（1）确定研究课题。确定研究课题是明确要做什么，而不是让你说清楚怎么做。例如，要设计一种简单的运输车，但不是让你提出运输车具体的研究方案。

（2）分解要素。将研究课题进行分解，得到若干在功能上或者在构成上相对独立的基本要素。要素的数目不宜太多，也不宜太少，一般以 3～7 个为宜。

（3）形态分析。依据发明对象对诸要素的要求，列举出各基本要素全部可能的形态。完成这一步需要充分运用发散思维，此外，还要有一定的知识基础和工作经验，对本行业及其他行业的各种技术手段也要有所了解，不然则难以列举各要素的全部可能形态。

（4）形态组合。按照对发明对象的总体功能要求，分别将各基本要素的不同形态方式进行组合而获得尽可能多的合理设想（组合方案数目 N——各要素的形态数的连乘积）。

（5）方案优选。根据发明目标，从众多组合方案中选优，得到最佳设想方案。

3）应用实例

例 1：液墨签字笔的研制方案。

（1）确定课题。研制一种便于携带的液墨书写笔。

（2）分解要素。按其构成和功能，可分解为液墨库、液墨装填机构、笔尖三个基本要素。

（3）形态分析。列举出各基本要素的全部可能的形态，编制其形态学矩阵（表 10.4）。

表 10.4　液墨签字笔的形态学矩阵

基本要素	与各要素对应的全部形态			
	1	2	3	4
A：液墨库	胶性管	刚性管	纤维物质	
B：液墨装填	注入	更换	毛细作用	部分真空
C：笔尖	圆珠	刚性裂缝	软毛	硬纤维物质

（4）形态组合。将各种形态组成多种组合方案（创造性设想）。由表 10.4 可见，液墨签字笔的组合方案可有 $N = 3×4×4 = 48$ 个。

（5）方案优选。其中 A1-B4-C2 为普通钢笔；A3-B2-C4 为新型签字笔。

例 2：茨维基的喷气发动机方案。

（1）确定课题。喷气发动机。

（2）分解要素。按其构成和功能，可分解为燃料、牵引力产生方式、牵引力调节类型、牵引力调节方式、介质聚集状态及燃料聚集状态等六个基本要素。

（3）形态分析。列举出各基本要素的全部可能的形态，编制其形态学矩阵（表 10.5）。

表 10.5　喷气发动机的形态学矩阵

基本要素	与各要素对应的全部形态			
	1	2	3	4
A：燃料	火箭内舱中存	外部介质获得		
B：牵引力产生方式	内源	外源		
C：牵引力调节类型	自身调节	靠外力调节	无调节	
D：牵引力调节方式	内部调节	外部调节		
E：介质聚集状态	无空气空间	空中	水中	地下
F：燃料聚集状态	气体	液体	固体	

（4）形态组合。将各种形态组合成多种组合方案（创造性设想）。喷气发动机的组合方案可有 $N = 2\times2\times3\times2\times4\times3 = 288$ 个。其中正确估计到了当时德国人尚在保密阶段的导弹飞机和火箭飞机上装的脉动式发动机。

（5）方案优选。茨维基指出，矩阵中的 A2 具有特殊意义，它表示化学能完全来源于外界物质，喷气发动机可以不用内存燃料。综合各种指标，在所有的方案中最好的是冲压式空气喷气发动机，即 A2-B1-C2-D1-E1-F1。

例 3：输油管线自动开关阀的研制方案。

（1）确定课题。研制一种无人值守、能够自动开关、用于输油管线的阀门。

（2）分解要素。按功能关系进行分解，得到动力源、控制系统、驱动装置及主阀四个基本要素。

（3）形态分析。列举出各基本要素的全部可能的形态，编制其形态学矩阵（表 10.6）。

表 10.6　自动开关阀的形态学矩阵

基本要素	与各要素对应的全部形态					
	1	2	3	4	5	6
A：动力源	电动	液动	气动	自力		
B：控制系统	机械	电子	流体	电液	计算机	
C：驱动装置	动筒	旋转叶片	螺旋槽	拨叉	齿轮齿条	蜗轮蜗杆
D：主阀	闸阀	球阀	截止阀	蝶阀		

（4）形态组合。将各种形态组合成多种组合方案（创造性设想）。由表 10.6 可见，自动开关阀的组合方案可有 $N = 4\times5\times6\times4=480$ 个。

（5）方案优选。按适用、机动、经济、安全、可靠、省力、通球等技术指标进行分析、评价、比较、决策得到最佳方案：自力-液体-齿轮齿条-球阀，即 A4-B3-C5-D2。

输油管线自动开关阀由笔者主持研究，于 1993 年研制成功。该成果包含有六项关键技术，九个创新点，整体性能达到国际先进水平，获得军队科技进步一等奖。

形态分析法可以避免先入为主的影响，也可避免单凭头脑思索、挂一漏万的不足，这种方法已广泛地应用于新产品、新技术的开发。

4. 信息交合法

信息交合法是一种立体的、动态的、多维的创造性系统构思方法，由我国创造学研究者许国泰创立，在他 1985 年所著《产品构思畅想曲》一书中有较详细的介绍。该方法又俗称“魔球法”，神奇而实用，凡学过它的人都有耳目一新之感觉。它对新产品的开发有重要作用，是中华文化沃土中孕育出的一朵奇葩，是一种有效技法。

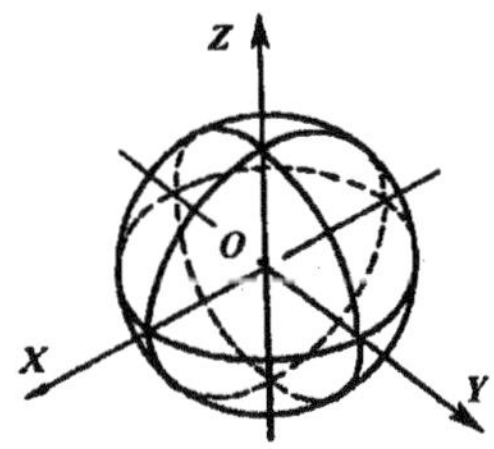

图 10.9 魔球

1）技法原理

信息交合法的原理是通过在一个由多维信息坐标组成的全方位信息反应场（即为“魔球”，如图 10.9 所示）中，“信息之间的杂交”来产生各种发明、革新、改革等的奇特构想。

“魔球”理论的问世有这样一段鲜为人知的故事：

1983 年 6 月，中国创造学研究的先行者们聚集广西南宁，召开第一届创造学学术研讨会。会上，日本的学者村上幸雄做了精彩的讲述，讲述时他提出了一个问题，请大家当场尽可能多地想出曲别针的各种用途。几分钟过去了，会场上总共提出了曲别针的用途 20 多种。有人问：“村上先生您能讲出多少种用途呢?”村上用幻灯片放映出了曲别针的 300 种用途。台下的许国泰当时还是一家刊物的编辑，他向台上递了一张条子，条子上写道：“对于曲别针的用途，我能说出三千种、三万种。”第二天上午 11 点，许国泰走上讲台，拿起粉笔，在黑板上写下：“村上幸雄曲别针用途求解”。他说：“昨日村上幸雄讲的用途可用勾、挂、别、联四个字概括，要想突破这种格局，最好是借用简单的思维工具——信息标和信息反映场。”他在黑板上画出了普通的横轴与纵轴。然后，将信息分做两组，一组是有关曲别针的信息要素，以它取代 X 轴及轴上的数标，作为曲别针的特征轴，上面标有：材质、重量、长度、截面积、硬度、可弯性、亮度等；另一组是有关外界信息要素，以它取代 Y 轴及轴上的数标，作为外界信息轴，上面标有：数学、文字、物理、化学、音乐等。两信息标垂直并相交，构成“信息反应场”。当他将两轴上的要素依次进行信息交合时，思维的奇迹发生了。例如，特征轴上的可弯性与外界轴上的数学交合，则曲别针可弯成 1、2、3、4、5、…、9、0，及+、−、×、÷、√、：、（）等所有的数字运算符号，从而可以表示出从 0 至无穷大的数字，又可表示各种数学运算；又如，可弯性与外界轴上的文字交合，则曲别针可弯成英、俄、日等各种外文字母，而这些字母又可组成词组、句子等；可弯性还可与音乐交合，则曲别针可弯成各种音乐符号，可标出各种乐谱。曲别针的材质与磁交合可做指南针，与电交合能制导线，与热交合能导热用于烧、烫、加工等，与美术、颜色交合可制成铁画，与化学交合可作为化学反应的材料，弹性与物理交合可制弹簧，重量与物理交合可制砝码……此时此刻，人们被禁锢的思维随着信息场里信息标的无限交合而展开了，人们的思维从曲别针产生后的固有用途的规范中，回到了活生生的人类社会，回到了自然界，回到了丰富的联想之中，思维的活动重新被激发起来。正如一位与会者所说：“这简直是点金术！”

此后，许国泰又发展了他的理论，将信息标从二维标发展到多维标，使“魔球理论”愈加神奇，这种神奇性可从他的“香肠魔球”看出。魔球的中间是香肠，共设立六个信息标：①肉禽类；②药材类；③肠衣类；④水产类；⑤水果类；⑥形状类。然后，在每一信息标上注明标点。他开发产品的构思是按轴展开的，分为三个方案。第一个方案是肠衣开发，如无毒塑料、高温纸、羊肠衣、牛肠衣、猪肠衣等；第二个方案是形态的开发，如管状肠、方形肠、球形肠，再加上长短尺度与规格；第三个方案是材料的开发，推出了火腿肠、红肠、橘红肠（橘皮磨粉、白糖、瘦肉）、砂仁小肚、三丝果脯午餐肉肠。这样，除了肉、禽类系列香肠外，还开发了水果、水产、健美、健脑、药膳及儿童营养系列香肠。

2）操作程序

信息交合法使用程序如下：

（1）确定研究中心，即明确所要研究的目标。

（2）设立信息坐标，即把所要研究的目标分解为若干个相对独立、相对完整的信息要素，每一要素即可设置一个信息坐标。这些要素通常可分为时间、地点、人物、材料、结构、品种、工艺、功能、图案、包装、外观（形状、大小等）。研究对象不同，信息要素的组成不同，信息坐标的名称和数量亦不相同。例如，在对地毯的开发中，图案是很重要的，则可以围绕图案多设几种坐标，如颜色、仿古形、抽象艺术型、民族型等。

（3）标注信息点，即在信息坐标上注明有关信息点，例如，在上述“地毯魔球”的颜色标上，可注上单色、双色、三色、拼色、冷色、暖色、中间色、流行色、仿自然色等。面对冷色坐标点上想选取淡蓝、白、浅灰、蛋清等色时，可在此点上设小坐标线（过该线与大坐标线垂直相交），然后将这几个信息点注在小坐标线上。

（4）信息交合，在标轴所处的信息反应场内，选取任意维度、任意层次、任意数目的信息，以网络矩阵的形式进行交合，进而组合出适用于老产品改造、新产品开发的众多构思和设想方案。

（5）方案筛选，将组合方案进行筛选，从中找出上乘的方案。若意在新产品开发，则筛选时还应注意新产品的实用性、经济性、工艺性及市场竞争性等。

图 10.10 是依这种步骤做出的“手表魔球”及开发新产品的设想。

根据以上魔球，能组合出的产品数目至少有 $N=20\times20\times15\times15\times11\times11\times11\times10\times10\times10=1191$ 亿种，进而可以从中挑出大量可开发的新产品，例如：

（1）适于儿童的，盘面有动画图案的石英电子机芯结构并带有儿童歌曲或音乐的儿童表。

（2）适于儿童生日用的，带有生肖图案并能奏出生日快乐乐曲的礼品表。

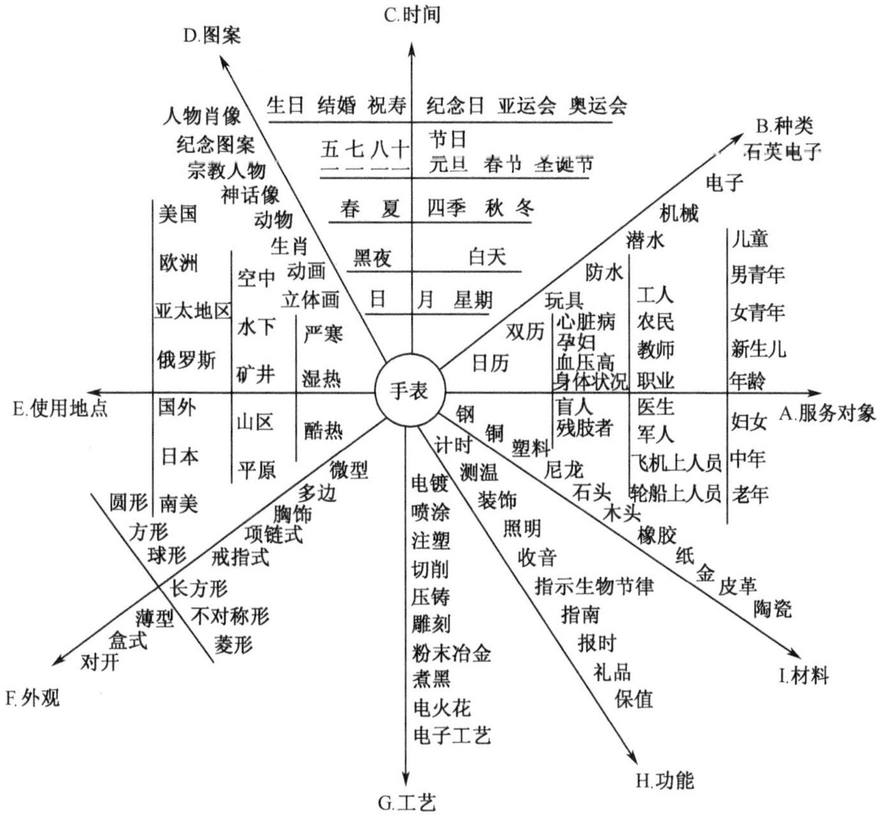

图 10.10　手表魔球

（3）适于婴儿出生时赠送的，带有生肖、出生日期、婴儿肖像、脚纹、自出生日开始计时的能测生命节律的生辰表。

（4）带有星宿标记、神话图案或圣母的古典型机械表。

（5）带有反映现代派主题图案的豪华型，具有保值性、机械机芯型、音响、精雕外壳的高档情侣表。

（6）项链系列表。如能夹入情侣肖像的，带有圣母像的或动画主题图案的，带有小灯及其他夜明晶体的项链表。

（7）盲人用的电子报时及电子触摸机构式报时表。

（8）全密封衣扣式、液晶显示指针式电子表。

信息交合法借助多维坐标系作为信息反应场，不但使人的思维在信息变幻莫测的交合中变得更富有发散性，而且使人的发散思维能按照一定的顺序推进。此法不但可以用于产品设计，也可以用于生产设备的技术改造、事业开发、管理、教育及各类事物的处理，还可以作为文学创作、论文编写、思考问题、整理思路的辅助手段。

10.6　知识创新案例

知识创新归根结底就是用创新的知识去解决问题，特别是实际生产、生活中的问题。创新方法最直接的作用就是帮助创新者提出问题、发现问题、思考问题、分析问题、提出设想、提出方案。

在运用创新方法时应注意以下四点：

（1）巧妙组合、综合运用。在实际运用中，一个有效的方法是将各类创新方法看成是一个系统，在解决问题时将系统内各种方法综合考虑、综合运用、择优组合，实现 “资源”的最佳配置。其关键在于巧妙组合和系统综合。

（2）联系实际、生动运用。各类创新方法往往各有其适用的条件，因此，应注意根据创新对象选择方法。创造的方法同样要创造性地运用。

（3）用心领会、善于思考。创新方法的运用，在某种程度上要靠悟性。我们在创新方法的运用中，应当培养独立思考的能力，要有自己的情感体验，要从“知”上升到“悟”，才能视人之未觉，想人之未思，创人之未有，发人之未明。

（4）正确对待、学以致用。创新方法的核心，就是要冲破传统方法的束缚，冲破形式逻辑的思维边界，驰骋想像，调动直觉，捕捉灵感，在自由自在中创造。创新方法再多也是有限的，而创新的潜能却是无穷的。因此，要明确“创新有法无定法”，“万法自在我心中”。

创新的方法给我们以开启智慧之门的金钥匙，借助它，我们就能各尽所能、各显神通，打开一座座智慧的宝库，开创璀璨的创新纪元。下面介绍几个知识创新方法在实际生活、生产中运用的典型案例。

10.6.1　案例 1：轴承的优化——希望点列举法案例

发明轴承是为了减少机械运动的摩擦，虽然绝对不摩擦的轴承是不存在的，但是为了使摩擦减少到最低限度，人们仍然可以找出希望的理想状态，作为研究的方向。对于轴承，人们仍然可以找出希望的理想状态是：

（1）为了没有摩擦，有没有可使摩擦为零的润滑剂呢?

（2）为了没有摩擦，能否使轴承和转轴在转动中互不接触呢?

（3）由于摩擦力和接触面成正比，为了减少摩擦，能否使轴和轴承座的接触面尽可能减小?

（4）为了减少摩擦，能否尽可能地减少接触面间的摩擦系数?

（5）从摩擦引起的热损失角度看，为了使摩擦减小，能否设法减少接触面上产生的热?

为了实现上述种种希望的理想状态，就要想方设法去改进现有的轴承。如可否在轴套部分吹入高压空气，以使旋转轴浮在轮套中，这相当于用空气层代替了润滑剂，可使摩擦系数减小到滑动轴承的 1 / 10；美国某公司根据磁性材料同极相斥的原理，用磁性材料制成了用于电度表的轴承；随着超导材料的研究，人们发现电阻为零的超导体材料具有完全不容纳磁力线的性质，即当超导材料产生强磁场时，在磁场中安放用超导材料制成的旋转轴后，该旋转轴将悬浮其中。这个设想，向更完全无摩擦轴承的目标又迈进了一步。

10.6.2　案例 2：检核表法在企业中的运用

检核表法在企业创新中是大有用武之地的。由于企业在提高产品质量、降低生产成本、改善经营管理方面都存在着很大的潜力，如果企业领导能根据本企业存在的情况、特点和问题，制定出相应的检核表，让广大职工都来开动脑筋、提设想、献计策，一定可以取得显著成效。

1. 企业经营管理检核表法

由美国麻省理工学院独创、用于企业工业技术与管理革新的检核表内容如下：

（1）增加功能，能否使之用途更广。

（2）提高性能，能否使事物变得更完善、更正确、更直接、更完全、更便利，使工作效率更高或产品更便于使用、保养、维修。

（3）降低成本，能否简化结构、改用廉价材料、简化制造方法、减少中间运输储存环节、实行零部件标准化和生产自动化。

（4）增加服务面，从管理、服务、设计、计划、制造等环节考虑，增加产品或劳动的服务范围、内容；提高吸引力和销售额。

2. 企业降低成本的检核表法

由日本明治大学教授川口寅之助制定，用于企业降低成本的检核表内容如下：

（1）能否节约原料？最好是既不改变工作方式，又能节约。

（2）在生产操作中有没有由于它的存在而带来干扰的东西？

（3）能否回收和最有效地利用不合格的原料和操作中产生的废品？能否使之变成其他种类具有商业价值的产品？

（4）生产产品所用的零件能否购用市场上销售的标准化产品？并将其编入本公司的生产工序？

（5）将采用自动化而节约的人工工资和手工操作进行比较，其利害得失如何？不仅从现在观点看，而且根据长期的预测，又将如何？

（6）生产产品所用的原料可否用其他适当材料代替？如可代替，商品的价格将如何？产品性能改善情况怎样？性能与价格有何关系？能否把金属改换成塑料？

（7）产品设计能否简化？从性能上看有无加工过分之处？有无产品外表看不到，而实际上做了不必要加工的地方？在这种情况下，应首先从产品性能着眼，考虑必要而充分的性能条件，其次再考虑商品的价格、式样等。

（8）工厂的生产流程有无浪费的地方？材料处理对生产率影响很大，这方面的改进可节省工厂的空间。

（9）零件是从外部订购合适，还是公司自制合适？要充分考虑工厂的环境再做出有量化根据的判断，从而能在大家都认为理所当然的事情中发现意外的错误，只凭常识是不可靠的。

（10）查看一下商品组成部分的强度计算，然后考虑能否再节约材料。

3. 企业开发新产品的检核表法

由天津某针织厂编制，用于企业开发新产品的检核表内容如下：

（1）能使低档原料制成高档产品吗？

（2）能使工艺流程缩短吗？

（3）能够降低消耗使产品更便宜吗？

（4）能否改变目前的图案设计方式，使产品更能适合孩子们及青年们的需要？

（5）能否将人造纤维经过整理之后变得具有天然纤维的优点？

（6）能否设计出一种能调温的，或适应不同季节的运动服？

（7）能否设计一种能变换色彩与图案的针织面料，以适应不同的需要？

（8）能否使针织面料不缩水？

（9）能否生产一种轻型的纯棉面料？

（10）如何改变产品测试手段，以提高效率？

（11）能否使针织产品随非几何图案变化产生规律的凹凸变化效果？

（12）能否生产一种发光针织面料？

（13）改变印花工艺程序，能否形成一些新颖的产品？

（14）针织物是否可与各种涂层办法进行组合，产生新产品？

4. 人才管理检核表法

国外现代人事管理研究者拟订了人才管理检核表法，检核表的内容如下：

（1）此人对现在的工作熟悉否？

（2）是否因工作熟练而产生了惰性，听不进建议？

（3）能否再给他增加点工作？

（4）高一级职务的人能否兼任他的工作？

（5）低一级职务的人能否兼任他的工作？

（6）他有什么专长，都发挥了吗？

（7）这项工作对他本人的专长是否有发展？

（8）他对自己的工作满意否？还想做什么？

（9）比他学历低的人能否胜任此工作？

（10）这项工作是否经过短期培训就能掌握？.

（11）他与上下左右群众的关系好吗？

（12）他是否使工作复杂化了，浪费了精力？

（13）他是否因循守旧不愿意与别人交流？

（14）他是否尽力简化自己的工作而完成任务？

我国学者结合我国实际情况，又增加了十条：

（1）他有无业余爱好，并形成专长，但没有得到发挥？

（2）他同上级的关系如何？有否因上级压制而感到有力使不出？

（3）他在业余从事兼职有偿的社会劳动（但未影响本职工作），领导干预吗？

（4）如果他确有某种专长，但不与本职工作对口，在他本人申请专业对口时，是否认为他在闹个人主义？

（5）本单位积压着不少人才，又不使用，其他单位前来借用，本人乐意支援时，是否认为他想“吃里扒外”？

（6）这个单位鼓励技术革新，还是害怕技术革新？对喜欢搞技术革新的人，领导是否感兴趣？

（7）这个单位是否鼓励“冒尖”，业务上的尖子有光荣感，还是孤立感？

（8）他喜欢业余学习科学文化知识，单位领导对他表示支持，还是不闻不问？

（9）这个单位年轻的同志能进入领导班子或担当学术带头人吗？

（10）这个单位有无派系斗争，令人厌烦？

10.6.3 案例3：中山正和法案例

1. 洗衣机的设计

（1）抓住本质。洗衣机的本质是“衣物去污”。

（2）找出关键。找出诸如“洗”、“清洁”、“安全”、“经济”、“制造简单”、“使用方便”、“不损衣物”等若干关键词，填入卡片中并排列好。

（3）关键类推。从目标词中选出 3～5 个关键词，逐个进行讨论。比如，对“洗”讨论，可以通过联想和类比，提出搓洗、刷洗、冲洗、干洗、浸洗、漂洗等多种洗涤方法。分别填入卡片，竖排于“洗”词之下。

（4）背景提问。对各词讨论完以后，整理各列卡片，以获得可用的设想。比如，从各种洗涤方法中可归纳出加速水流冲去污物和通过摩擦使污物与衣物分离溶于水中这两种设想，再与从其他关键词类比得来的各种设想结合、归纳，于是可得到多种设计方案。

（5）概念提问。经过比较，提出“水流冲污”和“摩擦去污”的解题概念。

（6）形成方案。加以改进，形成“高速水流冲击与内桶摩擦相结合”为原理的现代洗衣机设计方案。

2. 电冰箱的设计

（1）抓住本质。电冰箱的本质是“食物冷冻保鲜”。

（2）找出关键。找出与保鲜有关的本质关键词“冷”。

（3）关键类推。对于关键词“冷”进行讨论，通过联想和类比，提出水冷、雪冷、结冰冷、吹风冷、低气压冷、散热冷等多种制冷方式。分别填入卡片，竖排于“冷”词之下。

（4）背景提问。对各种制冷方式，通过重新组合、归纳，于是可得到多种设计方案，如出身汗风吹来冷的设想。

（5）概念提问。经过比较、选择，提出“蒸发制冷”的解题概念。

（6）形成方案。加以具体化，形成以“蒸发制冷”原理为依据的冷藏保鲜设备的方案——“电冰箱”。

3. 割草机的设计

（1）抓住本质。割草机的本质是“断草”。

（2）找出关键。找出与“断草”有关的本质关键词“断”。

（3）关键类推。对于关键词“断”进行讨论，通过联想和类比，提出拉断、割断、剪断、切断等多种断草方式。分别填入卡片，竖排于“断”词之下。

（4）背景提问。对各种断草方式，通过重新组合、归纳，于是可得到多种设想，比如，从杂技演员在舞台上用鞭子可以整整齐齐把报纸抽断得到启发，不用刀，不用剪，只用一根绳子也能将草抽断，但绳子必须有很高的速度。

（5）概念提问。经过比较、选择，提出“绳抽草断”的解题概念。

（6）形成方案。整理、改进并加以具体化，形成以“利用高速旋转的尼龙绳的抽击力将草抽断”为原理的修剪草地设备——割草机的设计方案。

10.6.4　案例4：头脑风暴法案例

在创造学方面很有造诣的克汉德瓦拉教授，组织学员们为一位全国性周刊的编辑讨论如何大大提高发行量的问题。学员们仅用40分钟就提出了150条意见，其中的意见有：编入园艺、食谱、手工艺、儿童专栏等；活页封面使用遇水显色的幻术色彩；杂志采用折叠不用装订，以便展开可做糊墙纸；书页洒香水；有奖征求解说词和标题；刊登有关独立经营者、残疾者、艺术家、发明家、企业家的文章；每期要有一篇调查研究性的、宣传性的通俗文章；每期要有一篇不用文字说明的作品；注意封面艺术，重视农村、青年和儿童文化；出售以周刊名字命名的冰淇淋；让读者设计出版一期；出售农村版并在农村广播中播出；用另一种语言出版；用电视及广播介绍内容；制成音像资料将周刊中有趣的文章印成书等。大量意见雪崩似地滚动而来。

日本松下公司运用头脑风暴法，在一年内获得十几万条新设想，平均每个职工提新设想三条，公司利用全体员工大脑的智慧，使生产经营水平不断提高。日本创造学家志村文彦将头脑风暴法用于企业的技术革新，使日本电气公司获得58项专利，降低产品成本达210亿日元。

我国华北地区铁道委员会联合秘书组于1983年在石家庄召开“新型转向架技术改造学术讨论会”，头两天的中心发言虽然很热烈，但从汇报和讨论记录中可总结出的技术改进方案并不多。后来，组织者试用头脑风暴法再次研讨，只用一小时就获得31条很有价值的改进方案，收到了令人满意的效果。

中国机械冶金工会举办的一次合理化建议和技术革新工作研讨班，运用头脑风暴法思考“未来的电风扇”。36人在半小时内提出上百条新设想。其中典型的设想有：带负离子发生器的电扇、全遥控电扇、智能式电扇、理疗电扇、驱蚊虫电扇、激光幻影式电扇、催眠电扇、变形金刚式电扇、熊猫型儿童电扇、老寿星电扇、解忧愁录音电扇、恋爱气氛电扇、去潮湿电扇、衣服烘干电扇、美容电扇、木叶片仿自然风电扇、解酒电扇、吸尘电扇、笔记本式袖珍电扇、太阳能电扇、床头电扇、台灯电扇等。

10.6.5　案例5：联想法案例

1. 现以某公司讨论高层建筑的防火，提出使用火灾报警器的问题为例

（1）主持人宣布“输出”是火灾报警器。

（2）与会者根据“输出”提出了各种“输入”，并逐一联想到各种得到“输出”的办法。如果发生火灾将如何？发生火灾后就会产生光、热、气体和烟；如果火灾还不大，那么光和热是有限的，而气体和烟则因火源的不同而有所不同；再如光、热、气体和烟这些因素会引起哪些反应？热会引起各种金属、液体或气

体膨胀，可使金属熔化，光和烟可引起各种物理、化学效应等。

（3）这些反应中哪些对报警有用？比如，热引起的金属熔化可以用作类似保险丝那样的报警装置；热引起的液体膨胀也可用作报警设施；光电管对火光可以做出敏感反应；化学分析仪器可利用烟敏元件测试烟、气以报警等。

（4）火灾报警器的限制条件是：于发生火灾的几秒钟内、在距火灾中心的100米范围内能自动向消防队报警；价格须在万元以下；能够每日24小时运转；使用简便，故障少。

（5）根据这些限制条件，重新分析以上提出的各种联想，就会发现：易熔保险丝报警器比较符合要求；光电管虽然价格稍高，但也可靠；化学方法测烟手段复杂，造价又高，烟敏元件的寿命有限须随时更换，因此不适宜。

（6）给出“输出”：易熔金属保险丝式火灾报警器和光电管火灾报警器适用。

2. 应用焦点法提出新型白炽灯的设想方案

（1）焦点：白炽灯。

（2）参考物：苹果。

（3）苹果的属性及由此进行的联想：①有香味的→酒香→香水→香水瓶；②甜的→糖→晚上吃糖→儿童糖果→米老鼠图案；③红绿两色→黄蓝两色→可变色的。

（4）将列出的各种具有启发性的特征与焦点白炽灯联系，并由此进行组合性联想。

例如，选择①时有：带香味的灯，可放于销售酒香商品处的酒香灯，以供顾客们挑选；香水灯；具有各种香水瓶及其他瓶子外观的瓶灯。

选择②时有：可食的生日蛋糕上的甜灯；晚上吃的，像夜明珠一样闪光的夜明珠灯糖；儿童能玩又能吃的各色发光糖果；米老鼠及其他动物图案的玩具灯。

选择③时有：双色灯、组合灯、变色灯。

3. 尼龙搭扣的发明

类比联想也有很多案例来说明创新有时是一刹那灵感被激发的结果。

1948年，一位名叫乔治·特拉尔的工程师发现，他每次打猎回来，总有一种大蓟花植物粘在他的裤子上。有一天，他好奇地用显微镜观看残留在裤子上的植物，发现每朵小花上都长满了小钩钩，他明白了这些小东西为什么紧紧钩住衣服的缘故。当他解开衣裤扣子时，一个新设想冒了出来，能不能仿照大蓟花的结构发明一种“新扣子”呢？经过一段时间的研制，他终于设计出可以代替扣子的“尼龙搭扣”，并获得了许多国家的专利权。

4. 沙丘驻涡火焰稳定器

北京航空学院（原名）高歌发明的“沙丘驻涡火焰稳定器”解决了世界上40多年来喷气发动机燃烧火焰不稳定这一关键问题，是我国在航空喷气发动机部件技术方面的重大突破。1984年12月2日被国家科委发明评选委员会和国防科工委发明评选委员会评为一等发明奖。在该火焰稳定器的发明中，高歌以要发明的“稳定火焰”为目的，类比联想到自己过去在西北戈壁滩上工作时，曾观察过在大风中有自行维持稳定形状的新月形沙丘，从同样是“稳定”这一点得到启发，通过模拟、类比和各方面的努力，获得了成功。

第 11 章　知 识 管 理

11.1　知识管理概述

11.1.1　知识在哲学中的探讨

哲学上对“知识”的研究从古希腊时代开始，到苏格拉底和柏拉图时代，以及到马克思主义，“知识”都是哲学研究的重要课题之一。无论是唯心论还是辩证唯物主义，都贯穿于探究“什么是知识”这一问题答案的过程。虽然哲学上对于现在所谈论的“知识管理”还没有严格意义上的阐述，但从哲学上关于“知识”的探讨，却有利于认识知识管理所蕴涵的哲学思想。

在西方哲学中，对知识的追求与人们对于客观世界的认识思维方式密切相关。古希腊时代认为：“所有知识都是来自于个人的经验，而每个人对事物的感受不同，因此知识仅仅是相对于个人而言的，没有绝对意义的知识。”

到了苏格拉底和柏拉图时代，这种说法被否定了。柏拉图将知识定义为“经过证实的正确的认识”，他认为知识与意见相对立，以辩证法和科学、数学为知识，而以常识和幻觉为意见。柏拉图认为知识的最高形式是智慧，并从观念论的观点，以知识探究方法与知识本身为对象，把人类知识分类成：臆测（conjecture）、信念（belief）、了解（understanding）与纯理性（pure reason）四种。

至中世纪末，哲学研究一般都集中于三个方面：宇宙论、人生论和知识论。其中，知识论是“关于知识之理论”（a theory of knowledge），包括研究知识的性质（即所谓认识论）和知识规范。

马克思主义认为，知识的本质在于它从社会实践中来，社会实践是一切知识的基础和检验知识的标准，无论什么知识，只有经过实践检验证明是科学地反映客观事物，才是正确可靠的知识。

哲学上关于知识的研究对于研究知识管理具有重要的指导意义。知识分类学中从不同的哲学观点出发，得到的结果是不一样的。知识分为显性知识和隐性知识的认识就突出反映了哲学上知识论的主要观点。日本教授野中郁次郎认为，知识可以分为隐性知识和显性知识。显性知识是可编码的，能够用规范的语言表达的，它可以被表示、存储、共享和有效的应用。隐性知识是难以用语言表达的知识，不易被表示和交流。之所以对知识的类型进行区分，是因为不同类型的知识必须区别对待。

11.1.2　知识管理的起源

1. 知识管理产生的背景

知识管理是管理科学的哲学式发展。知识经济时代的管理不同于传统的管理，更加关注知识管理。人们已经日益认识到，在知识经济的环境下，知识管理变得越来越重要了。“智力资本”将成为创造财富的实际推动力。谁能创新知识和善用知识，谁就能制胜，就能获得惊人的利益，因此知识管理将成为未来竞争的关键。知识管理是知识经济带来的，它也是知识经济发展的需要。知识经济还只是初见端倪，但知识管理的生命力从它产生的背景和应用的价值就可以判断。

现代管理科学发展经历了四个阶段：古典管理阶段、行为科学阶段、管理丛林阶段、企业文化阶段。管理科学发展的特点就是从对硬性的生产资源和生产能力的管理，逐步发展成对于人的不断重视以及发展能力的“软性”管理。

工业经济时代是产品导向的管理特征，管理对象是劳动、资本和自然物质资源的合理而高效的配置与运用，以适应生产为中心的大规模流水线管理模式。工业经济时代的赢利模式主要是降低成本、扩大规模，管理主要策略是生产能力的管理和质量管理。在这个时期，CIMS 和以生产计划控制为核心的 ERP，以及以及时交货、零库存为核心的精益生产（JIT）和以质量管理控制为核心的 ISO 标准、6Sigma 方法等得到空前的发展。

而在知识经济时代，以生产产品为中心发展成以客户为中心，大规模流水线发展为大规模个性化订制。由于知识代替了劳动、资本和自然资源成为企业最重要的资源，管理不再停留于对它们的合理而高效的配置与运用，而是对知识有效的识别、获取、开发、分解、使用、存储和共享，是为显性知识和隐性知识构建转化和共享的途径，是运用集体的智慧提高应变和创新能力。管理的重点是知识（智能）的有效研究与开发，是员工（包括用户）知识的交流、共享与培训，是加快隐性知识的显性化和共享，以提高企业的应变和创新能力。管理的对象虽然都是人，但工业经济时代的人主要作为劳动力的人（即经济人），管理是为了提高劳动生产率和资本增值率，而在知识经济时代的人已转变为知识载体和源泉的人，是作为智力的人，管理也就转变为对知识的产生、开发、共享和培训的管理。提高知识的生产力和增值率、知识的共享率和创新能力将成为管理的核心，知识管理将成为推动知识经济时代前进的重要车轮。在知识管理和高新科学技术的驱动下，社会将实现可持续发展。

管理科学的人文哲学从“经济人”、“社会人”发展到“决策人”。彼得•德鲁克提出：“未来的典型企业以知识为基础，由各种各样的专家组成。这些专家根据来自同事、客户和上级的大量信息，自主决策和自我管理。”

2. 知识管理的产生

1997 年波士顿大学信息管理学教授达文波特（T. H. Davenport）所著的《营运知识》（Working Knowledge）一书的出版，标志着知识管理正式登上历史舞台，自那以后，知识管理在国内外均引起了强烈反响。

知识管理的理论与实践源于 20 世纪 80 年代。DEC 公司在 1980 年率先采用大型知识系统支持过程和销售。1986 年，知识管理概念首次在联合国国际劳工大会上由卡尔·维格提出。1989 年，《财富》杂志调查美国 100 家大公司的执行总裁，他们均认为知识是企业最重要的资产。1991 年，《哈佛商业评论》第一次发表知识管理的论文。1993 年，维格博士出版了第一本知识管理的专著。1994 年，在美国召开第一次知识管理学术大会，之后，一些著名的咨询公司开始向客户提供知识管理服务。1995 年，美国质量与生产力中心和原安达信咨询公司的知识管理会议吸引了 500 多位企业主管参加，并主持了 11 家企业的知识管理基准调查。1997 年，知识管理国际联盟在美国成立，有 IBM、惠普、施乐等 46 个大公司和机构的代表 200 多成员参与。1999 年，美国有 80%的企业已经或正在实施知识管理计划。根据国际著名的咨询公司毕马威咨询公司（KPMG）每两年进行一次的知识管理调查，2000 年，通过对美国、英国、法国和德国等国家年营业额超过二亿英镑的 423 家企业进行调查，1998 年有 43%的公司有知识管理的措施，57%的被调查公司没有知识管理的措施或根本没有听说过知识管理；到 2000 年，只有 18%的公司没有知识管理的措施或根本没有听说过知识管理。

根据国际数据公司（IDC）的统计，全球财富 500 强每年由于对知识的管理不善而造成的成本损失达 120 亿美元。因此，当今企业纷纷开展知识管理，掀起了知识管理的热潮。按照国际数据公司的说法，2003 年，全世界公司用于知识管理的支出达到 1200 万美元，整个知识管理软件和服务的市场规模将达到 60 亿美元。

知识管理是适应网络经济时代要求的新型管理模式。在日新月异的新经济时代，知识的获取、整理、融合与创新将成为企业发展的强大推动力。目前一些国际著名的公司，如通用电气、朗讯科技、摩托罗拉、惠普、施乐和西门子等都已着手实施知识管理，建立了整套 KM 体系，并纷纷在企业中设立了“首席知识长官（CKO）”，希望通过知识资源的开发来获取更大的竞争优势。国内如联想集团、中国农业银行等企业也开始实施和建立知识管理体系，预计未来 3～5 年内，中国知识管理产业也将快速成长，逐步从萌芽走向繁荣。

11.1.3　什么是知识管理

“知识管理”一词是美国麻省莱克星顿著名的恩图维星（Entovation）国际

咨询公司于十年前首次提出的。不同领域不同角色对知识管理强调的侧面各有不同，内涵也有所差异。有的是从管理对象定义，有的是从功能定义，也有的从目标定义，但至今仍未有一个统一而明确的定义。

从宏观角度讲，知识管理是知识经济时代的最新管理模式；从中观角度讲，知识管理就是对知识或知识利用进行管理；从微观角度讲，知识管理是对知识资产（或智力资本）的管理。不管哪种理解，共同点都是把知识作为最重要的资源，作为最重要的生产要素，以知识为核心而进行管理。

狭义的知识管理主要是针对知识本身的管理，包括对知识的创造、获取、加工、存储、传播和应用的管理；广义的知识管理不仅包括对知识本身的管理，还包括对与知识有关的各种资源和无形资产的管理，涉及知识组织、知识设施、知识资产、知识活动和知识人员等的全方位、全过程的管理。

Guillermo Periz-Bustamante 认为，知识管理是以信息为基础的活动，通过组织学习，创造隐性或显性的知识。

Bass 认为，知识管理是为了增强组织的绩效而创造、获取和使用知识的过程。

Daniel E. O Leary 认为，知识管理是将组织可得到的各种来源的信息转化为知识，并将知识与人联系起来的过程。

Elias Safdie 和 Ray Edward 认为，知识管理是使人、过程以及技术完美地结合起来，以使组织机构中与信息相关的成分，变成能为企业带来价值、优势和利益的直观动态的知识财富集合。知识管理是一种文化、生活的方式，或者说是一种做事的方式。

Paul Quintas 认为，以知识为核心的管理就是知识管理，也就是指对各种知识的连续管理的过程，以满足现有和未来的需要，利用已有的和获取的知识资产，开拓新的机会。

Karl E. Sverby 认为，知识管理是利用组织的无形资产创造价值的艺术。

Rick Dove 认为，知识管理应负责如何在适当的时间、适当的地点拥有适当的知识。

威格（Wiig）认为，知识管理是有计划的、详尽的、慎重的对知识进行架构、更新以及应用，以将组织内部知识相关的效率以及知识资产的获利最大化的过程。

维娜·阿莉（Verna Allee）1998 年提出，知识管理是帮助人们对拥有的知识进行反思，帮助和发展支持人们进行知识交流的技术和企业内部结构，并帮助人们获得知识来源，促进他们之间进行知识的交流。

大卫·斯开米（David J. Skyme）认为，知识管理是对知识及其创造、收集、组织、传播、利用与宣传等过程的管理，它要求将个人知识转变为某个组织可以广泛共享与适当利用的团体知识。

托马斯·达文波特（Thomas H. Davenport）等人对知识的定义："知识管理着眼于促进组织目标，与组织知识资产的开发和利用相关。要管理的知识包括显性的、文档化的知识以及隐性的、主观的知识。对这些知识的管理包括所有与知识的鉴别、共享和创造相关联的过程。这就需要创造和维持知识库的系统，以培养和促进知识共享和组织学习。知识管理做得比较成功的组织把知识看作一项资产，并且发展组织的规范和价值观，这两者都支持知识的创造和共享。"

尤格斯·马尔波特（Yogesh Malbotra）博士对知识管理的定义是：知识管理是当企业面对日益增长的非连续性的环境变化时，针对组织的适应性、组织的生存和竞争能力等重要方面的一种迎合性措施。本质上，它包含了组织的发展进程，并寻求将信息技术所提供的对数据和信息的处理能力以及人的发明创造能力这两方面进行有机的结合。这个定义，在强调技术的同时，考虑到了企业所处的商业环境，以及在新的商业环境下人的作用。

IBM 公司认为，知识管理获取与公司营运及竞争者有关信息与知识，将其统一整理储存在其他人可以取得的地方，并依照需求传递给所需人员。其目的是提升组织生产力、应变力、工作效能以及创新能力。

安达信咨询公司认为，知识管理以下列公式形式表现：$KM=(P+K)S$。其中，P 表示人，也就是知识的承载者；K 表示知识；M 指的是各种层次的资料、信息等；加号代表利用信息科技将知识与人联结起来；S 表示知识分享。

国内外学者对知识管理概念的认识，无论是在内涵的界定上还是在语言表述形式上，都有较大的分歧，可谓众说纷纭。简单而言，国内外学者对知识管理概念的认识分为两个阶段：定义描述阶段和分类总结阶段。

第一阶段，国内外有关专家和学者从技术的角度、控制论的角度和战略的高度给知识管理下了上百种定义。例如，*Software Magazine* 将知识管理定义为，"对数据间关系的理解"；知识管理专家 Y. Mathotra 认为，知识管理实质是"信息技术处理数据与信息的能力以及人们创造和创新的能力有机结合的组织过程"；信息学专家乌家培教授认为，"知识管理是信息管理的延伸，是信息管理发展的新阶段，是将信息转换为知识，并用知识提高特定组织的应变能力和创新能力"。

第二阶段，针对纷乱复杂、各种各样的定义，国内外学者又试图将其总结与归类。邓文彪博士认为，知识管理有五种概念；左美云认为，知识管理的研究分为三个学派：技术学派、行为学派和综合学派。

实际上，从这些定义描述和分类总结中，我们不难看出其中的共性以及反映的问题。首先，复杂多样的定义说明人们对知识管理的认识仍未统一。这主要有三个方面的原因：①知识管理本身的复杂性。知识管理本身就是一个多元化、多层次、多功能的综合物，涉及广泛的活动。②知识管理是个新兴事物，它的内涵和外延很不确切，而且随着社会、经济和技术的发展处于不断发展之中。

③人们出于不同的研究目的或使用目的，从不同的角度出发，对知识管理做出不同的理解与解释。其次，知识管理的定义呈现多样化，说明知识作为一种重要的生产要素在经济发展中的作用日益增长。在一个迅速变革的时代中，知识成为企业竞争优势重要的来源，因而需要加以管理的认识是举世公认的。再次，知识管理是学科和技术的结合。刚开始人们试图说明知识管理只是对以技术自身当中内嵌的规则和程序进行管理。而随着实践的深入，人们发现信息技术仅仅是其中的必要因素之一。另外还包括从人力资源、人力开发到公司重新策划等一系列学科。

近年来，国内对知识管理的研究越来越热，通过 Google 检索命中知识管理的网页就有 570 万条，通过 CNKI 或 VIP 检索，篇名命中“知识管理”的期刊论文就多达 3700 多篇，此外还出版了一些相关的著作。这些论文与著作从不同角度介绍和论述了知识管理的相关问题，但从总体看，介绍国外的多，理论探讨多，实际应用研究少。

实际上，在众多的知识管理的定义中，不管以何种方式对其定义我们不难找到其共同之处。第一，知识管理的对象是知识，而知识可分为显性知识（codified knowledge，显性知识指的是组织中已存在的系统知识，是有关客观的、理性的和技能性的知识，如数据、政策、程序、软件、文件等，具有可记载性和可查阅性两种特征）和隐性知识（tacit knowledge，隐性知识通常处于主观的、认识的和经验的学习范围，它具有高度个人化和隐秘性两种特征）两种类型，所以，知识管理的内容不外乎包括对显性知识的管理（体现为对知识本身的管理）、对隐性知识的管理（体现为对人的管理）以及对显性知识和隐性知识之间变化过程的管理（体现为知识变换模式的建立）三个方面。第二，知识管理是以知识和知识活动为核心的综合管理，它把知识活动过程作为研究对象，把物流和价值流看作是从属于知识活动的东西，通过知识管理实现企业的各种管理职能。第三，知识管理过程本身是知识的学习、应用、创新和传播的过程。企业积累和利用经验、教训，将企业的独有知识融入产品或服务及其生产过程和管理过程，构建内部和外部知识网络以促进知识的交流与共享，目的是利用知识资产创造商业机会。第四，知识是知识管理的静态对象，人既是知识管理的主体也是知识管理的受体，是知识管理的动态对象，知识和人共同构成知识管理对象的两个方面，在知识管理实践中，两者不可偏废。但正如 Ikujiro Nonaka 所说：“只有人类才能在知识创新过程中扮演核心角色。”因此，从本质上说，知识管理是一种以人为本的管理。

综上所述，知识管理是 20 世纪 90 年代末期随着知识经济的产生和发展而出现的一个全新的概念。我们认为，知识管理是知识经济时代的最新管理模式，就是用知识和智慧对企业和组织的知识资源通过某种技术手段进行管理（包括对人和信息资源的管理），知识管理的重点是以人为中心，以知识为基础，最大限度地实现知识传播与知识资源共享，通过知识资源的共享和开发利用，提高组织的知识创新能力和应变能力，从而提高组织的核心竞争力，实现组织的发展战略，服务经济和促进社会发展。

11.1.4　知识管理的功能

美国德尔集团创始人之一法拉普罗认为，知识管理就是运用集体的智慧提高应变和创新能力，是为企业实现显性知识和隐性知识分享提供的新途径。他认为，知识管理有外部化、内部化、中介化和认知化四种功能；从功能形式看，知识管理的功能可概括为以下四个方面：

（1）外化功能：对知识获取的管理功能。外化就是外部化，是指从外部获取知识并按一定分类进行组织。

（2）内化功能：对知识处理的管理功能。内化就是内部化，是指知识的转移，即从外部知识库中筛选、提取人们想得到的与特定用户有关的知识。

（3）中介功能：对知识传递的管理功能。中介化是指为知识寻找者找到知识的最佳来源。

（4）认知功能：对知识运用的管理功能。认知化则是对上述三种功能获得的知识加以应用的过程，即表现为对显性知识的序化功能，这一功能亦可称为知识组织功能。

11.1.5　知识管理的特点

在知识经济时代，知识是企业的战略性资源，知识管理是面对新形势所做出的战略反应。以知识经济时代为背景的知识管理，不仅具有丰富的内涵，而且拥有传统管理无法比拟的优势与特点，这主要体现在以下几方面:

1. 重视对智力资源的开发和共享

随着信息技术的发展，未来的经济发展模式将在更大程度上依赖知识与信息。人的智力因素将决定经济发展的水平，人的聪明才智将成为最有价值的财富。因此在知识经济时代，社会必将一方面越来越重视人的特殊作用，另一方面也将普遍重视员工的科技知识水平、员工获得知识和创新知识的能力，把开发员工头脑中的知识资源作为提高效率的重要途径。施乐公司总经理兼执行董事长保罗•阿尔莱尔认为，“知识管理是以强调人的重要性、强调人的工作实践及文化开始的，然后才是技术问题。”因此，全面提高员工素质和定位人的价值就成为知识管理的重要标志。

2. 重视知识创新

知识创新包括技术创新、管理创新和制度创新在内的知识创新。其中，技术创新是知识创新的核心和基础，制度创新是知识创新的前提，管理创新是知识创新的保障。知识创新是集这三者于一体的系统工程，缺一不可。知识管理的最终目的是达到知识创新，实现发展的总体目标。

这正如江泽民同志所说："创新是一个民族进步的灵魂，是一个国家兴旺发达的不竭动力。没有科技创新，总是步人后尘，经济就只能永远受制于人，更不可能缩短差距。"他还指出："全党全社会都要高度重视知识创新、人才开发对经济发展和社会进步的重大作用，使科技兴国真正成为全民族的广泛共识和实际行动。"因此说，知识创新是知识管理的直接目标和实现途径。

3. 重视技术的集成和知识的集成管理

把分散的知识利用集成的技术为企业提供决策支持，使企业可以先、快、精、准地获取市场信息，做出准而快的决策，从而转变企业原来的规模和质量效益模型，对市场的变化做出灵敏反映。

11.1.6 知识管理的意义

1. 知识管理是未来竞争的关键

在知识经济、知识社会的环境下，全球经济的焦点是知识，知识将主宰一切。智力资本将成为未来创造财富的实际推动力。谁能创新知识和善用知识，谁就能制胜，就能获得惊人的利益。据 70 多家公司的调查，有 79%的管理者同意组织知识的管理是组织战略的中心。许多公司已在寻求管理智力资产的可靠方法；许多公司都在关注国际知识管理问题；也有许多公司都从事知识应用和开发。2000 年，全球所有公司将花 500 亿美元用在管理内部知识资源上。一位公司负责人强调，对知识管理的兴趣将遍及整个工业领域，知识管理的作用与客户保持密切关系的生产厂家和专业服务公司将变得尤为重要。"当我们对工业经济转向知识经济的步伐认识得更加清楚时，许多机构将普遍设立高级（知识）经理职位。""各公司将通过知识而不是金融资本或自然资源来表明自己与众不同。这是获取竞争优势的新来源"。

2. 知识管理使知识成为资源

知识决定着企业的价值。企业的成果越来越多地建立在企业相关的知识的基础之上，由此而产生知识的新价值。知识管理就是通过对知识的有意识的利用，使知识变成一种可以管理的企业资源。知识管理形成新的交流和沟通网络平台，这会对迄今为止的业务过程和组织结构产生深远的影响，并且在与企业文化的不断相互作用中证明自己的效率。

美国著名管理学专家彼得·德鲁克指出："有效的管理可能是发达国家的主要资源，也是发展中国家的主要资源。"知识管理的任务就是要管理好智力资本，运用集体的智慧提高应变和创新的能力。社会发展变化极其迅速，一个公司不具备应变能力，就无法生存；缺乏创新能力，就不能发展。德鲁克还从另一个角度提出了知识管理的重要性和必要性。20 世纪 50 年代以后，发达国家甚至发展中国家都面临出生率降低、人口逐年减少且日益老龄化的趋势。工作人口减少与老龄化之后，充分发挥老龄人的知识与智慧、进行持续学习和培训、加强知识管理将成为提高生产力的关键。德鲁克认为："想改善或甚至只是维持目前的生活水准，知识管理都将是基本条件。"在知识经济时代，知识剧增，即使在企业内，知识也多得无法凭个人心力来管理，如何开发、共享、使用和评估知识，以便为顾客、雇员和股东创造更多的价值，知识管理必然应运而生。

3. 知识管理是知识经济时代的全新管理模式

随着知识经济时代的到来，非常需要有与之相应的管理模式、新的管理理论和实践。正如彼得·德鲁克所强调指出的，"因为知识社会是一个组织的社会，其中心器官是管理，仅仅管理就能使今日的所有知识成为有效"。当有人问德鲁克："你是否认为信息科技已成为我们经济的增长动力了呢？"德鲁克答道："我想请您原谅。事实上我认为我们经济中增产最迅速的产业是管理咨询业。管理者们要学会的最重要的事情之一就是在何时并以何种方式来利用这些咨询人员。"可见，德鲁克认为，管理的意义异常重要，而管理的变革也势在必行。知识管理是知识经济时代的一种全新的管理，它是人类管理史上自 19 世纪末 20 世纪初泰勒制科学管理以来的一次最伟大而深刻的革命，是信息化和知识化浪潮的产物。知识管理的发展反过来必将大大推进信息化和知识化，推动人类向知识社会大踏步迈进。

4. 知识管理的核心是释放人脑的智能

知识管理不同于传统的管理。传统管理的基本假定、基本原则和价值观念的主体在知识经济时代已经过时。传统的金字塔式等级制的管理形式已面临着严重的挑战。知识管理关键是如何释放人脑的潜能，通过知识的充分共享，生产更多的知识，更有效地应用知识，以创造更大的市场价值。

5. 知识管理是管理的里程碑

在旧的管理体制下，企业认为主要任务就是赚钱，为了省钱而解雇员工，这是一种过时的管理方法，因为员工是企业依赖的主要知识来源。如果利用员工的智慧建立起更为强大的生产和赢利体制，对企业更为有益。如果企业能够汲取这方面的教训，开展更为有效的合作，将成为历史的一个里程碑。知识管理必将成为这样一个新的里程碑。

6. 知识管理为企业实现显性知识和隐性知识共享提供新的途径

显性知识易于整理和进行计算机存储，而隐性知识则难以掌握，它集中存储在雇员的脑海里，是雇员所取得经验的体现。知识管理就是有效地实现这两类知识的互相转换并在转换中创新。知识型公司能够对外部需求做出快速反应，明智地运用内部资源并预测外部市场的发展方面及其变化，这需要通过知识管理来实现。

11.2 知识管理的理论与方法

11.2.1 知识管理的研究热点、难点及其研究方向

1. 知识管理的研究热点

1）知识管理原则

在知识管理的初级阶段，要注意的是原则问题。当某一组织在有关知识管理的一些原则上达成共识，具体的方法和计划就会在此基础上随之产生。基于以上认识，知识管理的研究学者纷纷给出相应原则。国外以达文波特教授为代表，提出了知识管理代价高昂、知识管理受益于实事求是等十大原则；国内以王德禄为代表，指出最为有效的知识管理需要把握积累、共事和交流三个原则。

2）知识管理评测

随着知识经济的发展，企业越来越重视知识管理，将知识管理的成就定为21世纪企业超越自我的标杆。因此，对知识管理的评测也就成为知识管理一直关注的问题。国际上知识型企业的评比标准是: 成功建立企业知识文化、最高管理层对知识管理的支持等 11 项标准；著名的毕马威公司对企业进行知识诊断，测试内容包括对知识进行分类、识别知识、寻找知识片段等 18 个方面；R. 扬从知识管理技术的角度提出知识体系的结构必须具有以完全的开放系统和标准为基础、始终以顾客为中心等 12 个特征。

3）知识管理技术

20 世纪末和 21 世纪初，知识管理技术的兴起与应用，使知识管理的可操作性大为提高，知识管理的发展进入了一个全盛时期。这一时期的主要推动者是国际知名的 IT 厂商和咨询公司，而一些世界顶级企业的成功也起到了相当有影响

力的“标杆效应”。康柏公司在实施知识管理时，将整个技术分为四大类，即知识收集技术、知识共享技术、知识利用技术以及知识拓展技术；毕马威公司提出知识特征矩阵分类法，从知识位置及知识结构化程度两个维度来分类知识管理技术；Gartner 公司提出知识管理技术的成熟度矩阵，认为知识管理技术将越来越从知识存储和检索层次的应用向促进知识共享和智能技术利用方向发展。从以上文献可以看出，知识管理技术并不是没有分类，而是缺少统一、科学而规范的分类标准。

4）知识管理与信息管理

信息管理和知识管理是不同的概念。信息管理是对企业知识资源中的显性知识进行管理，而知识管理除了日常的信息管理之外，更重要的是对企业隐性知识的管理，即激发企业雇员贡献他们所积累的隐性知识，并实现共享。从某种意义上讲，信息管理是知识管理的基础，知识管理是信息管理的延伸和发展。但两者之间并不存在简单的演进关系，因为知识管理不是否定信息管理的产物，也不是针对信息管理的缺陷加以改造的产物，两者各有侧重点和功能。两者不仅不互相否定，而且还可以形成互补关系，即知识管理可以为信息管理指明方向和目标，而信息管理则可以为知识管理提供强大的技术支持。

在知识管理与信息管理的问题上，目前主要有以下两种观点：一种是认为信息管理是知识管理的基础，知识管理是信息管理的延伸与发展；另一种是以邱均平教授为代表，认为知识管理是一种跨学科、综合性的研究领域，它与信息管理之间并不存在简单的包含或延伸关系，但知识管理对信息管理及其学科的发展，具有重要的启示作用。从上述两大类观点不难看出，知识管理在历史上曾被视作信息管理的一个阶段，但是一般认为，知识管理与信息管理之间在管理观念、管理范围、管理重点、管理目标等方面，都有明显的区别。

5）知识管理与竞争情报

竞争情报研究是指对竞争环境、竞争对手和竞争策略信息的研究，它本质上属于知识产品的生成和增值。因此，知识管理和竞争情报之间的关系成为情报学科研究的重点研究领域。国内众多专家分别从两者的联系、区别进行多角度、全方位的比较与探讨。例如，邱均平教授认为，知识管理与竞争情报目标相同，都与信息、知识有关，都把活动重点放在企业，都十分重视人的作用；区别在于产生的时代背景不同，对信息和知识的侧重点不同，外延存在较大差异，实施者和实施方法不同。

6）知识管理和电子商务

无论知识管理还是电子商务，本质上都是企业适应竞争日益激烈、互联网飞速发展的主要手段，因此将两大热点联系起来提出知识商务，结合了知识管理和电子商务的特征，具有相当的理论价值和实践意义。从已有的文献来看，一般认为，电子商务的实施为企业实行知识管理创造了条件，同时也传达给企业这样的信息: 只有通过知识管理才能适应新的发展要求。

2. 知识管理的研究难点

1）网络环境下的知识管理问题

互联网可以说是人类有史以来最大的、开放的信息源泉，如何对互联网上所累积的信息进行加工，转化为易于存取、可用的知识，是知识管理的难点。有人认为，首先，要选择适当的知识主题，并定义适当的知识项目；然后，建立种子网站及权威网站；最后，注重技术运用，如爬行与语意分析技术的强化、知识项目与语意网的交叉管理以及未来网站所采用的关联式语言 DTD 的交换与管理。

2）公司文化改造问题

知识管理项目的成功首先取决于一种鼓励信息共享的公司文化，对知识管理持敌对态度的公司文化是知识传播中的最大障碍。改造传统的公司文化，建立有利于知识共享的新型公司文化，显然超出了 IS 部门的职责范围。

3）融入业务流程问题

知识管理项目成功的另外一个决定因素是知识管理与核心业务流程的有机结合。许多知识管理项目经理往往只注意知识本身的收集、分类、存储、查询和再利用。虽然这些都是知识管理项目不可或缺的内容，但是 IS 人员同时必须认识到，信息的创造、共享与再利用不是在真空中发生的，信息的收集与再利用只有与特定的业务流程密切联系，才能有效地发挥作用。

4）知识转换问题

知识转换问题即显性知识和隐性知识的互相转换。对知识转换的管理，无论是在理论上还是在实践上都还没有形成完整的模式，目前处在理论探索阶段。日本一桥大学教授、著名管理学家野中郁次郎和竹内广孝提出了知识转换的四种模式：从隐性知识到隐性知识（社会化）；从隐性知识到显性知识（合并）；从显性知识到显性知识（外在化）；从显性知识到隐性知识（内在化）。

3. 知识管理的研究方向

目前，知识管理面临如何深入地拓展，这就需要对知识管理在 21 世纪的研究走向和重点研究领域有清楚的认识。综合已有文献，可以认为未来的知识管理，除了解决现有的难点外，还将在如下领域的某些问题做重点研究。

1）中西方差别问题

虽然知识管理成为管理学的一个热门领域，但是日本对知识管理却并不热衷，这并不是因为他们未认识到知识管理作为创新源泉的重要性，他们只是不能确信以一种机械系统的方法来评估与管理知识的有效价值性。日本人对于知识的观念在很多方面不同于西方，例如，知识是如何被看待的？公司运用知识来做什么？谁是知识的参与者?1999 年，我国开始研究知识管理，不少学者也敏捷地投入该领域的研究，发表了一系列的学术文章。但是，鲜见从我国国情出发，从企业实际情况出发，探讨中西方在知识管理的共同点和不同点。所以，从东西方的各种差异角度来研究知识管理将是知识管理研究的未来热点领域之一。

2）合理的知识管理解决方案

现有的知识管理解决方案往往是 IT 厂商们的文档管理、数据库之类的产品组合，并不是真正意义上的知识管理解决方案。知识管理应以知识为中心，以人为本，以信息工具为辅，促进企业或组织绩效逐步改善的过程和活动。它要最大限度地避免运用信息技术所带来的僵化和教条，让人的活力发挥出来。所以，根据企业的具体情况提出合理的知识管理解决方案，必将决定企业知识管理实施的成败。

3）知识地图和企业门户

知识地图是用于帮助人们知道在哪里能够找到知识的知识管理工具，用于帮助人们通过浏览方式搜索信息从而高效率地寻找所需的资源。企业知识地图将企业各种资源的入口集成起来，以统一的方式将企业的知识资源介绍给用户。知识地图采用一种智能化的向导代理，通过分析使用者的行为模式，智能化地引导检索者找到目标信息。与知识地图作用类似的还有企业门户、企业资源词典等。例如，当新员工进入企业时，首先要学习企业的历史、文化和规章制度，但更重要的是要让员工随时能够阅读相关的资料，进行自我培训。知识仓库可以为员工随时查询提供便利。但当新员工打开企业的知识仓库时，无序的知识将会使他们无从下手。知识地图可以引导员工有目的地阅读各种资料，完成培训过程。

IBM 在 2001 年推出知识管理门户（knowledge management portal）理念及相应软件，帮助企业管理人员可以更迅速地从互联网上得到所需信息。

4）知识创造

以往的关于知识管理的理论有许多局限性，使其不能满足今天企业管理的客观需要。其中最重要的有两点，一是缺乏对知识本身进行系统的研究。二是对知识的研究只是停留在现有知识的获得、积蓄和利用上，较少涉及知识是如何创造出来的，这使人们仅仅把企业组织看作了一个处理信息和知识的系统，而忽视了它更重要的是一个知识创造系统的特征。这些恰恰是知识管理所重视的核心课题，所以知识创造将是知识管理最值得重视的方向。

5）知识集成

国外已出现知识集成的提法，但还没有检索到有关知识集成的定义。2000 年 6 月，在美国召开的第四届世界设计和过程集成技术会议的通知中说："这次划时代的会议的目标是把学术、政府和工业界领袖连接在一起，强调知识集成是不断发展所必需的。”另一方面已有基于知识的制造系统（gnosis）、定性和定量综合集成（meta synthesis）、知识扩散和共享、“知道谁有知识”等许多与知识集成相关的概念。关于知识集成在创新中的作用，一般认为知识的创新发生在人们的互动过程中。对于经济绩效来说，知识的扩散和新知识的创造同样重要。创新能力的提高取决于获取与知识密集的资源联系的能力。所以对知识集成进行系统研究，对提高我国企业的集体创新能力具有重要的现实意义。

11.2.2 知识管理理论

1. 野中郁次郎的知识转化理论

知识管理包括两方面含义：一方面是指对显性知识（即编码型知识）的管理，即沿着信息管理的思路，充分利用信息技术，使作为信息深加工产物的知识在信息系统中加以识别、处理和传播，并有效地提供给用户使用。另一方面则是指对隐性知识的管理。隐性知识一般是指头脑中属于经验、诀窍、灵感的那部分知识。由于人脑是它的载体，故也就是对人的管理。它通过促进知识的编码化和加强人际交流的互动，来充分发掘长期被忽略的“宝藏”——非编码的个人隐性知识，使这部分非编码化知识得以充分共享，从而促进知识创新。显性知识与隐性知识之间可以相互转化，知识转化有四种形式如图 11.1 所示。

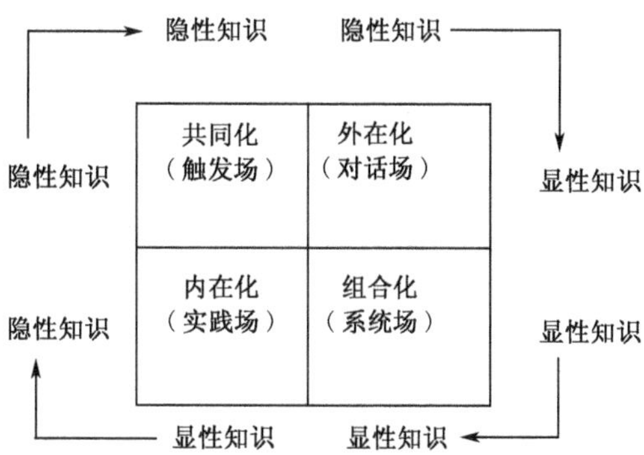

图 11.1 知识转化的形式

共同化是指通过共享经验去创造隐性知识，以及获取他人的隐性知识的过程；外在化是指通过对话以及共同思考，将隐性知识用明确的概念表达出来，成为显性知识的过程；组合化是指对不同的显性知识加以组合，由此产生新的显性知识的过程；内在化是指通过学习将显性知识一体化到人的过程。这四种形式的知识转化都带来知识创新。从图 11.1 我们也可以看出，在这四种知识创新过程里，每一种知识转化都是一次知识交流的过程。交流是知识生存和发展的方式，是知识管理的核心内容之一。

2. 知识市场理论

知识市场是达文波特和布鲁塞克提出的一个概念。知识市场是指在企业内部进行知识交流、知识积累和知识创造的机构。知识市场由知识创造者（卖方）、知识消费者（买方）以及信息组成。根据人与知识的联系，以及进行知识交流的手段，可以将知识市场分成四个模式：一是人与人通过面对面的方式进行知识交流的模式；二是人与人通过计算机网络进行知识交流的模式；三是人们借助计算机网络技术自主地进行知识交流的模式；四是人们采取面对面的方式自主地进行知识交流的模式。知识市场理论认为，在不同模式的知识市场上产生不同形式的知识交流与转换，而且这些知识转化在不同模式的知识市场之间也可以互相交流和转换。

3. 知识交流分类理论

知识交流可以分为正式交流与非正式交流。正式的交流是使用书报、广播等进行知识交流传播的方式，这已为我们所熟悉并得到了广泛的采用。而非正式交流这种具有巨大潜在优势的交流方式还只在小范围内初露锋芒，没有得到人们的重视。编码型知识由于其大众属性而易于从书本、说明书或正规教育等正式交流渠道中获得。而占知识绝大部分的隐含经验类知识和未编码化知识由于其个人属性以及人的大脑的特殊性而难以通过正式交流得到，它们只有通过非正式交流才能得以扩散。研究成果表明，科学家的40%的知识是通过非正式交流获取的，工程师通过非正式渠道获取的知识更高达60%以上。

知识交流也可以分为传统交流和网络交流。传统交流就是人与人面对面地进行交流的方式。而现在随着信息技术的发展和使用，逐渐生成一种新的交流方式，那就是基于网络技术的网络交流。达文波特曾提出："为了将个人的隐性知识转移到知识库中，一个组织经常使用基于社区的电子讨论方法。"这种电子化的知识交流方法，在电子商务中可以采用 BBS 论坛、聊天室以及网上实践社区（community of practice）来实现。例如，通过 BBS 论坛，顾客或企业员工可以同知识创造者直接接触、交流，以实现知识获取和共享。

4. 知识评价理论

知识管理的评估最重要的就是知识资本的评价。知识资本是相对传统的物质资本而言的，是知识企业最为重要的资源，是一种潜在的、无形的、动态的、能够带来价值增值的价值，是企业真正的市场价值与账面价值的差距，是物质资本与非物质资本的合成。知识资本包括人力资本、市场资本、管理资本、顾客资本、知识产权资本等几个方面。在知识资本理论中，企业的目标是知识资本积累、增值和实现，是知识资本的营运。企业可根据自身的特点，从投资和利润的度量、资产识别（即金融资产、技术资产和智力资产）、成功的质量/数量评估、预算水平、资源整合、奖励/激励、财务机制等几个方面设置一些评价指标，然后通过数学方法来衡量。图 11.2 是一企业知识管理系统综合评价层次图。

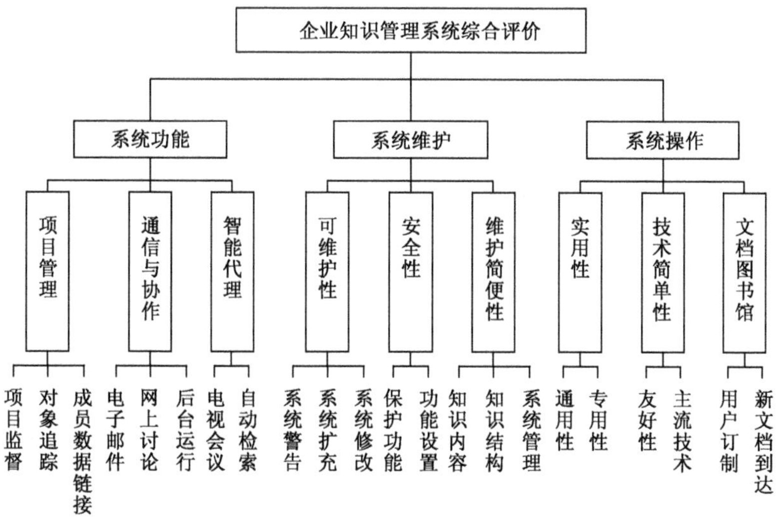

图 11.2　知识管理系统综合评价层次图

知识评估的另外一个重要方面是对知识型员工的激励与评价。如何建立良好的激励与评价机制，调动起员工的积极性和创造性，可以兼顾薪资与职位两个方面加以考虑，并且给予员工一定的参与权，使他们有一定的归属感。可以采取定量与定性的方法综合加以评定。

11.2.3　知识管理的主要方法

1. 知识管理方法论

知识管理方法论是对知识管理领域认知和实践知识管理的方法和工具，及其性质、特点、内在联系和变化发展进行系统研究的学问，也是知识管理实践领域的理论体系。

在知识管理领域，“认识”指的是抽象过程（感性认识）和理论过程（理性认识），“实践”指的是学科中的设计过程。抽象、理论和设计是具有方法论意义的三个过程，这三个过程是知识管理方法论中最重要的研究内容。

完整的知识管理方法论包含三个部分：知识管理框架、知识管理流程、知识管理实施指南。

（1）知识管理框架为知识管理提供了一套指导原则，但方法论被认为是对如何实现框架提出的目标的具体的、详细的描述。因此，方法论必须建立在一定的框架基础上，也就是说要采取框架的目标和原则。

（2）在致力于整个知识管理流程的工作中，方法论应该与系统实施框架保持一致。系统实施框架对知识管理是很重要的，因为它提倡从整个知识流程来考虑，促进知识管理方案与组织战略目标的连接，而这是通过采纳系统方法之后形成的对组织的整体看法达到的，它有助于知识管理的实施在管理目标上的清晰化。

（3）方法必须包括具体的可实施的细节或步骤。我们给出了宏观的知识管理实施阶段，以及如何实现知识管理预期目标的详细步骤。文献划分的阶段是决策（strategize）、建模（model）、行动（act）、调整（revise）和传递（transfer），因此取名为 SMARTVision。这种方法论是目前最完整的知识管理方法论，但该方法论的一个缺陷是没有明确知识管理技术和 IT 系统在知识管理实施过程中的方法以及系统评测技术如何应用。本文所提出的方法论就是结合 SMARTVision 来实现。

2. 知识管理的主要方法

借鉴国内外知识型企业知识管理的成功经验和失败教训，成功的知识管理的主要方法有：

（1）招聘合适的人才，鼓励他们尽快提高自己，以达到经验曲线所指出的水平。

（2）建立有效的激励与评价机制，使员工融入企业之中，并与他人分享企业得到成功所必需的信息、知识、技能和工作态度。

（3）应用信息技术，创建企业的系统软件、内部网、技术网和知识库，以便最大限度地获取、集中和扩大知识。

（4）与客户、供应商、同行之间建立收益递增的外联网络，使知识管理呈指数增长效益。

（5）设立知识管理部门，建立知识经理制度，促进知识生产率的提高。

（6）创建学习型组织，建立知识交流与共享机制，形成“尊重知识、共享知识”的企业文化。

3. 结论和建议

（1）知识管理的哲学上的研究，对深入探究知识管理的深刻本质具有指导意义。

（2）知识管理是管理科学与系统工程学科的哲学化发展的一个自然结果，

具有深厚的理论基础和切实可行的操作性，而不仅仅是一种管理时尚。

（3）知识管理方法论不仅应该建立在特定的框架的基础上，还应该是全面的，即与系统科学的思想相符。

对那些正在从事或计划引入知识管理活动进行管理的组织，开发一种知识管理方法论是非常关键的一步。这种方法论应该从企业战略的角度出发，整合到组织的战略目标之中，由组织内部独立的部门或虚拟团队有计划地实施知识管理，从而提高组织整体的效益。这一过程需要系统科学的思想指导，在知识管理的哲学思想和方法论领域内仍然需要进一步的研究。

11.2.4　知识管理的主要技术

1. Intranet、Extranet、Internet 技术

知识交流与共享的最有效方法是建立知识库，利用 Intranet、Extranet、Internet 技术，通过交流使企业自身的知识为企业内部员工、协作企业以及参与电子商务的顾客所共享。基于这种机制，近年来出现了内联组织与互联组织的知识交流与共享技术。内联组织是利用诸如 Intranet 的信息技术来实现高效沟通的机制，在组织内部实现信息和知识的高度共享；互联组织则是在组织及组织的合作伙伴之间、供应商和顾客之间提供一个高速的链接，其目的是提高效益和市场变化的响应速度，这都必须依靠企业的信息系统来完成。

2. 信息系统分析与集成技术

信息系统是企业电子商务的核心之一，它担任着创造和发布企业信息与知识的角色。没有一个功能完善的信息系统，企业的知识交流以及企业间的电子商务是无法实现的。企业信息系统的建设，实质上是建立一个能够反映整个企业文化的信息网络体系。通过对企业文化系统的分析与集成，使企业知识在企业内外得以交流、积累和完善。

3. 数据库、数据仓库、数据挖掘的概念和技术

知识在一定程度上就是企业最珍贵的信息资源。针对信息而产生的一些概念和技术，如数据库、数据仓库和数据挖掘等理所当然地也适用于知识交流与管理。通过建立知识库和知识仓库，利用挖掘技术挖掘到我们所需要的知识资源，供企业中需要的人进行交流和使用。

4. 系统工程技术

知识交流与管理是一项系统工程，应该使用系统的观点和技术对其进行分析和建模，使知识管理的研究与设计在整个企业这个大系统下进行。系统工程方法、

系统建模、仿真与分析、系统评价与决策等都适用于知识管理的内容。

5. 面向对象的分析、设计与编程技术

在知识管理系统的开发中，采用面向对象的需求分析和设计，以满足面向对象的程序设计要求，提高系统的开发速度和效率。

6. 知识分类与约简技术

在知识管理中，人们首先碰到的就是对知识的理解和表达。知识源于人类以及其他物种的分类（classification）能力。抽象层次上的分类是推理、学习、决策，也是管理与交流的关键。

7. 平台架构技术

企事业各方面功能的信息系统平台已经在社会生活中发挥着巨大作用。信息系统平台，如监测平台、统计平台、服务平台等，它们所使用的一些技术都可以作为知识交流平台的借鉴。平台应包括企业知识交流门户（enterprise knowledge communication portal，EKCP）和企业知识管理平台（enterprise knowledge management platform，EKMP）两个部分，最终实现知识管理与交流功能，支持分布式与远程访问，提供与国内外主流软件产品的接口，提供知识流管理系统平台，集成企业知识建模工具，提供对多种知识源统一的访问能力，提供可供客户多次开发和个性化订制的开发工具包和支持平台。

8. 软件工程技术

软件工程技术在经历了漫长的发展之后终于形成了一套比较成熟和有效的开发方法。自顶向下法、原型法、生命周期法，特别是组件技术（groupware）都可以应用到知识交流与管理系统的开发和实践中。

9. E-Learning 技术

E-Learning 技术即基于 Internet 的学习行为，如学习管理、内容发送、学习过程中的知识交流等。E-Learning 由“E”和“Learning”两部分组成。“E”指技术层面，“Learning”指理念层面，E-Learning 的目的不是在技术上，而是以之为手段，快速提高员工素质，所以 E -Learning 的重点应该在“Learning”，即学习，偏重于企业内部学习文化的建立。企业应将 E-Learning 建成可加强培训效果，促进知识交流，更能促进企业整体加速学习的一套员工交流系统。面向企业知识交流的平台技术应该具有 E-Learning 的特点，并加以突破和创新。

11.3　企业知识管理实例

11.3.1　企业知识管理的内容

2003 年，世界著名的咨询机构 Garnter 的调研报告指出，知识管理已经成为了仅次于全球化之后的企业第二关注的问题。随着知识更新的速度不断提升和知识流动性的不断加强，企业知识管理是把知识作为企业最重要的资源，对知识资源的获取、共享、创新、应用等过程进行测评、组织、控制、技术和领导，以期达成增强企业核心竞争力目标的过程。企业能否从知识管理的角度去考虑企业的核心问题，能否建立自己独特的知识管理体系，能否有效地应用自己的知识管理体系去建立自己新的核心竞争力，已经成为了企业能否在新的竞争环境下生存的关键。

企业知识管理包括的基本内容如下：

（1）培养企业员工知识创造、交流与共享的意识。

（2）构建内部和外部知识网络，促进知识的交流与共享。

（3）进行以创新为目的的知识生产。

（4）将企业的独有知识融入产品或服务及其生产过程和管理过程之中。

（5）积累和利用过去的业务经验和教训。

（6）利用知识资产创造商业机会。

对于企业来说，知识管理也就是为企业实现显性知识和隐性知识交流和共享开辟新的途径。知识管理不是一门单一技术，而是一种先进的概念，是各种可行解决办法的一种集成。知识管理通过影响企业员工的工作态度和行为，建立起开放和信任的企业内部环境，从而使得员工自愿合作，利用信息技术共享所开发的知识资源去完成更艰难的任务，从而达到企业不断创新和提高的目标。

11.3.2　企业知识管理实例

企业知识管理基本过程就是知识价值链。知识价值链的过程是从知识的获取、知识共享、知识创新、知识的应用出发，并在这几方面的基础上进行领导、技术、控制、组织、测评，最终达到增强企业核心竞争力的目的。下面从知识获取、共享、创新和应用方面结合案例进行分析。

1. 企业知识的获取及其案例分析

企业知识的获取是指企业将外部环境中的知识转换到企业内部，能够为企业所用的管理过程。它包括四个阶段：①知识的辨识：企业基于自身发展的需要，对企业以外的知识进行了解、评估、筛选，确定出可利用知识的种类和数量，了解所需知识的来源和可获得性。②知识的收集：企业通过无偿捕获及有偿收买等方式将外部知识据为己有（至少要具有使用权）。企业外部知识源有多种，包括科研机构、上游供应商、消费者、咨询顾问、竞争对手及非竞争性公司等，企业内部知识源主要是企业员工。知识收集的关键是企业知识获取能力。③知识的整理：对捕获的知识进行整理、提炼和转化，将它们变成企业方便使用的知识。④知识的存储：显性知识可以通过企业内部网络或员工手册等形式存储下来，隐性知识的存储只能靠知识的共享来完成。

案例　21 世纪科技发展公司。

该公司的人员不到 100 人，但是从知识的获取来讲，这家公司承接了我国科学技术部“十五”的重点科技项目，而且是个私人企业，是民营企业的高科技企业。这个项目的题目是对我国发射的小型卫星对地面观测的研究，国家科学技术部、国土资源部等几十位专家、研究员、院士也在竞争这个课题，但是经过招标，把这个项目给了这个公司，而且这个公司很出色地完成了这个项目。对于一个企业来说，知识的获取是非常重要的，所以要建立没有围墙的研究院。

2. 企业知识的共享及其案例分析

企业知识的共享是指企业通过各种交流方式，能够在最佳时机、最佳地点，以最合适的形式，将最合适的知识传递给企业中最合适的成员的过程。它包括三个阶段：①知识的挖掘。是组织内需要某种知识的单位或个人从组织内部搜索和选择知识的过程。有两种途径：主动搜寻，抽取知识，然后共享；受已有知识的启发和推动，将这个领域的知识移作他用。②知识的转移。是指知识从一个组织单位转移到另一组织单位，或从一个人转移到另外一个人或多个人的过程。根据知识的不同特性，转移的方式主要有：通过人才流动；通过组织内部会议交流学习；成立跨部门小组，或建立国际网络工作小组；实行标杆管理，向榜样学习；组织内部的出版物、内部网络、知识库等；建立专家知识地图。③知识的集成。是指将转移的知识内化为接受方的结构化的知识，这在知识的接受方来讲，知识转移已经完成。

案例　万宝工程公司。

万宝工程公司在做知识管理之前，是一家国际工程承包公司。没有做知识管理的时候，这家公司发生过有两位经理同时去国外抢同一个项目的情况，而两个经理之间互相并不知道这种情况。有新来的大学生问老员工，国际招标书怎么写，老员工说，你在这呆一年就会写了。这些问题都显示出了知识共享在企业中是非常重要和迫切的。因此，公司请安达信咨询公司专门做了知识管理的系统。由于做了这个系统，使得工程的成本大大降低，使招标书出来的速度快、质量高。

3. 企业知识的创新

企业知识的创新是指企业在已有知识资源基础上开发、创造出新知识的过程。知识创新的过程可分为四个阶段：①知识的萌芽。指组织内个体通过学习与其他人交流，个体形成发散性思维，产生一种新的想法，即知识的萌芽状态，这时的知识是模糊的，不能具体化为一个显性概念，这种萌芽状态的知识是很不稳定的，稍纵即逝。②知识的明晰。这阶段是知识萌芽创新者将知识的萌芽加以明晰、筛选、修改、丰富的过程。③建立知识原型。知识原型是指新产品、新工艺、新材料、新方法或是新的企业管理理念、方法、机制和制度等，即将新的知识加以模型化、产品化、规范化、标准化的过程。④知识的实践与修正。这是将已原型化的产品或管理的理念、方法、机制、制度等放到实际应用过程中加以检验，在实践中了解新知识的不足和缺陷，使之不断完善，经过实践检验成功的新知识才可以成为企业知识财富。上述四个过程是一个不断循环螺旋式上升的过程。

案例 天津药业集团。

天津药业集团有一种药，是一种外用药，是一种原料药，这种药在 20 世纪 60 年代之前一直都是进口。后来，天津药业集团研究出来了这种药，于是就由该集团垄断了国际市场。到 80 年代改革开放后，各国的大的药业公司纷纷进入我国市场，由于国外产品质量高、价格低，因此很快垄断了国内市场，天津药业集团的这种药基本上停产。天津药业集团不甘心如此，又从国外引进了生产线和一些制药的工艺，第二次生产出来 100 千克这样的药。投放市场的同一天，所有的外国公司的同类药同时降价，打压国内的产品。由于天津药业集团的成本比较高，无法承受这样的市场竞争，最后被迫停产。之后，天津药业集团决定和外国公司的这种药斗争到底，居然就在大西北发现一种野生植物，把这种植物作为原料，开发出来新的中药，而这种药的成本，比跨国公司的药的成本低，而且纯度比国外公司的药的纯度要高。这样再投放到市场上之后，跨国公司承受不了，纷纷从国内市场撤退。到 1998 年，天津药业集团又开发了新的生产工艺，成本再次降低，最后，所有跨国公司全部退出中国市场。天津药业集团在这种药的生产上垄断了国内市场，同时占领了国际市场，占领了东南亚市场的 50%。这就是一种知识的创新。发现了新的东西，发明了新的制造方法，使得药的纯度大大提高，成本大大降低。从知识的原型到知识的实践这样一个过程对企业来说是非常重要的。

4. 企业知识的应用及其案例分析

知识的应用是指将知识作用于企业经营管理实践，增强企业核心能力的过程，知识应用是企业知识价值链最后的、也是最重要的一项活动。知识的应用是企业知识链与价值链的链接点。企业知识管理的最终目标是要为增强企业核心能力服务的，是为实现企业战略管理目标服务的。知识的应用一般可以分为应用于市场、应用于产品和服务、应用于管理三个方面，最终能够达到提高企业核心竞争力的目标。

案例 新兴铸造管集团公司。

新兴铸造管集团原来是一个军队的企业，开始是炼十万吨钢的企业，后来生产球末铸铁的大的管道，现在经营得很好。老总想要企业实现 ERP，于是就请了国内最有名的科研所，来做 ERP 的程序，实现 ERP 的管理，同时请国内非常有名的咨询公司给企业做咨询。结果发现，这样的研究所和公司是无法给新兴铸造管集团做出来真正的 ERP 程序的。因为他们不了解生产过程是什么，对于企业的生产流程和新兴的高层对于 ERP 的设想，他们都没有能力理解。最后新兴集团决定自己来建立 ERP 程序，自己来实现这个过程，而不能靠软件公司、科研所等，因为他们对生产工艺缺乏了解。最后新兴集团实施“一把手群体工程”，总经理和各个部门的一把手，不光要懂经济，更重要的是要拿出管理思想。所以，每个部门抽调 35 岁以下专业知识非常强的骨干，进行 ERP 的源程序的编写，请一些计算机的专家来教这些人 ERP 源程序的编制方法。要求全厂 40 岁以下的，大专毕业以上的人员，全部都要掌握计算机知识，每个月都要进行考试。这样奋斗了三年，全厂终于实现了 ERP。通过 ERP 可以知道每天的全厂的利润和成本，以及每种产品的日利润、日成本。而且要求中上层的干部必须会使用计算机进行数据分析。就是知识经济。

5. 知识竞争战略

在一个知识产业内，知识竞争战略有三种：

1）知识领先战略

指企业通过各种方式取得知识的突破和创新，进而攻破技术难关，形成自己独特的核心能力。优点：①形成很高的知识壁垒；②形成专利，得到法律保护；③会形成知识集群现象，带动一系列学科的突破，甚至会形成一个新学科，形成一个新的产业；④具有成本优势、市场优势，建立了独特的核心能力。缺点：①高投入要有雄厚资金，要有实力雄厚的科研人员队伍；②高风险，不确定性很高，据统计，基础性研究成功率仅为 5%，技术开发成功率 50%，知识创新只有 60%的项目能研究成功，30%可获得商业上成功，只有 12%项目可能带来经济效益；③知识工作者需要自己培养，知识创新变成真正为市场所接受的新产品有相当长的沉默期。

案例 美国 Intel 公司。

1970 年，Intel 公司发明世界第一块微处理器 Intel 4004；1973 年以后推出 Intel 8080，Intel 80286，Intel 80386，Intel 80486；1994 年推出 Pentium 微处理器。Intel

公司始终掌握着最先进的计算机微处理器关键核心知识，确保在世界市场的霸主地位。

2）知识差异化战略

指产业内某一知识领域中，企业有独特的与众不同的知识体系的特色。优点：①知识的实用性已经被市场需求证明了，因此其风险要比知识领先战略小一些；②有助于打破知识的垄断及专利的限制；③紧密与企业其他资源相结合，形成了自己的核心能力。缺点：①高投入，风险也不小；②知识的另辟蹊径也是相当困难的。

3）知识整合战略

是指将其他门类学科的知识，整合成为本产业的知识体系，从而获得企业核心能力。所谓整合是指创造性地融合的过程，是由最适宜的内外知识要素相互匹配、优势互补，以最合理的形式结合成新知识体系的过程。优点：①各知识主体可以优势互补，知识资源共享；②缩短创新时间，创新速度加快；③分担创新费用，降低信息费用；④知识体系越复杂，此战略优越越显著，有可能形成边缘学科知识体系。缺点：①在整合战略中，知识产权会受到被侵占的威胁；②组织协调工作量大；③风险及投资仍然不小。

案例　宇宙飞船知识体系的形成，会涉及物理学、人类学、地球学、生物学、材料学等各种学科的综合。这就是知识的整合。

6. 麦肯锡公司的知识管理实践

麦肯锡公司从 1980 年开始就把知识的学习和积累作为获得和保持竞争优势的一项重要工作，在公司内营造一种平等竞争、激发智慧的环境。在成功地战胜最初来自公司内部的抵制后，一个新的核心理念终于在公司扎下根来，这就是：知识的积累和提高必须成为公司的中心任务；知识的学习过程必须是持续不断的，而不是与特定咨询项目相联系的暂时性工作；不断学习过程必须由完善、严格的制度来保证和规范。麦肯锡的领导人还意识到，公司里最成功的员工往往都拥有庞大的个人关系网络。因此，对原先公司内部这种建立在非正式人际关系基础上的知识传递方式并不能简单加以取缔，而是应该很好地加以利用，以作为对正式学习机制的有益补充。由核心的学习领导小组在每个地区的分支机构里发掘并利用这种内部的关系网络作为信息和知识传播的渠道，实现全公司范围内的知识共享。为了进一步促进知识和信息在组织内的充分流通，麦肯锡公司还打破了以往建立在客户规模和重要性基础上的内部科层组织体系，取而代之的是以知识贡献率为衡量标准的评价体系。这样，组织内的每一个部门和每一个成员都受到知识贡献的压力，而不是仅仅将工作重点放在发展客户方面。

麦肯锡把知识管理的重点放在了对隐性知识的发掘、传播和利用上。麦肯锡创办了一份内部刊物，专门供那些拥有宝贵经验却没有时间和精力把这些经验整理写成正式论文或著作的专家们把他们的思想火花简单地概括出来，并与同仁共享。这种灵活的交流方式不仅使有益的知识和经验在公司内得到有效的传播，激励创新和坦诚的交流，而且也有助于提高知识提供者的个人声誉，为他们在公司里的发展提供良好的环境和机会。

为使上述信息在公司内更加有效地交流和传播，麦肯锡公司还建立了一个储备经验和知识的专门数据库，用以保存在为客户工作过程中积累起来的各种信息资源，还委派全职的专业信息管理技术人员对数据库进行维护，确保库中数据的更新。当咨询专家需要从数据库中寻找信息时，由他们提供相应的检索帮助，提高使用效率。在数据库的内容管理方面，特别重视公司“T”型专家队伍结构中负责专业领域的专才型专家，从他们那里可获取有关专业领域的知识和经验，加强数据库中专用知识的完善，使数据库成为更为全面的信息资源。

7. 清华同方知识交流平台

清华同方光盘股份有限公司一直致力于我国知识信息资源的开发与服务，成功开发了中国期刊全文数据库、中国重要报纸全文数据库、中国优秀博硕士论文全文数据库、中国重要会议论文数据库等一系列国家级大型数据库。最近，清华同方光盘股份有限公司在总结多年来开发数据库经验的基础上，把握了企业知识管理的发展方向，研制开发出全面支持企业知识管理的专业信息资源知识库——中国企业知识仓库（CEKD），以及功能强大的应用软件系统——清华同方专业数据库制作系统（TPI）和清华同方网络会议系统（TNC），并据此提出了清华同方企业知识管理解决方案，主要内容包括中国企业知识库（CEKD），企业信息数据库制作管理系统（TPI），竞争情报实时采集系统（RIG），企业交流平台（TNC）。

TNC 提供了如下的强大交流功能：①企业可以在网上进行专题咨询、企业信息浏览、网上信息发布、网上信息查询，以及使用网上论坛、网上链接等综合性的网络内容服务。②为各企业提供信息服务平台，帮助企业建立各类信息产品产业化的运作模式，将大量的企业资源整合，提供信息分析和资源数据库的建设工作。③TNC 多媒体网络视频交流平台可实现企业远程交互式网络视频会议的需要，同时拥有多媒体网络培训的功能。系统可以传送优质的视频和音频信息，还具有程序共享、电子白板、资源的上传与下载、文件传输等功能。

8. 诺基亚的知识管理

20 世纪 90 年代，诺基亚公司通过开展全球知识管理，在很短的时间内成为全球著名的移动电话公司，超过了美国的摩托罗拉公司。诺基亚公司 80 年代只是芬兰一家进行多元化经营的企业，1992 年才决定专注于移动通信领域。对于诺基亚而言，移动电话和蜂窝网络业务并非产生于芬兰然后要向国外出口，而是在很大程度上是国外生产和销售，这就意味着要在全球同步发展。诺基亚必须向美国学习先进的技术和全球营销技巧，向日本学习掌握顾客对电子产品的需求心理，同样它也要向东南亚国家学习低成本制造的管理技巧。芬兰的管理层被派遣到世界的关键区域，构成了整个公司知识交流与共享的网络。正是通过对全球知识交流网络的有效管理，所以诺基亚总是能从全球的角度考虑市场的需求，从GSM 的发展到最早提出“把互联网装进每一个人的口袋里”，再到“移动电子商务”，诺基亚的概念和行为总是领先于竞争对手一步。摩托罗拉公司因为将其创新思路局限于美国，丧失了向数字移动电话和 GSM 标准转向的先机，从而被诺基亚抛在了后面。

9. 安达信咨询公司的知识交流与共享工具

安达信咨询公司的知识管理系统基于普通的软硬件平台（微软 Windows 和 Lotus Notes)，知识交流应用中有三种技术起的作用最大：群件技术(group ware)；因特网和内联网（Internet & Intranet）；数据库以及指示系统（database & pointer system）。此外，Lotus Note、语音邮件（voice mail）、知识基地也都提供了强大的知识交流功能。

10. 通用电气（GE）的隐性知识交流与管理

对于通用电气这样一个大型的跨国公司来说，各级指挥层需有杰出的管理能力才能保证它的良好发展，所以，它的核心竞争力就蕴藏在对领导才能这种隐性知识的管理中。众所周知的 GE 党校，即“领导开发研究所”，便是隐性知识管理的典型。通用公司的知识共享和交流以授课为主，授课对象包括年轻职员中具有领导潜能者和经理以上现任企业管理人员，他们来自世界各地的生产、销售、市场和保障部门。用员工亲身体会和感悟的方式来共享隐性知识，给 GE 公司带来了几十年的快速增长，而在韦尔奇退休之后，公司并无动荡之虞。

11. 汉密顿咨询公司的知识管理

2000 年前，汉密顿咨询公司发现自己在知识管理方面已经落后于一些竞争对手。其他一些大型咨询公司，如麦肯锡、安达信等，已经建立起在线知识管理系统，而汉密顿公司却仍在沿袭传统的一支笔、一张纸的工作方式。更糟糕的是，某些客户要求汉密顿公司协助建立知识管理系统，这令他们感到很难堪，因为他们在这方面实在毫无经验可言。于是，汉密顿公司开始千方百计弥补自己在知识管理方面的劣势。一方面，他们从竞争对手那里挖来有经验的知识管理专家（从麦肯锡一家公司就挖了 15 人）；另一方面，注意吸取公司在推行知识管理项目中的教训。到 1996 年，汉密顿公司的知识管理系统已经处于领先地位，他们建立起了覆盖全球的基于 Web 的企业内联网（Intranet）系统——知识在线（KOL）。借助这个系统，公司内部商业咨询部门的 3500 名咨询人员可以与全公司所有领域的专家进行交流，以便获得有关业务培训、市场营销、案例研究等方面的知识，这样大大促进了公司员工之间的知识和经验的共享。目前，汉密顿公司商务咨询部门中 62%的员工每月都要访问 KOL。国际数据公司的研究结果显示，汉密顿公司在知识管理项目上的投资回报率高达 1400%。汉密顿公司的成功经验不仅证实了企业内联网的重要作用，而且有着更为广泛的意义：它表明知识管理将给整个咨询业带来一场巨大的文化变革，即从以往的知识封闭文化转变为知识共享文化。当然，这一切都归功于互联网络技术的出现，它使得企业间和企业内部的沟通成本大大降低，从而使大规模的沟通成为现实。但仅仅技术上可行是不够的，公司管理者必须敏感地意识到知识管理和全球范围沟通的重要性才能对企业发生实质影响。

从汉密顿公司知识管理的成功案例中，我们可以得到如下启示：

（1）知识共享需要推动力。知识管理的核心目标之一是鼓励相互协作，培育知识共享的公司文化。露茜曾在汉密顿公司克里夫兰分部担任副总裁兼知识主管，她回忆说，在她担任 CKO 的初期，公司内对知识管理的怀疑很多，员工们根本没有认识到知识管理的潜在价值，“咨询人员有一种很自然的抵触情绪”。她说，“鼓励知识共享，实际上是让他们承认自己在某个领域内比不上别人，这的确是一件困难的事”。露茜曾对 80 多例知识管理项目进行深入研究，她发现，对知识共享的抵触情绪不仅在汉密顿公司存在，在整个咨询界都是如此。实际上，不应把这种现象简单地归结为利己主义。在咨询界，咨询人员偏好不同，工作方式各异，大家各行其是，这就是行规。咨询人员虽然乐于发表意见，但要说服他们把原本属于自己的知识贡献出来与大家分享却很困难。咨询人员认为，这些知识是他们在长期的工作中研究和总结出来的，付出了很大心血，有朝一日要拿出来与大家分享，感情上很难接受。简言之，知识共享绝不会自然而然地发生。在实施知识管理时，必须清醒地认识到这种困难，否则必定失败。

在汉密顿公司原有的企业文化中，崇尚个人成就，漠视彼此之间的合作，知识被当作用来与同事们比较的个人资本。针对这种情况，知识管理项目没有对原有的公司文化动大手术，而是采取渐进的方式进行，并通过多种方式鼓励和吸引员工们参与知识共享。

首先，在系统设计中突出咨询人员的贡献，使他们获得相应的成就感：在知识库中，提供知识的咨询人员的名字十分醒目，轻轻一点即可容易地查到某位员工对知识库的贡献；知识文档与提供者的简历相连接，使得公司内的每个员工都能够知道谁贡献了这些知识。这样，KOL 成为宣传个人成就的一种途径，在很大程度上抵消了人们对它的抵触情绪。此外，为了鼓励咨询人员积极思考，创造出新知识，公司对参加“创新小组”的咨询人员提供优惠条件。员工对知识库的贡献还计入“员工年度评定”中。

经过六年的努力，在汉密顿公司中，知识共享和互相协作的气氛更加浓厚。然而，公司员工认为，这种变化尚未达到根深蒂固的程度。“我并不认为公司文化发生了实质性的变化”，汉密顿公司达拉斯分公司能源、化工、制药部门的主任马绍尔说：“我们公司鼓励个人成就的传统由来已久，并非朝夕之间就能彻底改变。目前，较多利用知识管理系统的是一些基层员工，而不是高层的咨询人员，要达到公司所有人员的广泛参与，大概还需要 6～8 年时间。到那时，咨询人员的口头禅将是这样的：‘我想知道谁能帮助我’，而不是现在这样：‘我能独立完成’”。

（2）选择技术注重实用。汉密顿公司的第一个知识管理系统建于 1994 年，它只是一个简单的电子公告牌应用系统，优点是成本低、传输速度快，充分利用了现有的技术投资。

知识管理要企业实现知识的共享，运用集体的智慧提高企业的应变能力和创新能力，使企业能够对外部需求做出快速反应，并利用所掌握的知识资源预测外部市场的发展方向及其变化，同时对企业的人力资源有效开发。在知识经济时代，企业如果离开了知识管理就不可能具有竞争力，汉密顿咨询公司深刻认识到了这一点。知识经济时代的公司必须能够敏捷地利用知识提高公司的竞争力，汉密顿咨询公司在知识管理方面的实践经验将告诉我们，公司应如何鼓励员工共享知识、实施知识管理，而且生动地说明，知识管理的成功主要取决于人，而不是技术。

第 12 章　知识产权与专利

12.1　知识产权基础

12.1.1　国家知识产权战略

1. 国家知识产权战略的背景

1）美国知识产权战略

美国麻省理工学院主办的《企业技术评论》杂志曾在 2002 年 5 月发表了“经济萧条，企业兴旺”的专题文章，指出，2001 年美国公司利润出现了创记录的大滑坡，其中《财富》500 强的利润比 2000 年大幅下降了 53.3%。美国的经济表现不佳，特别是高技术公司受到严重打击，但是，20 世纪 70 年代，欧亚发达国家和新兴工业国家和地区在经济上崛起，使美国产业界感到了巨大的竞争压力。朝野上下对此进行了深刻反思，结论之一就是美国在经济竞争中最大的资源和优势在于科技和人才。而由于知识产权保护不利，使得外国能够轻易模仿，并凭借劳动力和制造业的成本优势实现了经济快速发展。为此，美国总统卡特在 1979 年提出，“要采取独自的政策提高国家的竞争力，振奋企业精神”，并第一次将知识产权战略提升到国家战略的层面。从此，利用长期积累的科技成果，巩固和加强知识产权优势，以保持美国在全球经济中的霸主地位，成为美国企业与政府的统一战略。

20 年来，美国实施知识产权战略主要沿着三个轨迹不断延伸。一是根据国家利益和美国企业的竞争需要，对专利法、版权法、商标法等传统知识产权法律不断地修改与完善，扩大保护范围，加强保护力度。近年来，随着生物、信息及网络技术的发展，将一些新兴技术形式不断纳入保护范围。例如，将网络营销模式等列入专利保护范围，在功能基因方面，美国专利申请已达 4000 多项，知识产权优势明显。二是国家加强调整知识产权利益关系、立法鼓励转化创新。自 1980 年的《拜杜法案》到 1986 年的《联邦技术转移法》以及 1998 年的《技术转让商业化法》，1999 年美国国会又通过了《美国发明家保护法令》，使美国大学、国家实验室在申请专利，加速产、学、研结合及创办高新技术企业方面发挥更大的主动性。2000 年 10 月，参众两院又通过了《技术转移商业化法案》，进一步简化归属联邦政府的科技成果运用程序。三是在国际贸易中，一方面通过其综合贸易法案的“特殊 301 条款”对竞争对手予以打压，另一方面又积极推动 WTO 的知识产权协议（TRIPS）的达成，从而形成了一套有利于美国的新的国际贸易规则。

美国的知识产权战略最初虽然是在其经济发展由强转弱、面临危机的情况下提出的战略性应对措施，然而作为一项国家战略，无论经济状况如何，美国政府和企业都始终贯彻实施。20 世纪 90 年代，美国经济保持了持续增长的势头，据美国专利商标局的统计，10 年来，除个别年份外，美国的专利申请量一直保持快速上升势头，特别是 1995 年以后呈加速趋势，每年的专利申请增加率接近或超过 10%。作为支持国家知识产权战略实施的基础，美国的科技活动近十余年也处于十分活跃的时期，美国 1993 年的研发投入为 1174 亿美元，2000 年达到二万亿美元。

与此同时，作为国家战略实施的重要组成部分，美国十分重视知识产权战略的研究工作。例如，美国 CHI 研究公司的“专利记分牌”就是颇具特色的一项研究。CHI 成立于 1968 年，其特点是运用文献计量分析方法，对科学论文和专利指标进行研究，享有很高的国际声誉。目前，CHI 首创的一套专利引用指标已被发达国家广泛采用。

自 2000 年起，《企业技术评论》杂志根据 CHI 的数据库和研究成果，每年发表一次被称为“专利记分牌”的统计结果，用技术实力（综合指标）及专利数量、当前影响指数、科学联系、技术生命周期等五项指标分别为在美国专利申请量最大的 150 家公司按八个高新技术领域排定名次，以此清晰地分析世界各大公司在美国知识产权市场的竞争态势。

“专利记分牌”不仅注重专利数量，而且其指标设计还可满足对企业质量的分析。例如，一件专利被后来的专利引用越多，说明该专利对后来技术发展的影响越大，处于核心技术专利的位置。“专利记分牌”采用当前影响指数（企业专利被引用数/专利平均被引用数）可以反映专利质量和实际的技术影响力。如果实际被引用数与平均值相等，当前影响指数即为 1；如果这个指数大于 1，说明该企业专利在技术上有较大影响；如果小于 1，则说明影响较小。再如，综合技术实力等于企业专利数量乘以当前影响指数。该项指标通过对专利数量规模进行质量加权来描述企业的技术实力。因为专利数量指标只能衡量技术发明活动的规模，无法反映其质量。将企业专利数量与当前影响指数相乘后，有关专利的数量指标就会被它的影响指标放大或缩小。此外，由“专利记分牌”统计指标生成的其他评价指标，如“专利活动指数”、“相对技术实力”、“技术生命周期”、“科学联系”等指标均可从不同方面反映专利的质量与技术水平。

另外，《企业技术评论》杂志每年还评选出五项最具影响力的专利，预言这些专利可能导致某些行业发生演变，甚至导致新的产业诞生。2002 年评出的将对未来产业发展产生重要影响的五项专利为：每平方厘米存储量达 5.4GB 的硬盘驱动器（IBM 公司）、碳纳米管融合技术（NEC 公司）、使无线数据传输速度提高三倍的天线构造（朗讯公司）、干细胞（威斯康星校友研究会）、文字文件分类器（微软公司）。

美国的专利战略研究具有长远的战略考虑和长期的基础性布局。早在 20 世纪 70 年代前期，CHI 就与美国国家科学基金会合作，首次建立了全美国的科学文献计量指标。在 20 世纪 80 年代，CHI 把科学论文引用分析技术扩展到专利引用分析，用于分析企业竞争方向、技术跟踪和其他产业技术分析。CHI 多年来投入巨资建立了一套专利数据库，还收录和建立了 100 万条以上的非专利参考文献数据和几十万个企业的标准名录。在如此雄厚的数量资源基础上，CHI 不仅为国家的宏观政策分析和研究提供服务，如与美国国家科学基金会的合作，更重要的是首次为面向企业的经济分析提供了一种独特的数据资源。

CHI 在 1998 年与美国商务部技术政策办公室和美国竞争力委员会的一项合作研究，利用美国专利商标局的发明专利批准量数据建立专利技术指标，对美国、欧洲、日本和包括中国在内的其他一些国家和地区在五个重要技术领域的技术研究开发的竞争力、技术实力和技术发展方面进行了比较，为支持美国政府和企业实施知识产权战略发挥了重要作用。

2）日本知识产权战略

2002 年 2 月 4 日，日本首相小泉纯一郎在第 154 届日本议会的讲话中指出，日本所拥有的专利权等知识产权在世界上已首屈一指，日本的国家目标是将研究活动和创造活动的成果作为知识财产，战略性地保护和运用，从而强化日本产业的国际竞争力。为此，要建立知识产权战略会议，强有力地推进相关政策。2002 年 7 月，日本知识产权战略会议发表“知识产权战略大纲”，将“知识产权立国”列为国家战略。2002 年 11 月，日本国会通过《知识产权基本法》，为知识产权立国提供了法律保障。在 2003 年 7 月出台了“知识产权推进计划”。“知识产权立国”申明了促进激励经济发展和社会进步的技术、设计、商标、音乐和电影，以及其他有价值信息的发明和创造的方向。为了实现该计划，必须建立各级促进知识产权活动的经济体系和社会体系，包括在政府、大学、企业和个体中建立相应的体系，以适应全球经济活动的挑战。“知识产权战略大纲”的重点是实现在知识产权平台上建设国家，也就是说要用知识产权创造高附加值的产品，为达到激励经济和社会发展的目的服务。其知识产权战略包括四方面的内容：①创新战略；②保护战略；③开发（应用）战略；④人才资源开发战略。日本的知识产权基本法的基本内容涉及促进知识产权的创造、保护、开发，由政府建立知识产权本部等内容，并包括促进知识产权在大学等部门的研究和开发；鼓励大学的研究和开发成果向商业应用顺利转移；推动获得知识产权保护的进程；推动改进知识产权争端解决体系的进程；加强对知识产权侵权（如在国内、海外市场和边境的仿制和盗版）的防卫措施；促进与知识产权相关制度有关的国际合作；审查在新领域如何保护知识产权（如再生药的技术）；建立有助于商业企业开发知识产权战略的管理指南；重视商业个体投产的项目和中小企业新开发的项目；开发具备知识产权技术知识的人才资源等一系列基本措施。

3）中美知识产权纠纷

20 世纪 90 年代，美国先后三次把中国列为侵犯美国知识产权的“重点国家”，并欲根据美国所谓的“特殊 301 条款”对中国予以制裁，经过漫长而艰难的中美知识产权谈判，最后在中国做出很大让步和妥协的前提下，才分别达成了相关协议。2005 年，美国知识产权界第一次以中国知识产权保护为议题，在旧金山举行题为“建立和强化知识产权在中国的价值”的专题研讨会。

2004 年以来，美国政府格外注重中美知识产权问题，不断地在各种场合向中国政府施压。美国商会向美国贸易代表办公室递交申请，要求美国政府在 WTO 框架内与中国进行交涉，解决中国企业和个人的盗版问题，两国知识产权纠纷再次体现出继续扩大和升级的趋势。2004 年 8 月，美国商务部助理部长威廉•亨利•拉希在访问中国时，就要求中国政府加大对知识产权的保护力度。他还进一步指出，中国的盗版、仿冒等行为很可能是“有组织犯罪”，并暗示这些行为可能有中国地方官员的参与。拉希指责中国的盗版活动给美国造成 240 亿美元的经济损失，并警告说，美国国会正在准备对中国实施制裁。在那次的记者会上，拉希说，“侵犯知识产权的行为四处蔓延，已经到了泛滥的程度，我们要采取行动”。他说，“美国国会没有决定采取什么措施，但正在准备行动，其中包括阻止某些中国产品进入美国市场，或者向世贸组织提起诉讼”。2004 年 10 月，美国商务部部长埃文斯称，知识产权保护状况被美国列为其承认中国市场经济地位需要讨论的重要问题之一。

进入 21 世纪前后，一些国家立足于知识经济、信息社会和可持续发展，都纷纷提出了本国的知识产权战略。从各个发达国家制定知识产权战略的内容中，我们可以看出，发达国家推行知识产权战略的目的即在于以知识产权来推动其国内经济的发展和扩张其在全球的经济，以保持其大国地位和在全球的影响力。尤其是日本于 2002 年 7 月发布了“知识产权战略大纲”、2003 年 7 月发布了“知识产权战略推进计划”并成立的国家知识产权本部在很大程度上是针对中国的。

未来世界的竞争主要是技术和智力资源的竞争。在国际市场上，一些跨国公司通过专利战略和国际技术标准增强其技术垄断地位已成主流。

随着中国加入世贸组织，中国与国际经贸的关系越来越紧密，相互依赖性增强，与贸易相关的知识产权协议（TRIPS）对中国也将产生极大的影响。中国企业在知识产权领域特别是专利问题上遭遇的跨国纠纷也就越来越多，中国企业遭遇国外知识产权围剿，已面临生存危机。据国际论坛消息，到目前为止，我国企业因知识产权引发的诉讼案赔偿金额已有十多亿美元。2002 年，我国有 71%的出口企业遭遇到国外技术性贸易壁垒的限制，39%的出口产品因此受到影响，损失金额达 170 亿美元。这个损失额比 2000 年提高了 50%，相当于 2002 年全国出口总额的 5.2%。据了解，当前因为知识产权问题直接遭受打击、蒙受损失的，绝大多数是我国的优秀企业。而且由于外国公司在我国大量申请专利、大力推行事实标准，我们的很多高科技企业也正面临更大的生存危机。据我国商务部最近调查发现，跨国公司正在借专利技术悄悄“包抄”中国对手，根据中国专利保护协会课题组的调查结果显示，20 世纪 90 年代以来，跨国公司在华专利申请量以平均每年 30%的速度高速增长。中国的知识产权最近几年有了很大的发展，截至 2004 年年底，中国受理的发明、实用新型、外观设计三类专利申请总量达到 228 万件，其中国内 187 万项，占 82%，国外（主要是发明专利申请）41 万项，占 18%；授予专利权 125 万项，其中国内 109 万项，占 87%，国外 16 万项，占 13%。过去五年里，三类专利申请量年均增长 21%，其中，发明专利申请量年均增长 29%。同时，专利审查周期明显缩短，已与美、日、欧等发达国家可比肩。中国受理的商标申请总量达到 355 万件，注册商标总量达到 224 万件，其中国外约 40 万项，占 18%。反之，我国目前拥有自主知识产权的企业数量不过 2000 多家，仅占万分之三，有 99%的企业没有申请专利，拥有自己商标的企业仅占 40%。很多企业处在有“制造”无“创造”、有“产权”无“知识”的状态，中国企业由于缺乏自主知识产权蒙受了很大的经济损失。比如，中国企业每销售一台 DVD，就要向各个标准组织交纳总计 20 多美元的专利费用。在这样的背景和形势下，制定中国的知识产权战略已迫在眉睫。

在当今知识经济兴起、经济全球化蓬勃发展、各国综合国力竞争日趋激烈的国际环境下，知识产权在国际竞争中的作用愈渐凸显，已成为国家及产业争取竞争优势的重要手段和具体体现。2004 年，世界各国纷纷行动采取措施加大力度打击假冒侵权产品的行为。2004 年 4 月，欧盟理事会通过《知识产权维权指令》，协调欧盟各成员国有关知识产权维权的国内立法，加强在欧盟范围内打击盗版和假冒活动。2004 年 5 月，由世界海关组织和国际刑警组织共同主办的首届“全球打击假冒侵权产品大会”在比利时首都布鲁塞尔召开，中国率团参加并介绍了中国海关保护知识产权的情况。2004 年 5 月，美国国会提出“制止制造品中假冒行为法案”议案。同月，日本政府提出将通过修改商标法、关税法等相关法律，全面禁止仿制品和侵权产品流入日本，同时计划与国际社会缔结防止伪劣产品扩散的国际条约。2004 年 7 月，英国专利局制定打击知识产权犯罪战略，以抵制盗版和假冒等侵权行为。2004 年 11 月，“世界海关组织知识产权保护地区论坛”在中国上海举行，国务院副总理吴仪提出，要进一步增强亚太地区海关间的合作，遏止国际贸易领域的假冒、盗版等侵犯知识产权的活动。

2. 中国知识产权战略

随着科技的迅速发展和经济全球化进程的加快，知识产权日益成为决定一个国家核心竞争力的关键。为了应对国际国内新形势新挑战，国家和一些地方政府都提出建立知识产权战略，制定和实施国家知识产权战略已十分紧迫，国家知识产权战略成为国家发展战略的重要组成部分之一。

中国科学院科技政策与管理科学研究所研究员牛文元提出，国家知识产权战略应提升为国家第一战略。他认为，国家知识产权战略应包括四大支柱，第一要务就是推进、鼓励知识产权的获得，争取我国在世界上的发言权和应有的地位。第二个支柱是知识产权的保护。这里包含两层意义，既要保护我们自己的智慧结晶，也要维护他国的合法利益。第三个支柱为加速知识产权的转化，将知识产权转变成财富。第四个支柱是健全知识产权制度。

上海大学知识产权学院院长陶鑫良认为，国家知识产权战略是国家总体发展主战略之一，应当是国家经济、科技、社会发展战略的主要组成部分。国家知识产权战略应当与国家科教兴国战略、可持续发展战略、人才强国战略等处于同一平台上，相辅相成，互联互动，彼此渗透，互相融合，你中有我，我中有你，同谋大计，共襄国事。国家知识产权战略应在遵循并且规避国际规则的前提下，争取最大限度地保护本国及本国企业之利益。在 TRIPS 协议及 WCT、WPPT 协议为主干的超高水平的当代国际知识产权保护构架下，给中国和其他发展中国家留下的空间十分有限，但有限空间还是有的，然而这一空间的有限利用还在经过努力争取才能得以实现。我国国家知识产权战略制定及实施的主要目标之一，应当由政府主导，深入解读 TRIPS 协议等条文，准确解析 TRIPS 协议实施以来的实务状况，寻找与发现有利于我国及企业利益的有限空间，并予以优化利用，最大限度地维护国家利益与我国企业利益。面临已成定格的 TRIPS 协议和“知识产权列强”蓄谋已久、精心构筑的由“专利地雷阵”、“品牌封锁网”、“技术标准封锁线”等组成的知识产权壁垒，面对近年来由此引发的越来越多、愈演愈烈的指控我国企业侵权的涉外专利与知识产权诉讼，在夹缝中求生存，在有限空间中求发展，借以最大限度维护国家与企业的利益，这可能是我国制定与实施国家知识产权战略的主要使命之一。

有专家建议国家知识产权战略应当宣言“知识产权立国”。包括两个重点：一是外抗强权和内反侵权的知识产权卫国战略，二是自主技术和自主品牌的知识产权兴国战略。在科技进步超速化，知识信息网络化，经贸活动全球化，游戏规则国际化及其派生的知识产权保护范围扩大化，保护标准国际化，保护水平高度化的时代背景下，落后是要挨打的，无论是早成“金科玉律”的 TRIPS 协议，还是刚生效的 WCT、WPPT 条约都更多地满足了发达国家及其企业的利益与要求，且带有浓重的强权痕迹，“知识产权成了知识强权”。然而，时代的列车，已经驰骋在世贸组织的原野上，无论你拿的是经济发达的软卧票还是经济落后的硬座票；历史的航船，已经行驶在知识经济的洋面上，无论你坐的是“知识经济的头等舱”，还是“工业经济的五等舱”。因此，我国制定国家知识产权战略，同样也应当立足“知识产权立国”。我国的“知识产权立国”，与日本的“知识产权立国”内涵有别，一些方面还可能针锋相对。我国知识产权战略当前一方面的主要任务，应当是在知识产权国际保护构架下的有限空间内外抗强权，保企卫国。另一方面的任务是内反侵权，建设知识产权良性规制的公序良俗。因为知识产权战略不仅是我国履行“入世”承诺和营造投资环境的基本方针和重大举措，更是我国社会主义市场经济建设的深层需求和长效机制。

我国知识产权兴国战略的关键在于自主知识产权的创造、收购、提升和积累。自主知识产权包括两个方面，自主技术知识产权和自主品牌知识产权。自主包含了自创，但并非只等于自创。不管自创还是收购，只要为我所有，由我所主就是自主知识产权。面对“知识产权列强”的“专利地雷阵”和“品牌封锁线”，面对当前“基础专利不许可，联合许可不合理”和“世界名牌中国造，品牌价值何其高”等严峻形势，国家知识产权战略应当积极营造有利于我国企业生长、发展、利用的有限空间和法律环境，合理且有效地扶植与保护自主知识产权及其自主技术、自主品牌。

清华大学国情研究中心主任胡鞍钢认为，知识产权战略要成为全面开放的战略。在制定知识产权战略的过程中，一定要强调市场化和经济全球化条件，使知识产权战略真正成为一个全面开放的战略。同时，知识产权战略不能搞成是少数知识精英的战略，而应保证 13 亿人口都能从这一战略中受益，即知识产权战略受益的平民化。因此，在制定知识产权战略的过程中，要处理好以下几方面的知识产权问题：第一，处理好知识产权保护创新与应用的关系，其核心是有效利用。第二，技术创新和技术引进的问题，这里面有一个互补性，即引进技术有助于创新技术，创新技术有助于有效使用引进的技术。关于国家知识产权战略的框架，应与我们国家战略相配。就知识产权发展战略的定位来说，一要成为世界技术引进大国，要激励有效引进技术。二要成为技术普遍使用的大国，这是我们整个战略的核心。我们的战略定位应既是技术引进大国又是发明大国，同时也是技术使用大国。三要逐渐成为技术创新大国，逐渐把中国技术资源占世界总量的比重提高到 5%以上，形成若干世界性创新中心。

中国社会科学院知识产权中心主任郑成思教授认为，我国的知识产权战略主要应包括三方面：第一，加强知识产权保护；第二，取得一批拥有知识产权的成果；第三，使这些成果“产业化”。 这三个方面缺一不可。我国知识产权保护法的基本完备，仅仅是迈出了第一步，如果缺少直接鼓励人们用智慧去创造成果的法律措施，缺少在“智力成果”与“产业化”之间搭桥的法律措施，将很难推动一个国家从“肢体经济”向“头脑经济”发展，要在国际竞争中击败对手，就更不容易做到。第一个方面的法律体系很必要，但如果第二与第三个方面的法律不健全，会使我国处在劣势的竞争地位，“以信息化带动工业化”的进程也可能受阻。

2005 年 1 月，国务院成立了以国务院副总理吴仪为组长，知识产权局等二十多个部门参加的国家知识产权战略制定工作领导小组，吴仪 6 月 30 日主持召开国家知识产权战略制定工作领导小组第一次会议，正式启动国家知识产权战略制定工作。吴仪指出，制定国家知识产权战略是当前我国改革开放和经济社会发展的客观需要，是积极应对知识产权国际规则变革的挑战、维护我国利益和经济安全的紧迫任务，有利于加快建立公平竞争的市场环境，有利于增强我国自主创新能力和核心竞争力。吴仪强调，制定国家知识产权战略要坚持政府主导，与国家相关发展战略与规划相协调，与相关法律法规和政策衔接配套，统筹处理好若干重要关系，努力体现中国特色，做到与时俱进、求实创新。她要求，各有关部门要以“三个代表”重要思想和科学发展观为指导，以提高我国自主创新能力和国家核心竞争力为目标，立足国情，着眼长远，加强协调配合，集思广益，民主决策，切实制定好我国的国家知识产权战略，为加快全面建设小康社会服好务。

国家知识产权战略不是知识产权工作本身的发展战略，而是国家的总体战略。知识产权战略与科教兴国战略、可持续发展战略、人才强国等国家其他的战略互相补充、相互依存、相互促进，共同为全面建设小康社会，进而实现中华民族伟大复兴做出贡献。要以邓小平理论和“三个代表”重要思想为指导，以大幅度提高我国自主创新能力和国家核心竞争力为目标，以增进和维护我国国家利益为宗旨，适应经济全球化和知识产权规则国际化的发展趋势，贯彻落实科学发展观，立足国情，着眼长远，切实做好国家知识产权战略的制定工作，为我国走新型工业化道路、加快全面建设小康社会服务。制定国家知识产权战略要遵循政府主导、创新为本、统筹协调、衔接配套、立足国情、与时俱进六个主要原则。

12.1.2　知识产权基本概念

1. 知识产权的定义

知识产权是智力成果创造者依法对其智力成果所享有的权利。所谓智力成果必须具备三个特性，即脑力劳动的、创造性的和具有一定表现形式的劳动成果。所谓“依法”，是指这种智力劳动的成果必须是依照知识产权法律或法规并受其保护的成果。例如，受到我国专利法保护的发明创造、受到我国著作权法保护的作品以及受到我国商标法保护的注册商标等，均属于知识产权。

知识产权像任何其他财产权一样——使专利、商标或版权的创造者或权利人得以从自己的劳动或投资中受益。《世界人权宣言》第 27 条对这些权利做了概述，规定了从保护因创作任何科学、文学或美术作品而产生的精神和物质利益中受益的权利。

2. 知识产权的类型

知识产权包括工业产权和著作权两大部分。

工业产权是指人们在生产实践中基于智力劳动所产生的一种特殊权利，它是知识产权的重要组成部分，其中的“工业”二字，不能简单地理解为只是工业，应广义地理解为工业、农业、交通运输业、采矿业、商业、服务行业等一切产业部门。工业产权的保护客体主要包括专利、商标、地理标志等，其分别受我国的专利法和商标法保护。反不正当竞争法也属于工业产权的保护客体。《保护工业产权巴黎公约》第十条之二规定：“本联盟国家有义务对各该国国民保证给予制止不正当竞争的有效保护。”根据该公约规定，我国于 1993 年制定了《中华人民共和国反不正当竞争法》该法共规定了 11 条限制行为。反不正当竞争法提供了一个可靠的法律体制，规定了足够灵活的标准，既能适合特定国家和经常变动的社会经济条件，同时又能有效地制止特定类型的不诚实做法，在国内外贸易中都起着重要作用。

专利是指专利权所有人依照专利法的规定对其发明创造所享有的权利。发明是对现有产品或方法提出的新的技术解决方案。专利对专利权人的发明予以保护，所予保护在一段有限的时期内有效，一般为 20 年。

商标是将某商品或服务标明是某具体个人或企业所生产或提供的商品或服务的显著标志。商标注册的程序是：首先，必须向适当的国家或地区商标局提交商标注册申请书，该申请书中必须有一份申请注册的标志的清晰图样，包括任何颜色、形状或立体特征。该申请书中还必须列出使用该标志的商品或服务的清单。该标志必须符合若干条件，才能作为商标或其他类型的标记受到保护。该标志须有显著性特征，使消费者能将其作为识别某具体产品的标志加以区别，并与识别其他产品的其他商标区分开来。该标志不得误导或欺骗消费者，也不得违反公共秩序或公共道德。最后，所申请的商标权不得与已经授予另一商标注册人的商标权相同或相似。这一点可以通过国家商标局的检索和审查，或通过提出相似或相同权利主张的第三方所提出的异议予以确定。

地理标志是用于商品上的一种具有特殊地理来源并拥有因该来源地点而获得的品质或声誉的标记。最通俗地讲，地理标志是由商品来源地点的名称构成的。农产品通常都具有源于其产地的品质并受当地气候和土壤等特殊地理因素的影响。某一标记是否能作为地理标志，乃是一个涉及国内法和消费者观念的问题。地理标志可以用在各种类型的农产品上，比如说图斯卡尼亚，就表示产于意大利某一特定地区的橄榄油，或者像罗克福尔，则是指产于法国同名地区的奶酪。

原产地名称是一种特殊类别的地理标志，用于那些单纯或基本上是因产品生产的地理环境而具有特殊品质的产品上。地理标志的概念包括了原产地名称。在“保护原产地名称及其国际注册里斯本协定”成员国中受保护的原产地名称有以下一些例子：波尔多指产于法国波尔多地区的葡萄酒，哈瓦那是指在古巴哈瓦那地区种植的烟草，龙舌兰则指在墨西哥一些特定地区生产的烈酒。

著作权，也称版权，是作者依法对自己在文学、艺术、科学、工程技术等方面的作品所享有的权利。版权包括小说、诗歌和戏剧等文学作品，电影，音乐作品，素描、油画、摄影作品和雕塑等艺术作品以及建筑设计作品。与版权相关的权利包括表演艺术者对其表演享有的专利、录音制品制作者的权利以及广播组织对其广播和电视节目所享有的权利。一件作品要享有著作权，必须是独创性的作品，以作品形式的创新也享有著作权。比如，新文学作品改编为戏剧，虽然改编后的戏剧与文学作品的思想是一致的，但这种形式改变同样可以受到著作权保护。根据国际公约，著作权保护的客体包括文学作品、口述作品、音乐、戏剧、曲艺、舞蹈、美术以及科学作品等。版权及相关权不需经注册或任何其他手续，即可自动受保护。但许多国家规定了自愿注册和保存作品的国家制度，这些制度可有助于解决如涉及所有权或创作的纠纷、财务交易、销售、权利的让与和转让等方面的问题。许多作者和表演者无力或无法诉诸实施版权及相关权的法律和行政手段，特别是由于文学、音乐和表演的权利被越来越多地在全世界范围内使用。因此，成立和加强集体管理组织或协会，在许多国家中是一种上升和必然的发展趋势。这些协会可以使其成员们受益于所属组织。

知识产权保护客体随着时间的推移和科技的迅猛发展，知识产权保护客体有增大趋势。比如，“与贸易有关的知识产权协议”就把过去不受知识产权保护的“未披露的信息”也作为知识产权的保护对象。

3. 知识产权的特征

1）专有性

专有性也称垄断或独占性。是指知识产权的所有人对其权利的客体（如专利、注册商标）享有实施、占有、收益和处分的权利，别人要享有这种权利，必须经知识产权所有人同意。这种专有性是通过法律来保证的。我国专利法规定，“专利权授予后，任何单位和个人未经专利权人许可，不得为生产经营目的制造、使用、许诺销售、销售、进口其专利产品；也不得使用其专利方法”。未经专利权人许可而实施他人专利的行为是侵权行为，要受到法律的处罚。著作权和注册商标权也是如此，未经权利人许可不可使用。这在我国的著作权法及商标法中都有规定。对于侵犯知识产权的行为，权利人可以向人民法院起诉，也可以请求知识产权管理部门调处。

2）地域性

知识产权的地域性是对权利人的一种限制。它表示任何一个国家和地区所授予的知识产权，仅在那个国家和地区具有专有性，而在其他国家和地区不具有专有性，即不受到法律保护。例如，向美国申请并获得的专利权仅在美国受到法律保护，而在我国则不起作用。要想在我国受到专利法的保护，就必须向中国提出专利申请并得到批准。商标权也是如此。著作权有点例外，由于著作权无须进行申请就受到自动保护，因而外国的作品不论在中国或外国发表，都受到中国著作权的保护。正确理解和掌握知识产权的地域性，对于我们在对外经济交往中防止上当受骗是非常重要的。为此，必须加深理解。

3）时效性

时效性是指知识产权的保护受到时间的限制。超过规定的时间，就不再得到法律的保护。我国专利法规定，发明专利权保护期限为 20 年，实用新型和外观设计专利保护期限均为 10 年。超过各自规定的年限，就不再称为专利了，也不再受到专利法的保护，从而成为公共财产。我国商标法规定，注册商标的有效期为 10 年，但期满前可以续展十年，并且也一直可以续展下去。如果期满前不办理续展手续，注册商标权也就自动失效了。这与专利权的保护期限是不同的。著作权的保护期限较复杂，其修改权、署名权以及保护作品的完整性的权利均不受时间限制，但作品的使用权、发表权、获得报酬的权利为作者终生及死后50年。

12.1.3　知识产权国际保护条约

1.《保护工业产权巴黎公约》

该公约简称《巴黎公约》，是保护工业产权的国际公约。1883 年在法国首都巴黎签署，当时在公约上签字的有比利时、巴西、法国、意大利等 11 个国家，到 19 世纪末增加到 19 个国家。至 1997 年其成员国增加到 140 个。我国于 1985 年 3 月 19 日加入。《巴黎公约》自 1883 年签订后，进行了多次修改。现行的《保护工业产权巴黎公约》是 1967 年 7 月 14 日在瑞典首都斯德哥尔摩修订的。《巴黎公约》共有 30 个条文，内容较多。其实质性内容主要包括国民待遇原则、优先权原则及共同规则，是各成员国必须共同遵守的。

1）国民待遇原则

这是指在工业产权的保护方面，《巴黎公约》的成员国必须把给予本国国民的待遇，给予其他成员国的国民。也就是说，《巴黎公约》成员国的国民在其他成员国内享有同样的待遇。公约还规定，即使是非巴黎公约成员国的国民，如果他在别的成员国内有住所或工商营业场所，该成员国也必须给予同样的国民待遇。

2）优先权原则

该原则是指本联盟成员国的国民就一项发明创造首先在一国（一般是本国）提出了专利申请或者就一项商标提出了注册申请，则该申请日起的一定时间内（发明与实用新型专利申请为一年，外观设计专利申请与商标注册申请为半年）如果向别的成员国提出同样的申请，则别的成员国都必须承认该申请在第一国递交的日期即申请日，并把它看作是在本国递交申请的日期。优先权的规定显然对申请人是有利的，被称为优先权利益。《巴黎公约》关于优先权原则还有许多具体的规定，不在此细说。

3）共同规则

《巴黎公约》共同规则较多，其中最重要的一条是专利和商标的独立原则。《巴黎公约》规定："本联盟国家的国民向本联盟各国申请的专利，与在其他国家，不论是本联盟的任何成员国，就同一发明所取得的专利权是互相独立的。"这就是说，各国对同一发明可依照本国的法律进行审查，不能以是否在别国批准专利而定论。商标独立原则也是如此，《巴黎公约》规定："商标的申请和注册条件，在本联盟各国由其本国法律决定。"

2.《保护文学艺术作品伯尔尼公约》

该公约简称《伯尔尼公约》，晚于《巴黎公约》三年缔结，即 1886 年 9 月 9 日在瑞士首都伯尔尼召开的世界上第一个多边性版权会议上签定了该公约，在公约上签字的有英国、法国、德国、意大利等十个国家。该公约先后共修改了五次，现行文本是 1971 年 7 月 24 日在法国首都签定的。我国于 1992 年加入该公约。

《保护文学艺术作品伯尔尼公约》的签定是用以保护著作权的，它涉及范围很广，包括文学、科学和艺术领域内的一切作品，而不问其表现形式如何。该公约共 38 条，也有三个基本原则：

1）国民待遇原则

《伯尔尼公约》规定："凡受本公约保护的作品，其作者除了在来源国之外，可在其他成员国享有后者的法律目前授予或今后可能授予其国民的权利，以及本公约特别授予的权利。"

2）自动保护原则

《伯尔尼公约》规定，各成员国在提供著作权保护时，不得要求被保护的主体履行任何手续，也不得要求被保护是不一样的。

3）独立保护原则

《伯尔尼公约》规定，各成员国所提供对外国人作品的保护，不应受作品在其本国的保护状况的影响，即各成员国应根据本国国内的著作权法的规定来确定是否应该对其进行保护。独立保护原则是考虑到各成员国法律的差异而制定的，是完全符合实际情况的。

除上述三原则外，《伯尔尼公约》还对受保护的作品、权力的限制、保护期限等都做了具体的规定。上述原则及公约的具体规定，对于促进著作权的保护都是非常重要的。

3. WTO 与 TRIPS 协议

1）世界贸易组织（简称 WTO）

2001 年 12 月 11 日，中国正式加入世界贸易组织，近四年的实践表明，WTO 给中国带来了极大的变化和影响。正如我国著名法学家郑成思所说，中国入世既不是天上掉馅饼，也不是自己挖陷阱，或别人给套的绞绳，入世带给中国的既是发展机遇，又是严峻的挑战和危机。

（1）WTO 原则和宗旨。

世界贸易组织成立于 1995 年 1 月 1 日，是一个独立于联合国的永久性国际组织，其总部设在日内瓦，截至 1999 年 10 月底，该组织有成员 134 个，现任总干事是新西兰的迈克尔 · 肯尼思 · 穆尔。

WTO 的基本原则和宗旨是通过实施市场开放、非歧视和公平贸易等原则，来达到推动实现世界贸易自由化的目标，以促进世界各国经济和贸易发展，以提高生活水平、保证充分就业、保障实际收入和有效需求的增长；根据可持续发展的目标合理利用世界资源、扩大货物和服务的生产；达成互惠互利的协议，大幅度削减和取消关税及其他贸易壁垒并消除国际贸易中的歧视待遇。

（2）WTO 管理领域。

WTO 前身是成立于 1947 年的关税和贸易总协定（简称关贸总协定，GATT），与关贸总协定相比，WTO 管辖的范围包括三大领域：货物贸易、服务贸易以及知识产权贸易，而关贸总协定只适用于商品货物贸易。因此，当今 WTO 多边贸易体制有三驾马车。一是主管货物贸易的《1994 年关贸总协定》（GATT1994）；二是主管服务贸易的《服务贸易总协定》（GATS）；三是《与贸易有关的知识产权协议》（Agreement on Trade-Related Aspects of Intellectual Property Rights，TRIPS）。

2）《与贸易有关的知识产权协议》

TRIPS 是 1993 年 2 月 15 日通过，1994 年 4 月 15 日正式签署，1995 年 1 月 1 日起生效的，是关贸总协定第八轮谈判（乌拉圭回合谈判）所通过的一揽子协议之一，也是所有 WTO 成员必须遵守和执行的协议之一。TRIPS 是以美国为代表的发达国家成员强行将知识产权纳入 WTO，发展中国家成员经过艰苦谈判，不得不最终妥协的结果。正如 1986 年 9 月乌拉圭埃斯特角城部长会议宣言的知识产权谈判议题的名称“Trade-related aspects of intellectual property rights， including trade in counterfeit goods”郑成思有意直译为“与贸易有关的知识产权，包括冒牌货贸易”。“知识产权”就是这样带着“帽子”和“尾巴”进入 GATT 的。

TRIPS 可以说是当前世界范围内知识产权保护领域涉及面广、保护水平高、保护力度大、制约力强的一个国际公约，因此，受到各国和各个关税独立区的高度重视。

TRIPS 协议共有七章 72 条，其内容涉及知识产权的各个领域。它第一次确立了规则，要求缔约国对专利、版权、工业设计、商标、商业秘密、集成电路、地理标志（如用于酒类的标志）以及知识产权相关的物品等实行最低限度的保护，一些保护措施持续时间长达 50 年，在很多方面超过了现有国际条约对知识产权的保护水平，TRIPS 协议完成了自 1883 年《巴黎公约》问世以来专利国际保护的最高标准。不仅如此，TRIPS 还把有形商品贸易的基本原则和一些具体规定引入知识产权保护领域，强化了执行措施和争端解决机制。

TRIPS 协议是关于知识产权保护的国际协议，对于促进国际贸易和科技发展起到了重要作用。但另一方面，也让一些发展中国家在经济发展和健康保障等方面遭到障碍。然而，以美国为核心的发达国家试图进一步控制发展中国家在设计专利制度、决定专利政策上的灵活性和柔韧性，提出的所谓世界专利制度，看起来很迷人，但从某种意义上讲，这的确是一个值得警惕的陷阱。

12.2　专利基础知识

12.2.1　专利制度的基本思想和特征

1. 基本思想

专利制度是国际上通行的一种用法律手段来保护发明创造专利权，鼓励发明创造和推动社会进步的制度。正如美国前总统林肯所说：“专利制度是在天才之火上浇上利益之油。”

专利制度的理论依据有两方面，一种是基于个人正义的基本权论，包括自然法理论和工业产权理论；一种是基于社会的产业政策论。基于自然法即天赋人权，专利作为个人财产，是神圣不可侵犯的财产权；基于法国卢梭的“社会契约说”的受益权说，是以公开技术方案为代价，换取法律的保护的秘密公开说和奖励发明说。

2. 专利制度的特征

专利制度具有四大特征：①法律保护；②科学审查；③公开通报；④国际交流。

12.2.2　专利法的内容特点

1. 定义

专利法是调整因发明创造的产生而引起的，发明人与使用发明的人之间，发明人与其所属单位之间，发明人与发明之间，在支配和使用该发明创造的问题上所产生的各种社会关系的行为规范。其实质是依照法律确认和保护发明创造专利权。

2. 内容

专利法必须规定怎样确定发明人或设计人，什么人有权申请和取得专利权，什么东西可以申请和取得专利，申请专利要履行什么手续和义务，批准一项专利要经过哪些程序，专利授予的权利包括哪些内容，专利权人有什么义务，侵犯专利权的行政或司法救济等。

3. 特点

中国专利法是特别法、实体法、程序法、国内法和涉外法；中国专利法遵循国际惯例，靠拢国际标准，同时也考虑了适合国情。

4. 专利法的主体与客体

1）专利法的主体

所谓专利法的主体，就是什么样的人能够申请专利并取得专利权以及承担相应的义务。

专利法第六条、第八条和第十八条做出规定，我国的自然人和法人以及符合条件的外国人和组织都有权申请专利并取得专利权，没有文化程度、职业、年龄等限制。

专利法第六条又对职务发明与非职务发明做了原则规定，专利法实施细则第十条又具体做了规定。一般说来，从事本职工作或执行本单位的任务、主要利用本单位物质条件或资料完成的发明创造，都应属于职务发明，反之则属非职务发明。

2）专利法的客体

所谓专利法的客体，就是专利法保护的对象。

专利法第二条规定：“本法所称发明创造包括：发明、实用新型和外观设计。”

所谓发明，实施细则第二条第一款规定，专利所称的发明是指对产品、方法或其改进所提出的新的技术方案。

所谓实用新型，实施细则第二条第二款规定，“专利法所称的实用新型是指对产品的形状、构造或者其结合所做出的适于实用的新的技术方案”。

所谓外观设计，实施细则第二条第三款规定，“外观设计是指对产品的形状、色彩、图案或者其结合所做出的富有美感的设计”。

5. 授予专利权的条件

1）授予发明专利和实用新型专利权的条件

专利法的二十二条第一款规定：“发明专利和实用新型专利应具备新颖性、创造性、实用性”。

（1）新颖性。

专利法第二十二条第二款规定了新颖性的定义：“新颖性是指在申请日以前没有同样的发明或者实用新型在国内外出版物上公开发表过、在国内公开使用过或者以其他方式为公众所知，也没有同样的发明或者实用新型由他人向专利局提出过申请并且记载申请日以后公布的专利申请文件中”。

（2）创造性。

专利法第二十二条第三款规定了创造性的定义，“创造性，是指同申请日以前已有的技术相比，该发明有突出的实质性特点和显著的进步，该实用新型有实质性特点和进步”。

（3）实用性。

专利法第二十二条第四款规定了实用性的定义，“实用性，是指该发明或者实用新型能够制造或者使用，并且能够产生积极效果”。

2）授予外观设计专利权的条件

专利法第二十三条规定，“授予专利权的外观设计，应当同申请日以前在国内外出版物上公开发表过或者国内公开使用过的外观设计不相同或者不相近似”。

6. 专利的申请和审批

（1）先申请原则。

专利法第九条规定，“两个以上的申请人分别就同样的发明创造申请专利的，专利权授予最先申请的人”。

（2）优先权原则。

专利法第二十九条规定，申请人就同样的发明在第一次申请后的一年内，向中国或其他国家做第二次申请时，以第一次申请日为申请日，即称该申请日为优先权日。

（3）单一性原则。

专利法第三十一条规定了申请主题的单一性，即一发明一申请；同一总体构思的两件发明或者实用新型，如产品及其方法等可以并案申请。

7. 专利申请文件

专利法第二十六条、二十七条规定，申请专利必须以书面形式向中国专利局递交申请文件。一般应提交请求书、说明书、说明书附图（需要时，如产品发明）、说明书摘要、权利要求书等；其他如需要时，应提交代理人委托书、费用减缓请求书、费用减缓请求证明、提前公开申明、提前实审请求书等。所有申请文件均可在国家知识产权局网站 http://www.sipo.gov.cn 下载。

8. 专利的审查和批准

1）发明专利申请的审查批准程序

专利法第三十四条至三十九条规定发明专利申请的审查批准程序如下：①受理；②初步审查；③公布；④实质审查；⑤授权公告。

2）实用新型和外观设计专利申请的审查批准程序。

（1）受理。

（2）初步审查。首先是形式审查，包括实用新型专利申请文件是否齐全、格式是否符合要求（专利法第二十六条）、外观设计专利申请文件是否齐全、格式是否符合要求（专利法第二十七条）。

然后是内容审查：实用新型审查按照专利法第五条、第二十五条、第十八条、第十九条第一款、第三十一条第一款、实施细则第二条第二款、第十二条第一款、第十八条、第二十三条进行审查。外观设计按专利法第五条、第十八条、第十九条第一款、第三十三条第二款、第三十三条、第九条，实施细则第二条第三款、第十二条第一款进行审查。

（3）授权公告。一般在九个月之内可获授权公告。

9. 专利权人的权利和义务

1）专利权人的权利

专利权包括人身权利和财产权。

（1）对获得专利权的发明创造享有独占实施权（即财产权）。专利法第十一条分别对产品发明专利、实用新型专利、外观设计专利和方法发明专利的效力做出了规定。未经专利人许可，不得以生产经营为目的，实施其专利，这是专利保护的内容。人身权包括署名权、标记权等。

（2）许可他人实施并收取使用费的权利。

（3）专利转让权。专利法第十条做了规定：①专利权必须整体转让，不可分割；②全民所有制单位转让专利权必须经上级主管部门批准；③专利权转让必须经中国专利局登记和公告后生效。

2）专利权人的义务

（1）公开技术内容。

（2）缴纳有效费用。

（3）对专利发明人和设计给予奖励和报酬。

10. 专利权的保护

1）专利权保护范围的确定

（1）专利法第五十九条规定，发明和实用新型专利权保护范围以其权利要求的内容为准，说明书及附图可以用于解释权利要求，但不是以权利要求书文字或措辞为准，说明书和附图本身不能确定保护范围。

（2）根据独立权利要求确定保护范围。专利法实施细则第二十二条做出了规定。

（3）不能以专利产品本身来确定专利权的保护范围。实践中，是将涉嫌侵权产品或方法与权利要求的内容进行比较。

2）判断侵权的方法和准则

采用“特征分析法”，把涉嫌侵权产品或方法的技术特征与专利产品或方法的独立权利要求的内容分解成若干个必要技术特征，逐一进行比较，以做出是否侵权的结论。

（1）必要技术特征完全相同，侵权成立。

（2）增加一项以上必要技术特征，侵权成立。

（3）部分必要技术特征不相同，但属于同等手段代替，侵权成立。

（4）缺少独立权利要求中的非必要技术特征，侵权成立。

（5）缺少一个或者一个以上必要技术特征，不构成侵权。

（6）有一个或者一个以上必要技术特征不相同，不构成侵权。

3）外观设计专利保护范围的确定

在外观设计侵权判断中，是将涉嫌侵权产品与专利文件中的图片或照片中展示的造型、图案及色彩进行比较，看其是否相同或者相近似，相同无疑是侵权，相似应当判侵权。

在具体判断时，应当注意以下几个问题：①侵权产品与专利产品应属同类产品是前提；②以产品形状为主；③以消费者的眼光和水平来衡量。

11. 专利侵权处理

专利法第六十条规定，发生侵权可以请专利管理机关调处，也可以直接向人民法院起诉。

但专利权人要做好以下工作：①收集证据，核查事实；②分析证据，做出判据；③对专利本身重新审查；④发出侵权警告；⑤选择起诉时间（专利法第六十一条规定，侵犯专利权的诉讼时效为两年）。

12.3 专利信息检索

12.3.1 国际专利分类法

1. 国际专利分类法（International Patent Classification）的建立

为了便于对专利文献进行分类、归档和检索，世界各国按专利文献的技术内容或主题进行分类，曾有不同的专利文献分类法。为了建立全世界统一的专利分类法，早在 1954 年 12 月 19 日，英国、法国、意大利等 16 国在法国巴黎共同签署了《关于发明专利国际分类法欧洲协定》（European Convention on the International Classification of Patent for Invention，ECICPI）协定附件："国际发明专利分类表"（International Classification of Patent for Invention，Int.cl）。1968 年 9 月 1 日第一版国际专利分类表正式公布生效，以后不断根据需要修订。1971 年签定了《关于国际专利分类斯特拉斯堡协定》（简称《斯特拉斯堡协定》），以后各版分类表均根据此协定而来。第二版专利分类表的有效期为 1974 年 6 月 30 日至 1979 年 12 月 31 日。第三版专利分类表的有效期为 1980 年 1 月 1 日至 1984 年 12 月 31 日。第四版专利分类表的有效期为 1985 年 1 月 1 日至 1989 年 12 月 31 日。第五版专利分类表的有效期为 1990 年 1 月 1 日至 1994 年 12 月 31 日。第六版专利分类表的有效期为 1995 年 1 月 1 日起生效。基本上每五年修订一次。现在正在实施的是国际专利分类法第七版。

2. 国际专利分类表

"国际发明专利分类表"，可简写成 Int.cl，并且加在根据该专利分类法分类的专利文献的分类号前面。由于所用的分类法版本不同，故在 Int.cl 右上角加上一个阿拉伯数字表示版本号。分类体系：部、大类、小类、组（大组和小组）。

1）部

A 部：生活需要；B 部：作业、运输；C 部：化学、冶金；D 部：纺织、造纸；E 部：固定建筑物；F 部：机械工程、照明、加热、武器、爆破；G 部：物理；H 部：电学。每个部的类名后都有一个该部下面主要细分类目的概要，部下还有 20 个分部，但无类号。

2）大类

由二位数字组成，如 A01、农业、林业、畜牧业、打猎、诱捕、捕鱼。

3）小类

由一个大写字母组成，如 A01B、农业或林业的整地、一般的农业用机械或工具的部件、零件或附件。

4）组

每个小类细分成许多组，包括大组和小组。每个组的类号由小类类号加上用“/”分开的两个数组成。大组：由小类类号加上一个 1～3 位的数及“/00”组成，如 A01B1/00、手动工具小组。小组：由小类类号加上一个 1～3 位的数，后跟一个“/”符号，再加上除 00 以外的两位数组成，如 A01B1/16，除杂草根的工具。

12.3.2　专利检索系统

1. 国家知识产权局的专利检索系统（http://www.sipo.gov.cn）

（1）进入国家知识产权局主页（图 12.1）。

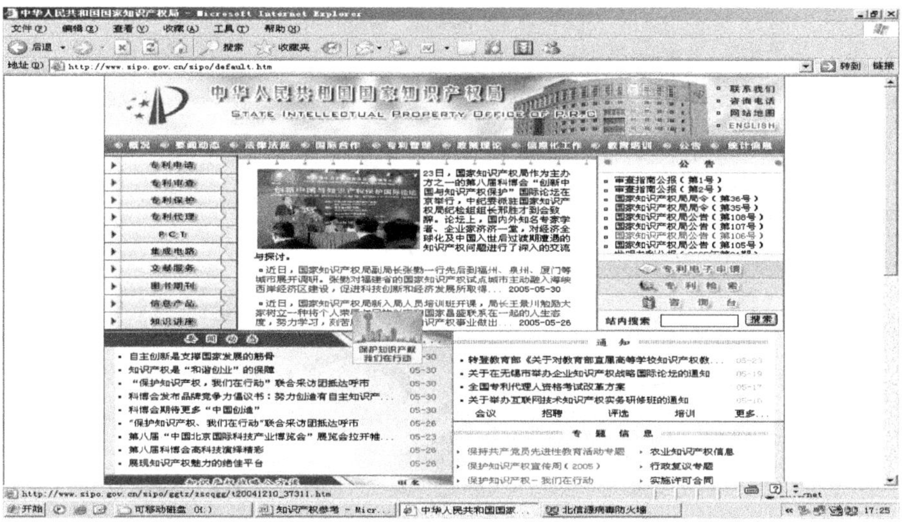

图 12.1　国家知识产权局主页

（2）点击“专利检索”即可进入中国专利检索系统检索界面。例如，要查找“智能家居控制系统”有关发明专利，在检索界面的名称一栏中输入“智能家居控制系统”（图 12.2）。

（3）点击“确定”按钮，即可进入检索结果题录界面（图 12.3）。

（4）点击选中的记录的名称，如点击记录 2，即可进入该发明说明书摘要页（图 12.4）。

图 12.2　专利检索界面

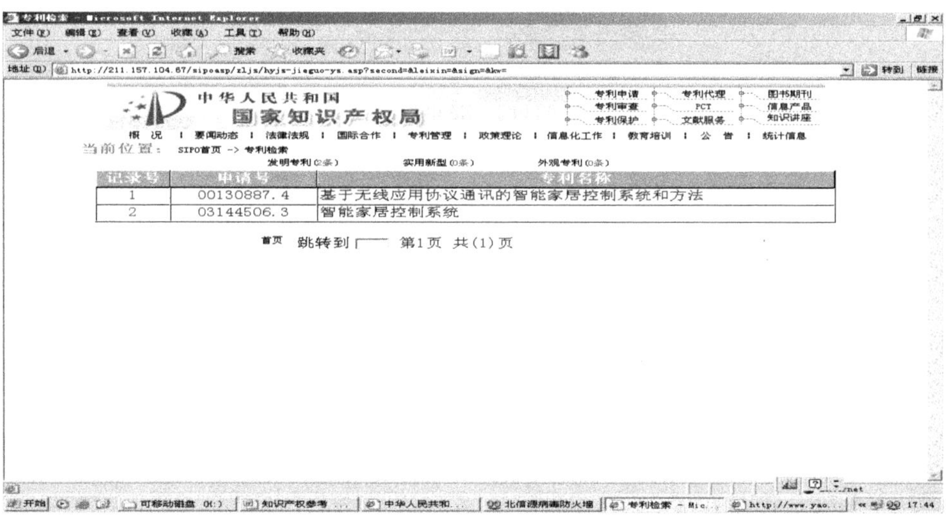

图 12.3　检索结果界面

（5）点击说明书全文的页码，即可进入说明书扉页（图 12.5）。

（6）再点击页面的页数，即可进入下一页或指定页，阅读说明书全文。

图 12.4　说明书摘要页

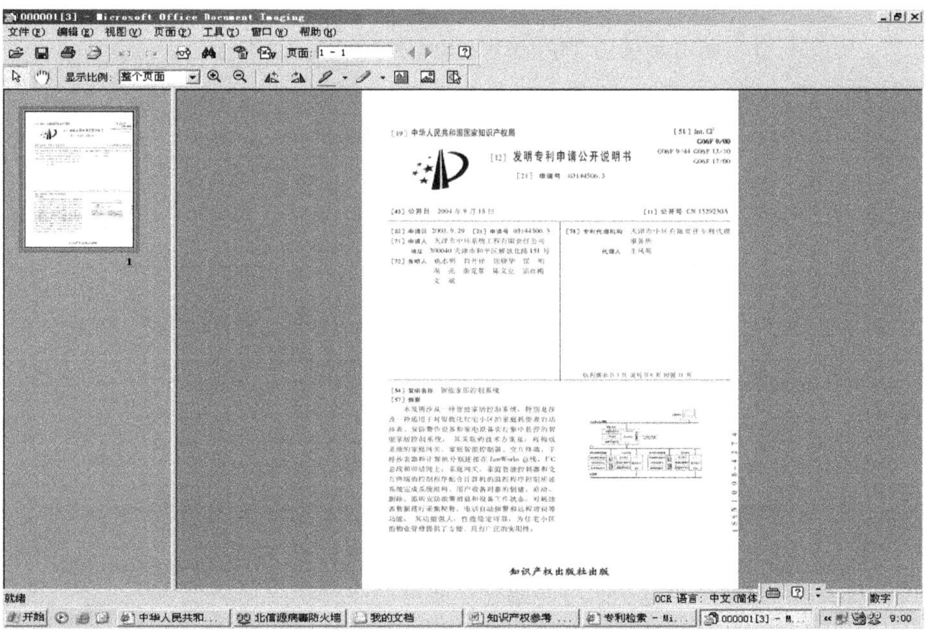

图 12.5　说明书扉页

2. 美国专利商标局检索系统（http://www.uspto.gov，图 12.6）

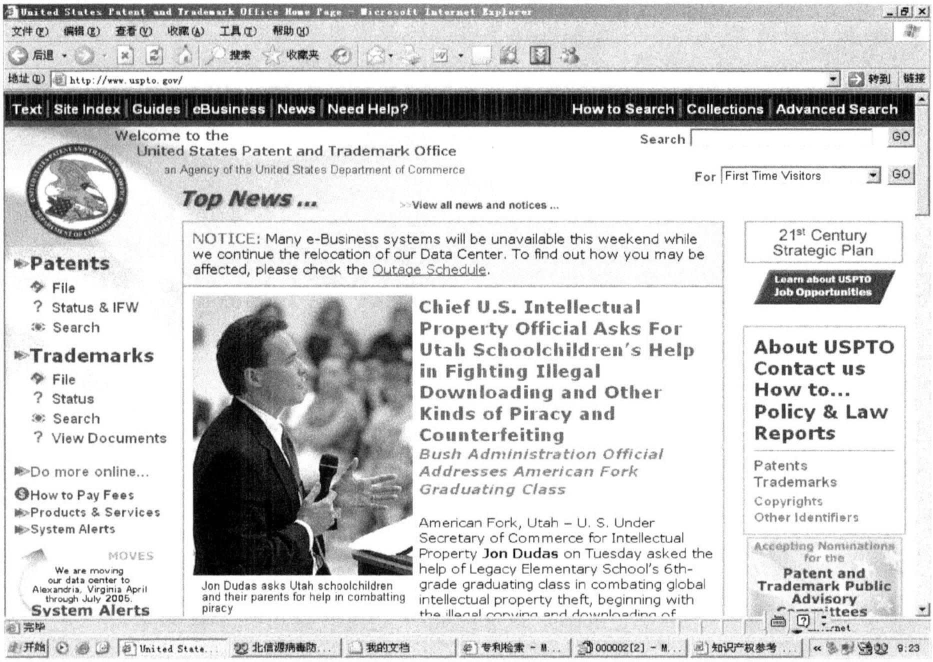

图 12.6　美国专利商标局主页

3. 日本专利局检索系统（http://www.jpo.go.jp，图 12.7）

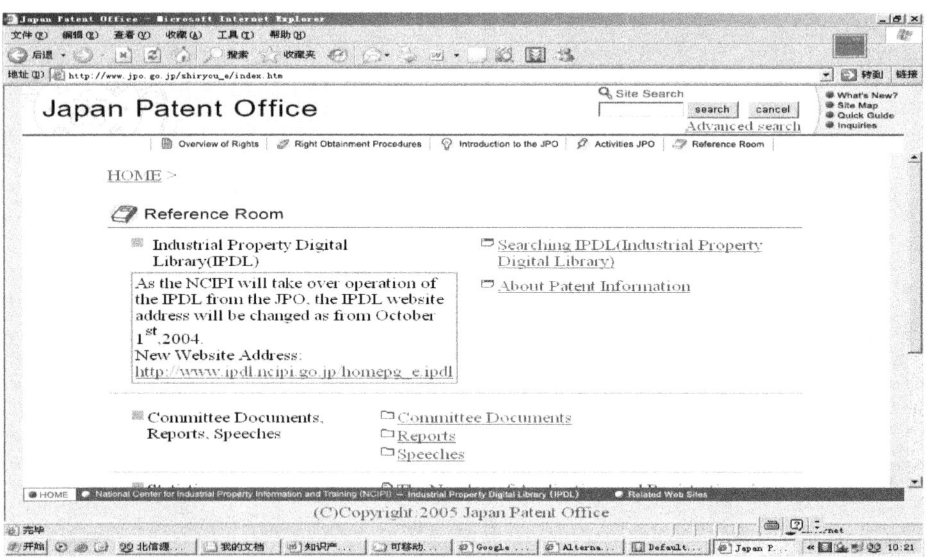

图 12.7　日本专利局主页

4. 欧洲专利局 EPO 检索系统（http://ep.espacenet.com，图 12.8）

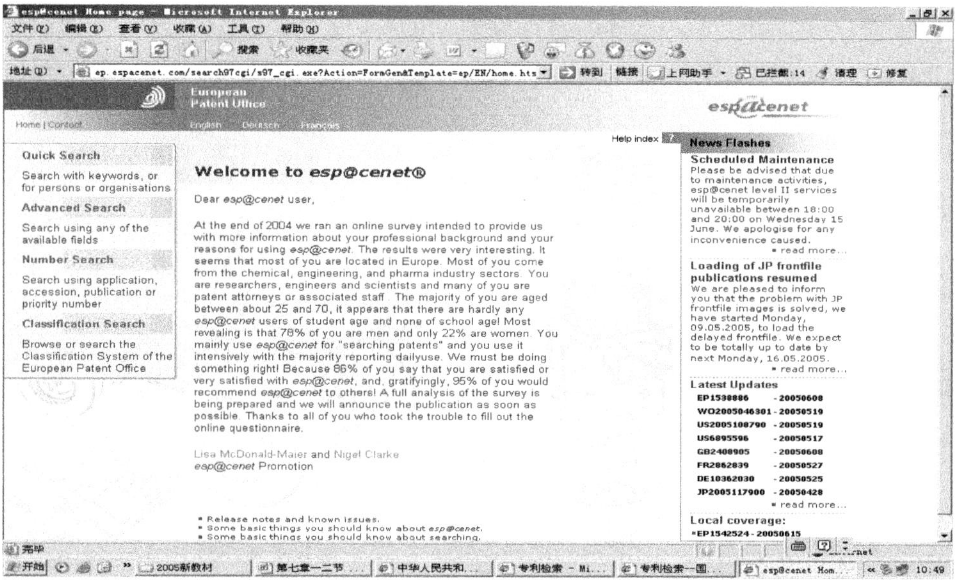

图 12.8　欧洲专利局主页

5. WIPO 网上专利检索系统（http://www.wipo.int，图 12.9）

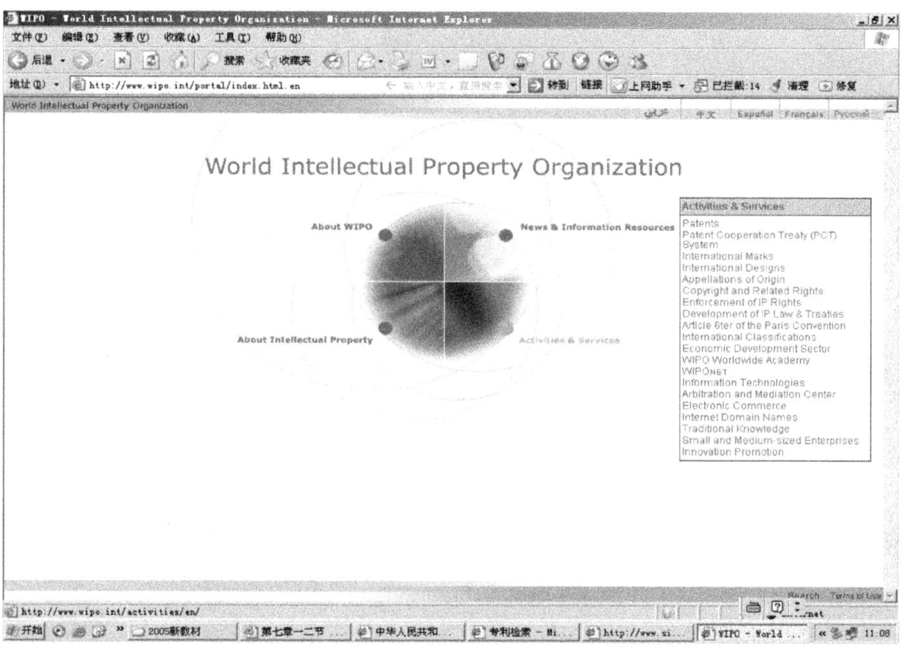

图 12.9　WIPO 主页

世界知识产权组织 WIPO 网上专利检索数据库包括 1997 年 1 月以后公开的所有 PCT 申请说明书扫描图形页。1997 年 1 月之前的说明书只能进欧洲专利局网上专利检索系统“worldwide”进行检索。用户在使用前要先注册，然后才能进行专利检索。 数据库每周公开日（周四）及时更新著录项、摘要等内容，扫描图形是公开 14 天后放入数据库。

6. Derwent Innovations Index（http://isi01.isiknowledge.com，图 12.10）

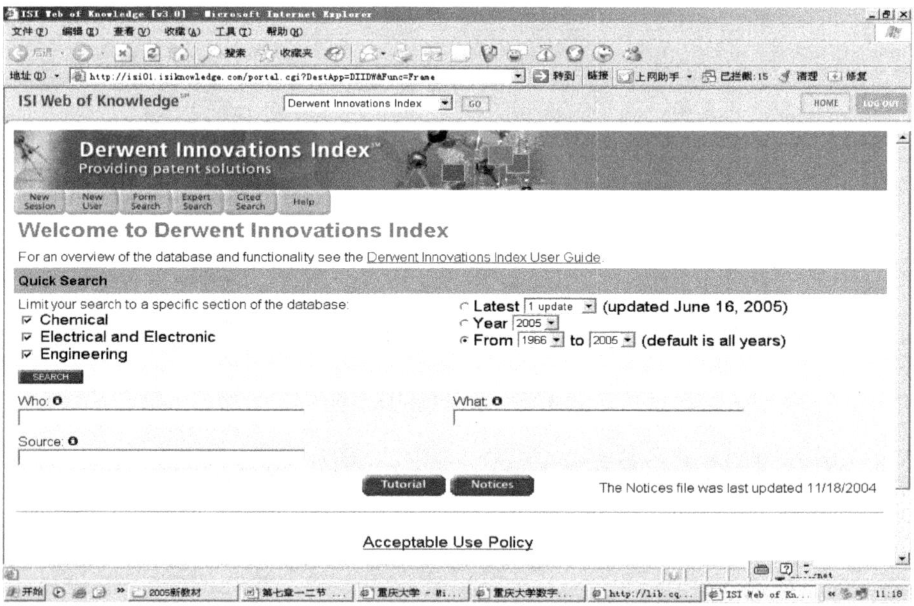

图 12.10 DII 主页

Derwent Innovations Index（DII）是由 Derwent（全球最权威的专利文献信息出版机构）推出的基于 Web 的专利信息数据库，这一数据库将 Derwent World PatentsIndex（WPI，德温特世界专利索引）与 Patents Citation Index（专利引文索引）加以整合，以每周更新的速度，提供全球专利信息。Derwent Innovations Index 收录来自全球 40 多个专利机构（涵盖 100 多个国家）的一千多万条基本发明专利，二千多万条专利情报，资料回溯至 1963 年。Derwent Innovations Index 提供 Derwent 专业的专利情报加工技术，协助研究人员简捷有效地检索和利用专利情报，鸟瞰全球市场，全面掌握工程技术领域创新科技的动向与发展。Derwent Innovations Index 还同时提供了直接到专利全文电子版的链接，用户只需点击记录中 “Original Document”就可以立刻链接到 Thomson Patent Store，获取专利申请的全文电子版。

12.4　专利申请

12.4.1　专利申请前的考虑

专利申请前需要考虑六个问题（6 W）：why? what? who? when? where? and how?

1. 为什么要申请专利（why）

申请专利主要是为了形成专利技术垄断，提升企业核心竞争力。主要考虑两点：一是申请专利的发明创造能否形成核心竞争技术垄断，有没有转让的价值；二是能否通过技术秘密进行保护，有没有被仿造的可能。

2. 申请何种专利（what）

发明创造的内容能否申请专利首先要看是否是专利法第五条、二十五条规定的不保护的客体。其次看是否符合专利法第二条和实施细则第二条规定，申请专利的发明创造包括发明、实用新型和外观设计三种。针对产品、方法或者改进所提出的新的技术方案，可以申请发明专利；针对产品的形状、构造或者其结合所提出的适于实用的新的技术方案，可以申请实用新型专利；针对产品的形状、图案或者其结合以及色彩与形状、图案的结合所做出的富有美感并适于工业应用的新设计，可以申请外观设计专利。

3. 谁申请专利（who）

专利法第六条和实施细则第十条规定，职务发明申请人或授权后专利权人都是单位。非职务发明申请人或授权后专利权人都是个人。职务发明是指完成本单位任务或主要利用本单位物质条件的发明创造，反之为非职务发明。

4. 何时申请专利（when）

申请专利要考虑适当的时机，中国专利制度是先申请制，因此，当专利技术方案基本成熟时即可尽早申请，申请日为向专利局书面递交或邮寄专利申请文件之日。多国申请或多次增补申请应在第一次申请日起 12 个月以内申请，第一次申请日即为优先权日。

5. 申请何地专利（where）

根据专利的地域性，专利只在申请国受保护，因此，要考虑专利技术需要垄断或保护的国家和区域。首先，应向中国专利局申请中国专利；然后，可根据需要申请世界专利 PCT、欧洲专利 EPT 或指定国家申请专利。申请人申请专利时，应当将申请文件直接提交或寄交到国家知识产权局专利局受理处（以下简称专利局受理处），也可以提交或寄交到国家知识产权局设立的专利代办处，目前在北京、沈阳、济南、长沙、成都、南京、上海、广州、西安、武汉以及郑州、天津、石家庄、哈尔滨、长春、重庆均设立国家知识产权局专利代办处；国防专利分局专门受理国防专利申请。

6. 如何申请专利（how）

办理专利申请应当提交必要的申请文件，并按规定缴纳费用。专利申请必须采用书面形式或者电子申请的形式办理。不能用口头说明或者提供样品或模型的方法，来代替或省略书面申请文件。在专利审批程序中只有书面文件才具有法律效力。各种手续文件都应当按规定签章，签章应当与请求书中填写的姓名或者名称完全一致。签章不得复印。涉及权利转移的手续，应当有全体申请人签章，其他手续可以由申请人的代表人签章办理，委托专利代理机构的，应当由专利代理机构签章办理。办理的手续要附具证明文件或者附件的，证明文件与附件应当使用原件或者副本，不得使用复印件。如原件只有一份的，可以使用复印件，但同时需要附有公证机关出具的复印件与原件一致的证明。

12.4.2　专利说明书与权利要求书的撰写

示例：实用新型专利申请文件撰写（摘自国家知识产权局网站）。

说明书（撰写示例）

试　电　笔

[实用新型名称应简明、准确地表明实用新型专利请求保护的主题。名称中不应含有非技术性词语，不得使用商标、型号、人名、地名或商品名称等。名称应与请求书中的名称完全一致，不得超过 25 个字，应写在说明书首页正文部分的上方居中位置。]

[依据专利法第二十六条第三款及专利法实施细则第十八条的规定，说明书应对实用新型作出清楚、完整的说明，使所属技术领域的技术人员，不需要创造性的劳动就能够再现实用新型的技术方案，解决其技术问题，并产生预期的技术效果。说明书应按以下五个部分顺序撰写：所属技术领域、背景技术、发明内容、附图说明、具体实施方式，并在每一部分前面写明标题。]

技术领域

本实用新型涉及一种指示电压存在的试电装置，尤其是能识别安全和危险电压的试电笔。

[所属技术领域：应指出本实用新型技术方案所属或直接应用的技术领域。]

背景技术

目前，公知的试电笔构造是由测试触头、限流电阻、氖管、金属弹簧和手触电极串联而成。将测试触头与被测物接触，人手接触手触电极，当被测物相对大地具有较高电压时，氖管启辉，表示被测物带电。但是，很多电器的金属外壳不带有对人体有危险的触电电压，仅表示分布电容和/或正常的电阻感应产生电势，使氖管启辉。一般试电笔不能区分有危险的触电电压和无危险的感应电势，给检测漏电造成困难，容易造成错误判断。

[背景技术：是指对实用新型的理解、检索、审查有用的技术，可以引证反映这些背景技术的文件。背景技术是对最接近的现有技术的说明，它是做出实用技术新型技术方案的基础。此外，还要客观地指出背景技术中存在的问题和缺点，引证文献、资料的，应写明其出处。]

发明内容

[发明内容：应包括实用新型所要解决的技术问题、解决其技术问题所采用的技术方案及其有益效果。]

为了克服现有的试电笔不能区分有危险的触电电压和无危险的感应电势的不足，本实用新型提供一种试电笔，该试电笔不仅能测出被测物是否带电，而且能方便地区分是危险的触电电压还是无危险的感应电势。

[要解决的技术问题：是指要解决的现有技术中存在的技术问题，应当针对现有技术存在的缺陷或不足，用简明、准确的语言写明实用新型所要解决的技术问题，也可以进一步说明其技术效果，但是不得采用广告式宣传用语。]

本实用新型解决其技术问题所采用的技术方案是：在绝缘外壳中，测试触头、限流电阻、氖管和手触电极电连接，设置一分流电阻支路，使测试触头与一个分流电阻一端电连接，分流电阻另一端与一个人体可接触的识别电极电连接。当人手同时接触识别电极和手触电极时，使分流电阻并联在测试触头、限流电阻、氖管、手触电极电路测试时，人手只和手触电极接触，氖管启辉，表示被测物带电。当人手同时接触手触电极和识别电极时，若被测物带有无危险高电势时，由于电势源内阻很大，从而大大降低了被测物的带电电位，则氖管不启辉；若被测物带有危险触电电压，因其内阻小，接入分流电阻几乎不降低被测物带电电位，则氖管保持启辉，达到能够区别安危电压的目的。

[技术方案：是申请人对其要解决的技术问题所采取的技术措施的集合。技术措施通常是由技术特征来体现的。技术方案应当清楚、完整地说明实用新型的形

状、构造特征，说明技术方案是如何解决技术问题的，必要时应说明技术方案所依据的科学原理。撰写技术方案时，机械产品应描述必要零部件及其整体结构关系；涉及电路的产品，应描述电路的连接关系；机电结合的产品还应写明电路与机械部分的结合关系；涉及分布参数的申请时，应写明元器件的相互位置关系；涉及集成电路时，应清楚公开集成电路的型号、功能等。本例“试电笔”的构造特征包括机械构造及电路的连接关系，因此，既要写明主要机械零部件及其整体结构的关系，又要写明电路的连接关系。技术方案不能仅描述原理、动作及各零部件的名称、功能或用途。]

本实用新型的有益效果是，可以在测试被测物是否带电的同时，方便地区分安危电压，分流支路中仅采用电阻元件，结构简单。

[有益效果：是实用新型和现有技术相比所具有的优点及积极效果，它是由技术特征直接带来的，或者是由技术特征产生的必然的技术效果。]

附图说明

下面结合附图和实施例对本实用新型进一步说明。

图 1*是本实用新型的电路原理图。

图 2 是试电笔第一个实施例的纵剖面构造图。

图 3 是图 2 的 I-I 剖视图。

图 4 是试电笔第二个实施例的纵剖面构造图。

图中 1.测试触头，2.绝缘外壳，3.弹簧，4.同心电阻，5.限流电阻，6.分流电阻，7.识别电极，8.氖管，9.弹簧，10.后盖，11.手触电极，12.绝缘隔离层，13.弹簧。

[附图说明：应写明各附图的图名和图号，对各幅附图做简略说明，必要时可将附图中标号所示零部件名称列出。]

具体实施方式

在图 1 中，测试触头（1）、限流电阻（5）、氖管（8）与手触电极（11）串联，测试触头（1）与分流电阻（6）一端相连，分流电阻（6）另一端与识别电极（7）相连。通常限流电阻阻值为几兆欧，为保证人身安全，分流电阻阻值不小于限流电阻阻值，最好取限流电阻阻值 1～2 倍。

在图 2 所示实施例中，测试触头（1）在绝缘外壳（2）一端伸入其中空腔，与弹簧（3）接触，弹簧（3）另一端与同心电阻（4）相接触，同心电阻（4）是纵剖面为 E 形，其中间圆柱部分限流电阻（5）高于作为分流电阻（6）的圆管部分，使氖管（8）的一端与限流电阻（5）接触时不碰到分流电阻（6），弹簧（9）一端与氖管（8）相接触，另一端与后盖（10）上的手触电极（11）相接触，弹簧压力保证各元件间可靠电连接。如图 3 所示的环状弹性金属片状识别电极（7）

*此处仅提供说明书文字示例，所有附图省略。

其边缘向中心伸出的接触爪卡住圆管状分流电阻（6）外表面，其外边缘伸出并附于绝缘外壳外表面。

在图 4 所示的另一个实施例中，测试探头（1）在绝缘外壳（2）一端伸入其中空腔，同时与平行设置的限流电阻（5）和分流电阻（6）的一端相接触，限流电阻另一端通过氖管（8）、弹簧（9）与手触电极（11）电接触，分流电阻通过弹簧（13）与识别电极电接触，两电极之间设置一绝缘隔离层（12）。

[具体实施方式：是实用新型优选的具体实施例。具体实施方式应当对照附图对实用新型的形状、构造进行说明，实施方式应与技术方案相一致，并且应当对权利要求的技术特征给予详细说明，以支持权利要求。附图中的标号应写在相应的零部件名称之后，使所属技术领域的技术人员能够理解和实现，必要时说明其动作过程或者操作步骤。如果有多个实施例，每个实施例都必须与本实用新型所要解决的技术问题及其有益效果相一致。]

权利要求书（撰写示例）

1. 一种试电笔，在绝缘外壳中，测试触头、限流电阻、氖管和手触电极顺序电连接，其特征是：测试触头与一个分流电阻一端电连接，分流电阻另一端与一个人体可接触的识别电极电连接。

[一项实用新型应当只有一个独立权利要求。独立权利要求应从整体上反映实用新型的技术方案，记载解决的技术问题的必要技术特征。独立权利要求应包括前序部分和特征部分。前序部分，写明要求保护的实用新型技术方案的主题名称及与其最接近的现有技术共有的必要技术特征。特征部分使用“其特征是”用语，写明实用新型区别于最接近的现有技术的技术特征，即实用新型为解决技术问题所不可缺少的技术特征。]

2. 根据权利要求 1 所述的试电笔，其特征是：分流电阻与限流电阻是一个一体的同心电阻，同心电阻中间圆柱部分为限流电阻，其外部圆管部分为分流电阻，圆柱部分高于圆管部分；识别电极为环状弹性金属片，其边缘向中心伸出的接触爪卡住圆管状分流电阻外表面，其外边缘伸出并附于绝缘外壳外表面。

3. 根据权利要求 1 所述的试电笔，其特征是分流电阻与限流电阻平行设置，其间为绝缘隔离层。

[从属权利要求（此例中权利要求 2、3 为从属权利要求）应当用附加的技术特征，对所引用的权利要求做进一步的限定。从属权利要求包括引用部分和限定部分。引用部分应写明所引用的权利要求编号及主题名称，该主题名称应与独立权利要求主题名称一致（此例中主题名称为“试电笔”）， 限定部分写明实用新型的附加技术特征。从属权利要求应按规定格式撰写，即“根据权利要求（引用的权利要求的编号）所述的（主题名称），其特征是……。”]

[依据专利法第二十六条第四款和专利法实施细则第二十条至第二十三条的规定，权利要求书应当以说明书为依据，说明要求保护的范围。权利要求书应使用与说明书一致或相似语句，从正面简洁、明了地写明要求保护的实用新型的形状、构造特征，例如，机械产品应描述主要零部件及其整体结构关系；涉及电路的产品，应描述电路的连接关系；机电结合的产品还应写明电路与机械部分的结合关系；涉及分布参数的申请，应写明元器件的相互位置关系；涉及集成电路，应清楚公开集成电路的型号、功能等。权利要求应尽量避免使用功能或者用途来限定实用新型；不得写入方法、用途及不属于实用新型专利保护的内容；应使用确定的技术用语，不得使用技术概念模糊的语句，如“等”、“大约”、“左右”……；不应使用“如说明书……所述”或“如图……所示”等用语；首页正文前不加标题。每一项权利要求应由一句话构成，只允许在该项权利要求的结尾使用句号。权利要求中的技术特征可以引用附图中相应的标记，其标记应置于括号内。]

12.5 专利审查案例

12.5.1 案例 1

中华人民共和国国家知识产权局专利复审委员会——无效宣告请求审查决定

决定号：第 2752 号

决定日：2002 年 7 月 1 日

发明创造名称：全螺纹中空注浆锚杆

国际分类号：E21D21 / 00

复审请求人：杭州图强工程材料有限公司

被请求人：四川万通工程材料设备有限责任公司

专利号：97237730.1

申请日：1997 年 9 月 17 日

授权公告日：1999 年 5 月 5 日

合议组组长：于萍

主审员：黄玉平

参审员：魏屹

法律依据：中国专利法第二十二条第二、三款

决定要点：

请求人所提供的证据与本专利所属技术领域相同，与证据之间的结合相比较，权利要求的区别之处仅是公知常识，而且其结合又没有产生预料不到的技术效果，因此该权利要求不具备创造性。

1. 案由

本复审请求涉及国家知识产权局于 1999 年 5 月 5 日授权公告的、名称为“全螺纹中空注浆锚杆”的实用新型专利，其申请号为 97237730.1，申请日为 1997 年 9 月 17 日，专利权人为四川万通工程材料设备有限责任公司。授权公告的权利要求书如下：

“1. 全螺纹中空注浆锚杆，锚杆体（2）中空，前端连接有锚头（1），后端可装有止浆塞（3），垫板（4）和螺母（5），锚头（1）的尖头开孔与锚杆体（2）的空腔相通，其特征在于锚杆体（2）表面为连续螺纹，其锚头（1），止浆塞（3），垫板（4），螺母（5）螺纹配合，锚头（1）有倒刺（6）便于悬挂锚杆，尾部螺纹与锚杆联结。

2. 根据权利要求 1 所述的全螺纹中空注浆锚杆，其特征在于有联结套（7），其内螺纹与锚杆体（2）表面连续螺纹配合。

3. 根据权利要求 1 或 2 所述的全螺纹中空注浆锚杆，其特征在于锚杆体（2）表面连续螺纹为波形螺纹。”

针对上述实用新型专利权（下称本专利），杭州图强工程材料有限公司（下称撤销请求人）于 1999 年 8 月 24 日向国家知识产权局专利局提出了撤销专利权请求。其理由是：本专利不具备专利法第二十二条规定的新颖性、创造性。所提交的附件 1～12*如下：

附件 1：铁道部科学研究院西南分院于 1995 年出版的《世界隧道》第 2 期复印件共 2 页；

附件 2：铁道部科学研究院西南分院于 1995 年出版的《世界隧道》第 4 期复印件共 4 页；

附件 3：水利电力出版社出版的《岩石锚杆支护实用手册》复印件共 5 页；

附件 4：1998 年出版的《世界隧道》第 1 期复印件共 8 页；

附件 5：《自进式锚杆在家竹箐隧道施工中的应用》复印件共 13 页；

附件 6：科学出版社于 1987 年出版的《地下工程新奥法》复印件共 3 页；

附件 7：《GM 锚杆、WT 锚杆应用工程一览表》复印件共 12 页；

附件 8：《时刻关注世界岩锚技术的发展》复印件共 8 页；

附件 9：吉迈全螺纹注浆锚杆使用实例复印件共 2 页；

附件 10：凿岩用波形螺纹连接钎杆复印件共 13 页；

附件 11：凿岩用硬质合金钎头复印件共 8 页；

附件 12：本专利授权公告的专利说明书。

专利局撤销审查组于 2001 年 8 月 31 日做出了审查决定，在专利权人提交的

*此处仅提供审查案例，所有附件及附图省略，下同。

经修改的权利要求书的基础上维持 97237730.1 号实用新型专利权有效。经修改的权利要求书如下：

"1. 全螺纹中空注浆锚杆，其特征在于锚杆体（2）中空，前端连接有锚头（1），后端装有止浆塞（3），垫板（4）和螺母（5），锚头（1）的尖头开孔与锚杆体（2）的空腔相通，锚杆体（2）的表面为波形连续螺纹，锚头（1）有倒刺（6）悬挂锚杆，其尾部螺纹与锚杆螺纹配合，止浆塞，螺母与锚杆螺纹配合，联结套（7）的内螺纹与锚杆螺纹配合。"

撤销请求人（下称复审请求人）对维持专利权的审查决定不服，于 2001 年 12 月 12 日向专利复审委员会提出了复审请求，其理由是：本专利不符合专利法第二十二条规定的新颖性和创造性。并提交了如下证据：

证据 1：水利电力出版社于 1986 年 6 月出版的《岩石锚杆支护实用手册》复印件 P4～9、P22、P23、P32～35 等共 16 页（同撤销程序中的附件 3）；

证据 2：铁道部科学研究院西南分院于 1995 年出版的《世界隧道》第 4 期复印件共 4 页（同撤销程序中的附件 2）；

复审请求人同时提交了如下新证据：

证据 3：中国实用新型专利说明书 ZL95202848.4，公告日为 1995 年 11 月 29 日。

请求人认为：①证据 1 已充分公开了本专利权利要求 1 的技术特征；②证据 2 涉及一种迈式注浆钻进锚杆，公开了"锚杆体、钻头、止浆塞、垫板、螺母、联结套"这些技术特征，还记载了"锚杆全长杆体带波形螺纹"这一技术特征。故本专利相对于证据 1、2 不具备新颖性。③本专利相对于证据 3 不具备创造性。

专利复审委员会于 2001 年 12 月 12 日依法受理了该复审请求，并将复审请求书及附件副本转送给了专利权人（下称被请求人）。同时依法成立合议组对本案进行审查。

被请求人于 2002 年 3 月 1 日向专利复审委员会提交了意见陈述书，被请求人认为：①证据 1、2 未公开本专利权利要求 1 中的一些技术特征；故本专利相对于证据 1、2 具备新颖性和创造性；②证据 3 并未在先审级提出，根据避免审级损失原则，此证据不应在复审程序中审理。请求人还反驳了被请求人关于"将证据 1 中对变形锚杆的注释为……螺纹钢筋解释成连续螺纹"的论述，认为"连续螺纹"并非本专利中的"波形连续螺纹"。

请求人于 2002 年 5 月 20 日向专利复审委员会提交了意见陈述书，请求人的观点归纳如下：①证据 1 中图 30 的箭头表示了中空锚杆进浆，浆液从锚头前端中流出，显然锚头的孔与中空锚杆相通，该图公开了本专利中的"锚头的尖头开孔与锚杆体空腔相通"这一技术特征；②关于锚头和钻头的区别在于锚头其上有倒刺，证据 1 中图 17 图示了各种带倒刺的锚头。

专利复审委员会本案合议组于 2002 年 4 月 17 日向双方当事人发出了口头审理通知，定于 2002 年 6 月 12 日在复审委员会进行口头审理，同时将被请求人的上述意见陈述书转送给了请求人，要求其在规定的期限内提交答复意见。

口头审理如期举行，在口审过程中，复审请求人表示只保留证据 1、2 作为复审程序中的证据，并当庭出示了证据 1 和 2 的原件。请求人及被请求人就各自的观点进行了意见陈述。请求人认为：证据 1、2 分别充分公开了经修改的权利要求 1 的全部技术特征，故该权利要求 1 不具备新颖性。被请求人认为：①证据 1 中的图 30 所示的锚杆、证据 2 中的 GMC 自进式锚杆（下称证据 2-1）、证据 2 中的迈式注浆钻进锚杆（下称证据 2-2）以及证据 2 中的迈式注浆钻进管（下称证据 2-3）均未公开经修改的权利要求 1 中的一些技术特征；②证据 2-2 的迈式注浆钻进锚杆表面虽然有螺纹，但不是连续螺纹，有台阶，该锚杆所用的是钻头，而不是锚头，故本专利相对于证据 1、2 有新颖性和创造性。

在上述工作的基础上，合议组认为本案事实已经清楚，可以做出审查决定。

2. 决定的理由

本决定以撤销专利权请求的审查决定所维持的权利要求为基础。

1）证据认定

本复审程序是因撤销请求人不服国家知识产权局做出的“撤销专利权请求的审查决定书”而提起的复审请求，故本决定仅就撤销程序中双方当事人提交的证据进行审查。对于复审请求人在复审程序中提交的新的证据 3 在本复审决定中不予考虑。

证据 1 是水利电力出版社于 1986 年 6 月出版的《岩石锚杆支护实用手册》；证据 2 是铁道部科学研究院西南分院于 1995 年出版的《世界隧道》第 4 期。证据 1、2 的公开日均早于本专利的申请日，构成了本专利申请日前的已有技术，故可以用来评价本专利的新颖性和创造性。

2）关于本专利的新颖性和创造性

证据 2-1 涉及 GMC 自进式锚杆，并具体公开了以下的技术特征：锚杆前端部安装钻头，后端装有止浆塞、垫板和螺母，锚杆体的表面有螺纹，钻头的尾部与锚杆螺纹配合，其内螺纹与锚杆螺纹配合，止浆塞和螺母与锚杆螺纹配合，联结套的内螺纹与锚杆螺纹配合（参见图中所示的最下一个产品以及文字说明部分）。为了注浆，所述锚杆必然是中空的。本权利要求 1 所要求保护的技术方案与该证据 2-1 所公开的技术内容相比，其区别在于：①本专利锚杆体的表面为波形连续螺纹，而证据 2-1 所示锚杆表面有螺纹，但未示出其是连续螺纹；②本专利为锚头，其尖头开孔与锚杆体的空腔相通，而证据 2-1 为钻头，其图中未明确示出钻头上有开孔；③本专利为锚头有倒刺，而证据 2-1 为钻头，没有倒刺。对于区别①，参见证据 2-2，证据 2-2 涉及迈式注浆钻进锚杆，并公开了“锚杆均为全长杆体带波形螺纹”这一技术特征，从所公开的该特征可以得出：锚杆的表面也为波形连续螺纹；证据 2-3 对该证据 2-2 的说明如下：其杆体两端为波形螺纹，中间为光滑杆体……其锚固力和纵向承载力远远低于全长杆体带波形螺纹的迈式注浆钻进锚杆。因此，证据 2-2 中的锚杆均为全长杆体带波形螺纹其作用与本专利是相同的。对于区别②，合议组认为：首先，锚杆前端设置锚头或钻头均是本领域常用的结构形式，选择其中任一一种均是公知常识。参见证据 1 中的图 30，公开了一种胀壳式锚杆，其锚杆的前端就连接有锚头。其次，根据注浆工程的需要，在锚头上开孔并与锚杆体的空腔相通或者在锚杆体一侧开孔是所属技术领域中的常规技术手段，对所属技术领域的技术人员来说是显而易见的（参见证据 1 的图 30）。对于区别③，参见证据 1 中的图 17，该图 17 示出了带有倒刺的锚头，其作用实际上也与本专利相同。由此可见，该区别②和③都是所属技术领域中的公知常识。所述证据的技术领域相同，尤其是在证据 2-1 与证据 2-2 出自同一出版物的情况下，在证据 2-1 的基础上结合证据 2-2 并结合所属技术领域中的公知常识，得出该权利要求 1 的技术方案，对所属技术领域的技术人员来说是显而易见的，而且它们的结合没有产生预料不到的技术效果。因此合议组认为，本专利的权利要求 1 与证据 1、2 相比虽然具备新颖性，但缺乏实质性特点和进步，不具备创造性。

关于被请求人在口头审理中所述的观点，即“证据 2-2 的迈式注浆钻进锚杆表面虽然有螺纹，但不是连续螺纹，有台阶”就这一观点，合议组认为，首先，从证据 2-2 的迈式注浆钻进锚杆中的“锚杆均为全长杆体带波形螺纹”的描述中，很难得出杆体有台阶这样唯一的结论；再有，即使杆体全长存在有台阶，本专利的无台阶的杆体与之相比，并无实质性区别，而且也未产生预料不到的技术效果。故合议组对于被请求人的上述观点不予支持。

3. 决定

撤销 97237730.1 号实用新型专利权。

本决定为终局决定。

12.5.2　案例 2

中华人民共和国国家知识产权局专利复审委员会——无效宣告请求审查决定

决定号：无效宣告请求审查决定第 4751 号

决定日：2003 年 1 月 24 日

发明创造名称：接线柱内凹的电加热板

国际分类号：H05B3 / 20

无效宣告请求人：王可尧
被请求人：孙立建
专利号：99220050.4
申请日：1999 年 3 月 2 日
授权公告日：2000 年 3 月 1 日
合议组组长：朱世东
主审员：张度
参审员：刘红
法律依据：专利法第二十二条第三款
决定要点：

本实用新型专利的权利要求与请求人提供的对比文件 1 和 3 属于相同的技术领域，所有技术特征均已被对比文件公开，解决的技术问题也相同，二者的结合是显而易见的，因此，本实用新型专利的权利要求不具备专利法第二十二条第三款规定的创造性。

1. 案由

本无效宣告请求涉及国家知识产权局 2000 年 3 月 1 日授权公告的名称为"接线柱内凹的电加热板"的实用新型专利，其专利号为 99220050.4，申请日为 1999 年 3 月 2 日，专利权人是孙立建，被授权公告的权利要求书如下：

"1. 一种接线柱内凹的电加热板，电加热管（3）包容于铝板（2）之内，其特征在于与电热管相联结的接线柱（1）设置于比电热板顶面向内低凹的位置上。"

针对本实用新型专利权（以下简称本专利），王可尧（以下称请求人）于 2001 年 7 月 4 日向专利复审委员会提出了宣告专利权无效请求，请求宣告专利权无效的理由是本专利不具备新颖性，不具备创造性，不符合专利法第二十二条第二、三款的规定。请求人提交的作为证据的附件有：

附件 1（下称对比文件 1）：CN2136569Y，授权公告日 1993 年 6 月 16 日；
附件 2（下称对比文件 2）：CN2119064U，授权公告日 1992 年 10 月 14 日；
附件 3（下称对比文件 3）：CN85202950U，授权公告日 1986 年 10 月 15 日；
附件 4（下称对比文件 4）：制造图纸、销售发票、生产厂家证明、复印件各 1 页。

经形式审查合格，专利复审委员会于 2001 年 7 月 4 日向请求人和专利权人发出无效宣告请求受理通知书，并将无效宣告请求书及其附件的副本转送给专利权人（下称被请求人）。

请求人于 2001 年 8 月 14 日递交了意见陈述书，补充无效宣告请求理由并补交了附件 5，即 CN2112778U。其授权公告日为 1992 年 8 月 12 日（下称对比文件 5）。

专利复审委员会于 2001 年 8 月 14 日收到被请求人递交的答辩书，其主要意见是本专利与对比文件 2 和 3 属于不同技术领域，对比文件 1 虽属同一技术领域但发明目的不同，附件 4 不足以证明本专利在申请日之前被公开使用。

本案合议组于 2002 年 10 月 15 日向双方当事人发出无效宣告请求口头审理通知书，定于 2002 年 11 月 26 日举行口头审理，并同时将请求人补充的意见陈述书及附件 5 和被请求人的答辩书随口头审理通知书转给对方。

被请求人于 2002 年 11 月 13 日再次递交了答辩书，除重申其上述意见之外，认为附件 5 与本专利的目的、效果和技术方案也是不同的，多篇对比文件组合的难度正说明本专利具有创造性。

口头审理于 2002 年 11 月 26 日如期举行，请求人及其代理人出席，被请求人缺席。请求人同意放弃作为使用公开证据的附件 4。

至此，本案合议组认为，双方当事人已经充分发表意见，可以在此基础上做出审查决定。

2. 决定的理由

对比文件 1、2、3 和 5 是在本专利申请日之前公开的专利文献，适用于依照专利法第二十二条评价本专利权利要求的新颖性和创造性。

请求人在口头审理时提出本专利权利要求 1 相对于对比文件 1 不具备新颖性的理由不成立。将被请求人的在先专利即对比文件 1 的图 1 与本专利图 1 相比较可见，尽管在对比文件 1 中没有明确定义“顶面”，但对比两图可知，本专利中所述的顶面是指铝板上边沿上三级台阶当中中间的一级，因此，请求人认为将接线柱设在低凹处已经公开的说法没有充分的依据。合议组不予采纳。

被请求人申辩的“本专利与对比文件 2 和 3 属于不同技术领域”的理由不成立。本专利权利要求 1 的主题是“一种接线柱内凹的电加热板”，并没有限定仅用于塑料焊接，并且在国际专利分类表中与对比文件 1～3 均属同一大组，特别是与对比文件 3 属同一小组，同属于平板电加热器。因此，对比文件 1～3 与本专利属于相同或相近的技术领域，适用于评价本专利权利要求 1 的新颖性和创造性。

本专利的发明目的是避免接线柱与焊件触碰造成接线柱损坏。权利要求中记载的特征可归纳为：①电加热板的电加热管（3）包容于铝板（2）之内。②与电热管相联结的接线柱（1）设置于比电热板顶面向内低凹的位置上。

参见对比文件，特征①已在对比文件 1 中公开；对比文件 3 也是一种内部装有电热元件的电加热板，在其中说明书第 3 页 17 行图 2 公开了以下特征“电源插座（5）及转换开关（4）等都沉入安装在边框（1）内，这样不易损坏这些部件。”尽管描述方式有所不同，但显然可以看出其中的“电源插座（5）”等同于“接线柱（1）”，“沉入安装在边框（1）内”相当于“设置于比电热板顶面向内低凹的位置上”，与本专利的上述技术方案实质上相同，只是文字描述上的差别，其目的都是为了避免损坏接线部件。由此可见，本领域的技术人员在对比文件 1 的基础上结合对比文件 3 获得本专利所保护的技术方案不需要付出创造性劳动，因此，权利要求 1 不具备创造性。

综上所述，本专利唯一的权利要求 1 与请求人提供的对比文件 1 和 3 属于相同的技术领域，所有技术特征均已被这两篇对比文件公开，所解决的技术问题也相同，二者的结合是显而易见的，因此，权利要求 1 不具有专利法第二十二条第三款规定的创造性。同时，对其他对比文件不再评述。

3. 决定

宣告 99220050.4 号实用新型专利权无效。

当事人对本决定不服的，可以根据专利法第四十六条第二款的规定，自收到本决定之日起三个月内向北京市第一中级人民法院起诉。根据该款的规定，一方当事人起诉后，另一方当事人应当作为第三人参加诉讼。

参考文献

艾迪, 晏清才. 1998. 培养发明创造的24种方法. 成都: 四川大学出版社

安慧, 柳衡琪. 1989. 专利情报流的矢量动态模型研究——美国固体分选技术发展动向. 情报理论与实践, (2):50

包昌火, 谢新洲. 2001. 竞争情报与企业竞争力. 北京: 华夏出版社

包昌火. 2003. 竞争情报战略. 情报学报, 22(6): 735～749

包昌火. 2003. 竞争情报战略. 情报学报, 22(6):735～749

毕玉侠等. 2003. 企业竞争情报研究综述. 科技情报开发与经济, 13(3):153～154

蔡惠京, 吴晓红. 1997. 创造力开发实用教程. 长沙: 湖南大学出版社

蔡强, 薛森. 2005. 数据挖掘技术及其在经营分析系统中的应用. 电信科学, (1): 56～62

陈钧, 曹宽增. 2005. 对情报研究人员的素质和能力要求及情报研究人员培养. 情报理论与实践, (1): 100～103

冯恩椿, 谢仁兴. 1994. 情报研究学基础. 北京: 科学技术文献出版社

甘德安. 1998. 知识经济创新论. 武汉: 华中理工大学出版社

郭吉安. 2000. 现代信息检索教程. 重庆: 重庆大学出版社

郭吉安. 2000. 信息检索. 重庆: 重庆大学出版社

郭吉安. 2005. 大学知识检索教程. 成都: 电子科技大学出版社

洪允楣. 2004. 技术创新专利申请策划基础. 北京: 化学工业出版社

胡佐超. 1997. 专利基础. 北京: 专利文献出版社

黄保强. 2004. 创新概论. 上海: 复旦大学出版社

姜彦福等. 1999. 企业技术创新管理. 北京: 企业管理出版社

蒋沁, 王昌亚. 1989. 情报研究. 武汉: 武汉大学出版社

柯平. 2004. 当代情报学理论体系的建构. 情报学报, (3): 377～384

赖茂生. 2004. 关于信息建构(IA)的十个问题. 江西图书馆学刊, (1): 1～3

朗诵真. 2001. 竞争情报与企业竞争力. 北京: 华夏出版社

李著信等. 1999. 创造力开发与培养. 北京: 科学技术文献出版社

梁锡昌. 2005. 机械创造方法与专利设计实例. 北京: 国防工业出版社

梁战平, 梁建. 2005. 新世纪情报学科发展趋势探析. 情报理论与实践, (3): 225～229

梁战平. 2003. 论情报学研究. 中国信息导报, (1): 12～15

刘植惠. 1998. 知识基因探索(一)～(十二). 情报理论与实践, (1)～(6)

刘植惠. 1999. 新情报观. 情报理论与实践, (6): 389～393

刘植惠. 2001. 关于21世纪情报学发展战略的思考——以知识创新为核心. 重庆图情研究, (3): 1～5

刘植惠. 2002. 情报学的新发展——情报空间构建. 重庆图情通讯, (3): 1～3

刘植惠. 2003. 知识基因理论研究. 重庆图情研究, (3): 4～10

刘植惠. 2004. 基于文献的知识发现. 重庆图情研究, (1): 1～6

刘植惠. 2004. 知识集成与网络技术. 重庆图情研究, (3):1～3

刘助柏. 2002. 知识创新学. 北京: 机械工业出版社

马费城, 宋恩梅. 2005. 我国情报学研究的历史回顾. 情报学报, (4): 387～397

马志玲. 2003. 企业竞争情报的组建与运作. 北京邮电大学学位论文

彭爱东. 2000. 一种重要竞争情报——专利情报的分析研究. 情报理论与实践, (3)

彭靖里等. 2005. 应用定标比超进行竞争情报研究的进展与趋势. 情报理论与实践, (1):39～43

祁延莉等. 1993. 知识产权情报教程. 北京: 书目文献出版社

秦铁辉. 1991. 情报研究概论. 北京: 北京大学出版社

沈固朝. 2005. 两种情报观: Information 还是 Intelligence?——在情报学和情报工作中引入 Intelligence 的思考. 情报学报, (3): 259～267

沈洪涛. 2004. 新环境下情报研究的方法与应用研究. 南京理工大学学报, 6

时中一. 1984. 根据专利情报进行技术评价和预测的程序与方法. 科技情报工作, (8):28

司徒俊峰. 2004. Internet 的小世界网络研究. 情报杂志, (12): 86～88

孙晓仁. 2005. 兰德公司——美国著名的智囊库. 当代世界, (3):55～56

田春虎. 2005. 国内语义网(Sematic Web)研究综述. 情报学报, (2): 243～249

汪方胜等. 2005. 领域本体建立的方法研究. 情报科学, (2): 241～244

王崇德. 1985. 专利文献的定量分析. 图书情报工作, (1):12

王巨才, 1989. 市场情报, 北京: 中国经济出版社

王向斌. 1996. 情报研究的方法体系. 情报理论与实践, 19～22

王曰芬, 王倩, 丁晟春. 2004. 基于知识管理平台重构情报研究工作系统. 情报资料工作, (3): 5～7

夏禹龙等. 1982. 软科学. 北京: 知识出版社

向英明等. 2005. 论情报学的科学发展观. 情报理论与实践, (4): 337～341

肖勇. 2001. 面向 21 世纪情报学研究趋势. 新世纪初情报科学学科建设、发展与应用研讨会论文集, 40～64

谢新洲, 吴淑燕. 2003. 竞争情报研究方法——定标比超. 北京大学学报(社科版), 40(2):137～151

杨桂荣. 1984. 通过专利文献的统计分析——探索发达国家的技术发展动向.科技情报工作, (8):28～29

杨卫. 2002. 从叙词表到 Ontology. 情报科学, (6): 945～949

叶笑欣. 2000. 企业竞争情报在知识经济背景下的应用和研究. 南京大学学位论文

袁卫, 林桢顺. 2005. 工业领域的数据挖掘——改善流程、提高效率. 统计工具, (4):49～50

张萍. 2002. 企业竞争情报与现代企业发展. 北京师范大学学位论文

张武城. 2005. 创造创新方略. 北京: 机械工业出版社

赵静, 2004. 现代信息查询与利用. 北京: 科学出版社

周鸿. 2001. 创新教育学. 成都: 四川大学出版社

周晓英. 2005. 信息构建与知识构建. 情报理论与实践, (4): 352～354

邹雪梅. 1998. 专利文献计算机量化分析方法. 石化技术, 5(2):122～124

邹志仁. 1990. 情报研究与预测. 南京: 南京大学出版社

http://www.calis.edu.cn

http://www.chinaai.org/Article_Show.asp?ArticleID=424

http://www.chinastandard.com.cn

http://www.cnki.net

http://www.csdl.net.cn

http://www.cssn.net.cn

http://www.dialog.com

http://www.engineeringvillage2.com

http://www.isinet.com

http://www.nlc.gov.cn

http://www.nstl.gov.cn

http://www.patent.com.cn

http://www.rand.org

http://www.sipo.gov.cn

http://www.stn-international.de

http://www.wanfang.com.cn

http;//www.cqvip.com